annual reports
in organic
synthesis-1998

ANNUAL REPORTS IN ORGANIC SYNTHESIS

ANNUAL REPORTS IN ORGANIC SYNTHESIS-1970
John McMurry and R. Bryan Miller, Eds.

ANNUAL REPORTS IN ORGANIC SYNTHESIS-1972
John McMurry and R. Bryan Miller, Eds.

ANNUAL REPORTS IN ORGANIC SYNTHESIS-1973
R. Bryan Miller and Louis S. Hegedus, Eds.
John McMurry, Series Editor

ANNUAL REPORTS IN ORGANIC SYNTHESIS-1974
Louis S. Hegedus and Stephen R. Wilson, Eds.
R. Bryan Miller, Series Editor

ANNUAL REPORTS IN ORGANIC SYNTHESIS-1975
R. Bryan Miller and L. G. Wade, Jr., Eds.

ANNUAL REPORTS IN ORGANIC SYNTHESIS-1976
R. Bryan Miller and L. G. Wade, Jr., Eds.

ANNUAL REPORTS IN ORGANIC SYNTHESIS-1978
L. G. Wade, Jr., and Martin J. O'Donnell, Eds.

ANNUAL REPORTS IN ORGANIC SYNTHESIS-1980
L. G. Wade, Jr., and Martin J. O'Donnell, Eds.

ANNUAL REPORTS IN ORGANIC SYNTHESIS-1981
L. G. Wade, Jr., and Martin J. O'Donnell, Eds.

ANNUAL REPORTS IN ORGANIC SYNTHESIS-1982
L. G. Wade, Jr., and Martin J. O'Donnell, Eds.

ANNUAL REPORTS IN ORGANIC SYNTHESIS-1983
Martin J. O'Donnell and Louis Weiss, Eds.

ANNUAL REPORTS IN ORGANIC SYNTHESIS-1984
Martin J. O'Donnell and Louis Weiss, Eds.

ANNUAL REPORTS IN ORGANIC SYNTHESIS-1985
Martin J. O'Donnell and Eric F. V. Scriven, Eds.

ANNUAL REPORTS IN ORGANIC SYNTHESIS-1986
Eric F. V. Scriven and Kenneth Turnbull, Eds.

ANNUAL REPORTS IN ORGANIC SYNTHESIS-1987
Eric F. V. Scriven and Kenneth Turnbull, Eds.

ANNUAL REPORTS IN ORGANIC SYNTHESIS-1989
Kenneth Turnbull and Daniel M. Ketcha, Eds.

ANNUAL REPORTS IN ORGANIC SYNTHESIS-1990
Kenneth Turnbull, Philip M. Weintraub, Daniel M. Ketcha,
and James Keay, Eds.

ANNUAL REPORTS IN ORGANIC SYNTHESIS-1991
Philip M. Weintraub and Kenneth Turnbull, Eds.

ANNUAL REPORTS IN ORGANIC SYNTHESIS-1992
Philip M. Weintraub, Kenneth Turnbull,
Daniel M. Ketcha, and Raymond Gross, Eds.

ANNUAL REPORTS IN ORGANIC SYNTHESIS-1993
Philip M. Weintraub, Kenneth Turnbull,
Daniel M. Ketcha, Raymond S. Gross, and Tony Yantao Zhang, Eds.

ANNUAL REPORTS IN ORGANIC SYNTHESIS-1994
Philip M. Weintraub, Kenneth Turnbull,
Daniel M. Ketcha, Raymond S. Gross, and Tony Yantao Zhang, Eds.

ANNUAL REPORTS IN ORGANIC SYNTHESIS-1995
Philip M. Weintraub, Kenneth Turnbull,
Daniel M. Ketcha, Raymond S. Gross, and Tony Yantao Zhang, Eds.

ANNUAL REPORTS IN ORGANIC SYNTHESIS-1996
Philip M. Weintraub, Kenneth Turnbull,
Daniel M. Ketcha, Raymond S. Gross, and Gary W. Morrow, Eds.

ANNUAL REPORTS IN ORGANIC SYNTHESIS-1997
Philip M. Weintraub, Kenneth Turnbull,
Daniel M. Ketcha, Raymond S. Gross, and Gary W. Morrow, Eds.

annual reports in organic synthesis – 1998

edited by

Philip M. Weintraub
Hoechst Marion Roussel
Bridgewater, New Jersey

Daniel M. Ketcha
Wright State University
Dayton Ohio

Gary W. Morrow
University of Dayton
Dayton, Ohio

Kenneth Turnbull
Wright State University
Dayton, Ohio

Raymond S. Gross
Neurocrine Biosciences
San Diego, California

ACADEMIC PRESS
San Diego   London   Boston   New York   Sydney   Tokyo   Toronto

This book is printed on acid-free paper.

Copyright © 1998 by Academic Press
All rights reserved.
No part of this publication may be reproduced or transmitted in any form or by any means, electronic or mechanical, including photocopy, recording, or any information storage and retrieval system, without permission in writing from the publisher.

ACADEMIC PRESS
A Division of HARCOURT BRACE & COMPANY
525 B Street, Suite 1900, San Diego, California 92101-4495, USA
http://www.apnet.com

Academic Press
24–28 Oval Road, London NW1 7DX, UK
http://www.hbuk.co.uk/ap/

International Standard Serial Number: 0066-409X
International Standard Book Number: 0-12-040828-7

Printed in the United States of America
98 99 00 01 02 IP 9 8 7 6 5 4 3 2 1

Contents

PREFACE ix
JOURNALS ABSTRACTED xii
GLOSSARY OF ABBREVIATIONS xiii

I. CARBON–CARBON BOND FORMING REACTIONS
   A. Carbon-Carbon Single Bonds (see also: I.E., I.F., I.G., I.H.)......... 1
      1. Alkylations of Aldehydes, Ketones, and their Derivatives.. 1
      2. Alkylations of Nitriles, Acids and Acid Derivatives............. 4
      3. Alkylations of β-Dicarbonyl, β-Cyanocarbonyl Systems, and Other Active Methylene Compounds...................................... 6
      4. Alkylations of N-, P-, S-, Se- and Similar Stabilized Carbanions... 11
      5. Alkylations of Organometallic and Related Reagents (see also: I.B.3., I.B.4., I.F., I.G.).. 12
      6. Other Alkylation Procedures... 17
      7. Nucleophilic Addition to Electrophilic Carbon..................... 18
         a. 1,2-Additions... 18
            (1) Aldol-Type 1,2 Additions.. 18
            (2) Addition of N-, P-, S-, Se and Similar Stabilized Carbanions.. 26
            (3) Addition of Organometallic and Related Species..... 28
            (4) Other 1,2-Additions... 41
         b. Conjugate Additions... 45
            (1) Enolate-Type Carbanions... 45
            (2) Organometallic and Related Reagents..................... 48
            (3) Other Conjugate Additions....................................... 55
      8. Other Carbon-Carbon Single Bond Forming Reactions......... 58
   B. Carbon-Carbon Double Bonds (See also: I.E.1)............................ 64
      1. Wittig-Type Olefination Reactions....................................... 64
      2. Eliminations... 67
         a. Alcohols and Derivatives.. 67
         b. Halides.. 67
         c. Other Eliminations... 68
      3. Other Carbon-Carbon Double Bond Forming Reactions....... 69
      4. Vinylations.. 75
      5. Allene Forming Reactions.. 79
   C. Carbon-Carbon Triple Bonds.. 82
   D. Cyclopropanations.. 84
      1. Carbene or Carbenoid Additions to a Multiple Bond........... 84
      2. Other Cyclopropanations... 86
   E. Thermal and Photochemical Reactions... 89
      1. Cycloadditions... 89
      2. Other Thermal Reactions... 107
      3. Photochemical Reactions.. 108
   F. Aromatic Substitutions Forming a New Carbon-Carbon Bond.. 114
      1. Friedel-Crafts Type Aromatic Substitution Reactions........... 114
      2. Coupling Reactions to Form an Aromatic-Aromatic Bond... 118

      3. Other Aromatic Substitutions and Preparations.............. 121
   G. Synthesis via Organometallics................................ 130
      1. Synthesis via Organoboranes............................ 130
      2. Carbonylation Reactions................................ 131
      3. Other Syntheses via Organometallics.................. 138
   H. Rearrangements... 140
      1. Claisen, Cope and Similar Processes.................. 140
      2. Other Rearrangements.................................. 143

II. OXIDATIONS
   A. C-O Oxidations 152
      1. Alcohol → Ketone, Aldehyde............................ 152
      2. Alcohol, Aldehydes → Acids, Esters................... 154
   B. C-H Oxidations 154
      1. C-H → C-O 154
      2. C-H → C-Hal 157
   C. C-N Oxidations 157
   D. Amine Oxidations... 158
   E. Sulfur Oxidations... 159
   F. Oxidative Additions to C-C Multiple Bonds.................. 161
      1. Epoxidations.. 161
      2. Hydroxylations... 163
      3. Other Oxidative Additions to C-C Multiple Bonds..... 165
   G. Phenol-Quinone Oxidation.................................... 166
   H. Dehydrogenation.. 168
   I. Other Oxidations.. 168

III. REDUCTIONS
   A. C=O Reductions (see also III.F.1)............................ 171
   B. C-N Multiple Bond Reductions................................ 177
      1. Imine Reductions....................................... 177
      2. Reductions of Heterocycles............................ 179
   C. Reduction os Sulfur Compounds.............................. 179
   D. N-O Reductions... 179
   E. C-C Multiple Bond Reductions................................ 180
      1. C=C Reductions.. 180
      2. C≡C Reductions.. 182
   F. Hetero Bond Reductions...................................... 183
      1. C-O → C-H... 183
      2. C-Hal → C-H.. 185
      3. C-S → C-H.. 187
   G. Reductive Cleavages.. 188
      1. Oxiranes... 188
      2. N-O Cleavages... 189
      3. Other Reductive Cleavages............................. 189
   H. Reduction of Azides.. 190
   I. Other Reductions... 190

IV. SYNTHESIS OF HETEROCYCLES
- A. Oxiranes, Aziridines and Thiiranes 193
- B. Oxetanes, Azetidines, and Thietanes 196
- C. Lactams 198
- D. Lactones 205
- E. Furans and Thiophenes 212
- F. Pyrroles, Indoles, etc 218
- G. Pyridines, Quinolines, etc 229
- H. Pyrans, Pyrones, and Sulfur Analogues 238
- I. Other Heterocycles with One Heteroatom 245
- J. Heterocycles with a Bridgehead Heteroatom 248
- K. Heterocycles with Two or More Heteroatoms 252
  1. Heterocycles with 2 N's 252
     a. 5-Membered 252
     b. 6-Membered 256
     c. 7-Membered 258
  2. Heterocycles with 2 O's or 2 S's 259
  3. Heterocycles with 1 N and 1 O 261
  4. Heterocycles with 1 N and 1 S 267
  5. Heterocycles with 1 O and 1 S 269
  6. Heterocycles with 3 or more N's 270
  7. Heterocycles with 2 N's and 1 O 272
  8. Heterocycles with 2 N's and 1 S or 1 Se 274
- L. Other Heterocycles 274
- M. Reviews 277

V. PROTECTING GROUPS
- A. Aldehyde and Ketone Protecting Groups 282
- B. Amino Acid Protection 285
- C. Amine Protecting Groups 287
- D. Carboxyl Protecting Groups 291
- E. Hydroxyl Protecting Groups 291
- F. Other Protecting Groups 295

VI. USEFUL SYNTHETIC PREPARATIONS
- A. Functional Group Preparations 296
  1. Acetals and Ketals 296
  2. Acids and Anhydrides (see also: I.G.2.) 298
  3. Alcohols and Related Species (see also: II.B.1., III.A., V.E., VI.A.9.) 300
  4. Aldehydes and Ketones (see also: I.A.1., I.G.2., II.A.1 303
  5. Amides 307
  6. Amines and Carbamates 311
  7. Amino Acid Derivatives 316
  8. Azides 320
  9. Esters (see also: I.C.2., IV.D., V.D., VI.A.3.) 321
  10. Ethers 325
  11. Halides (see also: II.B.2.) 327
  12. Nitriles and Imines 333

      13. Other N-Containing Functional Groups 336
  B. Additions to Alkenes and Alkynes 339
  C. Nucleotides, etc 342
  D. Phosphorus, Selenium and Tellurium Compounds 344
  E. Silicon Compounds 346
  F. Sulfur Compounds 348
  G. Tin Compounds 351

VII. REVIEWS
  A. Techniques 353
  B. Asymmetric Synthesis and Molecular Recognition 356
  C. Reactions 362
  D. Reactive Intermediates 364
  E. Organo-metallics and -metalloids 369
  F. Halogen Compounds and Halogenation (see also: VI.A.11.) 375
  G. Natural Products 376
  H. Others (see also: IV.M.) 381

VIII. SELECTED TOPICAL AREAS
  A. Fullerene Chemistry 386
      1. Diels-Alder Type Cycloadditions 386
      2. Other Cycloadditions 387
      3. Photochemical Reactions 388
      4. Other Fullerene Chemistry 389
  B. Taxol and Related Taxane Chemistry 394
  C. Enediyne and Dienediyne Chemistry 397
  D. Total Syntheses of Selected Natural Products (see also: VIII.B and VIII.C) 397
  E. Reactions in Aqueous Media 406
  F. Combinatorial Chemistry 408

AUTHOR INDEX 419

PREFACE

One of the more difficult problems facing chemists today is that of "keeping up with the literature." For several reasons, the problem is particularly severe for the synthetic organic chemist. Bits of information of potential use are scattered throughout common chemistry journals and can be found in any paper, not just those dealing strictly with synthesis. Thus, synthetic chemists must read a large number of journals and must organize and index what they read to make the information available for future reference. All synthetic chemists do this, but the task is becoming more difficult each year as the flow of information increases.

The problem, however, is shared to some extent by all. Most organic chemists are at some time faced with the problem of synthesizing a desired material, and for many the problems are formidable. Non specialists faced with the synthetic problem are not likely to have kept pace with the developments in synthetic chemistry that may well solve their problems, and they will not have the necessary information in their files, despite the capabilities of on-line searching.

Thus, we felt that an organized annual review of synthetically useful information would prove beneficial to nearly all organic chemists, both specialists and non specialists in synthesis. It should help relieve some of the information storage burden of the specialist and should enable the non specialist who is seeking help with a specific problem to rapidly become aware of recent synthetic advances. Ideally also, it should appear as promptly as possible after the close of the abstracting period. As in the past years, we have placed particular emphasis on keeping the abstracts as concise as possible, while indicating the generality of the reactions involved. We have tried to combine similar publications into inclusive abstracts. This practice has allowed us to include a larger number of references without a substantial increase in the book's length. It should be noted that where multiple references are included in the abstract, the first mentioned refers to the equation shown. The remaining references are closely related but not identical. To further aid the readers, we have separated related but less similar references from that represented by the graphic by the phrase "see also:". We have allowed for two such separations per graphic. In a number of cases we have attempted to further elucidate the contents of these multiple references by including a statement below the graphic. If this statement is enclosed in square brackets [e.g. I.A.7.b.1-4 and IV.A-5] then it pertains to data from the references following the lead reference. If no square brackets are employed (e.g. III.B.1-2 and IV.E-17) then further information about the lead reference is being provided.

The year has been omitted from each reference as presumably all are from 1997. Any references from 1996 (journals received after our February 1 cutoff date) are noted appropriately. In an effort to be more space efficient, we have adopted letter abbreviations for the journal references from Katritzky's Handbook of Heterocyclic Chemistry. See the List of Abstracted Journals for definitions of these letter abbreviations; they are alphabetized by the abbreviations rather than the journal name. The name of the Journal of Organic Chemistry (USSR) was changed to the Russian Journal of Organic Chemistry which is reflected by the letter abbreviation RJOC.

In producing *Annual Reports in Organic Chemistry–1998* we have abstracted 48 primary chemistry journals, selecting useful synthetic advances. We have tried to present the information in an organized manner, emphasizing rapid visual retrieval. The purpose of this emphasis is to aid the reader in scanning the book. The mind is capable of absorbing a whole picture in an instant, but is considerably slowed by having to read sentences. If the pictures presented catch the reader's interest, he or she should then seek details from the original paper. Only the common journals received by our libraries have been abstracted. Any journal received after February 1, 1998 will be covered in the next volume. We have also exercised selectivity in choosing which papers to abstract. Our general guidelines have been to include reactions and methods that are new, synthetically useful, or reasonably general.

The author index is based on the name of the senior author or sometimes the first author. No subject index is included because we feel the Table of Contents serves that function. Chapters I–III are organized by reaction type and, hopefully, the organization is self-explanatory; thus, there should be no difficulty in locating a new method of oxidation or a new cyclopropanation procedure. Chapter IV deals with methods of synthesizing heterocyclic systems. Where fused ring systems bearing multiple heterocyclic rings are synthesized, we have chosen to categorize the heterocyclic system by the ring formed in the reaction. Chapter V covers the use of protecting groups. Chapter VI deals with those synthetically useful transformations that do not fit easily into the first three chapters. In Chapter VII, the reviews have been divided into sections to help the reader to quickly find a review on a specific topic. Heterocyclic reviews may be found at the end of Chapter IV. Chapter VIII, Selected Topical Areas, was added to highlight several areas that we felt were "hot" topics and list collected titles of papers in these areas. While not an all inclusive listing, we hope it will provide useful information. We reorganized the section on Total Syntheses of Selected Natural Products (see VIII.D). The product names (with associated author and reference) have been sorted and grouped alphabetically to help the reader locate a particular compound as quickly as possible. To keep the Annual to a reasonable size, only one author is listed. We used our editorial prerogative to select from the many applicable syntheses.

Any undertaking of this type involves a series of compromises. We have chosen to emphasize reasonable cost and rapid visual retrieval of information at the admitted expense of detail and beauty.

We invite your comments (negative or preferably positive) or suggestions. Please fax them to 908-231-3605 (PMW).

Senior and Contributing Editor
Philip M. Weintraub

Contributing Editors
Kenneth Turnbull
Daniel M. Ketcha
Raymond S. Gross
Gary W. Morrow

LIST OF JOURNALS ABSTRACTED

AA	Aldrichimica Acta
ACR	Accounts of Chemical Research
ACS	Acta Chemica Scandinavia
AG(E)	Angewandte Chemie International Edition in English
AJC	Australian Journal of Chemistry
BCJ	Bulletin of the Chemical Society of Japan
BSB	Bulletin de Societies Chimiques Belges
BSF	Bulletin de la Societie Chimique de France
CB	Chemische Berichte
CC	Journal of the Chemical Society Chemical Communications
CCC	Collection of Czechoslovakian Chemical Communications
CI(L)	Chemistry and Industry (London)
CJC	Canadian Journal of Chemistry
CL	Chemistry Letters
COS	Contemporary Organic Synthesis
CPB	Chemical and Pharmaceutical Bulletin
CRV	Chemical Reviews
CSR	Chemical Society Reviews
EJC	European Journal of Chemistry
G	Gazzetta Chimica Italiana
H	Heterocycles
HCA	Helvetica Chimica Acta
JACS	Journal of the American Chemical Society
JCR(S)	Journal of Chemical Research (S)
JCS(P1)	Journal of the Chemical Society (Perkin I)
JCS(P2)	Journal of the Chemical Society (Perkin II)
JHC	Journal of Heterocyclic Chemistry
JMC	Journal of Medicinal Chemistry
JOC	Journal of Organic Chemistry
JOM	Journal of Organometallic Chemistry
JPR	Journal fur Praktische Chemie/Chemische Zeitung
LA	Liebigs Annalen der Chemie
M	Monatschefte fur Chemie
OM	Organometallics
OPP	Organic Preparations and Procedures International
OS	Organic Synthesis

RCR	Russian Chemical Reviews
RJOC	Russian Journal of Organic Chemistry
RTC	Recueil des Traveaux Chimiques des Pays-bas
S	Synthesis
SC	Synthetic Communications
SL	Synlett
ST	Steroids
T	Tetrahedron
TA	Tetrahedron Asymmetry
TCC	Topics in Current Chemistry
TL	Tetrahedron Letters
Z	Zeitschrift fur Naturforschung, Teil B

GLOSSARY OF ABBREVIATIONS

9-BBN	9-borabicyclo[3.3.1]-nonane
18-Cr-6 = 8-C-6	18-crown-6
AA	amino acid
Ac	acetyl
acac	acetonylacetone
ad	adamantanyl
ADDP	1,1'-(azadicarbonyl)-dipiperidine
AIBN	azobisisobutyronitrile
All	allyl
Alloc = ALOC	allyloxycarbonyl
An	p-anisyl
aq	aqueous
Ar	aryl
ATD	aluminum tris(2,6-di-*tert*-butyl-4-methylphenoxide)
ATPH	aluminum tris(2,6-diphenylphenoxide)
BCN	N-benzyloxycarbonyl-oxy-5-norbornene-2,3-dicarboximide
BDPP	(2R, 4R) or (2S, 4S) 2,4-bis(diphenylphosphino)-pentane
BER	borohydride exchange resin
BINAL-H	LiAlH4/ethanol/1,1'-bis-2-naphthol complex
BINAP = DINAP	2,2'-bis-(diphenylphosphino)-1,1'-binaphthyl
BINAPHOS	(diphenylphosphino)-1,1'-binaphthalen-2'-yl-1,1'-binaphthalene-2,2'-diyl phosphite
BINOL	2,2'-dihydroxy-1,1'-binaphthyl
Bip	biphenyl-4-sulphonyl
BLA	Bronsted acid assisted chiral Lewis Acid
Bn	benzyl
Boc	t-butyloxycarbonyl
BOM	benzyloxymethyl
BPO	benzoyl peroxide
bpy	bipyridyl
BQ	benzoquinone
BSA	bovine serum albumin
BSA	N,O-bis-silylacetamide
Bt	1- or 2-benzotriazolyl
BTEAC	benzyl triethylammonium chloride
BTFP	2-bromotrifluoroisoprene
BTMA	benzyltrimethyl ammonium
BTS	bis(trimethylsilyl)sulfate
BTSP	bis(trimethylsilyl) peroxide
Bu	butyl
BUS	t-butylsulfonyl
Bz	benzoyl
CAN	ceric ammonium nitrate
cat.	catalyst
Cbz	benzyloxycarbonyl
CCE	constant current electrolysis
CHD	1,4-cyclohexadiene
Chx$_2$BI	dicyclohexyl iodoborane
CNPNB	p-nitrobenzylisocyanide
cod	1,5-cyclooctadiene
cot	cyclooctatriene
Cp	cyclopentadienyl
CPTS	collidinium-p-toluene-sulfonate
Cr-PILC	chromium-pillared clay catalyst
CRA	complex reducing agent
CSA	camphor sulfonic acid
CTAB	cetyl trimethyl-ammonium bromide
CTMS = TMCS	chlorotrimethylsilyl
Cy	cyclohexyl
Δ	heat
D	day

xv

DABCO 1,4-diazabicyclo[2.2.2]-
octane
DAMFA (diethylaminoethylene)
hexafluoroacetylacetone
DAST diethylaminosulfur-
trifluoride
DATMP diethylaluminum
2,2,6,6-tetramethyl-
piperidide
dba dibenzylidene acetone
DBAD di-*tert*-butylazodi-
carboxylate
DBH di-*tert*-butyl hyponitrite
DBS dibenzosuberyl
DBU 1,5-diazabicyclo[5.4.0]-
undec-5-ene
DCA 9,10-dicyanoanthracene
DCB dichlorobenzene
DCC dicyclohexylcarbodiimide
DCE 1,2-dichloroethane
Dcpm dicyclopropylmethyl
DDQ 2,3-dichloro-5,6-dicyano-
benzoquinone
de = d.e. diastereomeric excess
DEAD diethyl azodicarboxylate
DEANB N,N-diethylaniline·
borane
DEPC diethyl cyano-
phosphoridate
DET diethyl tartrate
DHAP dihydroxyacetone
phosphate
DHQD dihydroquinidine
DIAD diisopropylazodi-
carboxylate
DIB (diacetoxyiodo)benzene
DIBAH = DIBAL diisobutyl-
aluminum hydride
DIOP 2,3-*O*-isopropylidene-2,3-
dihydroxy-1,4-bis-
(diphenylphosphino)-
butane
DIPEA N.N-diisopropylethyl-
amine

dippp 1,3-bis(diisopropyl-
phosphino)propane
DMA N,N-dimethylacetamide
DMAD dimethyl acetylene
dicarboxylate
DMAP 4-(N,N-dimethyl)-
aminopyridine
DMB 2,3-dimethylbuta-1,3-diene
DMD dimethyl dioxirane
DME dimethoxyethane
DMF dimethylformamide
dmgH dimethylglyoximato
DMI 1,3-dimethylimidazolidin-
2-one
DMM dimethoxymethane
DMN 1,5-dimethoxynaphthalene
DMP 2,6-dimethylphenol
DMP 3,5-dimethylpyrazole
DMPS dimethylphenylsilyl
DMPU *N,N'*-dimethylpropylene-
urea
DMSO dimethylsulfoxide
DMT 4,4'-dimethoxytrityl
DMTr dimethyltrityl
Doc 2,4-dimethylpent-3-
ylcarbonyl
DPC diphenylphosphoro
chloridate
DPDC diisopropyl peroxydi-
carbonate
DPDM diphenyl diazomethane
DPEDA 1,2-diphenylethane-1,2-
diamine
DPPA diphenylphosphorazidate
dppb bis(1,4-diphenyl-
phosphino)butane
dppe = DPPE bis(diphenyl-
phosphino)ethane
dppf dichloro[1,1'-bis-
(diphenylphosphino-
ferrocene)]
dppp 1,3-(diphenylphosphino)-
propane
DPS *t*-butyldiphenylsilyl

dr	diastereomeric ratio	HMDS	1,1,1,3,3,3-hexamethyldisilazane
ds	diastereoselectivity	HMPA = HMPT	hexamethylphosphoramide
DTBB	4,4'-di-*tert*-butylbiphenyl	hν	irradiation with light
DTBP	2,6-di-*t*-butylpyidine	HTIB	[hydroxy(p-tolylsulfonyloxy)iodo]benzene
DTE	dithioerythritol		
E	general electrophile	IBDA	iodobenzene diacetate
EDAC	ethyldimethylaminopropylcarbodiimide	IBX	*o*-iodoxybenzoic acid
EDCP	ethylene dicarboxylic diphosphonic acid	IDCP	iodonium dicollidine perchlorate
EDTA	ethylenediamine tetraacetic acid	INOC	Intramolecular Nitrile Oxide Cycloaddition
ee = e.e.	enantiomeric excess	Ipc2	diisopropylcamphyl
en	ethylene diamine	KMBA	potassium N-methylbutyramide
Et	ethyl		
EWG	electron withdrawing group	L-selectride	lithium tri-^{s}butylborohydride
F_c	ferrocenyl	L.R.	Lawesson's reagent
FDP	fructose-1,6-diphosphate	LAH	lithium aluminum hydride
FePHEN	tris(1,10-phenanthroline)iron(III)hexafluorophosphate	LDA	lithium diisopropylamide
		LDBB	lithium 4,4'-^{t}butylbiphenylide
fl	flavin	LDPE	lithium perchlorate-diethyl ether
flosyl = Fs	fluorosulfonate		
Fmoc	9-fluorenylmethoxycarbonyl	liq.	liquid
		LLB	LaLi$_3$ tris(binaphthoxide)
fod	6,6,7,7,8,8,8-heptafluoro-2,2-dimethyl-3,5-octanedione	LTMP	lithium 2,2,6,6-tetramethylpiperidide
		MABR	methylaluminum bis(4-bromo-2,6-di-^{t}butylphenoxide)
Fs = flosyl	fluorosulfonate		
FTT	1-fluoro-2,4,6-trimethylpyridinium triflate	MAD	methylaluminum bis-(2,6-di-^{t}butyl-4-methylphenoxide)
FVP	flash vapor pyrolysis		
Gr	graphite	MAO	methylaluminoxane
h	hours	MAPh	methylaluminumbis(2,6-diphenoxide)
Hap	hydroxyapatite		
HC	Hermann's dimeric palladacyclic catalyst	MBT	2-mercaptobenzothiazole
		MCPBA	*m*-chloroperbenzoic acid
hfacac	hexafluoroacetylacetone	Me	methyl
HFIP	1,1,1,3,3,3-hexafluoro-2-propanol	Mek	methyl ethyl ketone
		MEM	β-methoxyethoxymethyl
HGK	4-hydroxy-2-ketoglutarate		
Hmb	2-hydroxy-4-methoxybenzyl		

MEPY	methyl 2-pyrrolidone-5(S)-carboxylate	PBP	pyridinium bromide perbromide
Mes = mesityl	2,4,6-trimethylphenyl	PCC	pyridinium chlorochromate
MMPP	magnesium monoperoxyphthalate	PDC	pyridinium dichromate
MOM	methoxymethyl	PEG	polyethylene glycol
MPD	1-methylpyrrolidone	Pf	9-phenylfluorenyl
MPM	methoxy(phenylthio)methyl	pfb	perfluorobutyrate
		PFC	pyridinium fluorochromate
Mpm = PMB	p-methoxybenzyl	Ph	phenyl
MS	molecular sieves	Ph-H	benzene
Ms	methanesulfonyl	Ph-Me	toluene
MSA	methanesulfonic acid	PhTRAP	2,2'-bis[1-(diphenylphosphino)ethyl]-1,1'-biferrocene
MSH	o-mesitylenesulfonyl hydroxylamine		
MTO	methyltrioxorhenium (MeReO$_3$)	pic	2-pyridinecarboxylate
		PIDA	phenyliodonium diacetate
MTPA	methoxy-α-trifluoromethylphenylacetyl	PIFA	phenyliodo bis(trifluoroacetate)
MV^{2+}	methyl viologen	PLAP	porcine liver acetone powder
MVK	methyl vinyl ketone		
mw	microwave	PMB = Mpm	p-methoxybenzyl
NaBMGS	sodium butylmonoglycosulfate	PMHDS	Polymethylhydrosiloxanes
Naph = Np	naphthyl	PMHS	polymethyl hydrosilane
NBS	N-bromosuccinimide	PMI	N-phenylmaleimide
NCS	N-chlorosuccinimide	PMP	1,2,2,6,6-pentamethylpiperidine
N$_f$	nonafluorobutylsulfonyl		
NFOBS	N-fluoro-O-benzenedisulfonimide	PMP	p-methoxyphenyl
		PNB	p-nitrobenzyl
NHPI	N-hydroxyphthalimide	PNZ	p-nitrobenzyloxycarbonyl
NIS	N-iodosuccinimide	PPA	polyphosphoric acid
NMO	N-methylmorpholine-N-oxide	PPHF	pyridinium polyhydrogen fluoride
NMP	1-methyl-2-pyrrolidinone	ppp	poly(p-phenylene)
NPM	N-phenylmaleimide	PPSE	polyphosphoric acid trimethylsilyl ester
NR	no reaction		
Nuc.	general nucleophile	PPTS	pyridinium p-toluenesulfonate
[O]	general oxidation		
OMIP	2-methoxyisopropyl	Pr	propyl
OP	perfluorooctanesulfonate	psi	pounds per square inch
Oxone	potassium peroxymonosulfate	PTAB	phenyltrimethylammonium perbromide
		PTC	phase transfer catalysis

GLOSSARY

PTS p-tolylsulphonate
PTSA p-toluenesulfonic acid
pyr pyridine
rac racemic
RaNi Raney nickel
R$_f$ perfluorinated alkyl
ROM ring opening metathesis
rt room temperature
Salen N,N'-ethylenebis-(salicylideneiminato)
SAMP (s)-1-amino-2-methoxymethylpyrrolidine
SEM = TEOC β-trimethylsilyethoxymethyl
SES 2-[(trimethylsilyl)ethyl]sulfonyl
Sia Siamyl
SMEAH sodium bis(2-methoxyethoxy)aluminum hydride
TACS triazidochlorosilane
TASF tris(dimethylamino)sulfur(trimethylsilyl)difluoride
TBAB tetrabutylammonium bromide
TBAF tetrabutylammonium fluoride
TBAHS tetra-n-butylammonium hydrogen sulfate
TBCO tetrabromocyclohexadienone
TBDMS = TBS t-butyldimethylsilyl
TBDPS ^{t}butyldiphenylsilyl
Tbfmoc Tetrabenzo[a,c,g,i]fluorenyl-17-methyloxycarbonyl
TBHP ^{t}butyl hydroperoxide
TBME ^{t}butyl methyl ether
TBP tributylphosphine
Tbs 4-methoxy-3-t-butylbenzenesulphonyl
TBSOP N-^{t}butylcarbonyl-2-(^{t}butyldimethylsiloxy)pyrrole
TBTH tributyltin hydride
TBTSP t-butyl trimethylsilyl peroxide
TCAA trichloroacetyl anhydride
TCF trichloromethyl chloroformate
TCNE tetracyanoethylene
TCNEO tetracyanoethylene oxide
TCPC^{TFE} (tetrakis(2,2,2-trifluoroethoxycarbonyl)palladium cyclopentadiene
TCS tetrachlorosilane
TDS dimethyl thexylsilyl
TEA triethylamine
TEBA Benzyl trimethylammonium chloride
TEOC = SEM β-trimethylsilylethoxymethyl
TEP triethylphosphite
TES triethylsilyl
Tf trifluoromethanesulfonyl
TFA trifluoroacetic acid
TFAA trifluoroacetic anhydride
TFE trifluoroethanol
TFMSA trifluoromethanesulfonic acid
TFP 1,1,1-trifluoro-2-propanol
TFP tris-2-furylphosphine
TFPZ trifluoroisopropenyl zinc
THAH tetrahexylammonium hydrogen fluoride
thexyl 2,3-dimethylbutyl
THF tetrahydrofuran
THP tetrahydropyranyl

TIPPSe-Br (2,4,6-triisopropyl-phenyl)selenium bromide
TIPS tri-^{i}propylsilyl
TMABr tetramethylammonium bromide
TMAF tetramethylammonium fluoride
TMAO = TMANO trimethylamine N-oxide
TMEDA tetramethylethylenediamine
TMG 1,1,3,3-tetramethylguanidine
Tmob 2,4,6-trimethoxybenzyl
TMP 2,2,6,6-tetramethylpiperidine
TMS trimethylsilyl
TMSA trimethylsilyl azide = azido trimethylsilane
TMSDEA N,N-diethyltrimethylsilylamine
TMU tetramethylurea
TNM tetranitromethane
Tol tolyl
Tos = Ts p-toluenesulfonyl

TPCD tetrapyridine cobalt(II) dichromate
TPP Tetraphenylporphyrin
TPP triphenyl phosphine
TPP triphenylphosphate
TPPTS m-sulfonated triphenylphosphine
Tr = trityl triphenylmethyl
TSE 2-(trimethylsilyl)ethyl
TT Co(II) Pc tetrabutylammonium cobalt(II) phthalocyanine-5,12,19,26-tetrasulfate
UHP urea-hydrogen peroxide complex
V-70 2,2'-azobis-(2,4-dimethyl-4-methoxyvaleronitrile)
wk week
Z benzyloxycarbonyl
Ⓟ polymeric support
((c· = US ultrasound

I
CARBON-CARBON BOND FORMING REACTIONS

I.A. Carbon - Carbon Single Bonds

(see also: I.E., I.F., I.G., I.H.)

I.A.1. Alkylations of Aldehydes, Ketones and Their Derivatives

I.A.1-1 Yamashita, M. et al., *JOC*, **62**, 3981.

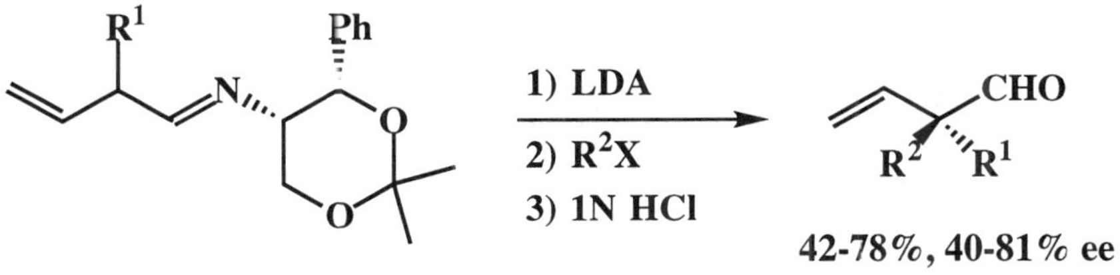

$$\text{imine substrate} \xrightarrow[\text{2) R}^2\text{X}]{\text{1) LDA}} \xrightarrow{\text{3) 1N HCl}} \text{product}$$

42-78%, 40-81% ee

I.A.1-2 Oh, D.Y. et al., *TL*, **38**, 4567.

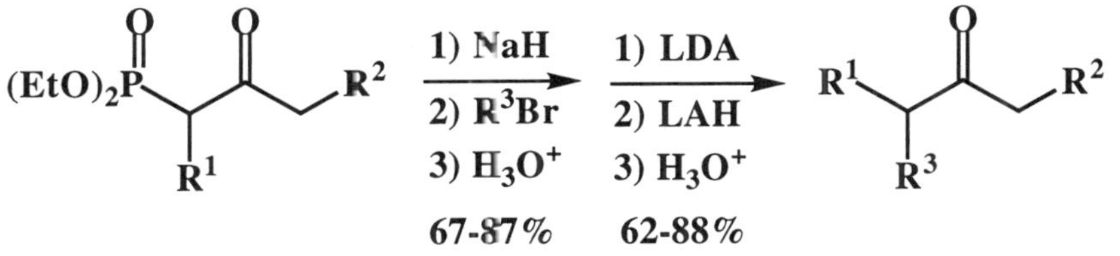

$$\xrightarrow[\text{2) R}^3\text{Br}]{\text{1) NaH}} \xrightarrow[\text{3) H}_3\text{O}^+]{} \xrightarrow[\text{2) LAH}]{\text{1) LDA}} \xrightarrow{\text{3) H}_3\text{O}^+}$$

67-87%   62-88%

I.A.1-3 Hosomi, A. et al., *JACS*, **119**, 5459.

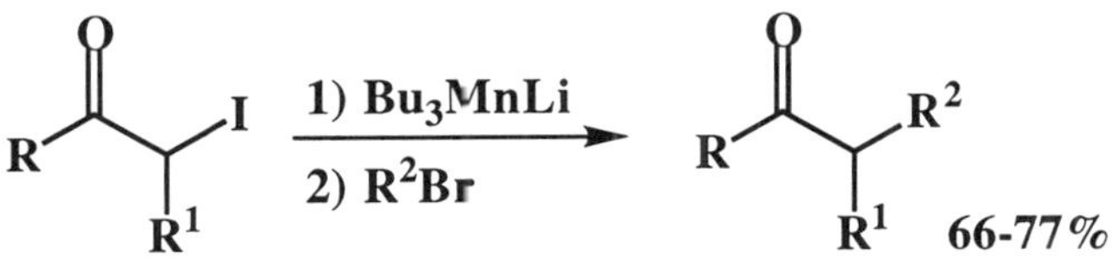

$$\xrightarrow[\text{2) R}^2\text{Br}]{\text{1) Bu}_3\text{MnLi}}$$

66-77%

I.A.1-4 Yamamoto, H. et al., *SL*, 357 & 359 and *JACS*, **119**, 611.

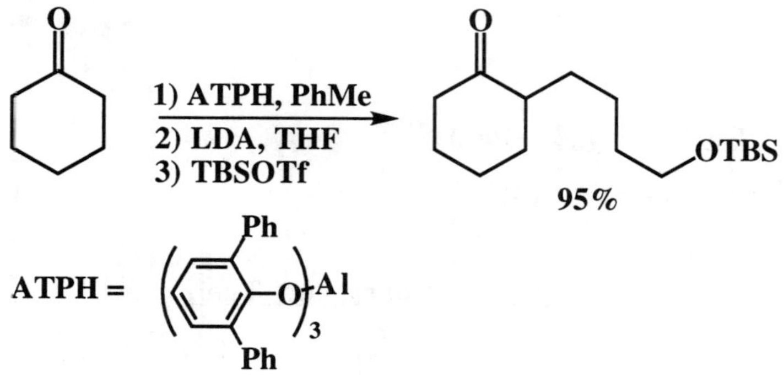

ATPH = tris(2,6-diphenylphenoxide)aluminum

Cyclohexanone →
1) ATPH, PhMe
2) LDA, THF
3) TBSOTf
→ 2-(3-OTBS-propyl)cyclohexanone, 95%

I.A.1-5 Buchwald, S.L. and Palucki, M., *JACS*, **119**, 11108; see also: Muratake, H. and Natsume, M., *TL*, **38**, 7581.

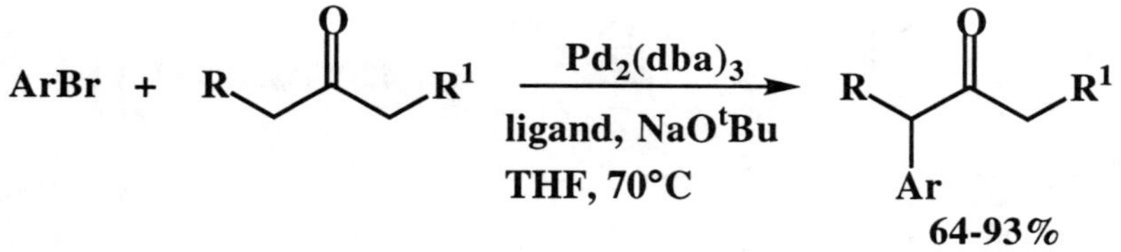

ArBr + R–C(O)–CH$_2$–R^1 $\xrightarrow[\text{THF, 70°C}]{\text{Pd}_2(\text{dba})_3, \text{ligand, NaO}^t\text{Bu}}$ R–C(O)–CH(Ar)–R^1, 64-93%

I.A.1-6 Baba, A. et al., *JOC*, **62**, 8282.

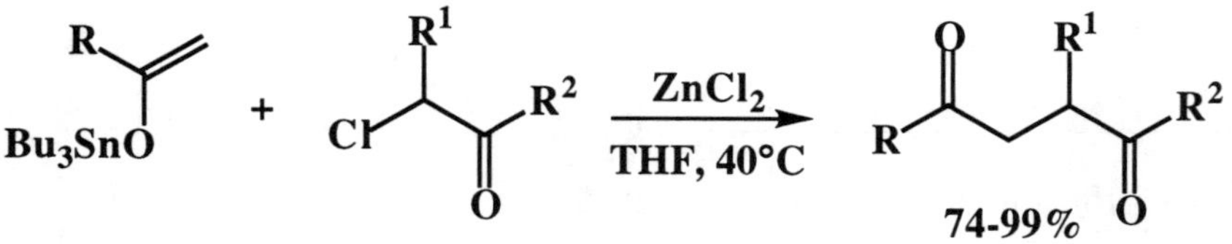

R–C(=CH$_2$)–OSnBu$_3$ + Cl–CHR^1–C(O)R^2 $\xrightarrow[\text{THF, 40°C}]{\text{ZnCl}_2}$ R–C(O)–CH$_2$–CHR^1–C(O)R^2, 74-99%

I.A.1-7 Shaw, J.T. and Woerpel, K.A., *JOC*, **62**, 6706 and *T*, **53**, 16597; Pohmakotr, M. and J. Thisayukta, *TL*, **38**, 6759; Kocovsky, P. et al., *TL*, **38**, 4895; Rossi, T. et al., *JOC*, **62**, 1653.

[similar acetate displacements with other Lewis acids, substrates or enol ethers]

I.A.1-8 Moriarty, R.M., Epa, W.R. and Prakash, O., *JCR(S)*, 262.

I.A.1-9 Arai, N. and Narasaka, K., *BCJ*, **70**, 2525.

I.A.1-10 Schobert, R. et al., *S*, 661.

I.A.2. Alkylations of Nitriles, Acids and Acid Derivatives

I.A.2-1 Corey, E.J. et al., *JACS*, **119**, 12414; Lygo, B. and Wainwright, P.G., *TL*, **38**, 8595.

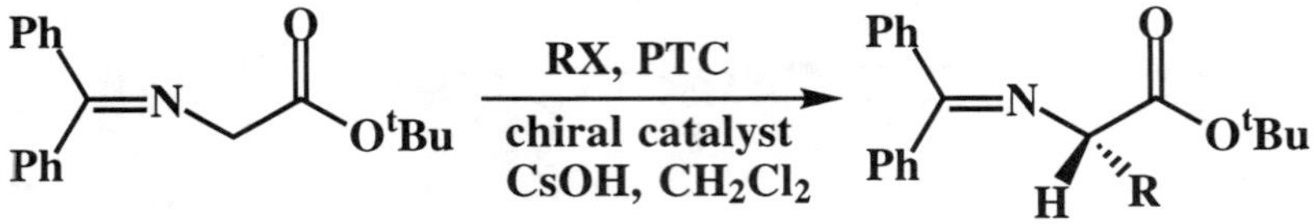

67-91%, 96-99% ee

catalyst =

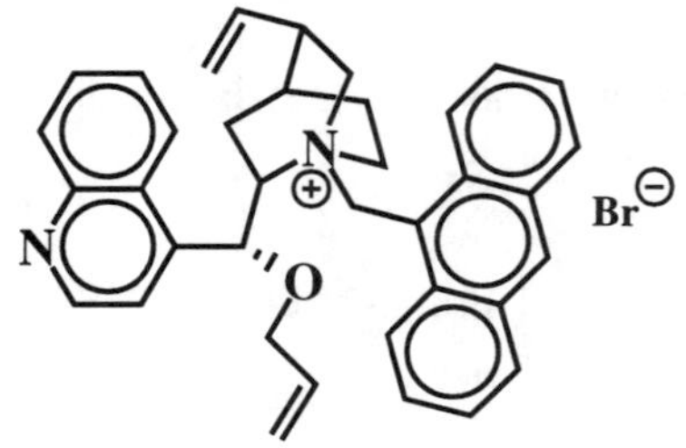

I.A.2-2 Shia, K.-S., Liu, H.-J. et al., *TL*, **38**, 7713; see also: Rychnovsky, S.D. and Swenson, S.S., *JOC*, **62**, 1333.

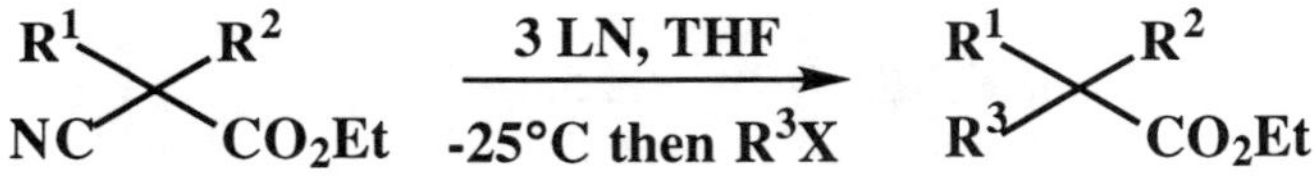

$$R^1R^2C(CN)(CO_2Et) \xrightarrow[-25°C \text{ then } R^3X]{3 \text{ LN, THF}} R^1R^2R^3C(CO_2Et)$$

67-91%

I.A.2-3 Kim, D. and Kim, I.H., *TL*, **38**, 415.

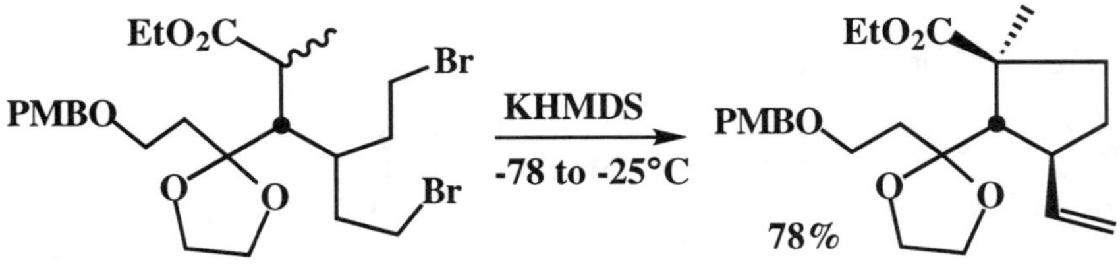

78%

I.A.2-4 Myers, A.G. et al., *JACS*, **119**, 6496 & 656 and *TL*, **38**, 7037; see also: Quirion, J.-C. et al., *S*, 1091.

[Scheme: Ph-CH(Me)-CH(OH)-N(Me)-C(O)-CH2-R → 1) LDA, LiCl; 2) R¹X → Ph-CH(Me)-CH(OH)-N(Me)-C(O)-CH(R¹)-R]

77-99%, 33-99% de

I.A.2-5 Almeida, W.P. et al., *TA*, **8**, 2781; Shioiri, T. et al., *H*, **46**, 421; Charlton, J.L. and Chee, G.-L., *CJC*, **75**, 1076.

[Scheme: Ar-CH2-C(O)-N(oxazolidinone, iPr) → NaHMDS, MeI, THF, −78 to −30 °C → Ar-CH(Me)-C(O)-N(oxazolidinone, iPr), 80%]

Ar = 3,5-(MeO)$_2$C$_6$H$_3$

I.A.2-6 de Brabander, J. et al., *TL*, **38**, 1539; Cativiela, C., Diaz-de-Villegas, M.D. et al., *T*, **53**, 5891.

[Scheme: camphorsultam-N-C(O)-CH2-Ar → 1) BuLi, THF; 2) MeI, DMPU → camphorsultam-N-C(O)-CH(Me)-Ar]

Ar = 4-^{i}BuC$_6$H$_4$

83%, 95% de

I.A.2-7 Maruoka, K. et al., *TL*, **38**, 5679.

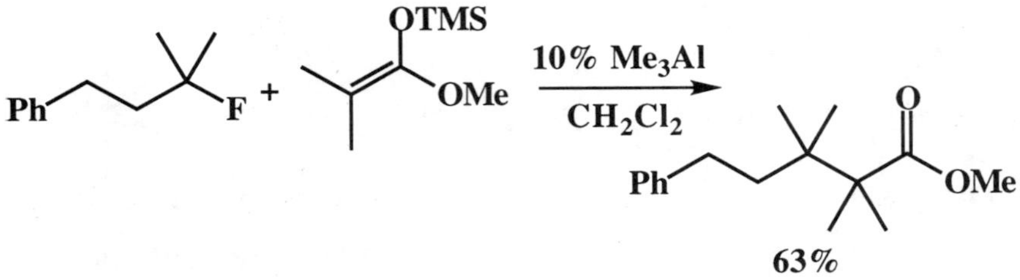

I.A.3. Alkylations of β-Dicarbonyl, β-Cyanocarbonyl Systems and Other Active Methylene Compounds

I.A.3-1 Ridvan, L. and Zavada, J., *T*, **53**, 14793.

mono- / dialkylation selectivity in DMSO depends critically on the absolute acidity (pK) of the conjugate carbon acid of the carbanion

---

I.A.3-2 Moreno-Manas, M. et al., *TA*, **8**, 1525.

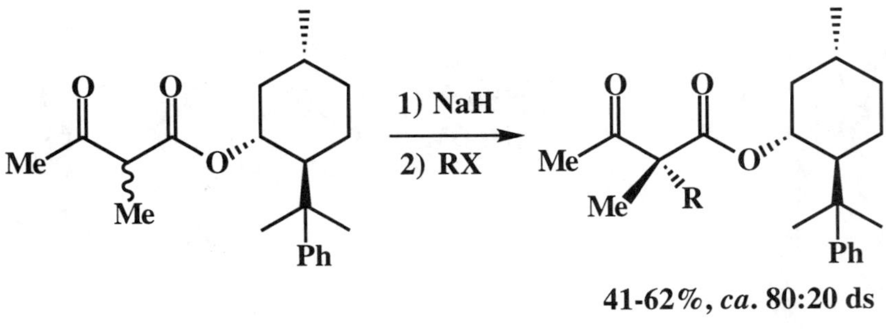

41-62%, *ca.* 80:20 ds

I.A.3-3 Nanami, K et al., *JOC*, **62**, 5830.

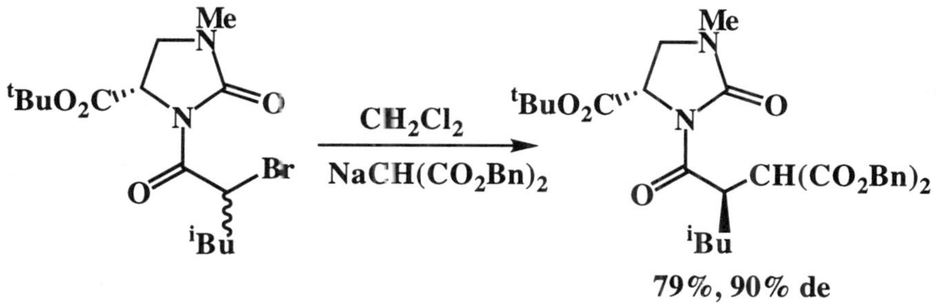

[Reaction scheme: tBuO₂C-substituted N-methyl imidazolidinone with N-acyl α-bromo-isobutyl group + NaCH(CO₂Bn)₂ in CH₂Cl₂ → corresponding CH(CO₂Bn)₂ substituted product]

79%, 90% de

I.A.3-4 Linker, T. et al., *JACS*, **119**, 9377.

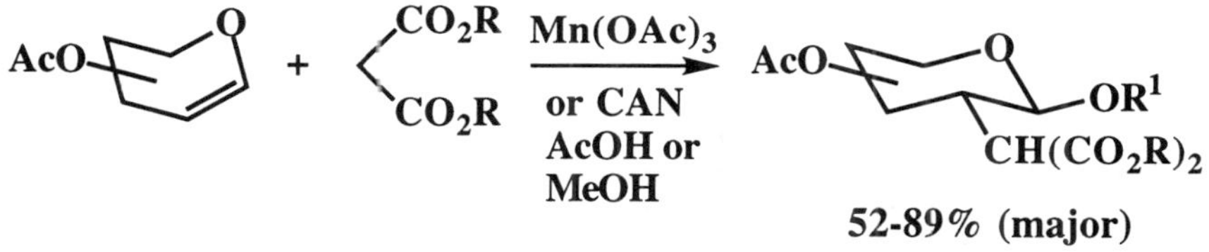

[Reaction scheme: AcO-dihydropyran + CH(CO₂R)₂, with Mn(OAc)₃ or CAN, AcOH or MeOH → AcO-tetrahydropyran with OR¹ and CH(CO₂R)₂ substituents]

52–89% (major)

I.A.3-5 Shing, T.K.M. et al., *JOC*, **62**, 1617.

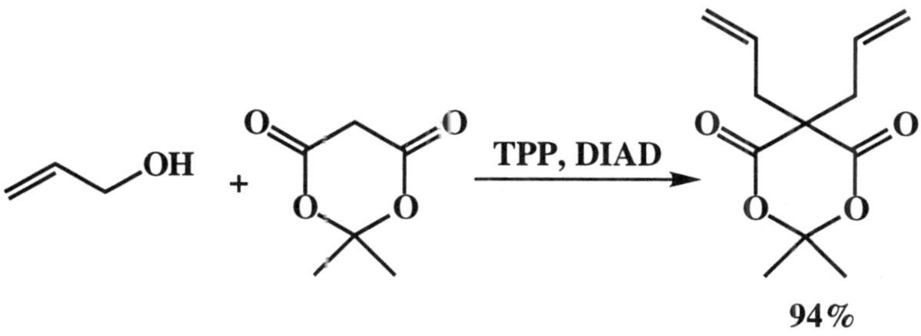

[Reaction scheme: allyl alcohol + 2,2-dimethyl-1,3-dioxane-4,6-dione (Meldrum's acid), TPP, DIAD → 5,5-diallyl Meldrum's acid]

94%

I.A.3-6 Mortreux, A. et al., *CC*, 1393.

$$\text{allyl-NEt}_2 + \underset{R^2}{\overset{R^1}{>}}\!\!\!\!\!\!\!\!\!\!\!\begin{array}{c}\text{O}\\\text{O}\end{array} \xrightarrow[\text{THF or DMF}]{\text{[Ni] or [Pd] cat}} \text{mono-allyl} + \text{di-allyl}$$

72:28 to 97:3
5 to »600
turnover
frequency / h

I.A.3-7 Kumareswaran, R. and Vankar, Y.D., *TL*, **38**, 8421.

$$\text{Ph-CH=CH-CH(OH)-CH}_3 \xrightarrow[\text{}^n\text{BuLi, oxalyl chloride}]{\text{NaCHE}_2, \text{Pd(0)}} \text{Ph-CH=CH-CH(CHE}_2\text{)-CH}_3$$

63-84%

I.A.3-8 DeShong, P. et al., *JOC*, **62**, 1257; **see also:** Mori, M. et al., *T*, **53**, 5433.

$$\underset{\overset{|}{\text{OMe}}}{\text{OBz-dihydropyran}} \xrightarrow[\text{Pd(PPh}_3)_4]{\text{NaCH(CO}_2\text{Et})_2} \underset{\overset{|}{\text{OMe}}}{\text{CH(CO}_2\text{Et})_2\text{-dihydropyran}}$$

87%

I.A.3-9 Zhang, X. et al., *TL*, **38**, 375; Hamada, Y. et al., *TL*, **38**, 8961; Ahn, K.H., Park, J. et al., *TA*, **8**, 1179; Yamashita, M. et al., *SL*, 583; Trost, B.M. et al., *JACS*, **119**, 7879; Achiwa, K. et al., *SL*, 783; **see also:** Romero, D.L. and Fritzen, E.L., *TL*, **38**, 8659; Piras, P.P. and Bernard, A.M., *SC*, **27**, 709; O'Donnell, M.J. et al., *JOC*, **62**, 3962.

Ph–CH=CH–CH(OCOR)–Ph → [$CH_2(CO_2Me)_2$, $Pd(OAc)_2$, BSA, chiral ligand, KOAc] → Ph–CH=CH–CH($CH(CO_2Me)_2$)–Ph

54-99%, 50-59% ee

[a wide variety of chiral ligands and other Pd catalysts used for similar transformations]

I.A.3-10 Balme, G. et al., *TL*, **38**, 827.

55%   52%

1) Pd(dppe), ^{t}BuOK, NMP, 60°C

I.A.3-11 Najera, C. et al., *TL*, **38**, 7943; **see also:** Trost, B.M. et al., *AG(E)*, **36**, 1486 and 1715.

72%

I.A.3-12 Reetz, M.T. et al., *CC*, 535.

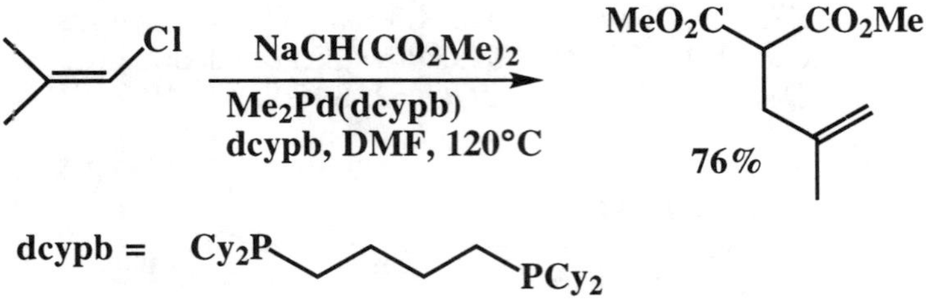

dcypb = Cy$_2$P~~~PCy$_2$

I.A.3-13 Takeuchi, R. and Kashio, M., *AG(E)*, **36**, 263; Janssen, J.P. and Helmchen, G., *TL*, **38**, 8025.

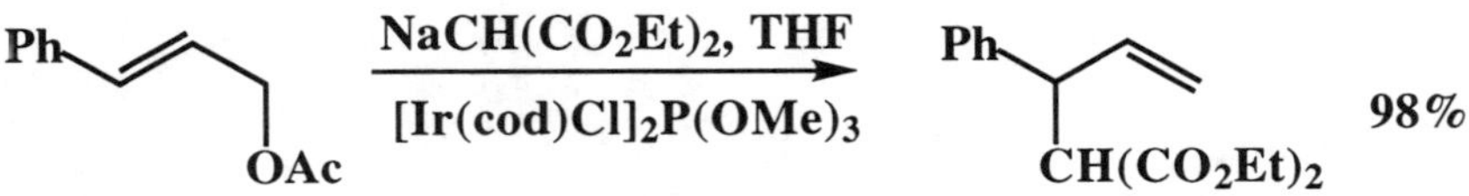

I.A.3-14 Moriarty, R.M. et al., *TL*, **38**, 4333.

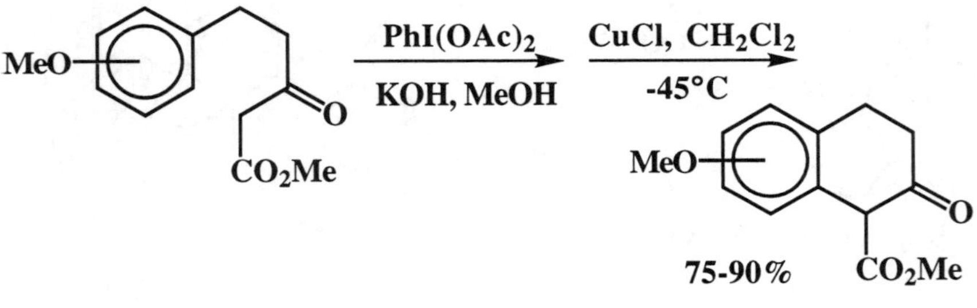

I.A.3-15 Pinhey, J.H. et al., *JCS(P1)*, 1465 and 1005.

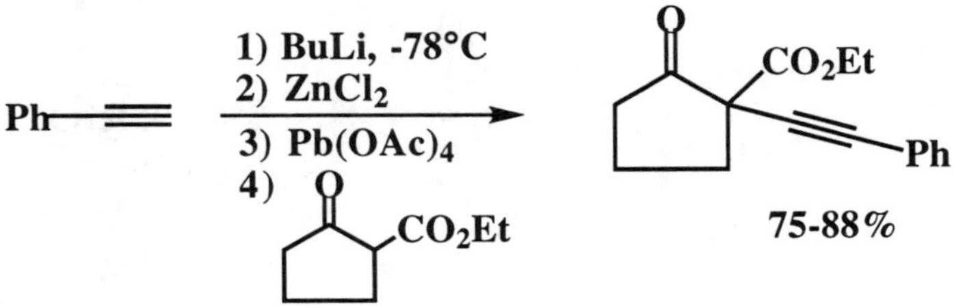

I.A.4. Alkylations of N-, P-, S-, Se and Similar Stabilized Carbanions

I.A.4-1 Nakamura, E. and Kubota, K., *TL*, **38**, 7099 and *JOC*, **62**, 792; see also: *JACS*, **119**, 5457.

I.A.4-2 Giraud, L. et al., *SL*, 1159.

I.A.4-3 Katritzky, A.R. et al., *JOC*, **62**, 715.

R = Et, C_5H_{11}, allyl

I.A.4-4 Smith, A.B., III and Boldi, A.M., *JACS*, **119**, 6925.

I.A.4-5 Ricci, A. et al., *S*, 1174.

[1,3-dithiane with R, Li substituents] →(ZnCl$_2$, THF, -78°C) →(R^{1}X) [1,3-dithiane with R, R^1 substituents]

R = H, TMS

5-91%

I.A.5. Alkylations of Organometallic Reagents

(see also: I.B.3., I.B.4., I.F., I.G.)

I.A.5-1 Clayden, J. and Pink, J.H., *TL*, **38**, 2561 and 2565; Beak, P. et al., *JACS*, **119**, 8209; **see also:** Clayden, J. et al., *TL*, **38**, 8587.

[1-naphthyl-C(O)N^{i}Pr$_2$] →(1) ^{s}BuLi, THF; 2) EtI; 3) ^{s}BuLi, THF; 4) EtI) [2-(pent-3-yl)-1-naphthyl-C(O)N^{i}Pr$_2$]

78%, 98:2 ds

I.A.5-2 Norsikian, S., Marek, I. and Normant, J.-F., *TL*, **38**, 7523; **see also:** Hoppe, D. et al., *AG(E)*, **36**, 1764; **see also:** Robinson, R.P. et al., *TL*, **38**, 8479.

Ph–CH=CH–Me →(RLi, hexane, sparteine) Ph–CH(R)–CH(Me)

83-92%, 76-85% ee

I.A.5-3 Kabalka, G W. et al. *JOM*, **531**, 101.

$$\text{ArCHCl}_2 + \text{R}_3\text{B} \xrightarrow[\text{2) [O]}]{\text{1) Mg or Li}} \underset{38\text{-}82\%}{\text{Ar-CH(OH)-R}}$$

I.A.5-4 Charette, A.B. et al., *TL*, **38**, 2809.

$$\text{R-cyclopropyl-BY}_2 + \text{I-cyclopropyl-R}^1 \xrightarrow[\text{KO}^t\text{Bu, 80°C}]{\text{Pd(OAc)}_2, \text{PPh}_3, \text{DME}} \underset{60\text{-}71\%}{\text{R-cyclopropyl-cyclopropyl-R}^1}$$

I.A.5-5 Kibayashi, C. et al., *JOC*, **62**, 8280; **see also**: Allin, S.M. et al., *TL*, **38**, 3627.

1) Et$_2$AlCl
2) RMgBr
75-84%

similarly with TiCl$_4$ / allylTMS

I.A.5-6 Petrini, M. and Giovannini, R., *TL*, **38**, 3781.

furyl-C(O)-CH(SO$_2$Ph)-CH$_2$-CN $\xrightarrow[\text{Et}_2\text{O}\cdot\text{C}_6\text{H}_6,\,\text{LiClO}_4]{\text{RMgX}}$ furyl-C(O)-CH(R)-CH$_2$-CN
68-78%

I.A.5-7 Katritzky, A.R. et al., *JOC*, **62**, 700.

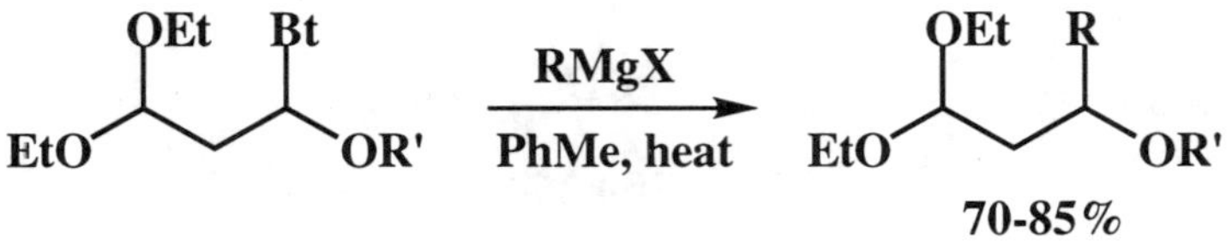

EtO-CH(OEt)-CH2-CH(Bt)-OR' →[RMgX, PhMe, heat] EtO-CH(OEt)-CH2-CH(R)-OR'   70-85%

I.A.5-8 Rossi, R. et al., *JOM*, **542**, 113;.Jeong, Y.-T. et al., *JCS(P1)*, 823.

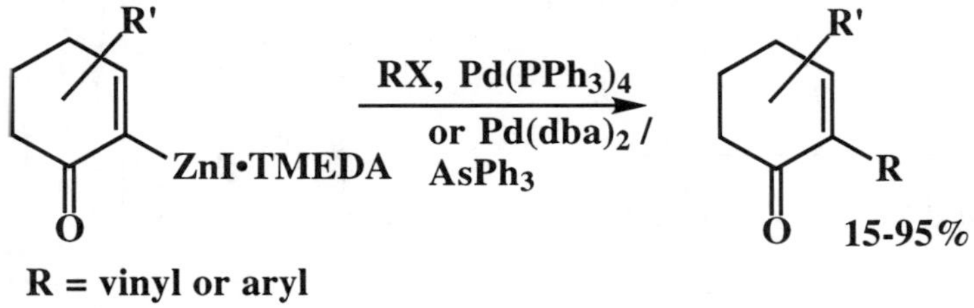

[cyclohexenone with ZnI·TMEDA at α-position] →[RX, Pd(PPh3)4 or Pd(dba)2 / AsPh3] [cyclohexenone with R at α-position]   15-95%

R = vinyl or aryl

I.A.5-9 Rychnovsky, S.D. and Powell, N.A.; *JOC*, **62**, 6460.

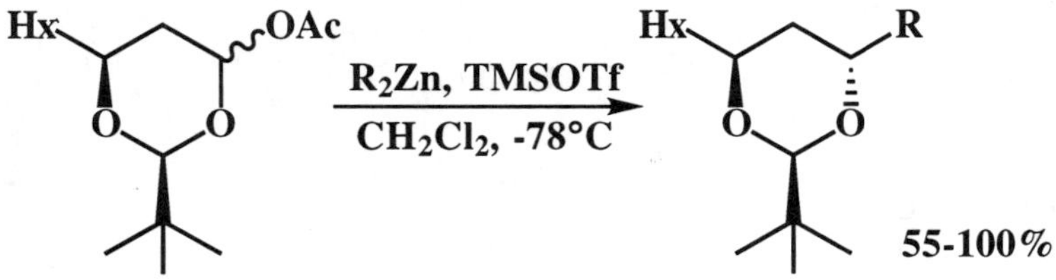

[1,3-dioxane with Hx and OAc substituents, t-Bu at 2-position] →[R2Zn, TMSOTf, CH2Cl2, -78°C] [1,3-dioxane with Hx and R substituents]   55-100%

I.A.5-10 Fujisawa, T. et al., *CL*, 1149.

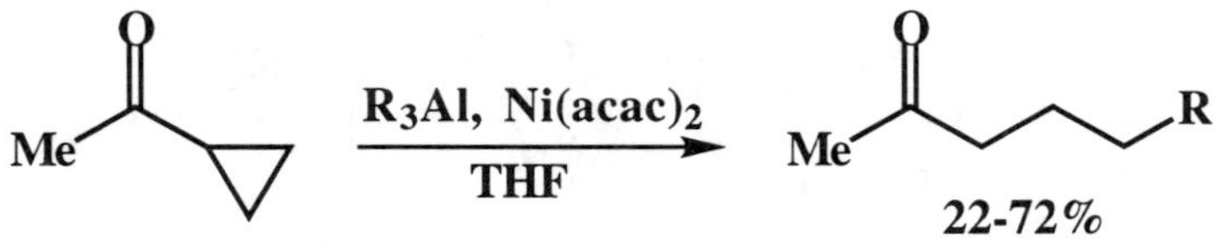

Me-C(O)-cyclopropyl →[R3Al, Ni(acac)2, THF] Me-C(O)-CH2-CH2-CH2-R   22-72%

I.A.5-11 Miyashita, M. et al., *TL*, **38**, 3419 and *CL*, 1191.

$$\text{EtO-C(=O)-CH=CH-CH(epoxide)} \xrightarrow[\text{CH}_2\text{Cl}_2,\ -30°\text{C}]{\text{R}_3\text{Al, H}_2\text{O}} \text{EtO-C(=O)-CH=CH-CH(R)-CH}_2\text{OH}$$

70-87%

I.A.5-12 Yamazaki, T. et al., *TL*, **38**, 6705; **see also:** Marino, J.P. et al., *JOC*, **62**, 645.

$$\text{CF}_3\text{-CH=CH-CH(OAc)R'} \xrightarrow[\text{TMSCl, 0°C}]{\text{RMgX, CuCN}} \text{CF}_3\text{-CH(R)-CH=CH-R'}$$

0-99%

S$_N$2' reactions also reported with allyl mesylates

I.A.5-13 Hiyama, T. et al., *BCJ*, **70**, 1943.

$$R^2\text{-C(R}^1\text{)=CH-CH(R}^3\text{)-OCO}_2R' + \text{RSiR''}_3 \xrightarrow[\text{DMF, 60°C}]{\text{Pd(OAc)}_2,\ \text{PPh}_3}$$

$$R^2\text{-C(R}^1\text{)=CH-CH(R}^3\text{)R} + R^2\text{-C(R}^1\text{)(R)-CH=CH-R}^3$$

9-99%

I.A.5-14 Curran, D.P., Hallberg, A. et al., *JOC*, **62**, 5583.

$$R^1\text{Sn(CH}_2\text{CH}_2\text{C}_6\text{F}_{13}\text{)}_3 + R^2X \xrightarrow[\text{LiCl, DMF}]{\text{PdCl}_2(\text{PPh}_3)_2} R^1\text{-}R^2$$

39-93%

I.A.5-15 McCluskey, A. et al., *TL*, **38**, 5217.

$$\text{RO}\underset{R^1}{\overset{OR}{\diagdown\diagup}}H \xrightarrow[\text{2) } (\diagup\!\!\!\diagdown)_4 Sn]{\text{1) TFA or SiO}_2 / \text{MeOH}} R^1\underset{}{\overset{OH}{\diagdown\diagup\diagdown\!\!\!=}} \quad 68\text{-}100\%$$

I.A.5-16 Yamamoto, Y. et al., *JACS*, **119**, 8113.

$$\underset{R^2}{\overset{R^1}{\diagdown}}=\underset{EWG^2}{\overset{EWG^1}{\diagup}} + \diagup\!\!\!\diagdown SnBu_3 + \diagup\!\!\!\diagdown X \xrightarrow{1)}$$

EWG = CN, CO$_2$Et, SO$_2$Ph, NO$_2$

1) Pd cat., THF, rt

trace-91%

Product: R^1, R^2, EWG^1, EWG^2 substituted with two allyl groups.

I.A.5-17 Oshima, K. et al., *TL*, **38**, 9019.

$$\diagup\!\!\!\diagdown SnBu_3 \xrightarrow[\text{2) cyclohexene oxide}]{\text{1) Me}_3\text{MnLi}} \text{trans-2-allylcyclohexanol} \quad 80\%$$

I.A.5-18 Corey, E.J. et al., *TL*, **38**, 5771; **see also:** Yamamoto, H. et al., *BCJ*, **70**, 493.

$$R\underset{}{\overset{O}{\diagdown\!\!\!\diagup\!\!\!\diagdown}}TBS \xrightarrow[\substack{\text{2) BaI}_2 \\ \text{3) R}^1 X}]{\text{1) } \overset{Li}{\diagup\!\!\!=}} R\underset{}{\overset{OTBS}{\diagdown\!\!\!\diagup\!\!\!=\!\!\!\diagdown}}R^1 \quad 72\text{-}82\%$$

I.A.5-19 Kasatkin, A. and Whitby, R.J., *TL*, **38**, 4857.

$$\text{Cl-CH}_2\text{-CH=CH-CH}_2\text{-Cl} \xrightarrow[-90°C]{\text{LiTMP}} \xrightarrow{\text{Cp}_2\text{Zr(R)Cl}} \xrightarrow{\text{H}_3\text{O}^+} \text{R-CH=CH-CH=CH}_2$$

R = ^{n}C$_8$H$_{17}$

83%, E:Z = 91:9

I.A.5-20 Ma, S. and Negishi, E., *JOC*, **62**, 784.

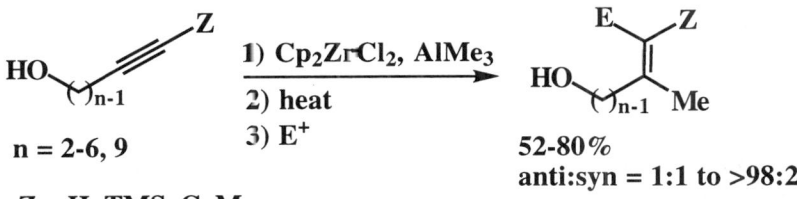

n = 2-6, 9
Z = H, TMS, GeMe$_3$
E$^+$ = HX, DX, I$_2$

52-80%
anti:syn = 1:1 to >98:2

I.A.6. Other Alkylation Procedures

I.A.6-1 Yamamoto, H. et al., *BCJ*, **70**, 707.

R = Et, ^{i}Pr, Ph

91-92%, 83:17 to 97:3

I.A.6-2 Nozaki, K. et al., *TA*, **8**, 57.

norbornene + Me₂C(OH)CN, Pd₂(dba)₃, PhH, (R,S)-BINAPHOS → norbornyl-CN 52%, 48% ee

I.A.7. Nucleophilic Addition to Electrophilic Carbon

I.A.7.a.1. Aldol-Type 1,2-Additions

I.A.7.a.1-1 Evans, D.A. et al., *JOC*, **62**, 788.

"1,5-Asymmetric Induction in Methyl Ketone Aldol Addition Reactions."

I.A.7.a.1-2 Franck-Neumann, M. et al., *TL*, **38**, 4469, 4473 and 4477.

"Aldol Condensation Reactions of Chiral (Dienone) Tricarbonyl Complexes. Parts 2,3 & 4."

I.A.7.a.1-3 Macquarrie, D.J. and Jackson, D.B., *CC*, 1781.

"Aminopropylated MCMs as Base Catalysts: A Comparison with Aminopropylated Silica."

I.A.7.a.1-4 Woerpel, K.A. et al., *JOC*, **62**, 5674.

R^1C(O)Et → 1) LDA, R^2CHO; 2) NaOH, MeOH → R^1CH(OH)CH(Me)CH(OH)R^2

41-72%, 87->99% ds

I.A.7.a.1-5 Lutzen, A. and Koll, P., *TA*, **8**, 1193.

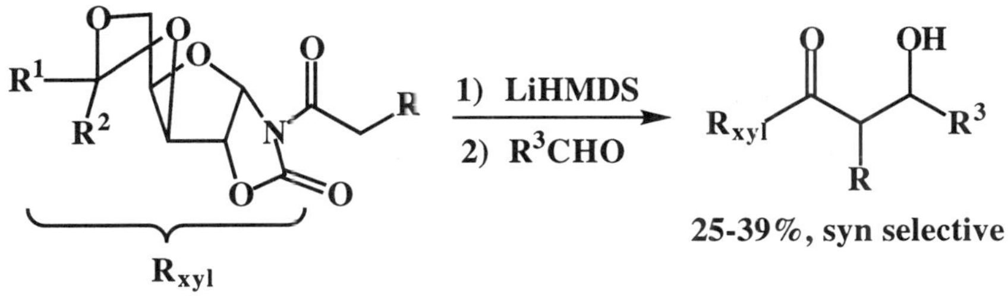

R_{xyl}-C(O)-CH$_2$-R $\xrightarrow{\text{1) LiHMDS} \atop \text{2) R}^3\text{CHO}}$ R_{xyl}-C(O)-CHR-CH(OH)-R^3

25-39%, syn selective

I.A.7.a.1-6 Risch, N. and Arend, M., *SL*, 974.

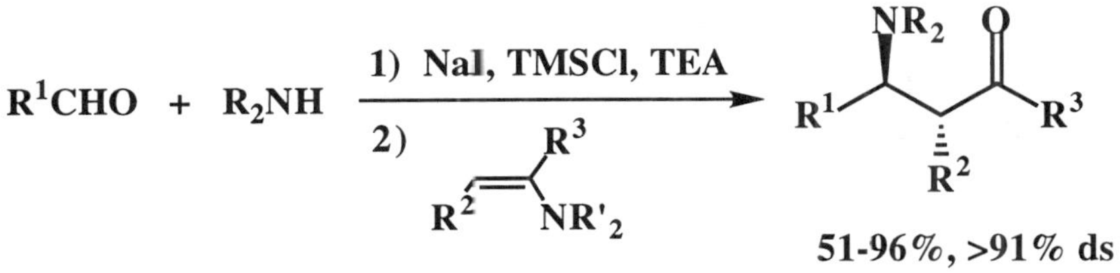

$R^1CHO + R_2NH \xrightarrow{\text{1) NaI, TMSCl, TEA} \atop \text{2) } R^2\text{C=C(R}^3\text{)NR'}_2}$ product

51-96%, >91% ds

I.A.7.a.1-7 Brown, H.C. et al., *TA*, **8**, 1379 and *TL*, **38**, 769.

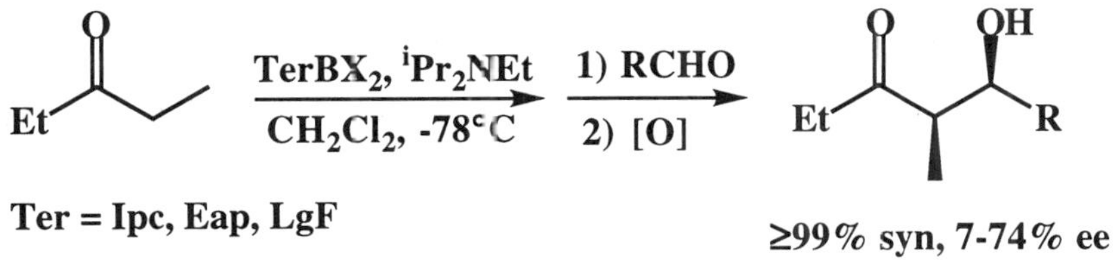

Et-C(O)-Et $\xrightarrow[\text{CH}_2\text{Cl}_2, -78°C]{\text{TerBX}_2, {}^i\text{Pr}_2\text{NEt} \quad \text{1) RCHO} \atop \text{2) [O]}}$ Et-C(O)-CH(Me)-CH(OH)-R

Ter = Ipc, Eap, LgF

≥99% syn, 7-74% ee

I.A.7.a.1-8 Gennari, C. et al., *T*, **53**, 5593 and 5909.

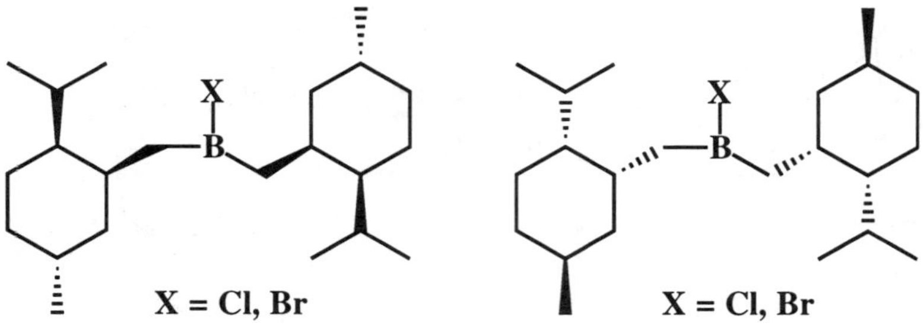

X = Cl, Br
re face selective

X = Cl, Br
si face selective

new boron reagents for boron aldol reactions

I.A.7.a.1-9 Abiko, A., Liu, J.-F. and Masamune, S., *JACS*, **119**, 2586.

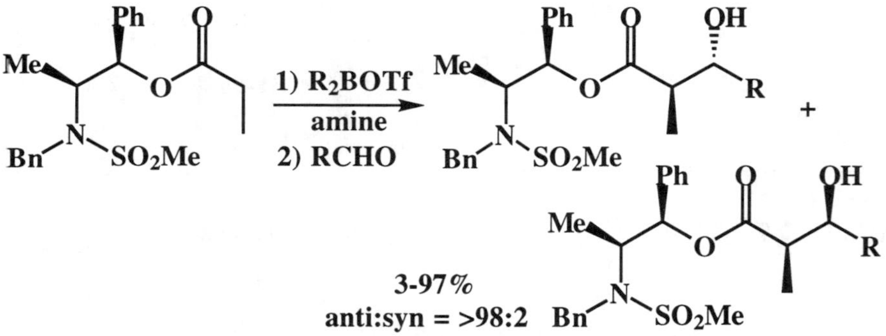

3-97%
anti:syn = >98:2

I.A.7.a.1-10 Shibasaki, M. et al., *AG(E)*, **36**, 1871.

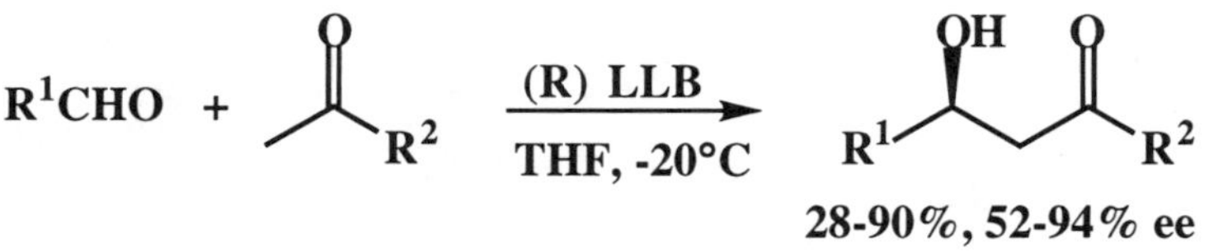

R^1CHO + [ketone with R^2] $\xrightarrow[\text{THF, -20°C}]{\text{(R) LLB}}$ product

28-90%, 52-94% ee

I.A.7.a.1-11 Orsini, F., *JCC*, **62**, 1159.

$$\underset{\underset{Br}{|}}{R-C(=O)-CR^1H} + R^3-C(=O)-R^2 \xrightarrow[\text{THF}]{CoL_4} R-C(=O)-\underset{\underset{R^1}{|}}{CH}-\underset{\underset{R^2}{|}}{C}(OH)(R^3) + R-C(=O)-\underset{\underset{R^1}{|}}{CH}-\underset{\underset{R^2}{|}}{C}(OH)(R^3)$$

L = Me$_3$P, Ph$_3$P

25-91%, 65:35 to 91:9

I.A.7.a.1-12 Bubert, C. and Reiser, O., *TL*, **38**, 4985.

"Exceptionally High Felkin-Anh Control for the Addition of Nucleophiles to a β-Aminocyclopropylcarbaldehyde."

I.A.7.a.1-13 Baldwin, J.E. et al., *SL*, 390.

"Stereocontrolled Mukaiyama-type Aldol Reaction of Siloxypyrroles Derived from Glutamic Acid."

I.A.7.a.1-14 Bellassoued, M., Reboul, E. and Dumas, F., *TL*, **38**, 5631.

"High Pressure Induced Mukaiyama Type Aldol Reaction of bis Trimethylsilyl Ketene Acetals."

I.A.7.a.1-15 Sodeoka, M. et al., *SL*, 463; Chen, C.-T. et al., *JACS*, **119**, 11341; **see also:** Chen, J. and Otera, J., *T*, **53**, 14275; Yamamoto, H. et al., *JACS*, **119**, 9319.

$$\text{R}\underset{\text{TMSO}}{=}\text{CH}_2 + \text{R}^1\text{CHO} \xrightarrow{\text{cat.}} \text{R-CO-CH}_2\text{-CH(OH)-R}^1$$

17-82%, 13-89% ee

cat. = BINAP-Pd(OH)$_2^{2+}$ · 2 BF$_4^-$

[various other catalysts used for similar transformations]

I.A.7.a.1-16 Evans, D.A. et al., *JACS*, **119**, 7893; **see also:** Kobayashi, S. et al., *TL*, **38**, 4559.

MeO-CO-CO-Me + R^1-C(OTMS)=CH-R^2 → (cat., 1N HCl) → MeO-CO-C(Me)(OH)-CH(R^1)-CO-R^2

cat. = a C$_2$-symmetric chiral Cu(II) complex

76-97%, 93-98% ee
90:10 to 98:2 syn : anti

[0.1 eq. Sc(OTf)$_3$ / SDS used for a similar transformation]

I.A.7.a.1-17 Denmark, S.E. et al., *JACS*, **119**, 2333.

Ph-C(OSiCl$_3$)=CH-Me + RCHO $\xrightarrow[\text{2) aq. NaHCO}_3]{\text{1) 4Å sieves}}$ Ph-CO-CH(Me)-CH(OH)-R + Ph-CO-CH(Me)-CH(OH)-R

64-97%
1:1.3 to 1:2.9

I.A.7.a.1-18 Iseki, K. et al., *TL*, **38**, 7209 & 1447; Kiyooka, S. et al., *TL*, **38**, 3553.

RCHO + (F)(Br)C=C(OEt)(OTMS) —cat., EtNO$_2$→ R-CH(OH)-C(Br)(F)-COOEt + R-CH(OH)-C(Br)(F)-COOEt

70-96%
69:31 to 46:54
83-99% ee

cat. = [cyclohexyl-Me, oxazaborolidinone with ^{i}Pr, N-Ts, B-H]

[similar catalysts used for related aldols]

I.A.7.a.1-19 Kobayashi, S. and Horibe, M., *CEJ*, **3**, 1472; White, J.D. and Deerberg, J., *CC*, 1919.

PhCHO + (TBSO)(SEt)C=C(OTMS) —1)→ Ph-CH(OH)-CH(OTBS)-C(O)SEt + Ph-CH(OH)-CH(OTBS)-C(O)SEt

1) N-Me pyrrolidine-CH$_2$NR$_2$
Sn(OTf)$_2$, Bu$_2$Sn(OAc)$_2$

1:99 to 99:1

I.A.7.a.1-20 Kobayashi, S. and Nagayama, S., *JACS*, **119**, 10049; Kobayashi, S. et al., *JACS*, **119**, 7153.

R^{1}CHO + R^{1}CH=NR^2 + R^4(R^3)C=C(OTMS) —Yb(OTf)$_3$, EtCN, -45°C→ R^1-CH(NHR^2)-CH(R^4)-COR^3

trace of product from aldehyde   81-93%

[other nucleophiles and catalysts used for similar aldimine reactions]

I.A.7.a.1-21 Fisher, M.J. et al., *TL*, **38**, 5747.

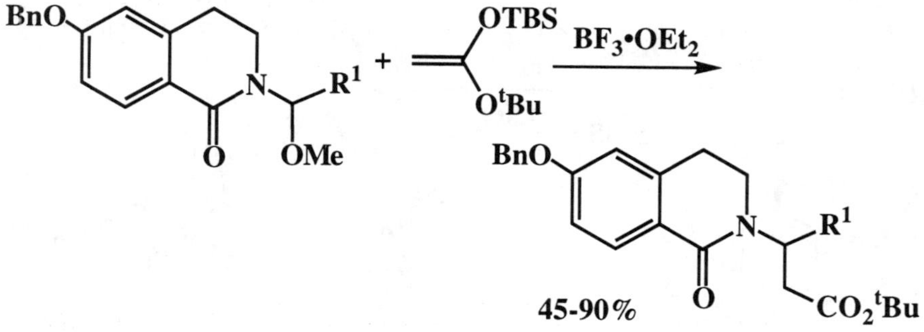

[Reaction: 6-BnO-3,4-dihydroisoquinolin-1(2H)-one with N-CH(R¹)(OMe) substituent + CH₂=C(OTBS)(OtBu), BF₃·OEt₂ → 6-BnO-3,4-dihydroisoquinolin-1(2H)-one with N-CH(R¹)CH₂CO₂tBu, 45-90%]

I.A.7.a.1-22 Enholm, E.J. and Jia, Z.J., *JOC*, **62**, 5248.

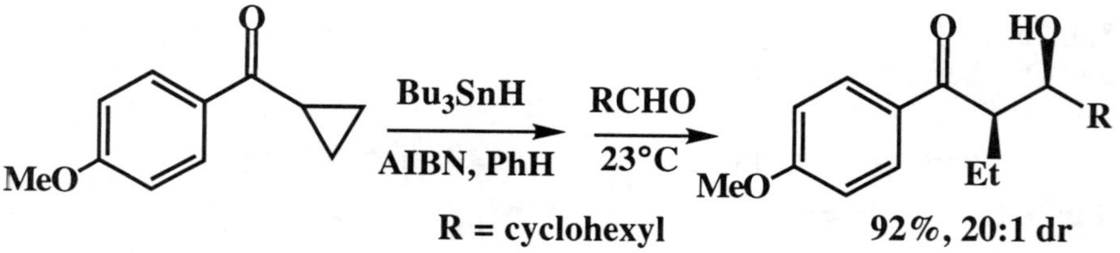

[Reaction: 4-MeO-C₆H₄-C(O)-cyclopropyl + Bu₃SnH, AIBN, PhH; then RCHO, 23°C, R = cyclohexyl → 4-MeO-C₆H₄-C(O)-CH(Et)-CH(OH)-R, 92%, 20:1 dr]

I.A.7.a.1-23 Grandel, R. and Kazmaier, U., *TL*, **38**, 8009.

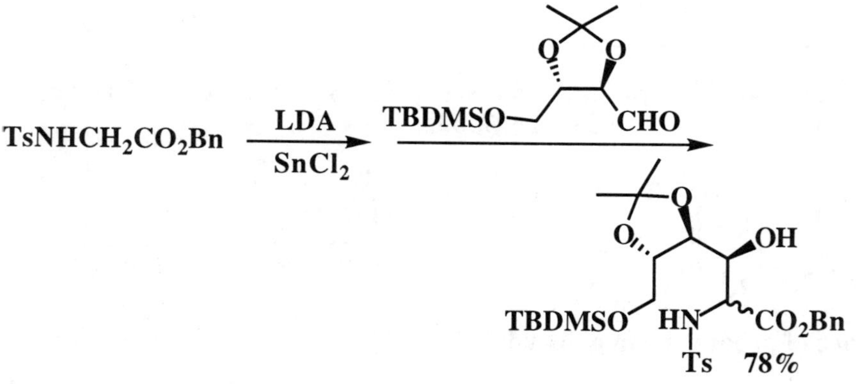

[Reaction: TsNHCH₂CO₂Bn, LDA, SnCl₂ + TBDMSO-CH(-O-C(CH₃)₂-O-)CH-CHO → product with acetonide, TBDMSO, NHTs, OH, CO₂Bn, 78%]

I.A.7.a.1-24 Crimmins, M.T. et al., *JACS*, **119**, 7883.

Asymmetric Aldol Additions with Titanium Enolates of Acyloxazolidinethiones : Dependence of Selectivity on Amine Base and Lewis Acid Stoichiometry

---

I.A.7.a.1-25 Ghosh, A.K. et al., *TL*, **38**, 7171.

$$\text{Xc-ester} \xrightarrow[\text{TiCl}_4, {}^i\text{Pr}_2\text{NEt}]{\text{BnOCH}_2\text{CHO}} \text{product}$$

51-84%, 88-98% de

marked *anti* preference with monodentate aldehydes

I.A.7.a.1-26 Romea, P., Urpí, F., Vilarrasa, J. et al., *TL*, **38**, 1637; Tanabe, Y. et al., *TL*, **38**, 8727; Mahrwald, R. et al., *TL*, **38**, 4543.

$$\text{ketone-OTBS} + \text{RCHO} \xrightarrow[-78°\text{C}, 1\text{-}2\text{h}]{\text{TiCl}_4, \text{DIPEA}} \text{products}$$

85-90%
30-50:1

[other substrates utilized for similar, *syn* selective aldols]

I.A.7.a.1-27 Gabriel, T. and Wessjohann, L., *TL*, **38**, 4387.

$$\text{Aux-C(O)-CHR}^1\text{Br} \xrightarrow[\text{CrCl}_2, \text{LiI}]{\text{R}^2\text{CHO}} \text{Aux-C(O)-CHR}^1\text{-CH(OH)R}^2 + \text{diastereomer}$$

81-96%, 23:77 to <4:96, >98:2 dr

I.A.7.a.1-28 Murphy, P.J. et al., *TL*, **38**, 8561; **see also:** Leahy, J.W. et al., *T*, **53**, 16423; Marko, I.E. et al., *T*, **53**, 1015.

$$R-CO-CH=CH-CH_2-CHO \xrightarrow{\text{piperidine or}}_{\text{piperidine·HOAc}} \text{2-acyl-2-cyclopentenol}$$

28-50%

[asymmetric and catalytic Baylis-Hillman reactions also reported]

I.A.7.a.2. Addition of N-, P-, S-, Se and Similar Stabilized Carbanions

I.A.7.a.2-1 Katritzky, A.R. et al., *JOC*, **62**, 4121 and 4116.

$$\text{Bt}-\text{C}(R^3)(NR^1R^2) \xrightarrow{\text{A or B}} \xrightarrow{E^+} E-\text{C}(R^3)(NR^1R^2)$$

40-70%

A = Li, LiBr, THF, -78°C
B = SmI$_2$, THF, 0°C   E$^+$ = EtCOEt, ^{i}PrCHO, ^{i}PrNCO, *etc.*

I.A.7.a.2-2 Katritzky, A.R. et al., *JOC*, **62**, 4125; **see also:** 4142 and 706.

$$\text{Bt-CH(R)(OR}^1) \xrightarrow[\text{2) R}^2\text{COX}]{\text{1) BuLi}} \xrightarrow{H_3O^+} R-CO-CO-R^2$$

52-72%

I.A.7.a.2-3 Katritzky, A.R. and Toader, D., *JACS*, **119**, 9321

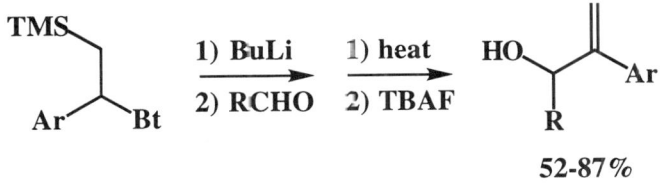

52-87%

I.A.7.a.2-4 Dieter, R.K., et al., *TL*, **38**, 783.

```
R   R                              R  R
 \ /      1) ˢBuLi, sparteine       \ /
  N       ─────────────────►         N─── R¹
  |       2) CuCl                    |    ‖
  Boc     3) R¹COCl                  Boc  O
```

46-96%

I.A.7.a.2-5 Ballini, R. and Bosica, G., *JOC*, **62**, 425; Simoni, D. et al., *TL*, **38**, 2749; Okamoto, M. et al., *TA*, **8**, 2579; Shibasaki, M. et al., *H*, **46**, 157; Varma, R.S. et al., *TL*, **38**, 5131.

$$RCHO + R^1R^2CHNO_2 \xrightarrow[\text{cetylNMe}_3^+ \text{Cl}^-]{\text{NaOH, H}_2\text{O}}$$

with product: R–CH(OH)–CR¹R²(NO₂)

70-94%

[various other catalysts and substrates used for Henry reactions]

I.A.7.a.3. Addition of Organometallic and Related Species

I.A.7.a.3-1 Paquette, L.A. and Morwick, T.M., *JACS*, **119**, 1230 & 1243.

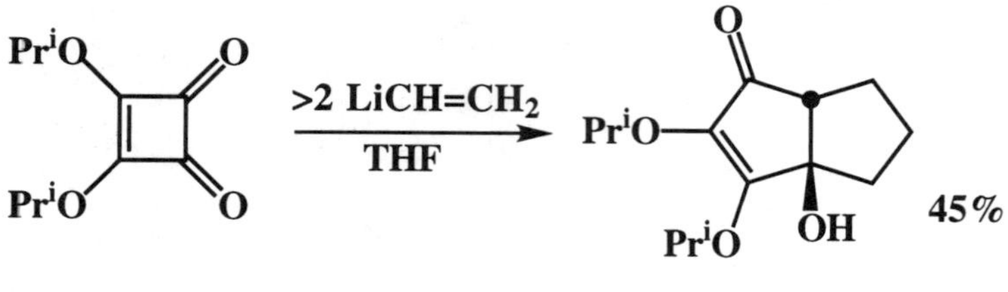

45%

I.A.7.a.3-2 Sardina, F.J. et al., *JOC*, **62**, 6862.

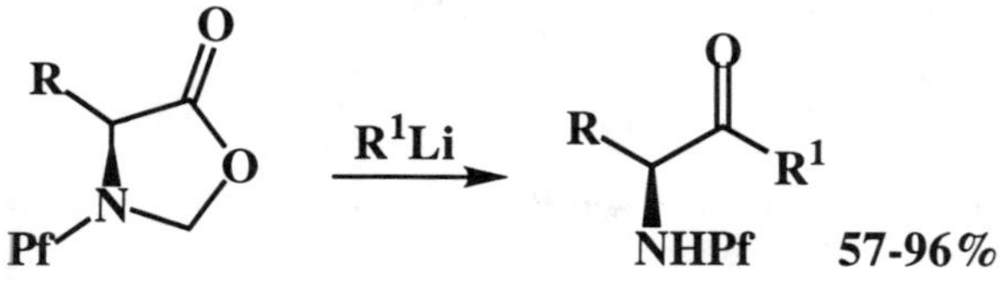

57-96%

I.A.7.a.3-3 Snieckus, V. et al., *SL*, 1079 & 1081.

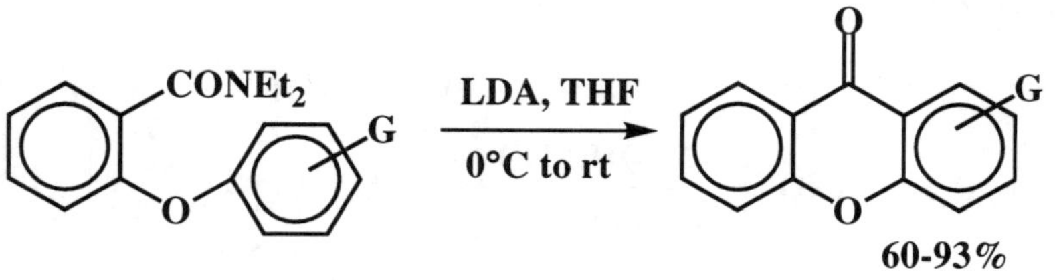

60-93%

I.A.7.a.3-4 Yus, M. et al., *TL*, **38**, 4837.

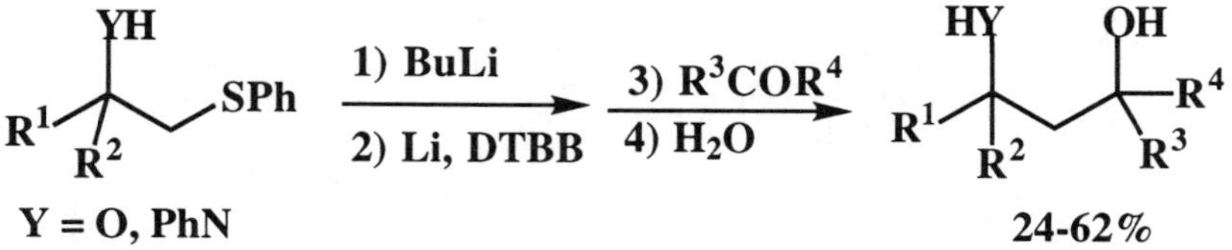

$Y = O, PhN$

24-62%

I.A.7.a.3-5 Oshima, K. et al., *TL*, **38**, 5189.

[Scheme: allyl-SiPh₂OH + 2 BuLi at −45 °C, then RR¹CO → branched allylic product with OH/SiPh₂ and HO-CRR¹ group + linear (E)-vinyl silane isomer with OH, R, R¹; 45–66%, <1:>99 to 2:98]

I.A.7.a.3-6 Moody, C.J. et al., *SL*, 659; **see also:** Spero, D.M. and Kapadic, S.R., *JOC*, **62**, 5537; Ellman, J.A. et al., *JACS*, **119**, 9913; Bravo, P., Soloshonok, V.A., Zanda, M. et al., *JOC*, **62**, 3424; **see also:** El-Shehawy, A.A., Itsuno, S. et al., *TA*, **8**, 1731.

[Scheme: Ph-CH=CH-CH=N-O-CH(Et)(Ph) + RLi, BF₃·OEt₂, PhMe, −78 °C → Ph-CH=CH-CH(R)-NH-O-CH(Et)(Ph); 76–95%, 90–93% de]

[various other organometallic additions to substituted imines reported]

I.A.7.a.3-7 Saidi, M.R. and Khalaji, H.R., *JCR(S)*, 340; Saidi, M.R. et al., *TL*, **38**, 8071.

[Scheme: 2-(OTMS)-C₆H₄-CHO → 1) TMSNEt₂, LiClO₄; 2) RMgBr → 2-(OH)-C₆H₄-CH(NEt₂)(R); 73–89%]

I.A.7.a.3-8 Duhamel, P. et al., *TA*, **8**, 1519.

$$ArCHO + BuLi + \underset{\underset{Bn}{N}}{\overset{R-N(Li)}{\diagdown}}\text{pyrrolidine} \xrightarrow[-78°C]{THF} Ar\overset{H}{\underset{Bu}{\diagdown}}OH$$

50-70%, 3-73% ee

I.A.7.a.3-9 Akhoon, K.M. and Myles, D.C., *JOC*, **62**, 6041; Mulzer, J. et al., *JOC*, **62**, 3938; **see also:** Bartoli, G. et al., *TL*, **38**, 3785.

$$R^1\text{-dioxolanone-Ph,Ph} \xrightarrow[THF]{R^2MgBr} R^1\text{-dioxolane(OH,R^2)-Ph,Ph}$$

63-100%, 1:1 to >99:1 ds

I.A.7.a.3-10 Effenberger, F. et al., *TA*, **8**, 459 & 469.

$$R\overset{OTMS}{\underset{CN}{\diagdown}}H \xrightarrow[\substack{1)\ MeMgI\\2)\ MeOH\\3)\ R^1NH_2}]{} \xrightarrow[\substack{1)\ NaBH_4\\2)\ HCl}]{} \underset{R}{H}\overset{OH}{\diagdown}\overset{H}{\underset{CH_3}{\diagdown}}NHR^1 \cdot HCl$$

35-83%, 75->95% de

I.A.7.a.3-11 Kikugawa, Y. et al., *TL*, **38**, 6677.

$$\underset{\underset{CO_2Me}{N}}{O=\text{pyrrolidinone-CO}_2R^1} \xrightarrow{AlR^2_3} \underset{\underset{CO_2Me}{N}}{HO\text{-pyrrolidine}(R^2)\text{-CO}_2R^1}$$

29-92%

I.A.7.a.3-12 Ley, S.V. et al., *JCS(P1)*, 3299, 3315 & 3327.

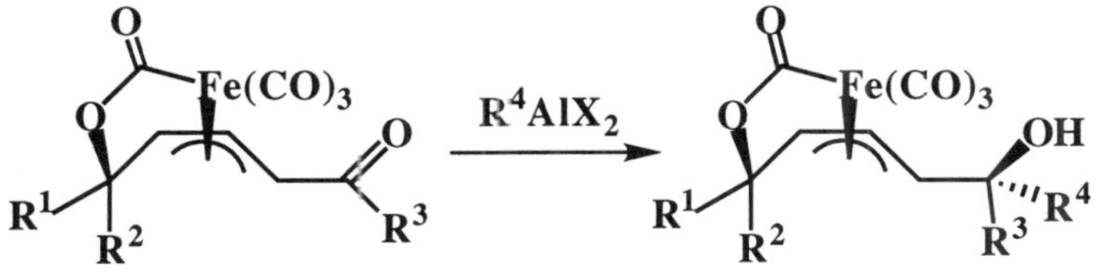

6-95% (usually major)

I.A.7.a.3-13 Panek, J.S. et al., *TL*, **38**, 5127, 1345 & 1349, **see also:** *JOC*, **62**, 9335; Organ, M.G. et al., *JOC*, **62**, 5254..

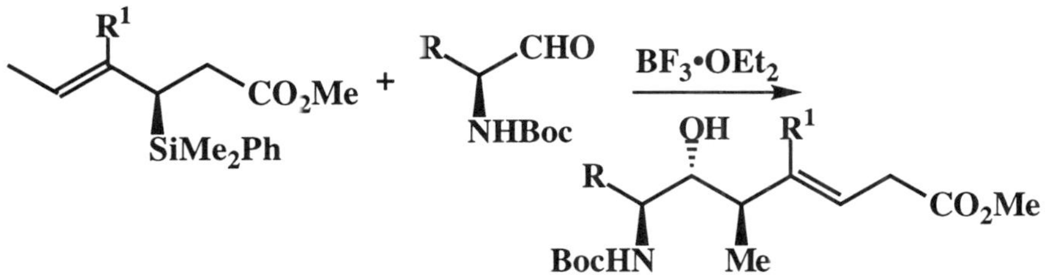

74-94%, anti : syn = 1:1 to 30:1

I.A.7.a.3-14 Wang, D. et al., *CC*, 1651.

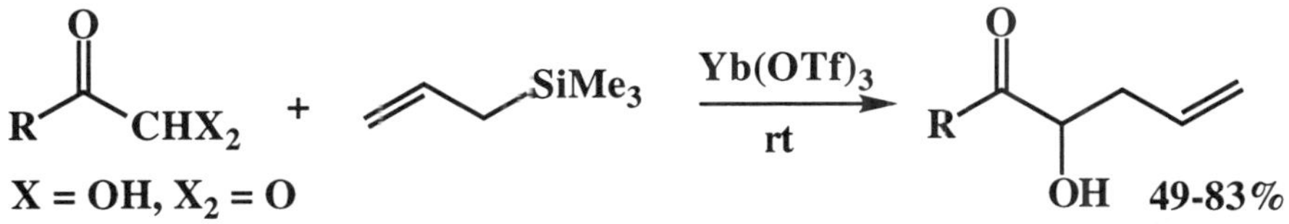

X = OH, X_2 = O

49-83%

I.A.7.a.3-15 Kira, M. et al., *CL*, 129; see also: Shing, T.K.M. and Li, L.-H., *JOC*, **62**, 1230.

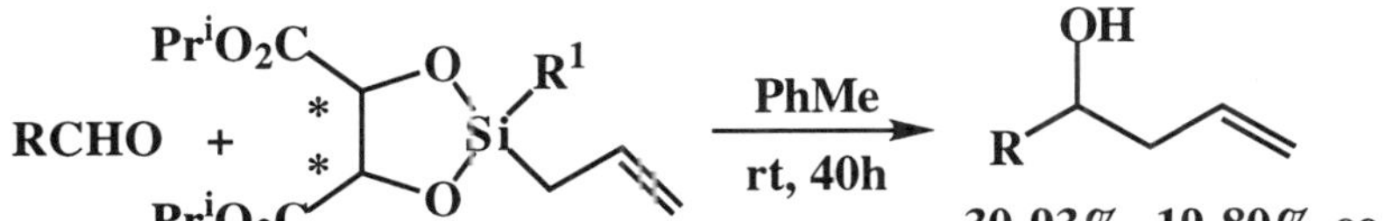

30-93%, 19-80% ee

I.A.7.a.3-16 Barrett, A.G.M. et al., *CC*, 919; Iseki, K. et al., *T*, **53**, 3513.

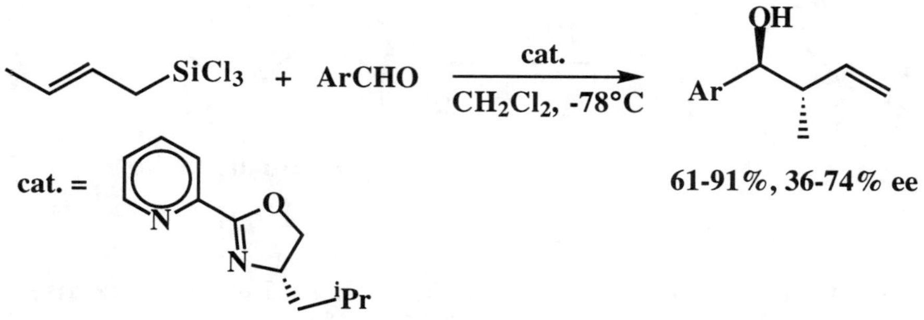

CH$_3$CH=CHCH$_2$SiCl$_3$ + ArCHO $\xrightarrow[\text{CH}_2\text{Cl}_2,\ -78°\text{C}]{\text{cat.}}$ Ar-CH(OH)-CH(-)-CH=CH$_2$

cat. = 2-(4-isopropyl-4,5-dihydrooxazol-2-yl)pyridine

61-91%, 36-74% ee

I.A.7.a.3-17 Olah, G.A. et al., *SL*, 1193; **see also:** Taguchi, T. et al., *TL*, **38**, 5537.

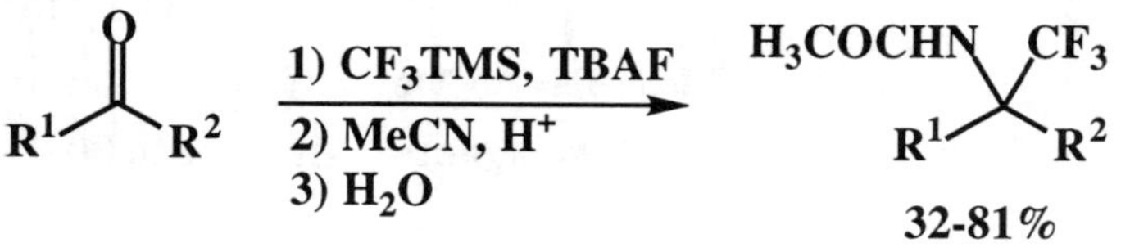

R^{1}C(O)R^2 $\xrightarrow[\text{2) MeCN, H}^+]{\text{1) CF}_3\text{TMS, TBAF}}$ H$_3$COCHN-C(CF$_3$)(R^1)(R^2)
3) H$_2$O

32-81%

I.A.7.a.3-18 Woerpel, K.A. et al., *JOC*, **62**, 4737.

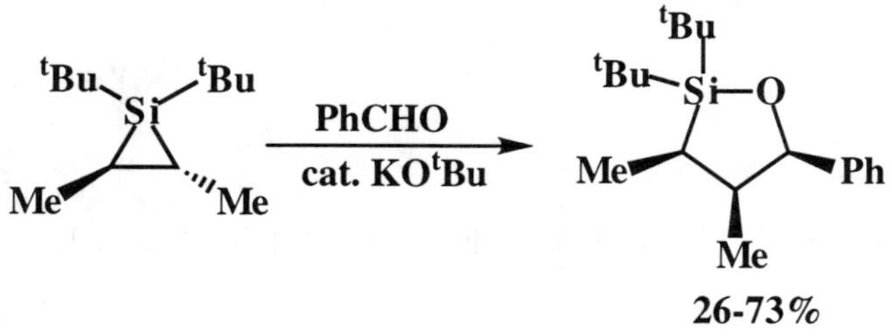

^{t}Bu$_2$Si(CHMe)$_2$ (cyclopropane) $\xrightarrow[\text{cat. KO}^t\text{Bu}]{\text{PhCHO}}$ silolane product

26-73%

I.A.7.a.3-19 Sato, F. et al., *TL*, **38**, 2867 & 8977, **see also:** *JACS*, **119**, 11295.

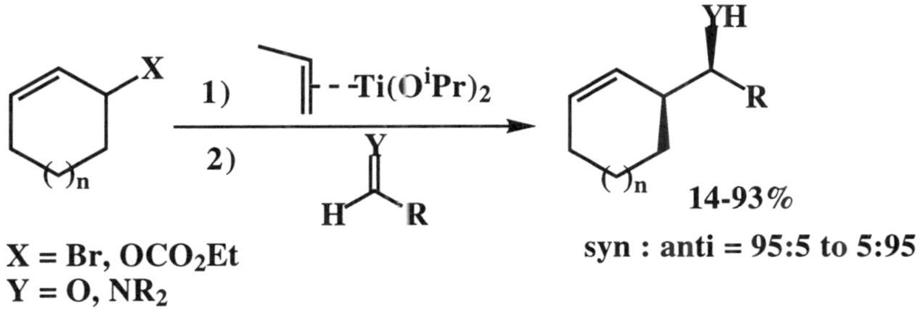

X
1)
-Ti(O^{i}Pr)$_2$
2)
Y
H
R
YH
R
n
14-93%
syn : anti = 95:5 to 5:95
X = Br, OCO$_2$Et
Y = O, NR$_2$

I.A.7.a.3-20 Kataoka, Y., Tani, K. et al., *OM*, **16**, 4788.

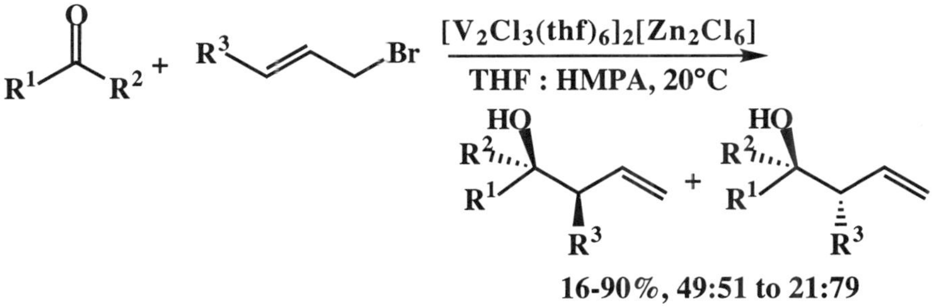

O
R^1
R^2
+
R^3
Br
[V$_2$Cl$_3$(thf)$_6$]$_2$[Zn$_2$Cl$_6$]
THF : HMPA, 20°C
HO
R^2
R^1
R^3
+
16-90%, 49:51 to 21:79

I.A.7.a.3-21 Kibayashi, C. et al., *JOC*, **62**, 2322; **see also:** Wessjohann and Gabriel, T., *JOC*, **62**, 3772.

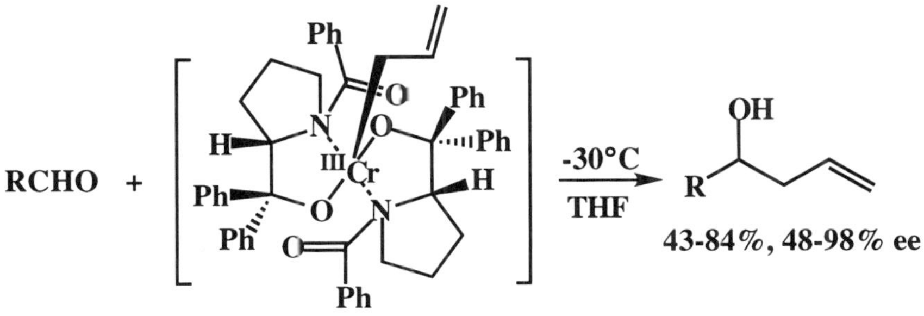

RCHO +
Ph
O
N
H
III
Cr
Ph
-30°C
THF
OH
R
43-84%, 48-98% ee

I.A.7.a.3-22 Ochiai, M. et al., *TL*, **38**, 8211.

$$\text{Ar}-\overset{\oplus}{\underset{\text{Ar}}{\text{I}}}\ \text{BF}_4^{\ominus} + \text{RCHO} \xrightarrow[\text{DMF, Ar}]{\text{CrCl}_2,\ \text{NiCl}_2} \underset{\text{0-92\%}}{\text{Ar}\overset{\text{OH}}{\underset{}{\text{CH}}}\text{R}}$$

I.A.7.a.3-23 Hosomi, A. et al., *CC*, 2077.

$$\diagdown\!\!\diagup\!\!\diagdown\text{Br} \xrightarrow[\text{2) R}^1\text{COR}^2]{\text{1) Bu}_4\text{MnLi}_2} \underset{\underset{\text{50-84\%}}{\text{R}^1}}{\diagdown\!\!\diagup\!\!\diagdown\overset{\text{OH}}{\underset{}{}}\text{R}^2}$$

I.A.7.a.3-24 Katsuki, T. et al., *BCJ*, **70**, 207; Hongo, H. et al., *TA*, **8**, 1391; Asami, M. and Inoue, S., *BCJ*, **70**, 1687; Brunner, H. and Bugler, J., *BSB*, **106**, 77; Chelucci, G. et al., *T*, **53**, 3843; Cicchi, S. et al., *TA*, **8**, 293; Fu, G.C. et al., *JOC*, **62**, 444; Jones, G.B. et al., *TA*, **8**, 1797; Kragl, U. et al., *TA*, **8**, 1529; Pericas, M. et al., *JOC*, **62**, 4970, *TA*, **8**, 1559 and *TL*, **38**, 8773; Prasad, K.R.K. and Joshi, N.N., *JOC*, **62**, 3770; van Koten, G. et al., *OM*, **16**, 2847; Williams, D.R. and Fromhold, M.G., *SL*, 523; Zhang, X. et al., *JOC*, **62**, 2665; Soai, K. et al., *TA*, **8**, 1717.

$$\text{ArCHO} + \text{Et}_2\text{Zn} \xrightarrow{\text{catalyst}} \text{Ar}\overset{}{\underset{\text{OH}}{\diagup\!\!\diagdown}}^{\text{'''H}}$$

51-88%, 91-99% ee

catalyst = N,N,N',N'-tetraalkyl-BINOL-3,3'-dicarboxamide chiral auxiliaries

[various other chiral catalysts used for similar transformations]

I.A.7.a.3-25 Hanessian, S. et al., *SL*, 353 & 351; Giannis, A. et al., *T*, **53**, 2823; Gosmini, C. et al., *T*, **53**, 6027; Ahonen, M. and Sjoholm, R., *ACS*, **51**, 785; **see also:** Savoia, D. et al., *JOC*, **62**, 4180.

$$R^*\text{-CHO (NBzI}_2) \xrightarrow[\text{Zn, NH}_4\text{Cl}]{\text{allyl bromides}} R^*\text{-CH(I}_2\text{BzN)-CH}_2\text{-C(R}^1)(R^2)\text{-C(R}^3)=CH_2 \text{ (OH)}$$

81-95%
2.5:1 to 20:1 ds

[other allyl zinc species used for similar transformations with other aldehydes, ketones or imines]

I.A.7.a.3-26 Trombini, C. et al., *JOC*, **62**, 5623; Ukaji, Y., Inomata, K. et al., *CL*, 59; Merino, P. et al., *TA*, **8**, 1725.

$$R^4\text{-N}^+(\text{O}^-)=\text{CH-R}^3 + R^1\text{-C(R}^2)=\text{CH-CH}_2\text{-ZnBr} \rightarrow \text{HO-N(R}^4)\text{-CH(R}^3)\text{-C(R}^1)(R^2)\text{-CH=CH}_2$$

23-95%

I.A.7.a.3-27 Lee, A.S.-Y. et al., *TL*, **38**, 443; **see also:** Pedrosa, R. et al., *T*, **53**, 3787.

$$\text{RCN} + \text{BrCH}_2\text{CO}_2\text{Et} \xrightarrow[\text{2) 50\% K}_2\text{CO}_3]{\text{1) Zn/ZnO, US}} R\text{-C(NH}_2)=\text{CH-CO}_2\text{Et}$$

10-90%

I.A.7.a.3-28 Barhdadi, R. et al., *T*, **53**, 1721.

$$R^1\text{COR}^2 + \text{CCl}_4 \xrightarrow[\text{Zn anode}]{\text{e}^-, \text{DMF}} R^1\text{-C(OH)(CCl}_3)\text{-R}^2$$

45-80%

I.A.7.a.3-29 Miginiac, L. et al., *JOM*, **534**, 117; **see also:** Andersson, P.G. et al., *JOC*, **62**, 7364.

$$\text{PhSN}=\underset{R}{\overset{CO_2R^1}{\diagup}} + R^2ZnBr \longrightarrow \text{PhSHN}\underset{R}{\overset{CO_2R^1}{\diagup}}R^2$$

60-98%

I.A.7.a.3-30 Harada, T. et al., *JOC*, **62**, 8966; **see also:** Kondo, Y. et al., *JCS(P1)*, 799; **see also:** Asaoka, M. et al., *JCS(P1)*, 2949.

$$R_3ZnLi + \text{I-C}_6H_4\text{-CH}_2\text{OMs} \xrightarrow{R^1R^2CO} R\text{-C}_6H_4\text{-CH}_2\text{-C(OH)}R^1R^2$$

45-80%

I.A.7.a.3-31 Knochel, P. et al., *JOC*, **62**, 7894 and *AG(E)*, **36**, 1496.

$$\text{FG-R}\underset{}{\overset{Zn}{\diagup\diagdown}}\text{TMS} + R^1CHO \xrightarrow[\text{Et}_2O, -20°C]{Ti(O^iPr)_4, \text{ cat.}} \text{FG-R}\overset{OH}{\underset{}{\diagup}}R^1$$

74-98%, 74-97% ee

cat. = cyclohexane-1,2-bis(NHTf)

I.A.7.a.3-32 Kataoka, Y., Tani, K. et al., *JOC*, **62**, 8540.

$$\text{PhCOMe} + Me_2Zn \xrightarrow[0°C \text{ to reflux}]{VCl_4, THF} \text{Me}_2\text{C(Ph)-C(Me)}_2\text{Ph}$$

61%

I.A.7.a.3-33 Oblinger, E. and Montgomery, J., *JACS*, **119**, 9065.

OHC–X–CH₂–C≡C–R¹, X = CH₂, NCOPh → (ZnEt₂, Ni(COD)₂, PBu₃) → hydroxy-alkylidene tetrahydrofuran/pyrrolidinone product, 62–74%

I.A.7.a.3-34 Wada, M. et al., *BCJ*, **70**, 2265; see also: Wada, M. et al., *TL*, **38**, 8045; Zhang, J. et al., *TL*, **38**, 2733.

R–CO–(CH₂)ₙ–COOH + allyl bromide → (BiCl₃, Zn, THF, rt) → α-hydroxy-α-allyl acid or lactone, 52–94%

[similarly with Mg-BiCl₃ and Al-BiCl₃ catalysts]

I.A.7.a.3-35 Takahashi, T. et al., *CC*, 1599; see also: Ito, H. and Taguchi, T., *TL*, **38**, 5829; see also: Zhang, C. and Lu, X., *TL*, **38**, 4831.

(C₅H₅)₂Zr–bicyclic intermediate → 1) BzCl, CuCl (cat.); 2) H⁻ → substituted cyclopentane product

>98% regioselectivity
>98% ds

[similar reactions of allyl indium species with aldehydes or ketones also reported]

I.A.7.a.3-36 Paquette, L.A. et al., *JOC*, **62**, 5333 & 4293; Li, C.-J. et al., *TL*, **38**, 4731 & 4735; Momose, T. et al., *TL*, **38**, 2853; Bose, A.K. et al., *TL*, **38**, 709; Yadav, J.S. et al., *TL*, **38**, 8745; Reetz, M.T. and Haning, H., *JOM*, **541**, 117; **see also:** Araki, S. et al., *JOM*, **549**, 305.

Me-CH(OTBS)-CHO + (Me)(H)C=C(CO$_2$Me)(CH$_2$Br) $\xrightarrow{\text{In, H}_2\text{O}}$ product

75%, 94% de

I.A.7.a.3-37 Mosset, P. et al., *CEJ*, **3**, 1064.

R_2N-C(R^3)=C(R^1)(R^2) $\xrightarrow[\text{3) Br-allyl}]{\text{1) AcOH, 2) In}}$ product

49-85%

I.A.7.a.3-38 Kaufman, T.S., *SL*, 1377; **see also:** Oi, S. et al., *CC*, 1621.

"Bu$_3$SnCH$_2$OBn" $\xrightarrow[\text{2) Me-(aryl)-CHO}]{\text{1) BuLi, -78°C}}$ product

74%

I.A.7.a.3-39 Majumdar, K.K., *TA*, **8**, 2079; Mukaiyama, T. et al., *BCJ*, **70**, 2301; Cozzi, P.G., Umani-Ronchi, A. et al., *TL*, **38**, 145; Yamamoto, H. et al., *SL*, 88 & 933; Casolari, S. et al., *CC*, 2123; Keck, G.E. et al., *OS*, **75**, 12; Baba, A. et al., *JOC*, **62**, 3790 and *SL*, 699; Roy, S. et al., *OM*, **16**, 4796; Paulmier, C. et al., *JCS(P1)*, 1629; Welzel, P. et al., *TL*, **38**, 7059; Madec, D. and Ferezou, J.-P., *TL*, **38**, 6661.

RCHO + allyl-Br → (with S,O-Sn catalyst / Ti-(R)-(+)-1,1'-bi(2-naphthol)) → R-CH(OH)-CH2-CH=CH2

42-52%, 17-63% ee

[similar reactions with other allyl tin species and aldehydes or ketones]

I.A.7.a.3-40 Qian, C and Huang, T., *JOM*, **548**, 143.

Ph-CH=CH-CH2-NR¹ →(1) BuLnCl₂ 2) H⁺)→ Ph-CH=CH-CH(Bu)-NHR¹ + Ph-CH(NHR¹)-CH(Bu)-CHO

53-98%, 94:6 to 34:66

I.A.7.a.3-41 Calderwood, D.J. et al., *TL*, **38**, 1241.

Ar-C(=O)-NH₂ →(RCeCl₂)→ Ar-C(R)(R)-NH₂

58-70%

I.A.7.a.3-42 Enders, D. et al., *BSF*, **134**, 299; Nicaise, O. and Denmark, S., *BSF*, **134**, 395.

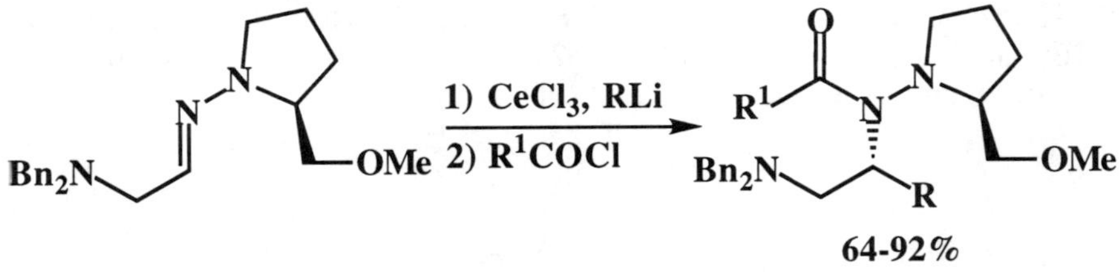

[Scheme: Bn₂N-CH=N-N(pyrrolidine-CH₂OMe) + 1) CeCl₃, RLi; 2) R¹COCl → R¹C(O)-N(pyrrolidine-CH₂OMe)-CH(R)-CH₂-NBn₂, 64-92%]

I.A.7.a.3-43 Nowakowski, M. and Hoffmann, H.M.R., *T*, **53**, 4331; Yoshida, M. et al., *JCS(P1)*, 643; **see also:** Grove, J.J.C. and Holzapfel, C.W., *TL*, **38**, 7429.

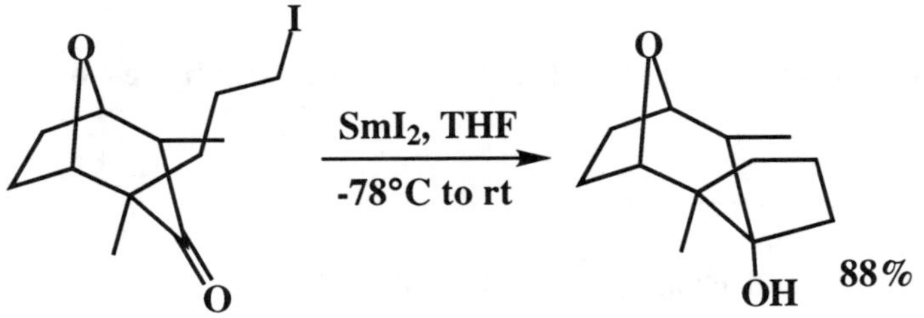

[Scheme: bicyclic iodo-diketone → SmI₂, THF, -78°C to rt → tricyclic hydroxy ketone, 88%]

[SmI₂ induced 1,2-additions to aldehydes and oxime ethers also reported]

I.A.7.a.3-44 Utimoto, K. et al., *BSF*, **134**, 365.

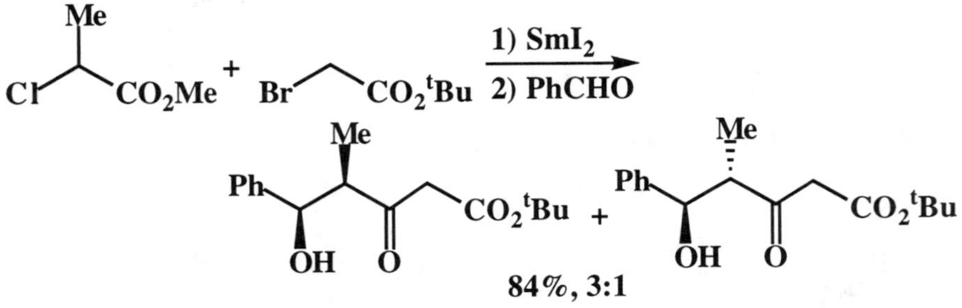

[Scheme: CH(Me)(Cl)CO₂Me + BrCH₂CO₂ᵗBu → 1) SmI₂; 2) PhCHO → Ph-CH(OH)-CH(Me)-C(O)-CH₂-CO₂ᵗBu + diastereomer, 84%, 3:1]

I.A.7.a.4. Other 1,2-Additions

I.A.7.a.4-1 Jonczyk, A. et al., *SL*, 921.

$$Me_2\overset{\oplus}{S}\text{-CH}_2\text{Cl} \cdot CF_3SO_3^{\ominus} \quad \xrightarrow[\text{MeONa, MeOH}]{R^1R^2CHO} \quad \underset{\text{32-67\%}}{R^1R^2C(OH)\text{-CH(OMe)}_2}$$

I.A.7.a.4-2 Qian, C. and Huang, T., *TL*, **38**, 6721; Jurczak, J. et al., *TA*, **8**, 1741.

$$R^2\text{-C(R}^1\text{)=CH}_2 + \text{OHC-R}^3 \xrightarrow[\text{MeCN, rt}]{Yb(OTf)_3} R^2\text{-C(R}^1\text{)=CH-CH}_2\text{-CH(OH)R}^3$$

$R^3 = CO_2R$ 63-91%

[diastereoselective ene reactions reported with a camphor-sulfonamide chiral auxiliary and different Lewis acid]

I.A.7.a.4-3 Ciufolini, M.A. et al., *T*, **53**, 16299.

$$RCHO + CH_2=C(OMe)CH_3 \xrightarrow[\text{SiO}_2, 25°C]{Yb(fod)_3, AcOH} R\text{-CH(OC(OMe)}_2\text{Me)-CH}_2\text{-C(OMe)=CH}_2$$

85-98%

I.A.7.a.4-4 Hosomi, A. et al., *TL*, **38**, 4587.

$$R^1R^2CO + \underset{R^4}{\overset{R^3}{=}\!\!\bigtriangleup} \xrightarrow[CH_2Cl_2]{TiCl_4} \underset{R^2}{\overset{HO\;\;R^3\!\!\!\searrow\!\!\!R^4}{R^1\!\!\!\diagup}}\!\!\diagdown\!\!\diagup\!\!\diagdown_{Cl} + \underset{R^1\;\;R^2}{\overset{R^3\;\;R^4}{\diagdown\!\!\diagup}}\!\!\diagdown_{Cl}$$

5-86%
43:57 to 73:27

I.A.7.a.4-5 Kiljunen E. and Kanerva, L.T., *TA*, **8**, 1551 and 1225; Effenberger, F. and Jagen, J., *JOC*, **62**, 3867; Jiang, Y. et al., *T*, **53**, 14327; Belokan, Y., North, M. et al., *JCS(P1)*, 1293; Broxterman, Q.B., Kellogg, R.M. et al., *TA*, **8**, 1987;

$$R^1R^2CO + HCN \xrightarrow{(R)\text{-oxynitrilase}} R^1\!\!\underset{}{\overset{R^2\;\;OH}{\diagdown\!\!\diagup}}\!\!CN$$

1-69%, 0-99% ee

[similarly with TMSCN and / or chiral catalysts]

I.A.7.a.4-6 Wang, D. and Yang, Y., *SL*, 1379; Iovel, I. et al., *TA*, **8**, 1279.

$$R^1R^2CO \xrightarrow[TMSCN]{Yb(OTf)_3} R^1\!\!\underset{R^2}{\overset{OTMS}{\diagdown\!\!\diagup}}\!\!CN$$

55-95%

[a chiral pyridine derivative and AlCl$_3$ used for a similar, but enantioselective version of this reaction]

I.A.7.a.4-7 Yokoyama, Y. and Mochida, K., *SL*, 907 and *TL*, **38**, 3443.

$$R\overset{O}{\underset{}{-}}\!\!OMe \xrightarrow[THF, HMPA, -60°C]{PhSCF_3, Et_3GeNa} R\overset{O}{\underset{}{-}}\!\!CF_3 \quad 93\text{-}98\%$$

I.A.7.a.4-8 Jun, C.-H. et al., *TL*, **38**, 6673.

pyridine-2-CHO + CH$_2$=CH-C$_3$H$_7$ $\xrightarrow[\text{THF, 100°C, 4h}]{\text{Rh(PPh}_3)_3\text{Cl, Cp}_2\text{ZrCl} \atop \text{2-amino-3-picoline}}$ pyridin-2-yl-C(O)-C$_5$H$_{11}$

50%

I.A.7.a.4-9 Nelson, S.G. et al., *JOC*, **62**, 4566.

$$\text{R-CHO} \xrightarrow[\text{Zn, TMSCl}]{\text{TiCl}_3(\text{THF})_3} \text{R-CH(OTMS)-CH(OTMS)-R}$$

76-95%, dl : meso = 87:13 to 91:9

I.A.7.a.4-10 Matsuda, F. et al., *SL*, 479; Flowers, R.A., II et al., *TL*, **38**, 8157; Pancrazi, A., Prange. T. et al., *BSF*, **134**, 203; Honda, T. and Katoh, M., *CC*, 369; Fernández-Mayoralas, A. et al., *JOC*, **62**, 1916; **see also:** Uemura, M. and Taniguchi, N., *SL*, **51**; Gansauer, A., *CC*, 457 and *SL*, 363; **see also:** Sandhu, J.S. et al., *TL*, **38**, 7603.

[keto-aldehyde substrate] $\xrightarrow[\text{HMPA, MeOH}]{\text{SmI}_2\text{, THF}}$ [bicyclic diol product]

66%

opposite stereochemistry at C* in the absence of HMPA

[various other pinacol-type reactions reported with other catalysts and substrates]

I.A.7.a.4-11 Machrouhi, F., Namy, J.-L and Kagan, H.B., *TL*, **38**, 7183.

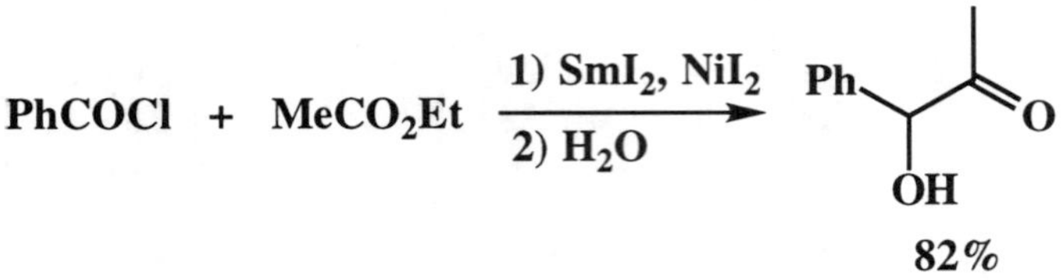

PhCOCl + MeCO$_2$Et $\xrightarrow[\text{2) H}_2\text{O}]{\text{1) SmI}_2,\text{ NiI}_2}$ Ph-CH(OH)-CO-CH$_3$

82%

I.A.7.a.4-12 Fang, J.-M. et al., *JOC*, **62**, 4643.

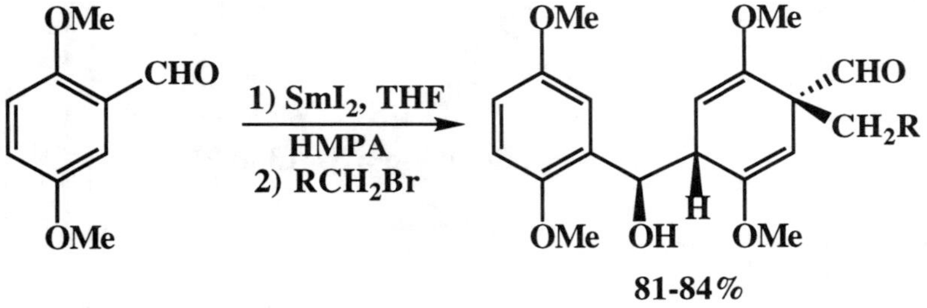

2,5-(MeO)$_2$C$_6$H$_3$CHO $\xrightarrow[\text{2) RCH}_2\text{Br}]{\text{1) SmI}_2,\text{ THF, HMPA}}$ [coupled diaryl product with CHO, CH$_2$R]

81-84%

I.A.7.a.4-13 Yu, C.M. et al., *JOC*, **62**, 6687.

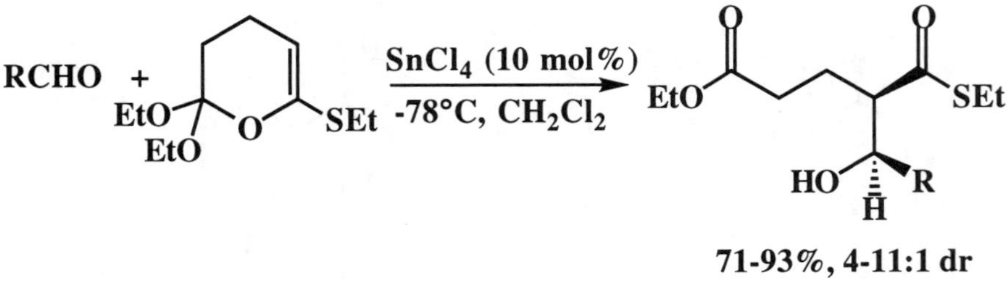

RCHO + (EtO)$_2$C(CH$_2$CH$_2$CH=C(SEt))O $\xrightarrow[-78°\text{C, CH}_2\text{Cl}_2]{\text{SnCl}_4\text{ (10 mol\%)}}$ EtO$_2$C-CH$_2$CH$_2$-CH(COSEt)-CH(OH)R

71-93%, 4-11:1 dr

I.A.7.b. Conjugate Additions

I.A.7.b.1. Enolate-Type Carbanions

I.A.7.b.1-1 Koga, K. et al., *TL*, **38**, 3531.

Ph-CO-CHR^1 → (1) HN(TMS)$_2$, MeLi, LiBr, PhMe, ligand; 2) R^{2}CH=C(CO$_2$Me)$_2$ → Ph-CO-CR^1-CHR^2-CH(CO$_2$Me)$_2$

96-99%, syn:anti = 16:84 to 1:99
anti adduct = 81-99% ee

ligand = a chiral tetramine

I.A.7.b.1-2 Alvarez-Ibarra, C. et al., *TL*, **38**, 4501.

R^{1}O-CO-CH$_2$-N=C(SMe)$_2$ → 1) KO^{t}Bu, LDA or BuLi; 2) R^2–C≡C–COR^3 → product with MeS, N, CO$_2$R^1, SMe, R^2, COR^3

50-85%

I.A.7.b.1-3 Enders, D. et al., *S*, 649; Enders, D. and Kaiser, A., *H*, **46**, 631.

SAMP hydrazone of 2,2-dimethyl-1,3-dioxan-5-one → 1) ^{t}BuLi, Et$_2$O; 2) R^{1}CH=CHCO$_2$R^2 → O$_3$ → ketone product with R^1, CO$_2$R^2

40-79%
92-97% ee
91-96% de

I.A.7.b.1-4 Christoffers, J., *CC*, 943 and *JCS(P1)*, 3141; Soriente, A., Spinella, A. et al., *TL*, **38**, 289; Sandau, J.S. et al., *TL*, **38,** 1449; Kotsuki, H. and Arimura, K., *TL*, **38**, 7583; Feringa, B.L. and Keller, E., *SL*, 842.

$$R^1\text{-CH}(R^2)\text{-COX} + R^3\text{-CH=CH-CO-}R^4 \xrightarrow{\text{cat.}} R^1\text{-C}(R^2)(COX)\text{-CH}(R^3)\text{-CH}_2\text{-CO-}R^4$$

X = OR, Me

cat. = 1-5 mol% $FeCl_3 \cdot 6H_2O$

77-97%

[similarly with $EuCl_3$, $BiCl_3$ or $Yb(OTf)_3$ catalysts]

I.A.7.b.1-5 Angle, S.R. and Wada, T., *TL*, **38**, 7955.

[Reaction scheme: substituted dimethoxy cyclohexadienone with OTBS, NO_2H_2C, TBSO, OBn substituents, treated with DMAP in CH_2Cl_2 to give substituted cyclohexane product with OH, OMe, MeO, O_2N, OTBS, TBSO, OBn substituents, 86%]

I.A.7.b.1-6 Töke, L. et al., *TL*, **38**, 7259; Texier-Boullet, F. et al., *TL*, **38**, 7563; Patrocinio, V.L. and Costa, P.R.R., *JOC,* **62**, 4002; **see also:** Texier-Boullet, F. et al., *CC*, 1613.

$$Ph\text{-CH=CH-CO-Ph} + Me_2CHNO_2 \xrightarrow[\text{NaO}^t\text{Bu}]{\text{cat.}} Ph\text{-CO-CH}_2\text{-CH(Ph)-C(Me)}_2\text{NO}_2$$

cat. = a chiral azacrown ether

82%
90% ee

[other catalysts used for similar non-enantioselective reactions]

I.A.7.b.1-7 Ihara, M. et al., *TL*, **38**, 5197.

Stereoselective Synthesis of (±)-Cedranediol *via* Intramolecular Double Michael Reaction

---

I.A.7.b.1-8 Garrido, N.M. et al., *TA*, **8**, 2683.

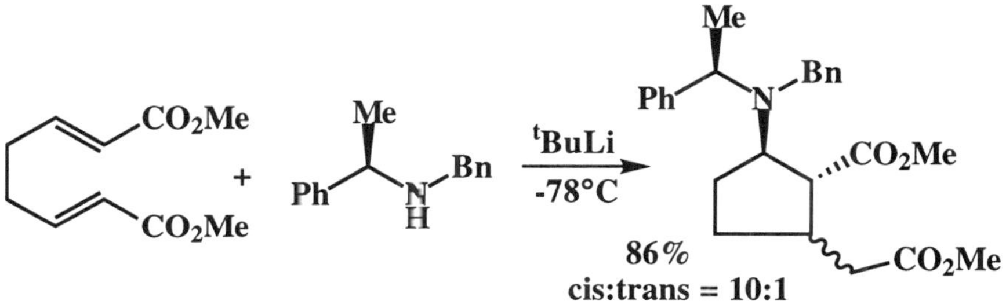

86%
cis:trans = 10:1

I.A.7.b.1-9 Pyne, S.G. et al., *SL*; 103.

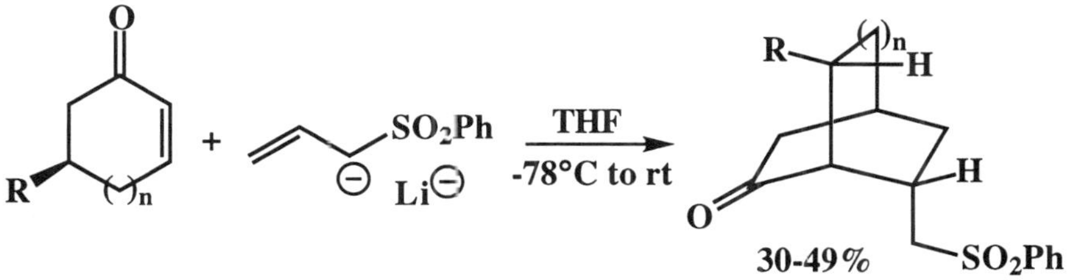

30-49%

I.A.7.b.1-10 West, F.G. et al., *JACS*, **119**, 2066.

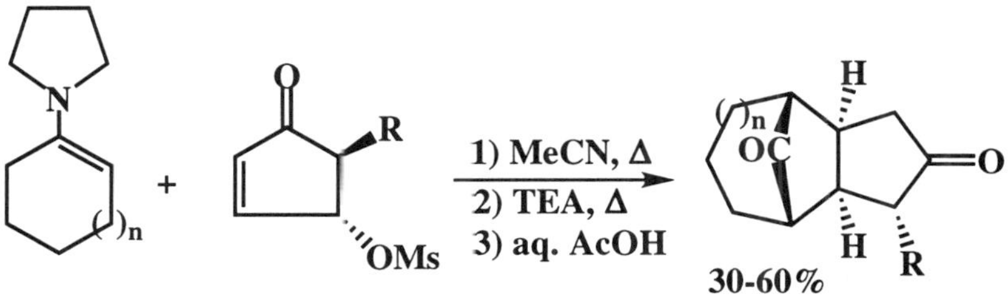

30-60%

I.A.7.b.1-11 Lerner, R.A. Danishefsky, S., Barbas, C.F., III et al., *JACS*, **119**, 8131.

Antibody-Catalyzed Enantioselective Robinson Annulation

I.A.7.b.1-12 Okano, T. et al., *BCJ*, **70**, 1879; Yamamoto, H. et al., *BCJ*, **70**, 1671; **see also:** Covarrubias-Zúñiga, A. and Ríos-Barrios, E., *JOC*, **62**, 5688.

$$\text{R}\overset{R^1}{\underset{}{\overset{O}{\text{C}}}}\text{CH}_3 + \text{Ph}\diagup\diagdown\text{C(O)R}^2 \xrightarrow[\text{MS 4A, 50°C}]{\text{La(O}^i\text{Pr)}_3} \text{product}$$

77-85%

[other Robinson-type annulations with different catalysts]

I.A.7.b.1-13 Tucker, J.A. et al., *JOC*, **62**, 4370.

$$\text{Me-C(OTBS)=CH-OEt} + \text{Ph-CH=CH-NO}_2 \xrightarrow[\text{PhMe, -78°C}]{\text{MAD}} \text{O}_2\text{N-CH}_2\text{-CH(Ph)-CH(Me)-CO}_2\text{Et}$$

90%, up to 6.3:1 de

I.A.7.b.2. Organometallic and Related Reagents

I.A.7.b.2-1 Cooke, M.P., Jr. and Huang, J.-J., *SL*, 535.

$$\text{diene-CO}_2{}^t\text{Bu with CH}_2\text{I} \xrightarrow[\text{2) H}^+]{\text{1) }^n\text{BuLi, -78°C}} \text{cyclopentyl-CH=CH-CO}_2{}^t\text{Bu}$$

87%

I.A.7.b.2-2 Beak, P. et al., *JACS*, **119**, 10537.

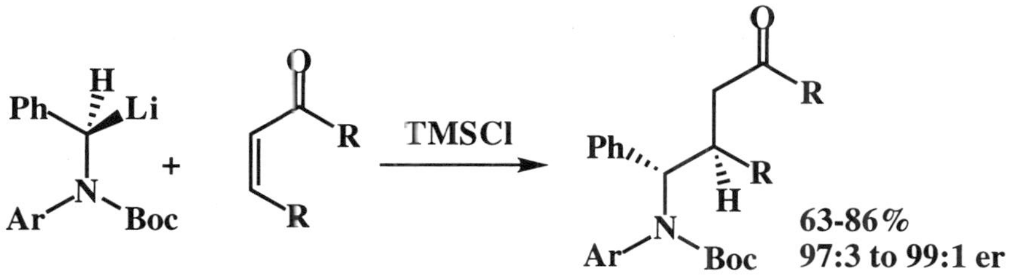

[Reaction scheme: Ph-CH(Li)(H)-N(Ar)(Boc) + enone (R-CO-CH=CH-R) with TMSCl → conjugate addition product, 63-86%, 97:3 to 99:1 er]

I.A.7.b.2-3 Tomioka, K. et al., *TL*, **38**, 8973.

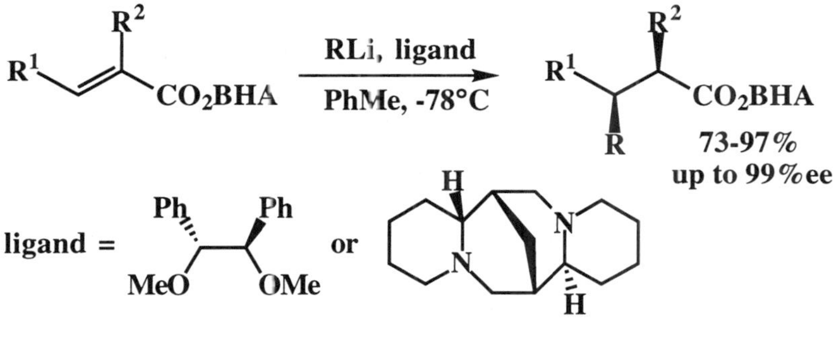

[Reaction scheme: R¹-CH=C(R²)-CO₂BHA + RLi, ligand, PhMe, -78°C → R¹-CH(R)-CH(R²)-CO₂BHA, 73-97%, up to 99% ee]

ligand = (Ph,MeO)CH-CH(Ph,OMe) or bis-quinolizidine diamine

I.A.7.b.2-4 Kingsbury, C.L. and Smith, R.A.J., *JOC*, **62**, 4629.

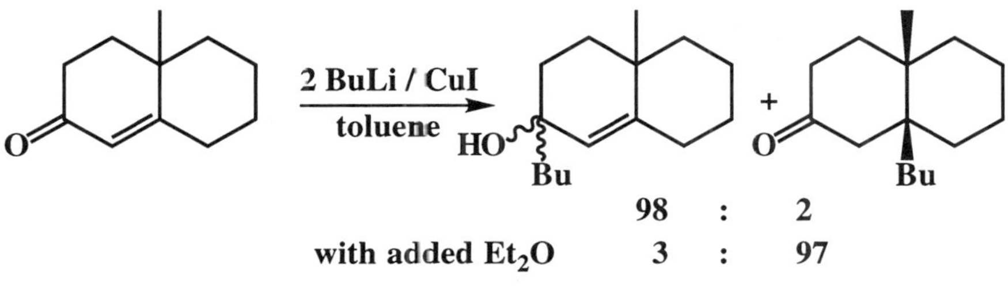

[Reaction scheme: octalinone + 2 BuLi / CuI, toluene → 1,2-addition product (HO, Bu) + 1,4-addition product (O, Bu), 98:2; with added Et₂O 3:97]

I.A.7.b.2-5 Orsini, F. and Rinabaldi, S., *TA*, **8**, 1039.

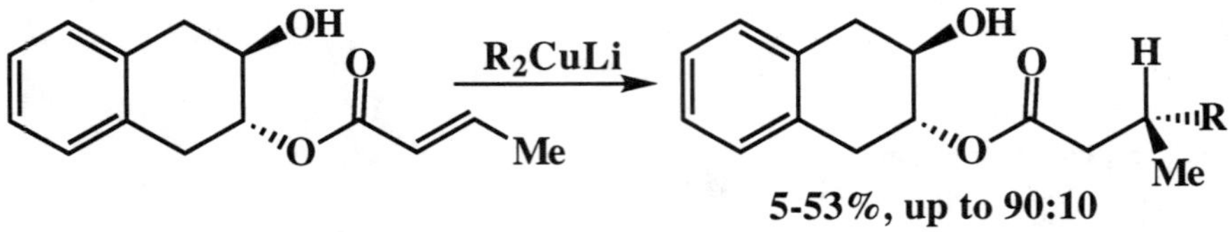

5-53%, up to 90:10

I.A.7.b.2-6 LeFloch, Y. et al., *TA*, **8**, 1515.

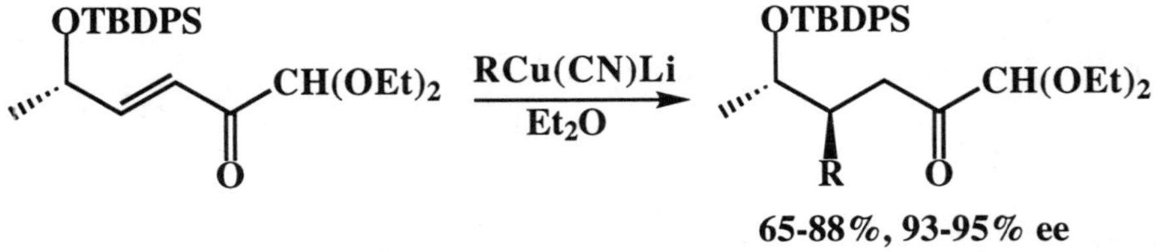

65-88%, 93-95% ee

I.A.7.b.2-7 Bratovanov, S. and Bienz, S., *TA*, **8**, 1587.

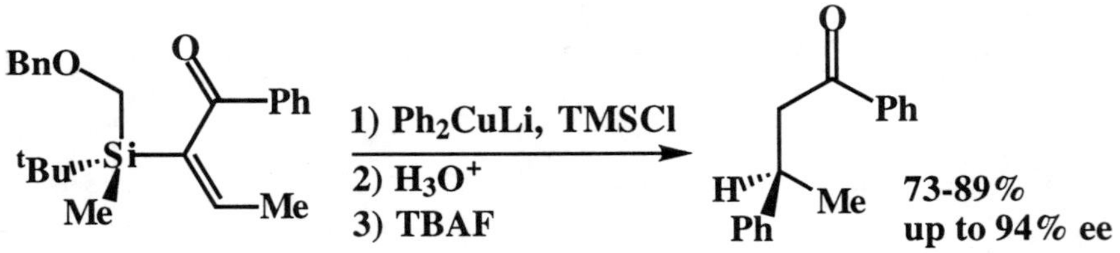

73-89%
up to 94% ee

I.A.7.b.2-8 van Heerden, P.S., Bezuidenhoudt, B.C.B. and Ferreira, D., *TL*, **38**, 1821 and *T*, **53**, 6045; see also: Han, Y. and Hruby, V.J., *TL*, **38**, 7317.

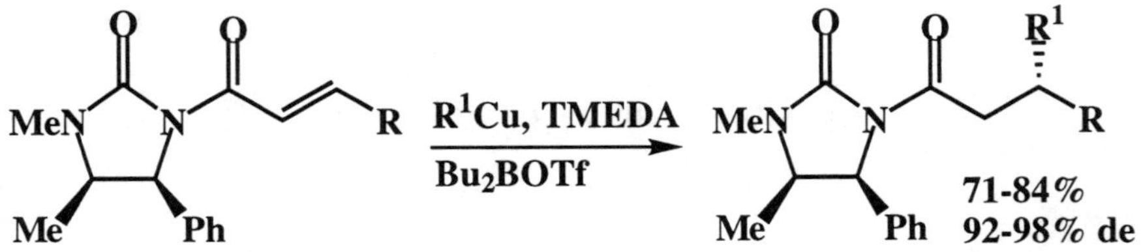

71-84%
92-98% de

I.A.7.b.2-9 Feringa, B.L., et al., *TA*, **8**, 1539, 1377 and 1467; Alexakis, A. et al., *TL*, **38**, 7745; Wendisch, V. and Sewald, N., *TA*, **8**, 1253; Pfaltz, A. et al., *SL*, 1429; see also: Strangeland, E.L. and Sammakia, T., *T*, **53**, 16503.

cyclohex-2-enone + ZnEt$_2$ $\xrightarrow[\text{chiral ligand}]{\text{CuOTf}}$ 3-ethylcyclohexanone

39–62% ee

cat. = [pyridyl-thiazolidinone ligand with substituents R^1, R^2, R^3, and N-Ph]

[various other chiral ligands employed for similar transformations]

I.A.7.b.2-10 Houpis, I.N. et al., *TL*, **38**, 7131.

R^1-vinyl-pyridyl sulfoxide (SO-Tol) $\xrightarrow[\text{THF, Ni cat.}]{\text{1) }(R^2)_3\text{ZnMgCl}}_{\text{2) Zn}^0}$ product with R^1, R^2 substituents on pyridylmethyl

60–90%

I.a.7.b.2-11 Knochel, P. and Studemann, T., *AG(E)*, **36**, 93.

PhC≡CPh $\xrightarrow{\substack{\text{1) Et}_2\text{Zn, Ni(acac)}_2 \\ \text{THF, NMP} \\ \text{2) CuCN, LiCl} \\ \text{3) CH}_2\text{=C(CH}_2\text{Br)CO}_2\text{Et}}}$ product (EtO$_2$C, Et, Ph, Ph substituted diene)

71%, >99:1 Z:E

I.A.7.b.2-12 Jones, P. and Knochel, P., *JCS(P1)*, 3117.

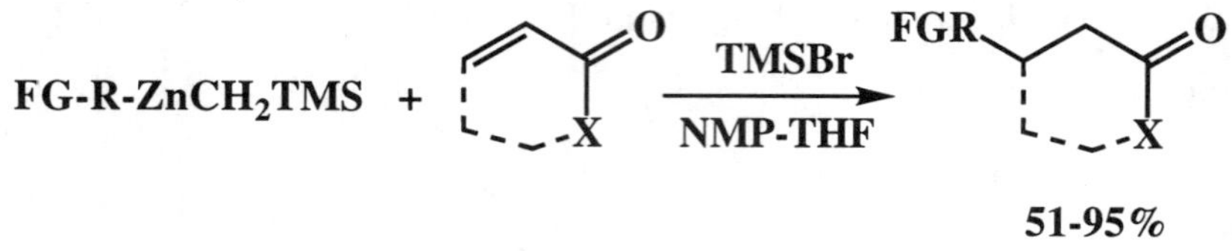
FG-R-ZnCH2TMS
+
O
X
TMSBr
NMP-THF
FGR
O
X
51-95%

I.A.7.b.2-13 Sato, F. et al., *JACS*, **119**, 10014.

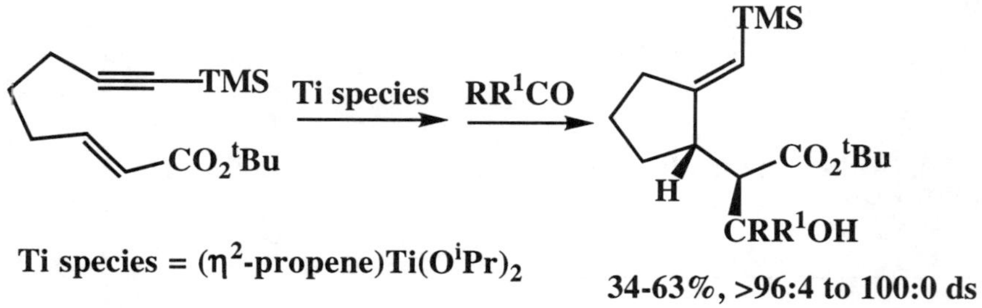
TMS
CO2tBu
Ti species
RR1CO
TMS
CO2tBu
H
CRR1OH
Ti species = (η2-propene)Ti(OiPr)2
34-63%, >96:4 to 100:0 ds

I.A.7.b.2-14 Oshima, K. et al., *BCJ*, **70**, 2297.

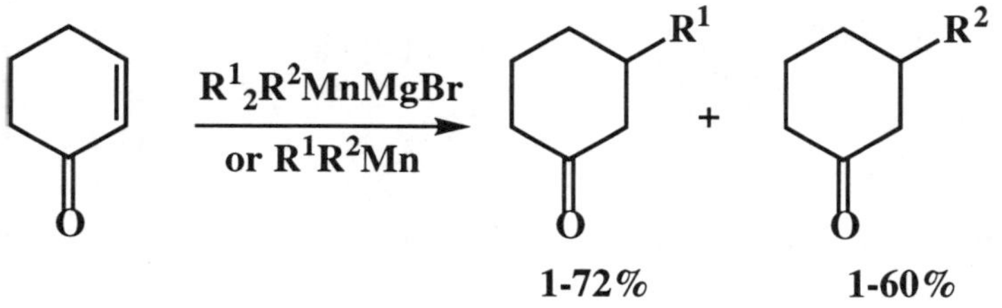
O
R12R2MnMgBr
or R1R2Mn
R1
O
+
R2
O
1-72%
1-60%

I.A.7.b.2-15 Nicholson, B.K. et al., *JOM*, **540**, 185.

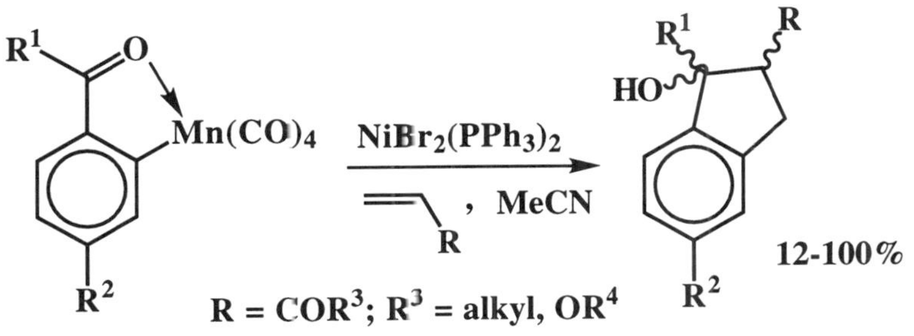

$R = COR^3$; R^3 = alkyl, OR^4

12-100%

I.A.7.b.2-16 Yoon, N.M. et al., *JOC*, **62**, 2357; **see also:** Spencer, R.P. and Schwartz, J., *JOC*, **62**, 4204; Condon-Gueugnot, S. et al., *S*, 1457.

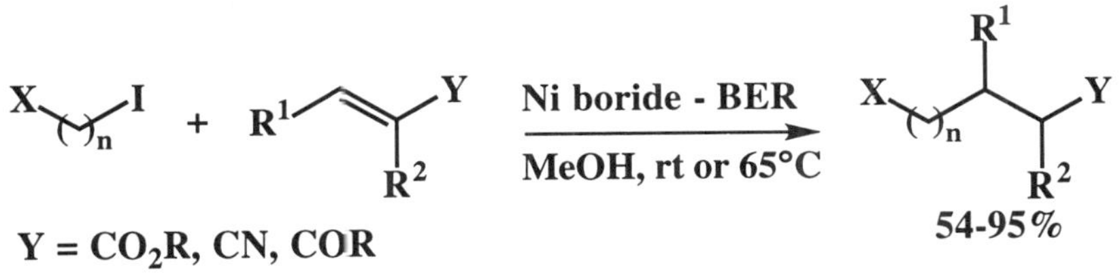

$Y = CO_2R, CN, COR$

54-95%

[similar conjugate additions with Ti(III) or $NiBr_2 \cdot H_2O$ catalysts]

I.A.7.b.2-17 Maruoka, K. et al., *TL*, **38**, 3947 and 3951.

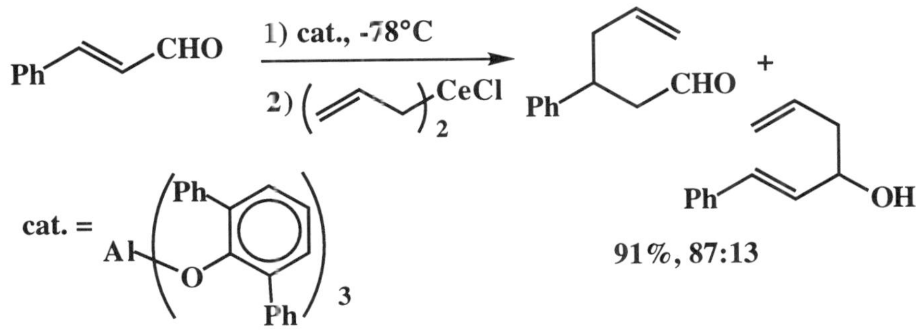

91%, 87:13

I.A.7.b.2-18 Trost, B.M. et al., *JACS*, **119**, 836 and 11319.

$$R-\equiv\ +\ \overset{O}{\underset{}{\diagup\!\!\!\diagdown}}R^1 \xrightarrow[\underset{COD^{Ru}Cl}{\bigcirc}]{NH_4PF_6,\ In(OTf)_3} R\overset{O}{\underset{}{\diagup}}\diagdown\diagup\diagdown\overset{O}{\underset{}{\diagup}}R^1$$

40-93%

I.A.7.b.2-19 Molander, G.A. and Harris, C.R., *JOC*, **62**, 7418; **see also:** Marco-Contelles, J., Chiara, J.L. et al., *JOC*, **62**, 7397.

[Structure: iodoalkene with EWG] $\xrightarrow[\text{THF, -78°C to rt}]{\text{SmI}_2,\ \text{cat. NiI}_2}$ [cyclopentane-CH$_2$-EWG]

38-100%

EWG = CO_2R, $CONRR^1$, CN; n = 1, 2

I.A.7.b.2-20 Zhou, L. and Zhang, Y., *TL*, **38**, 8063.

$ArCH{=}C(CN)CO_2R \xrightarrow[\text{THF, rt}]{\text{SmI}_2}$ [aminocyclopentene product with RO_2C, NC, CO_2R, Ar, Ar, NH_2 substituents]

72-88%

I.A.7.b.3. Other Conjugate Additions

I.A.7.b.3-1 Beckwith, A.L.J. et al., *CC*, 499; Robertson, J. et al., *T*, **53**, 14807; **see also:** Takahashi, T. et al., *JOC*, **62**, 1912.

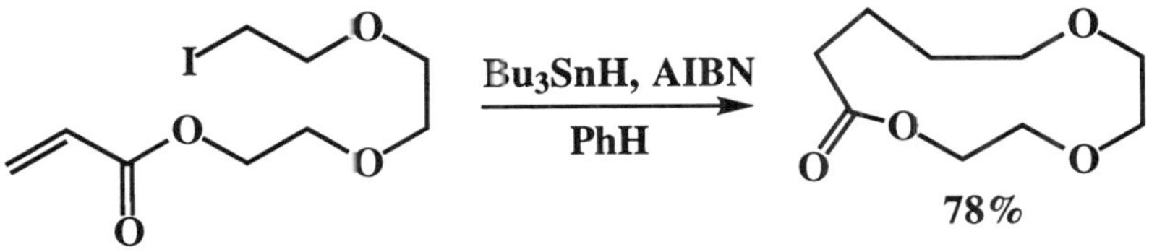

I.A.7.b.3-2 Kita, Y. et al., *TL*, **38**, 8345.

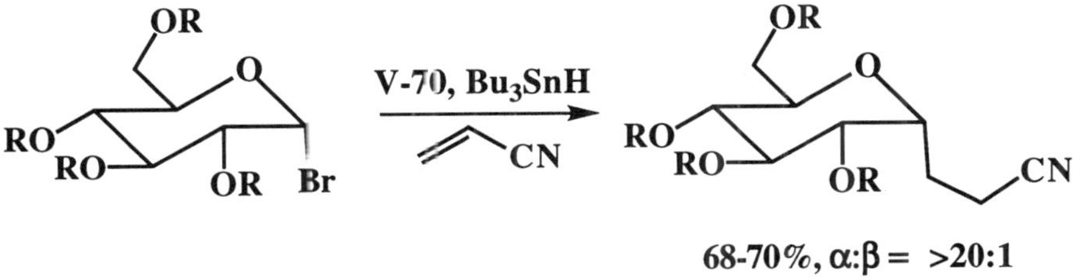

68-70%, α:β = >20:1

I.A.7.b.3-3 Sibi, M.P. and Ji, J., *JOC*, **62**, 3800.

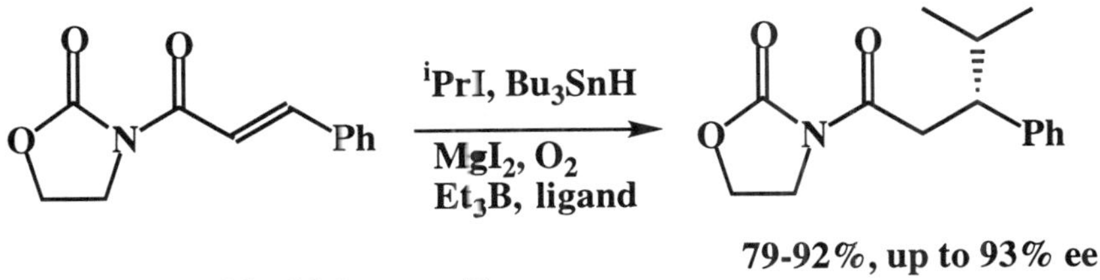

79-92%, up to 93% ee

ligand = a chiral bis-oxazoline

I.A.7.b.3-4 Pattenden, G. et al., *JCS(P1)*, 1091 and *TL*, **38**, 9069.

45-60%

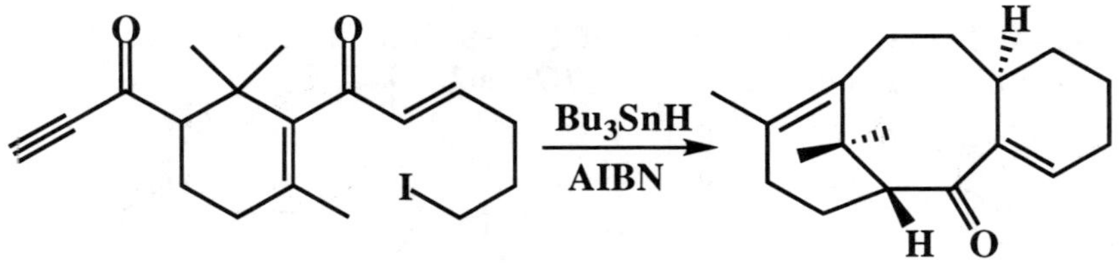

I.A.7.b.3-5 Enholm, E.J. and Burroff, J.A., *T*, **53**, 13583.

54-75%

I.A.7.b.3-6 Bonjoch, J. et al., *T*, **53**, 1391.

X = CN, CO_2Me

57-70%
(major)

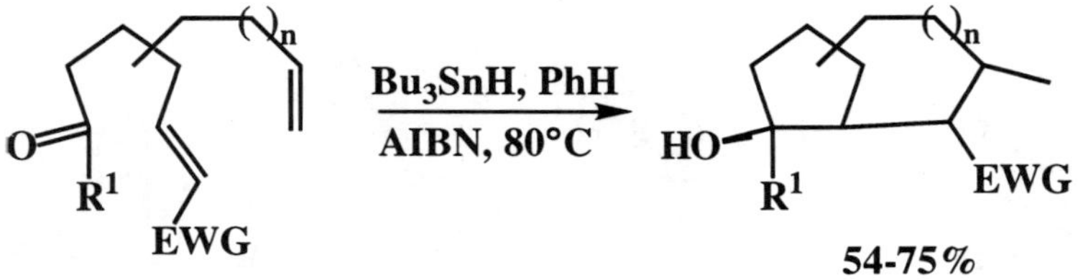

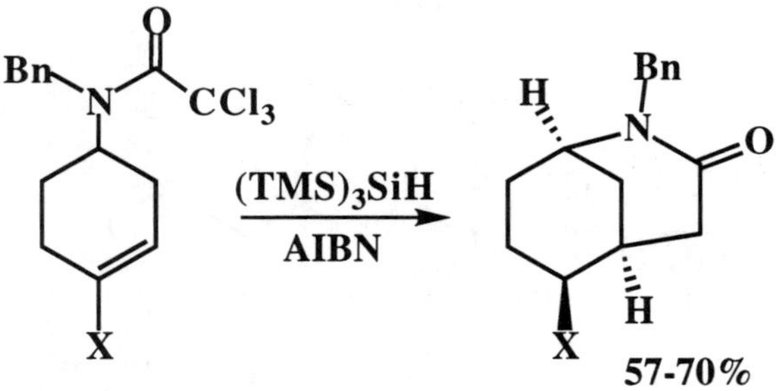

I.A.7.b.3-7 Petrovic, G. and Cekovic, Z., *TL*, **38**, 627.

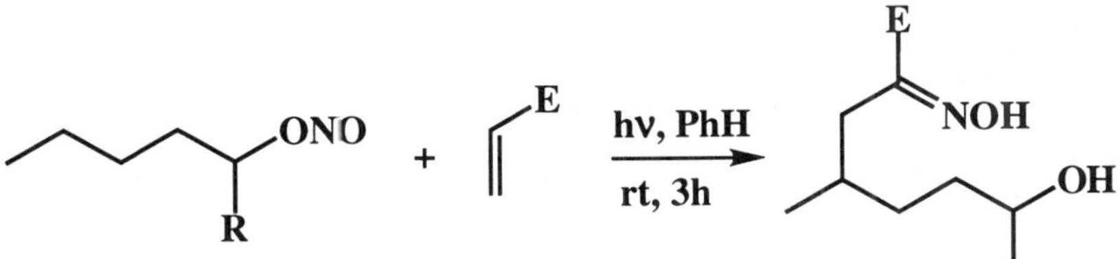
ONO
R
E
hν, PhH
rt, 3h
E
NOH
OH
R

E = CN, COMe, CO_2Et

35-80%

I.A.7.b.3-8 Aurrecoechea, J.M. et al., *JOC*, **62**, 1125.

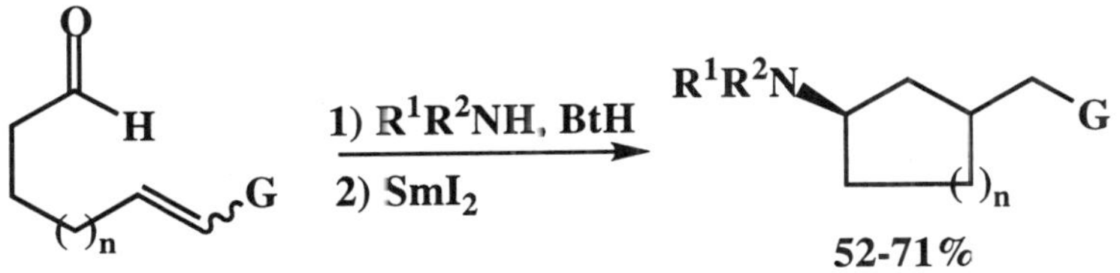
O
H
G
n
1) R¹R²NH, BtH
2) SmI₂
R¹R²N
G
n

52-71%

n = 1, 2; G = CO_2Et, CN

I.A.7.b.3-9 Sugimura, T. et al., *TL*, **38**, 3547.

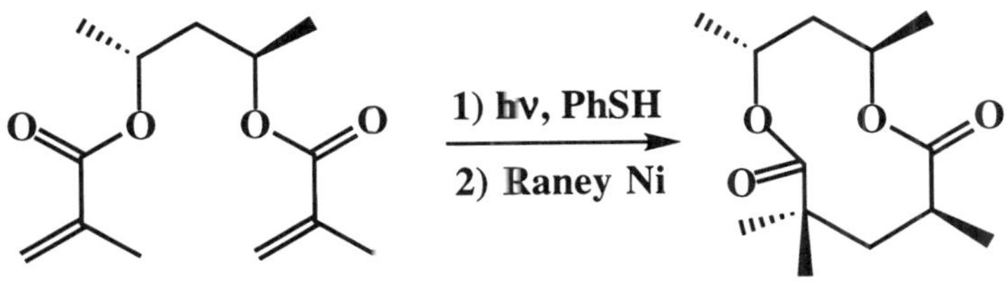
O
O
O
O
1) hν, PhSH
2) Raney Ni
O
O
O
O

93.6%, 99% de

I.A.7.b.3-10 Barluenga, J. et al., *OM*, **16**, 5384.

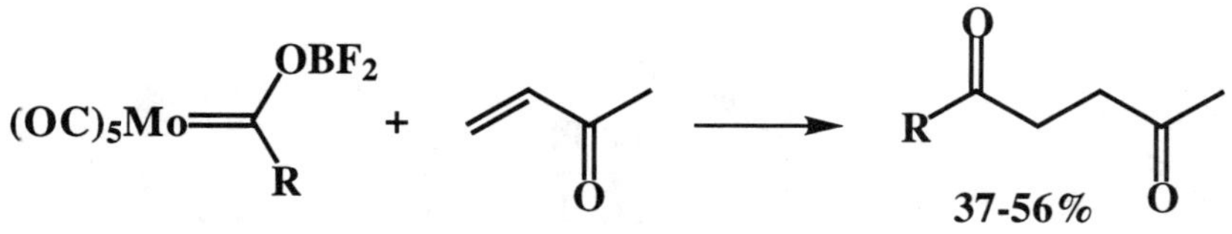

$(OC)_5Mo=C(OBF_2)(R)$ + CH$_2$=CHC(O)CH$_3$ → R-C(O)-CH$_2$-CH$_2$-C(O)-CH$_3$ 37-56%

I.A.7.b.3-11 Brunner, H. et al., *JOM*, **541**, 89.

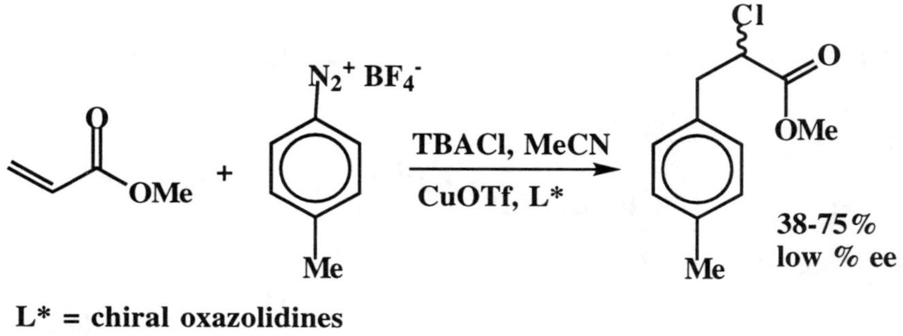

methyl acrylate + 4-methylphenyldiazonium tetrafluoroborate (N_2^+ BF$_4^-$) →[TBACl, MeCN / CuOTf, L*] methyl 2-chloro-3-(4-methylphenyl)propanoate

38-75%
low % ee

L* = chiral oxazolidines

I.A.8. Other Carbon-Carbon Single Bond Forming Reactions

I.A.8-1 Barnhart, R.W. et al., *CC*, 589; **see also:** Jun, C-H. et al., *JOC*, **62**, 1200.

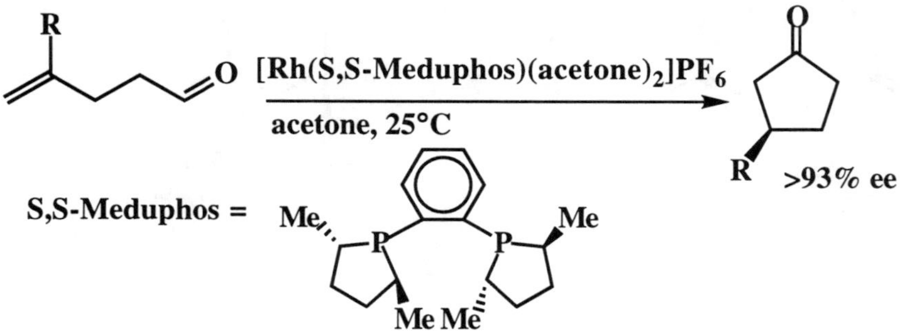

R-substituted 4-pentenal →[[Rh(S,S-Meduphos)(acetone)$_2$]PF$_6$ / acetone, 25°C] 3-R-cyclopentanone

>93% ee

S,S-Meduphos = 1,2-bis[(2S,5S)-2,5-dimethylphospholano]benzene

I.A.8-2 Schröder, F. et al., *HCA*, **80**, 2047.

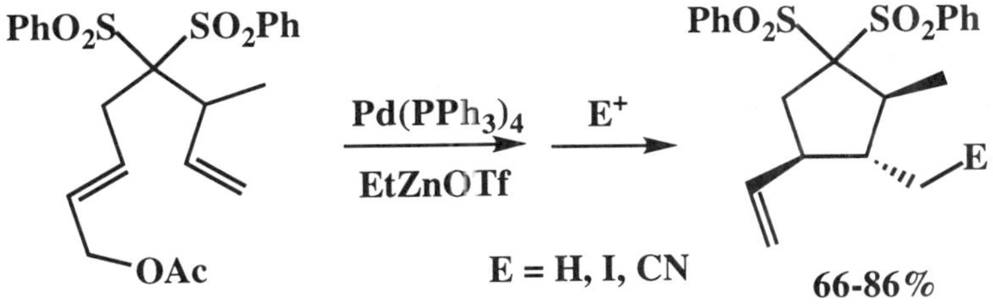

[Reaction: bis(phenylsulfonyl) diene acetate substrate → cyclopentane product with Pd(PPh₃)₄, E⁺, EtZnOTf; E = H, I, CN; 66-86%]

I.A.8-3 Wang, R.-T. et al., *OS*, **75**, 146.

$$\text{Ar}\!-\!\!\equiv\!\!-\text{H} \xrightarrow[\text{H}_2\text{O, TMSCl}]{\text{CuCN, NaI} \atop \text{DMSO, MeCN}} \text{Ar}\!-\!\!\equiv\!\!-\text{CN}$$

48-84%

I.A.8-4 Shishido, K. et al., *CC*, 1167.

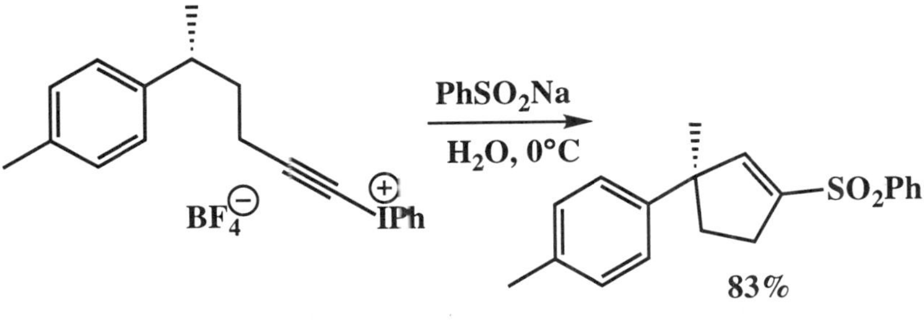

[Reaction: alkynyl iodonium salt (BF₄⁻, IPh) substrate with PhSO₂Na, H₂O, 0°C → cyclopentenyl sulfone product; 83%]

I.A.8-5 Davies, H.M.L. and Hansen, T., *JACS*, **119**, 9075.

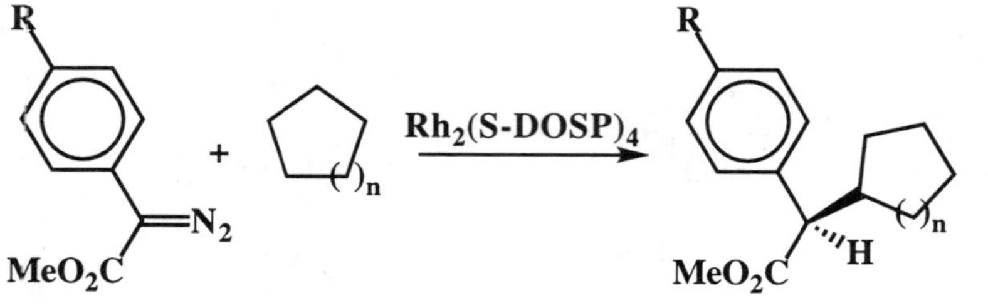

53-96%, 60-93% ee

DOSP = N-(*p*-alkylphenyl)sulfonylprolinate

I.A.8-6 Ikeda, M. et al., *JCS(P1)*, 3643; **see also:** Mander, L.N. and Wells, A.P., *TL*, **30**, 5709; Lahuerta, P., Pérez-Prieto, J. et al., *OM*, **16**, 880.

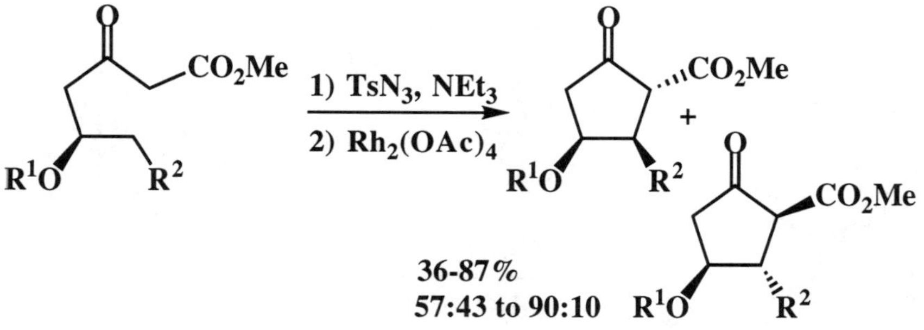

36-87%
57:43 to 90:10

I.A.8-7 Zercher, C.K. et al., *JOC*, **62**, 3902.

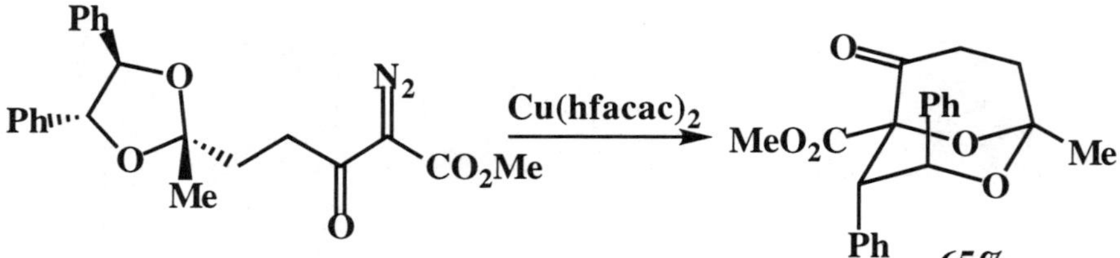

65%

I.A.8-8 Caddick, S. et al., *CC*, 171.

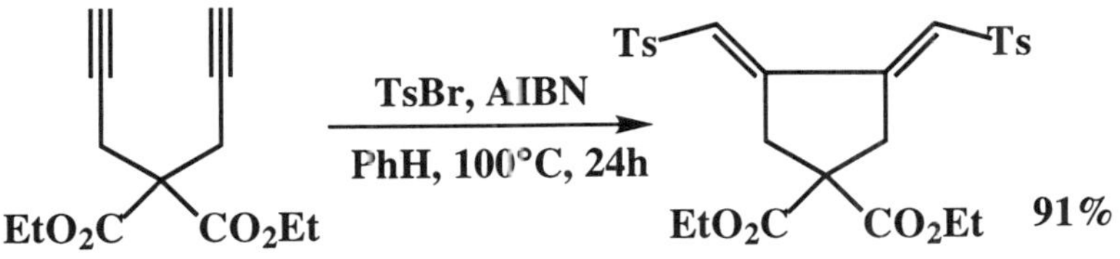

[Reaction: diethyl dipropargylmalonate + TsBr, AIBN, PhH, 100°C, 24h → bis(tosylmethylene)cyclopentane with C(CO$_2$Et)$_2$, 91%]

I.A.8-9 Das, I. et al., *JOM*, **532**, 101.

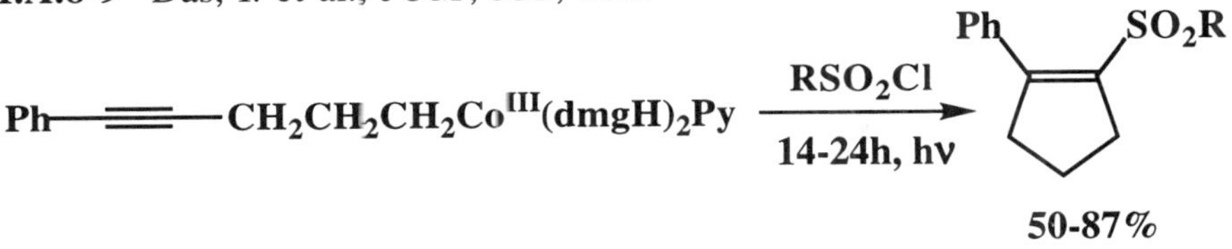

Ph—≡—CH$_2$CH$_2$CH$_2$Co^{III}(dmgH)$_2$Py $\xrightarrow[\text{14-24h, h}\nu]{\text{RSO}_2\text{Cl}}$ 1-Ph-2-(SO$_2$R)-cyclopentene

50-87%

I.A.8-10 Zard, S.Z. et al., *JACS*, **119**, 7410.

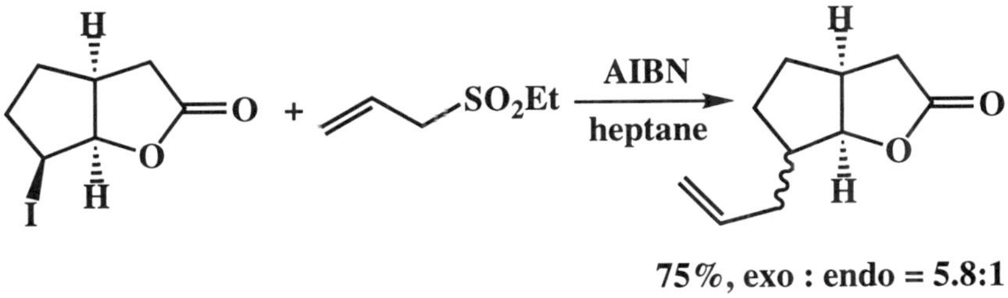

[iodo-bicyclic lactone] + allyl-SO$_2$Et $\xrightarrow[\text{heptane}]{\text{AIBN}}$ allylated bicyclic lactone

75%, exo : endo = 5.8:1

I.A.8-11 Kim, S. et al., *SL*, 475.

R-I + PhO$_2$S-C(=N-OBn)-CO$_2$Me $\xrightarrow[\text{2) HCHO, H}^+]{\text{1) (Me}_3\text{Sn)}_2\text{, h}\nu}$ R-C(=O)-CO$_2$Me

55-74%

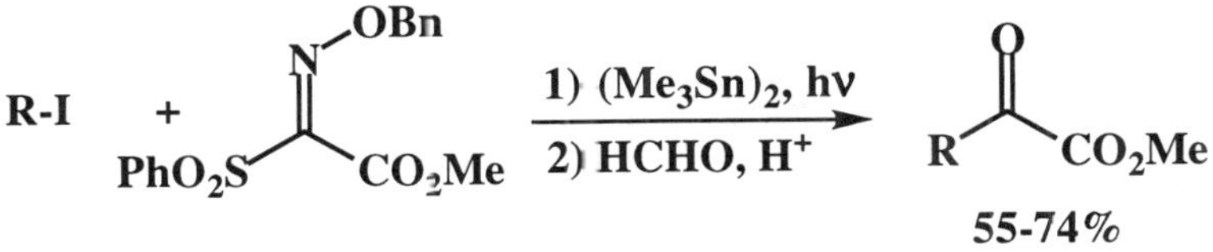

I.A.8-12 Marco-Contelles, J. et al., *JOC*, **62**, 1202.

[Reaction scheme: allene with R^1, R^2, R^3, R^4 substituents and =NOMe group, treated with Bu$_3$SnH / AIBN, giving a cyclopentene with Bu$_3$Sn, R^1, R^2, R^3, R^4, and NHOMe groups. 37-91%]

I.A.8-13 Pattenden, G. and Herbert, N., *SL*, 69.

[Reaction scheme: cyclopropyl-substituted α,β-unsaturated selenoester with R^1, R, SePh, treated with Bu$_3$SnH / AIBN, giving a cyclohexenone with R^1 and R substituents. 0-60%]

I.A.8-14 Crich, D., Bertrand, M.P. et al., *JOC*, **62**, 275.

[Reaction scheme: bromoalkene with E, E groups and dioxolane with R, R substituents, treated with Bu$_3$SnH / AIBN, hν, giving a spirocyclic product. 45-71%, 50:50 to 82:18]

I.A.8-15 Weavers, R.T. et al., *TL*, **38**, 2919.

[Reaction scheme: ynone with R^1, R^2, R^2, R^3 substituents and vinyl group, treated with CXCl$_3$ / initiator (X = Cl, Br), giving a cyclopentanone with CCl$_3$, R^1, R^2, R^3 substituents and exocyclic alkene bearing X and R^1. 52-91%]

I.A.8-16 Kita, Y. et al., *TL*, **38**, 3549.

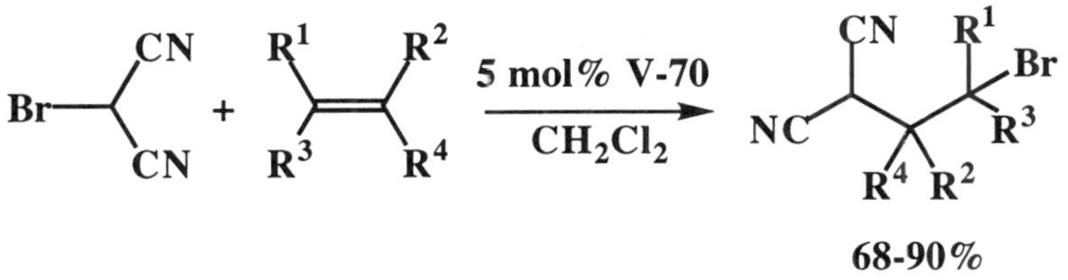

$$\text{Br}\underset{\text{CN}}{\overset{\text{CN}}{-}}+\underset{R^3}{\overset{R^1}{=}}\underset{R^4}{\overset{R^2}{\xrightarrow{\text{5 mol% V-70}}{CH_2Cl_2}}}\text{NC}\underset{R^4\ R^2}{\overset{\text{CN}\ R^1}{-}}\underset{R^3}{\overset{Br}{-}}$$

68-90%

I.A.8-17 Molander, G.A. et al., *JACS*, **119**, 1265; see also: *JOC*, **62**, 2935 & 2944.

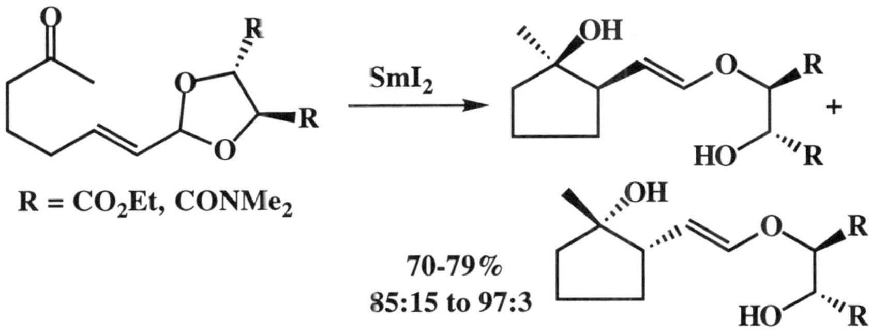

R = CO$_2$Et, CONMe$_2$

70-79%
85:15 to 97:3

I.A.8-18 Skrydstrup, T. et al., *TL*, **38**, 1767.

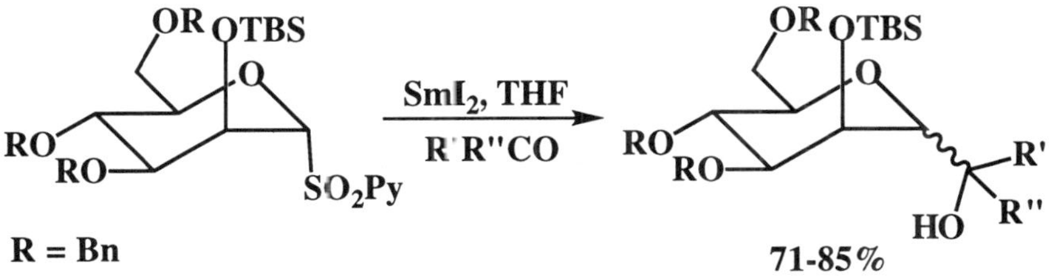

R = Bn

SmI$_2$, THF
R'R"CO

71-85%

I.B. Carbon-Carbon Double Bonds

(see also: I.E.1)

I.B.1. Wittig-Type Olefination Reactions

I.B.1-1 McCombie, S.W. and Courtney, A., *TL*, **38**, 5775.

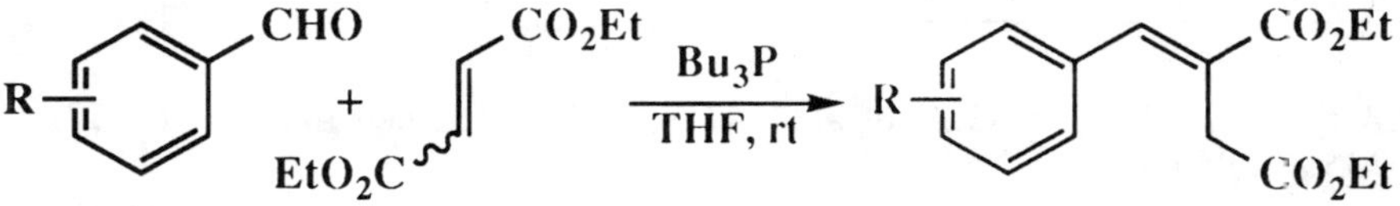

71-95%

I.B.1-2 Hatanaka, M. et al., *JOC*, **62**, 6529; Yadav, J.S. and Srinivas, D., *TL*, **38**, 7789.

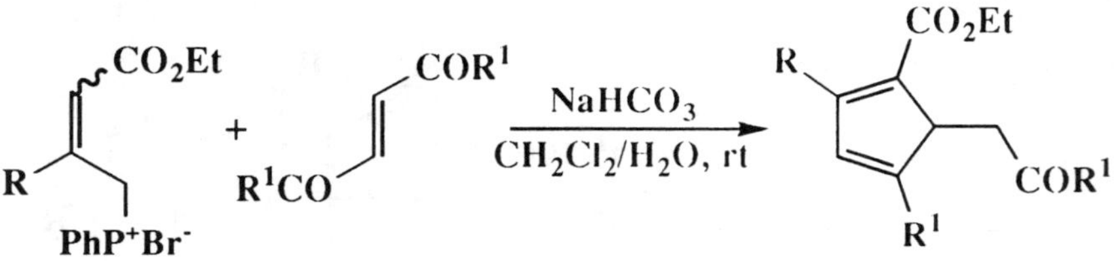

29-90%

I.B.1-3 Krief, A. et al., *JOC*, **62**, 1886.

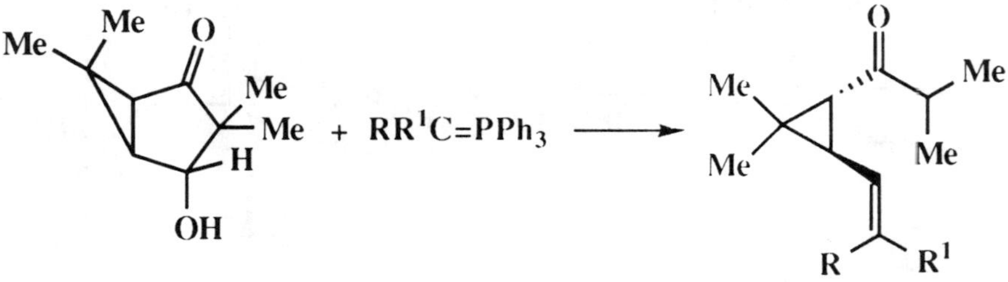

0-75%

I.B.1-4 Kornilov, A. et al., *OS*, **75**, 153.

Ph—CH$_2$CH$_2$CH$_2$—P$^+$Ph$_3$ Br$^-$ $\xrightarrow{\text{1. NaH, THF} \atop \text{2. CF}_3\text{CO}_2\text{Et}}$ Ph—CH$_2$CH$_2$—CH=C(CF$_3$)(OEt)

75%

I.B.1-5 Ando, K., *JOC*, **62**, 1934; Piva, O. and Comesse, S., *TL*, **38**, 7191; **see also:** Fuji, K. et al., *TL*, **38**, 8943.

(ArO)$_2$P(O)CH$_2$CO$_2$Et $\xrightarrow{\text{1. Triton}^\circledR\text{B or NaH} \atop \text{2. RCHO}}$ *cis*-R—CH=CH—CO$_2$Et

46-99%

I.B.1-6 Ledford, B.E. and Carreira, E.M., *TL*, **38**, 8125.

RCHO + N$_2$CHCO$_2$Et $\xrightarrow{\text{ReOCl}_3(\text{PPh}_3)_2, (\text{EtO})_3\text{P} \atop \text{THF, 23°C}}$ R—CH=CH—CO$_2$Et

65-95%
E:Z=3-20:1

I.B.1-7 Holmes, A.B. et al., *JACS*, **119**, 7483.

[Oxocane with TBSO and TMSO substituents, C=O] $\xrightarrow{\text{Cp}_2\text{TiMe}_2 \atop \text{Ph-Me, reflux}}$ [Oxocane with TBSO and TMSO substituents, C=CH$_2$]

I.B.1-9 Katritzky, A. and Li, J., *JOC*, **62**, 238.

Bt-CH$_2$R $\xrightarrow{\text{1. BuLi, THF} \atop \text{2. R}^1\text{COR}^2 \atop \text{3. TiCl}_3, \text{Li, THF}}$ R—CH=C(R^1)(R^2)

53-81%

I.B.1-8 Moorhoff, C.M., *T*, **53**, 2241; see also: Miokowski, C. et al., *TL*, **38**, 7871; Dai, W.-M. et al., *TA*, **8**, 1979.

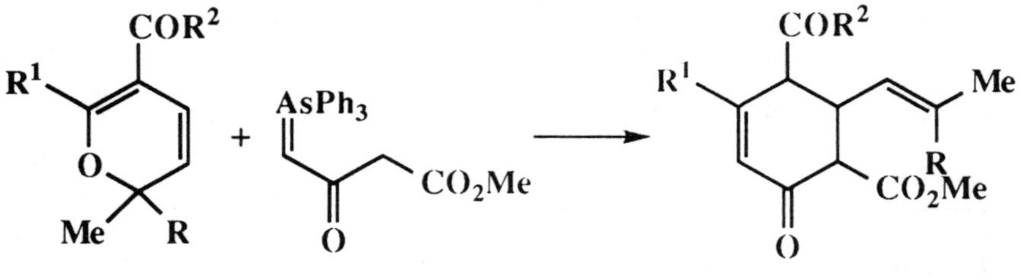

[Reaction scheme: pyran with COR^2, R^1, Me, R substituents + AsPh$_3$/CH$_2$=CH-CO-CH$_2$-CO$_2$Me → cyclohexenone product, 12-52%]

I.B.1-9 Nokami, J. et al., *JCS(P1)*, 2947.

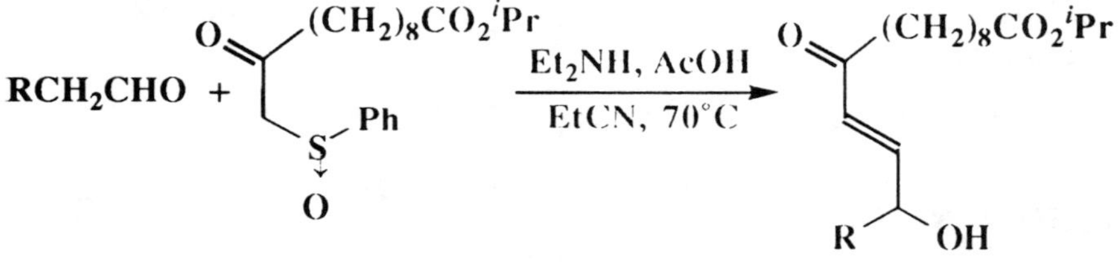

[Reaction scheme: RCH$_2$CHO + sulfoxide with (CH$_2$)$_8$CO$_2{}^i$Pr and S(O)Ph groups, Et$_2$NH, AcOH, EtCN, 70°C → enone-alcohol product, 58-77%]

I.B.1-10 Remuson, R. et al., *TA*, **8**, 1111; see also: Emslie, N.D. et al., *TL*, **38**, 1851.

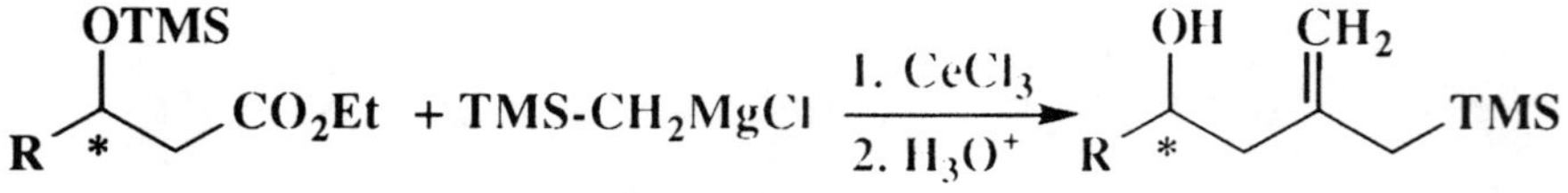

[Reaction scheme: R*-CH(OTMS)-CH$_2$-CO$_2$Et + TMS-CH$_2$MgCl, 1. CeCl$_3$, 2. H$_3$O$^+$ → R*-CH(OH)-CH$_2$-C(=CH$_2$)-CH$_2$-TMS, 77-99%, e.e.=80-95%]

I.B.2. Eliminations

I.B.2.a. Eliminations of Alcohols and Derivatives

I.B.2.a-1 Yamamoto, H. et al., *SL*, 597.

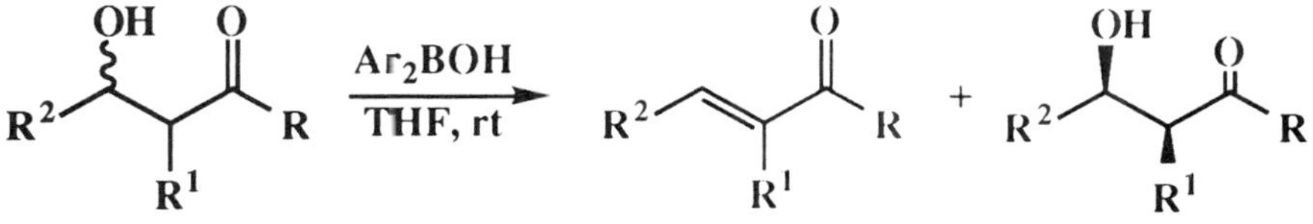

58-76%
syn:anti=99:1

I.B.2.a-2 Lautens, M. et al., *JOC*, **62**, 7080.

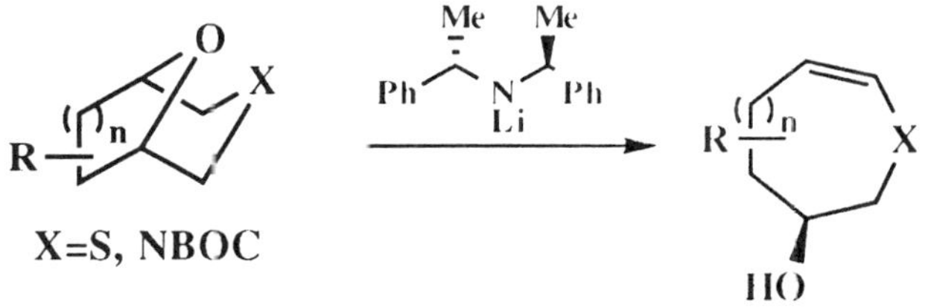

X=S, NBOC

26-91%

I.B.2.b. Eliminations of Halides

I.B.2.b-1 Yamamoto, Y. and Saito, K., *OM*, **16**, 2207; see also: Oshima, K. et al., *TL*, **38**, 5161.

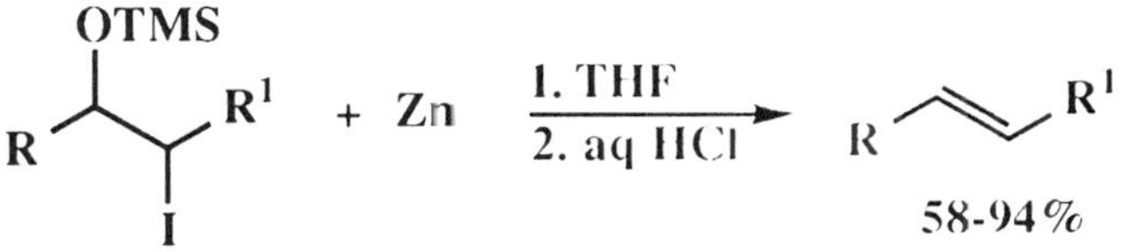

58-94%

I.B.2.c. Other Eliminations

I.B.2.c-1 Jang, D.O. et al., *SC*, **27**, 2379.

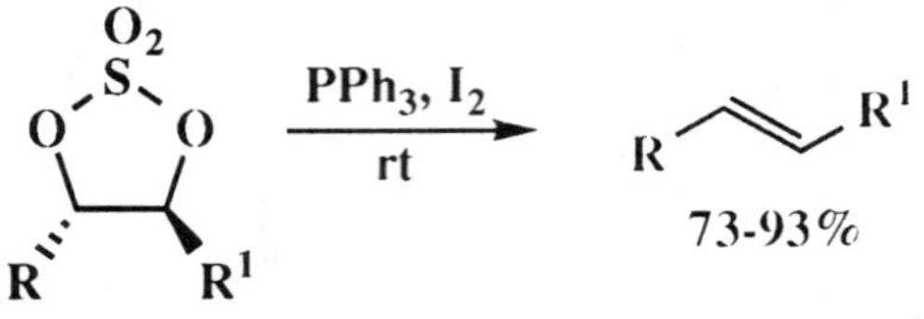

I.B.2.c-2 Cere, V. et al., *TL*, **38**, 7797; see also: Taylor, R.J.K. and Evans, P., *TL*, **38**, 3055.

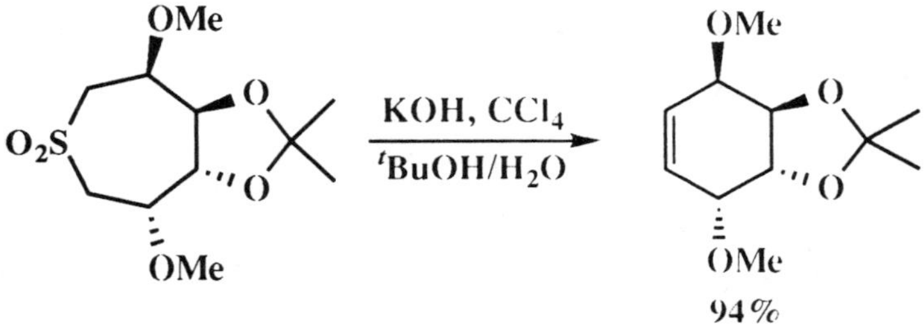

I.B.2.c-3 Rigby, J.H. and Warshakoon, N.C., *TL*, **38**, 2049.

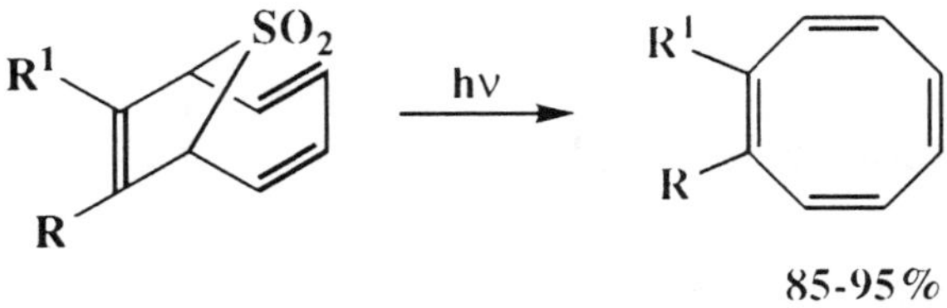

I.B.2.c-4 Danheiser, R.L. et al., *SL*, 469.

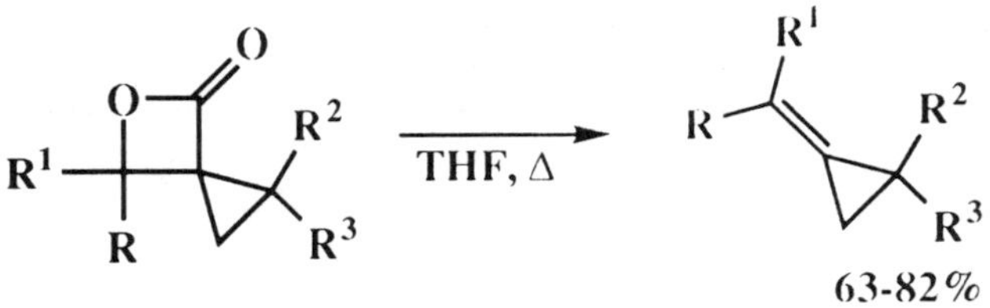

I.B.2.c-5 Fleming, I. et al., *TL*, **38**, 2381.

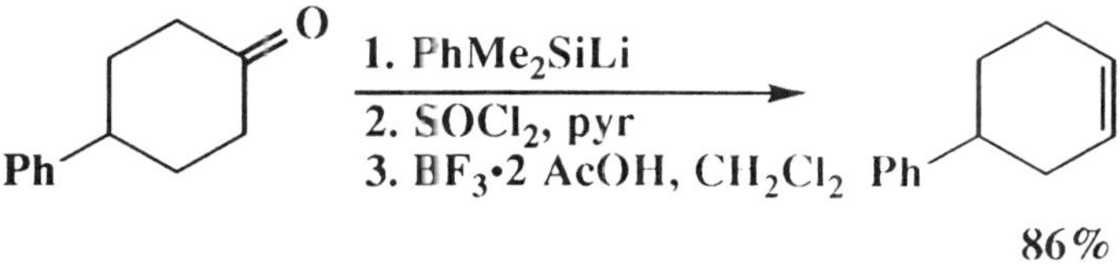

Ph-cyclohexanone →
1. PhMe$_2$SiLi
2. SOCl$_2$, pyr
3. BF$_3$·2 AcOH, CH$_2$Cl$_2$
→ Ph-cyclohexene 86%

I.B.2.c-6 Corey, E.J. et al., *TL*, **38**, 8915, 8921.

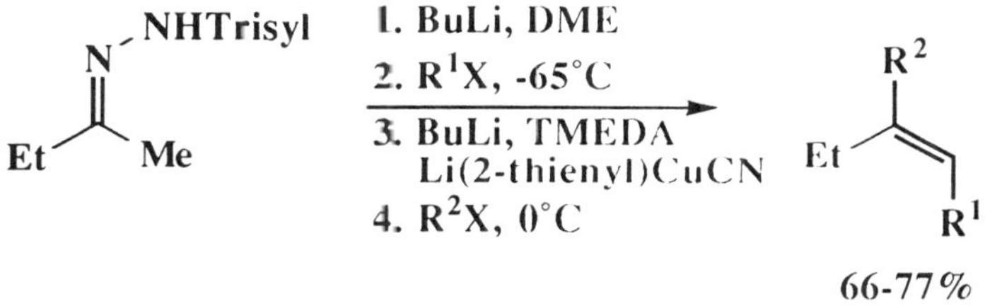

Et(Me)C=N-NHTrisyl
1. BuLi, DME
2. R^{1}X, -65°C
3. BuLi, TMEDA, Li(2-thienyl)CuCN
4. R^{2}X, 0°C
→ Et, R^2, R^1 alkene 66-77%

I.B.2.c-7 Zhao, G. and Ganem, B., *JOC*, **62**, 2298.

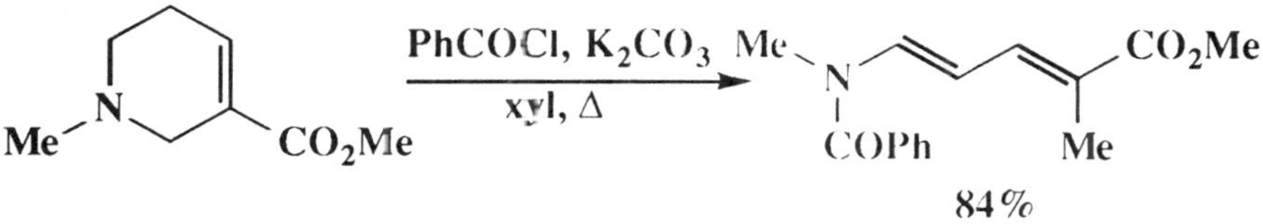

Me-N-tetrahydropyridine-CO$_2$Me
→ PhCOCl, K$_2$CO$_3$, xyl, Δ →
Me-N(COPh)-CH=CH-C(Me)=CH-CO$_2$Me 84%

I.B.3. Other Carbon-Carbon Double Bond Forming Reactions

I.B.3-1 Mori, M. et al., *JACS*, **119**, 12388.

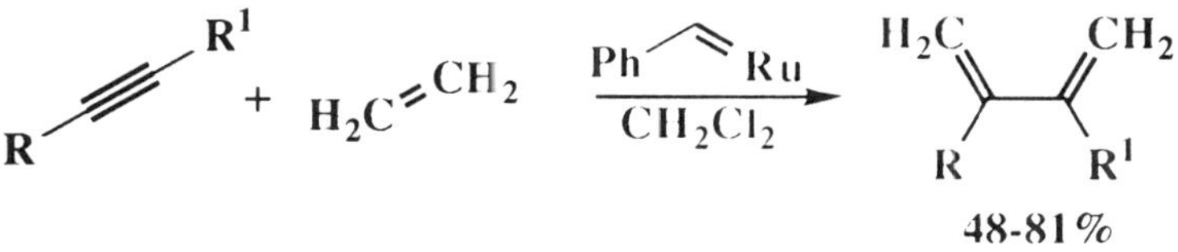

R-C≡C-R^1 + H$_2$C=CH$_2$ → (Ph-CH=Ru, CH$_2$Cl$_2$) → H$_2$C=C(R)-C(R^1)=CH$_2$ 48-81%

I.B.3-2 Furstner, A. and Langemann, K., *JACS*, **119**, 9130; Hammer, K. and Undheim, K., *T*, **53**, 5925; Mascarenas, J.L. et al., *JOC*, **62**, 8620; Nicolaou, K.C. et al., *CEJ*, **3**, 1957; Gibson, S.E. et al., *CC*, 1107; Clark, J.S. and Kettle, J.G., *TL*, **38**, 123, 127; Joe, D. and Overman, L.E., *TL*, **38**, 8635.

I.B.3-3 Blechert, S. et al., *CEJ*, **3**, 441.

Mo cat. = Ph Me$_2$CCH=Mo=N(2,6-^{i}Pr$_2$C$_6$H$_3$)[OCMe(CF$_3$)$_2$]$_2$

I.B.3-4 Holzapfel, C.W. and Marais, L., *TL*, **38**, 8585; see also: Kinoshita, A. and Mori, M., *H*, **46**, 287.

I.B.3-5 Snapper, M.L. et al., *JACS*, **119**, 1478 and *T*, **53**, 16511.

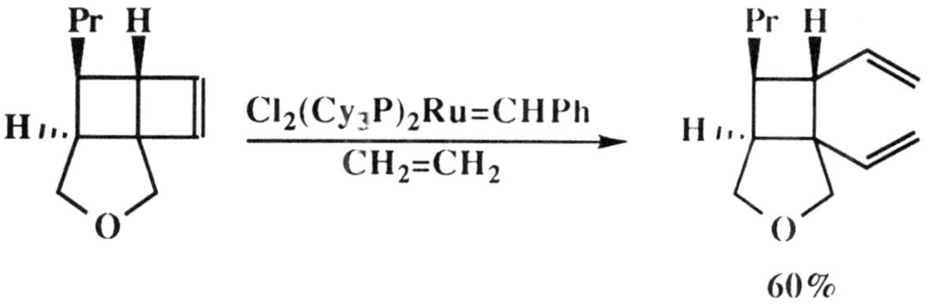

[Reaction: bicyclic cyclobutene fused to oxetane with Pr and H substituents → Cl$_2$(Cy$_3$P)$_2$Ru=CHPh / CH$_2$=CH$_2$ → ring-opened divinyl product, 60%]

I.B.3-6 Li, Y. et al., *CL*, 229.

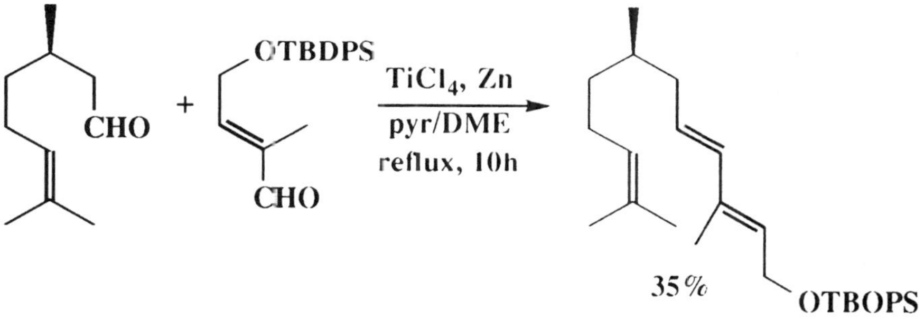

[Citronellal-type CHO + OTBDPS-substituted enal CHO → TiCl$_4$, Zn, pyr/DME, reflux, 10h → cross-coupled diene product with OTBOPS, 35%]

I.B.3-7 Rigo, P. et al., *CC*, 2163.

$$\text{R-C(O)-CH=N}_2 \xrightarrow{\text{Cl(PPh}_3)_2\text{RuCp, Ph-Me, 65°C}} \text{R-C(O)-CH=CH-C(O)-R}$$

>95%

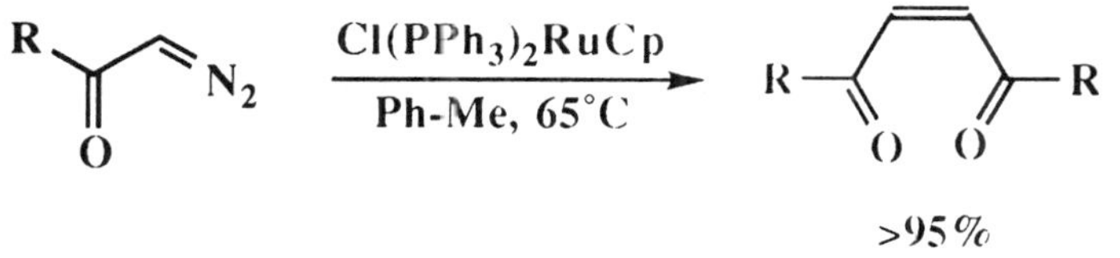

I.B.3-8 Beau, J.-M. et al., *CEJ*, **3**, 1342.

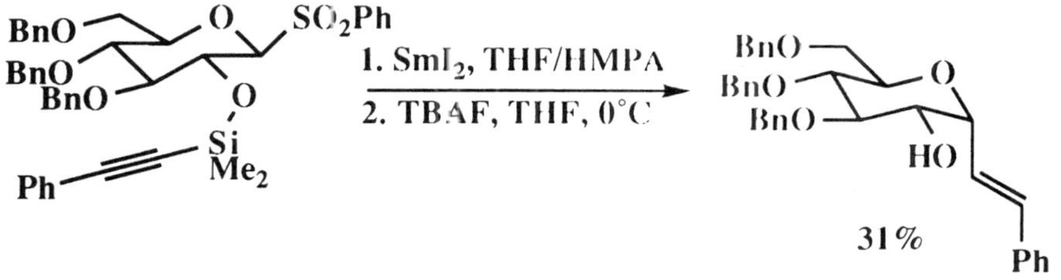

[Tri-BnO sugar with SO$_2$Ph and SiMe$_2$-C≡C-Ph tether → 1. SmI$_2$, THF/HMPA; 2. TBAF, THF, 0°C → tri-BnO sugar with HO and CH=CH-Ph, 31%]

I.B.3-9 Moorhoff, C.M., *TL*, **38**, 4157.

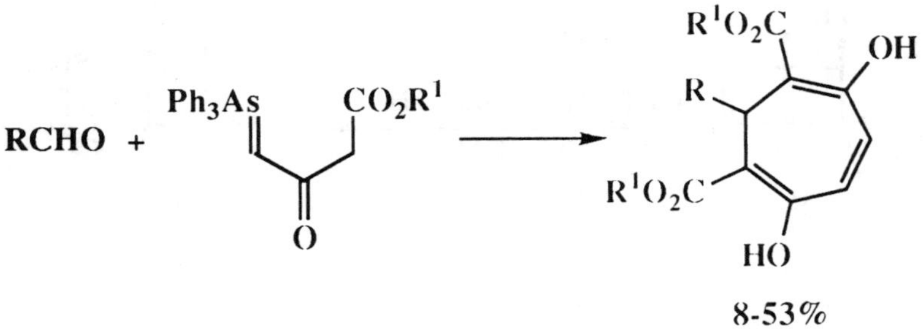

RCHO + Ph₃As-CH=C(O)-CH₂-CO₂R¹ ⟶ [cycloheptatriene with R^1O_2C, R, R^1O_2C, OH, HO substituents]

8-53%

I.B.3-10 Barluenga, J. et al., *OM*, **16**, 4525.

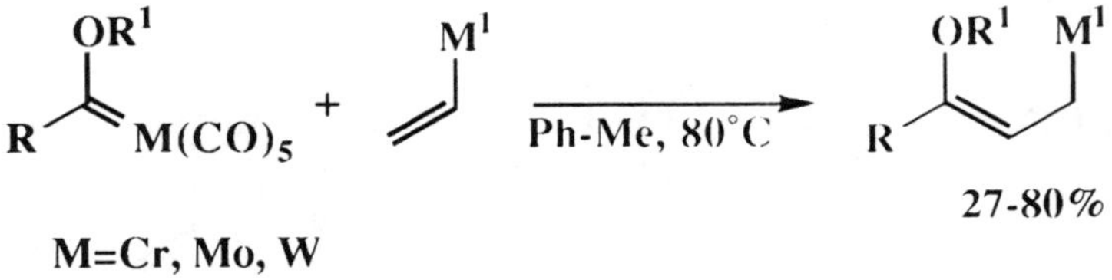

$R-C(OR^1)=M(CO)_5$ + $CH_2=CH-M^1$ →(Ph-Me, 80°C) $R-C(OR^1)=CH-CH_2-M^1$

M = Cr, Mo, W

27-80%

I.B.3-11 Yamamoto, Y. et al., *JACS*, **119**, 6781.

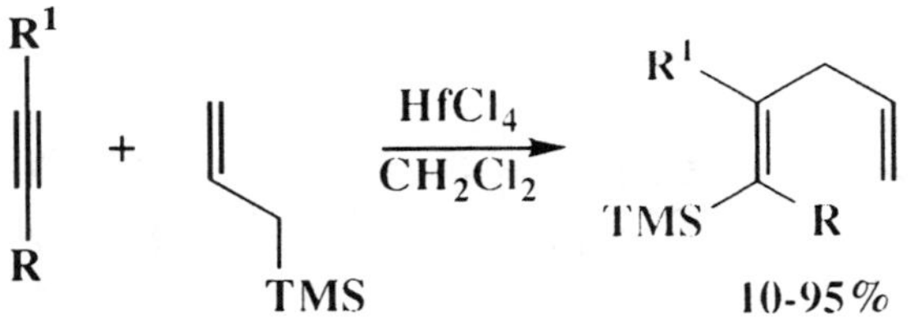

$R^1-C≡C-R$ + $CH_2=CH-CH_2-CH_2-TMS$ →(HfCl₄ / CH₂Cl₂) alkene product with TMS, R, R¹, and allyl group

10-95%

I.B.3-12 Takeda, T. et al., *JACS*, **119**, 1127 and see also: *CC*, 1055.

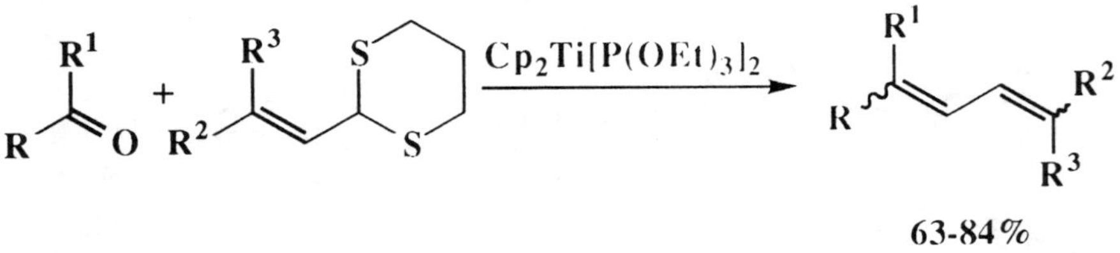

$R-C(R^1)=O$ + $R^2-CH=CH-CH(R^3)$-(1,3-dithiane) →($Cp_2Ti[P(OEt)_3]_2$) diene $R(R^1)C=CH-CH=C(R^2)(R^3)$

63-84%

I.B.3-13 Eguchi, S. et al., *JOC*, **62**, 1292.

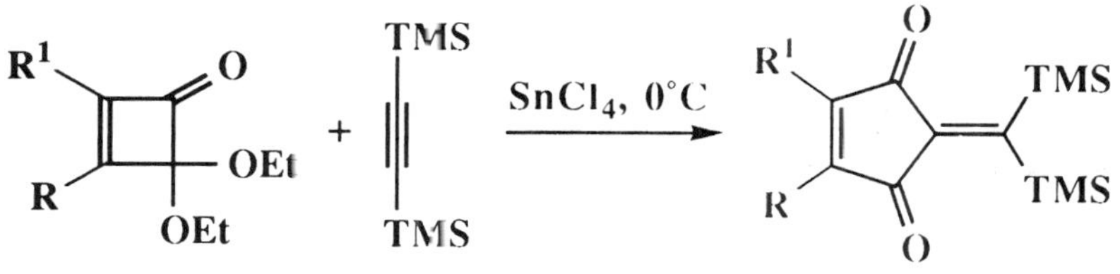

19-85%

I.B.3-14 Oshima, K. et al., *T*, **53**, 5061.

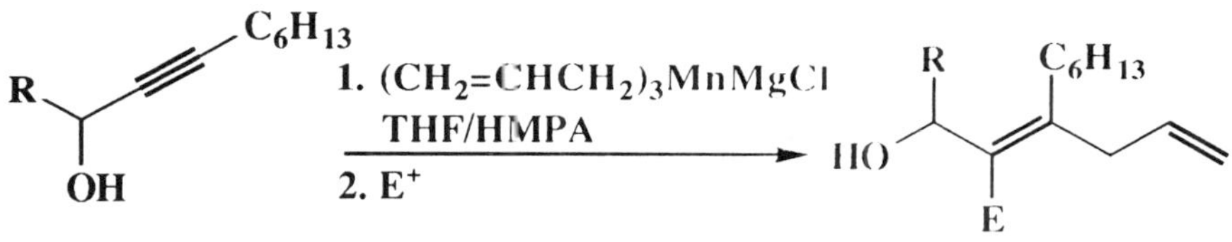

45-65%

I.B.3-15 Suzuki, K. et al., *TL*, **38**, 3031.

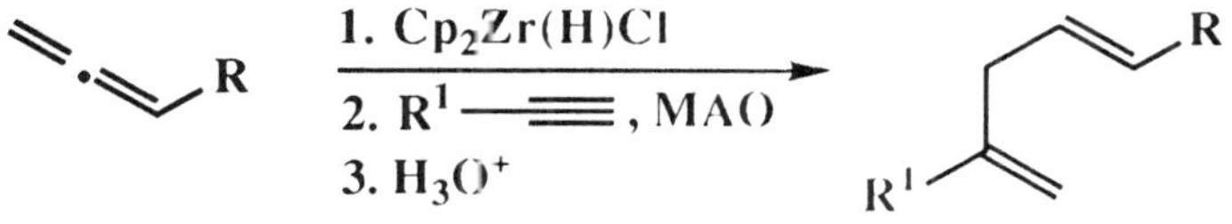

69-99%

I.B.3-16 Malacria, M. et al., *SL*, 931.

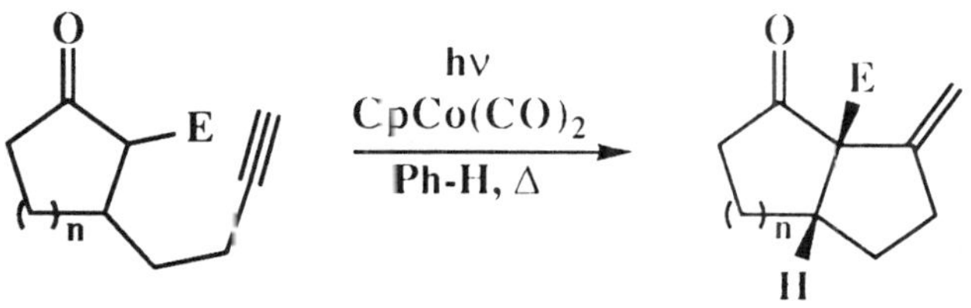

70-81%

I.B.3-17 Miura, M. et al., *JOC*, **62**, 4564.

$$\text{ArOH(CHO)} + R^2\text{-}{\equiv}\text{-}R^3 \xrightarrow[\text{Na}_2\text{CO}_3, \text{Ph-H, reflux}]{[\text{RhCl(COCl)}]_2, \text{dppf}} \text{product}$$

94-99%

I.B.3-18 Barluenga, J. et al., *JACS*, **119**, 6933.

$$\text{Ar-}{\equiv}\text{-TBDMS} \xrightarrow[\text{CH}_2\text{Cl}_2, -80 \to -30°\text{C}]{\text{IPyBF}_4, \text{HBF}_4} \text{product}$$

95-98%

I.B.3-19 Luo, F.-T. et al., *TL*, **38**, 8061.

$$R\text{-}{\equiv} \xrightarrow[\text{2. CuCN, NMP}]{\text{1. NaI, TMS-Cl, MeCN/H}_2\text{O}} \text{products}$$

47-78%
≤99:1

I.B.3-20 Fujiwara, N. and Yamamoto, Y., *JOC*, **62**, 2318.

$$R\text{-}{\equiv}\text{-}R^1 + (\text{CH}_2\text{=CHCH}_2)_3\text{In}_2\text{I}_3 \xrightarrow{\text{THF}} \text{product}$$

60-94%

I.B.3-21 Johnson, F. et al., *TL*, **38**, 8121.

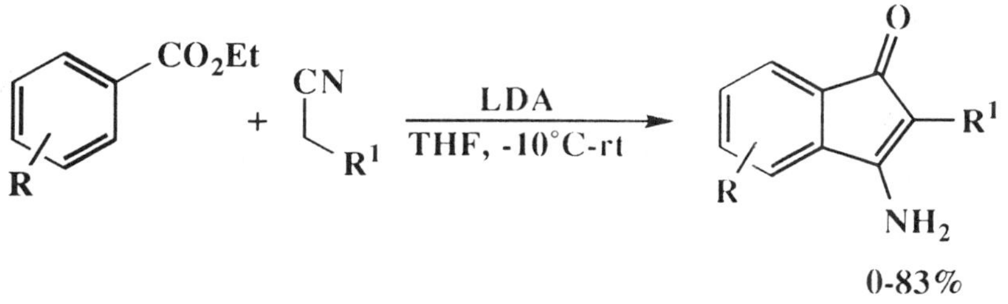

0-83%

I.B.4. Vinylations

I.B.4-1 Chen, J. and Marx, J.N., *TL*, **38**, 1889.

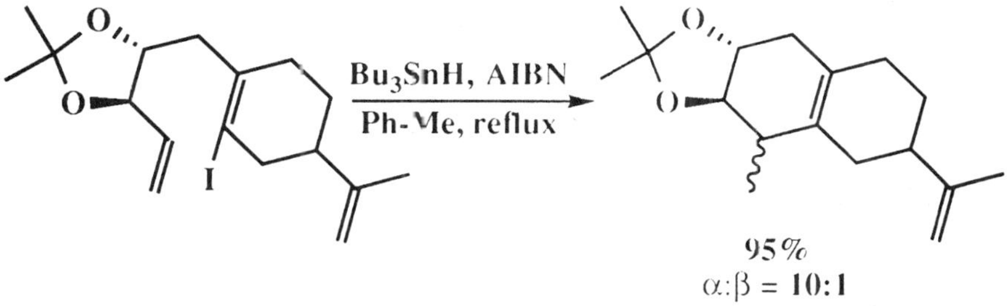

95%
α:β = 10:1

I.B.4-2 Burk, M.J., Kiesman, W.F. et al., *TL*, **38**, 1309; Yang, D.Y. and Huang, X., *JOM*, **543**, 165.

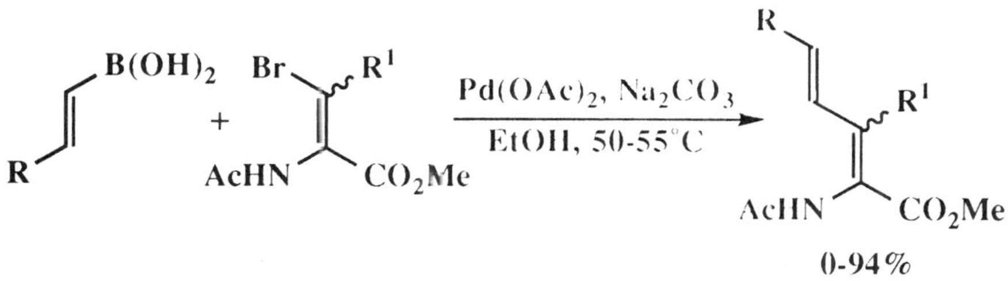

0-94%

I.B.4-3 Panek, J.S. and Masse, C.E., *JOC*, **62**, 8290; **see also:** Paterson, I. and Man, J., *TL*, **38**, 695; **see also:** Chen, C., McCarthy, J.R. et al., *TL*, **38**, 7677; Turos, E. et al., *TL*, **38**, 8647; Huang, X. and Ma, Y., *S*, 417; Echaverren, A.M. et al., *JOC*, **62**, 4524; Nicolaou, K.C. et al., *JACS*, **119**, 5467.

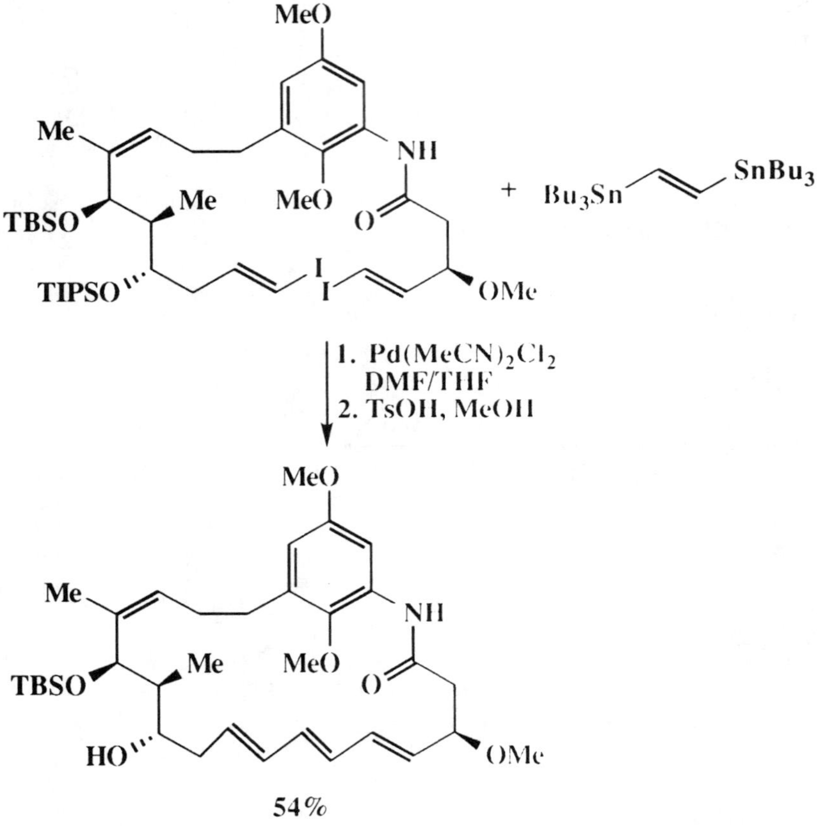

MeO
Me
NH
TBSO
Me
MeO
O
TIPSO
I
I
OMe
+
Bu_3Sn
$SnBu_3$
1. $Pd(MeCN)_2Cl_2$
DMF/THF
2. TsOH, MeOH
MeO
Me
NH
TBSO
Me
MeO
O
HO
OMe
54%

I.B.4-4 Huang, X. and Zhu, L.-S., *SC*, **27**, 39.

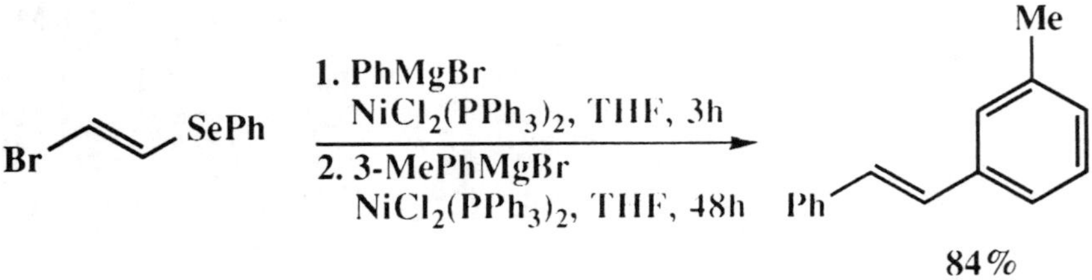

Br
SePh
1. PhMgBr
$NiCl_2(PPh_3)_2$, THF, 3h
2. 3-MePhMgBr
$NiCl_2(PPh_3)_2$, THF, 48h
Me
Ph
84%

I.B.4-5 Yang, D.-Y. et al., *JCR(S)*, 298.

$$R\text{-ZnCl} + \text{Br}\diagup\!\!=\!\!\diagdown\text{SeR}^1 \longrightarrow R\diagup\!\!=\!\!\diagdown\text{SeR}^1$$

72-80%

I.B.4-6 Reissig, H.-U. and Webel, M., *SL*, 1141.

$$R\diagup\!\!=\!\!\diagdown\!\!\!\!^{R^1}_{\text{OTMS}} \xrightarrow[\text{2. CH}_2=\text{CHX, Pd(OAc)}_2]{\text{1. BuSO}_2\text{F, F}^-} R\diagup\!\!=\!\!\diagdown\!\!\!\!^{R^1}\diagup\!\!=\!\!\diagdown X$$

39-64%

I.B.4-7 Pour, M. and Negishi, E., *TL*, **38**, 525; Panek, J.S. and Hu, T., *JOC*, **62**, 4912; Gauler, R. and Risch, N., *TL*, **38**, 223; see also: Holzapfel, C.W. and Portwig, M., *H*, **45**, 1433; see also: Herrmann, W.A. Beller, M. et al. *CEJ*, **3**, 1357; Knochel, P. et al., *T*, **53**, 7237.

[Reaction scheme with OTMS/ZnL$_n$/TBDMSO cyclopentene + I-CH=CH-CH=CH$_2$ with OTBDMS, using PdCl$_2$[P(2-furyl)$_3$]$_2$, DMF, -78 → 23°C]

95%

I.B.4-8 Satori, G. et al., *T*, **53**, 3795.

[Reaction of aryl amine R-C$_6$H$_4$-NR^{1}R^2 + PhC≡CH with cat., 140°C, 5h]

cat. = Montmorillonite KSf

0-93%
selectivity = 88-97%

I.B.4-9 Murai, S. et al., *CL*, 425.

[reaction scheme: Me-N-imidazolyl diene + [RhCl(cyclooctene)$_2$]$_2$, cat., THF, 50°C, 20h → methylene cyclopentane product with Et* stereocenter, 75%, e.e. = 82%]

cat. = ferrocenyl-Ph$_2$P / MeO chiral ligand

I.B.4-10 Alami, M. et al., *TL*, **38**, 2447; Organ, M.C. and Murray, A.P., *JOC*, **62**, 1523.

$$R-\equiv-\diagup\!\!\diagdown^{Cl} + R^1MgX \xrightarrow[\text{THF, 20°C}]{PdL_n} R-\equiv-\diagup\!\!\diagdown^{R^1}$$

42-95%

I.B.4-11 Jang, S.-B., *TL*, **38**, 4421.

RI$^+$Ph I$^-$ + allyl alcohol (CH$_2$=CH-CH(OH)-R^1) $\xrightarrow[\text{MeCN/H}_2\text{O, rt}]{\text{polymer bound Pd}}$ R-CH=CH-CH(OH)-R^1

80-92%

I.B.4-12 Nemoto, H. et al., *JOC*, **62**, 6450.

[reaction scheme: bicyclic HO-substituted allene iodide, Pd(PPh$_3$)$_4$, Ag$_2$CO$_3$, Ph-Me → bicyclic diene product]

45-99%

I.B.4-13 Mori, A. et al., *CC*, 1039; Hatanaka, Y. et al., *TL*, **38**, 439.

$$\text{Ph}\diagup\!\!\!\diagdown\text{SiMeF}_2 \xrightarrow[\text{DMF, rt}]{\text{CuCl}} \text{Ph}\diagup\!\!\!\diagdown\!\!\!\diagup\!\!\!\diagdown\text{Ph}$$

98%

I.B.4-14 Moreno-Manas. M. et al., *SL*, 1157.

Ar-I (X) + styrene-CN (Y) $\xrightarrow[\text{DMF}]{\text{Pd(OAc)}_2, \text{KOAc, Bu}_4\text{NBr}}$ diarylacrylonitrile

28-86%

I.B.5. Allene Forming Reactions

I.B.5-1 Finn, M.G. et al., *JOC*, **62**, 2564.

$$\underset{\text{Ar}}{\text{CHO}} + \underset{\text{R}}{\text{CHO}} \xrightarrow[\text{NaN(TMS)}_2]{(\text{RO})_2\text{ClTiCH}=P(\text{NMe}_2)_3} \text{Ar}\!-\!\text{CH}=\!\!=\!\!\text{CH}\!-\!\text{R}$$

39-94%

I.B.5-2 Santinelli, M., Parrain, J.-L. et al., *TL*, **38**, 3395.

$$\text{RMe}_2\text{Si-cyclopropane(Br,Br)} \xrightarrow{\text{MeLi}} \text{RMe}_2\text{Si-CH}_2\text{-CH}=\!\!=\!\!\text{CH}_2$$

72-95%

I.B.5-3 Petasis, N. and Hu, Y.-H., *JOC*, 62, 782.

$$R^1\text{-C(=O)-R} + Cp_2Ti(CH=CH_2)(R^1) \xrightarrow{\text{THF, 0°C}} \text{allene product} \quad 40\text{-}88\%$$

I.B.5-4 Takahashi, T. et al., *TL*, **38**, 8723; Roberts, S.M. et al., *CC*, 2083.

$$\text{TBSO-CH(R)-C}\equiv\text{C-R}^1 \xrightarrow[\text{2. } H_3O^+]{\text{1. } Cp_2Zr(CH_2=CH_2)} \text{allene-Et product} \quad 69\text{-}93\%$$

I.B.5-5 Miura, M. et al., *CL*, 823.

Aryl bromide (with R^1, R^2, R) + HC≡C-R^{3}R^4 $\xrightarrow{\text{Pd(OAc)}_2,\ PPh_3,\ Cs_2CO_3,\ \text{DMF, 130°C, 3h}}$ allene product   27-71%

I.B.5-6 Nakai, T. et al., *SL*, 1045.

Propargyl ether with SnBu$_3$, Et $\xrightarrow{\text{BuLi}}$ allene alcohol (e.e.= 95%) + homopropargyl alcohol (e.e.= 73%)

61%
6.7:1

I.B.5-7 Piotti, M.E. and Alper, H., *JOC*, **62**, 8484.

[Reaction: alkynyl epoxide with R substituent and Me, CO, Pd(PPh$_2$Me)$_4$, MeOH, rt, 2h → MeO$_2$C-C(R)=C=C(Me)-CH$_2$OH, 55-78%]

I.B.5-8 Tseng, H.-R. and Luh, T.-Y., *JOC*, **62**, 4568.

[Reaction: dithiolane-alkyne with R and R^1 → 1. R$^2{}_2$CuLi, 2. E$^+$, 3. R^{3}MgX, NiCl$_2$(dppf) → E-C(R)=C=C(R^1)(R^3), 80-94%]

I.B.5-9 Yamamoto, Y. et al., *T*, **53**, 9097.

[Reaction: enyne with R + R^{1}R^{2}CH-CN, Pd$_2$(dba)$_3$·CHCl$_3$, dppf, THF, 65°C → allene product with NC-CR^{2}R^1 group, 28-99%]

I.B.5-10 Naruse, Y. et al., *JOC*, **62**, 3862.

[Reaction: allene diester with CO$_2{}^i$Pr and ^{i}PrO$_2$C groups, (+)-Eu(hfc)$_3$ → resolved allene, e.e. = >95%]

I.C. Carbon-Carbon Triple Bonds

I.C-1 Otera, J. et al., *CL*, 1023, 1025.

$$\underset{R}{\overset{R^1}{\diagup}}\diagdown SO_2Ph + R^2CHO \xrightarrow[\text{3. LiN(TMS)}_2]{\text{1. BuLi, THF, TMS-Cl}} \underset{R}{\overset{R^1}{\diagup}}\diagdown \equiv R^2$$

57-85%

I.C-2 Yu, C.-M. et al., *CC*, 763; Marshall, J.A. and Palovich, M.R., *JOC*, **62**, 6001.

Ph-CH$_2$-CHO + SnBu$_3$-CH=C=CH$_2$ $\xrightarrow[\text{CH}_2\text{Cl}_2, -20°\text{C}]{\text{(S)-BINOL-Ti}^{IV}, \text{Et}_2\text{BSiPr}_3}$ Ph-CH$_2$-CH(OH)-CH$_2$-C≡CH

86%
e.e. = 94%

I.C-3 Liu, Q. and Burton, D.J., *TL*, **38**, 4371; see also: Haley, M.M. et al., *JACS*, **119**, 2956.

$$R\text{—}\!\!\!\equiv\!\!\!\text{—H} \xrightarrow[\text{CuI, I}_2]{\text{Pd(PPh}_3)_2\text{Cl}_2, {}^i\text{Pr}_2\text{NH}} R\text{—}\!\!\!\equiv\!\!\!\text{—}\!\!\!\equiv\!\!\!\text{—}R$$

64-88%

I.C-4 Takahashi, T. et al., *TL*, **38**, 4103.

$$R\text{—}\!\!\!\equiv\!\!\!\text{—}X + \underset{\text{Cp}_2\text{Zr}\diagdown\text{OR}^4}{\overset{R^1\diagup\diagdown R^2}{\overset{\|}{\diagdown R^3}}} \xrightarrow{\text{CuI}} \underset{R\text{—}\!\!\!\equiv}{\overset{R^1\diagup\diagdown R^2}{\overset{\|}{\diagdown R^3}}}$$

64-91%

I.C-5 Katritzky, A.R. et al *JOC*, **62**, 4142.

[Scheme: Bt-CHR-C(=NNHTs)-R¹ → BuLi → R-C≡C-R¹, 63-83%]

I.C-6 Fuchs, P.L. et al., *TL*, **38**, 6635.

[Scheme: CF₃O₂S-C≡C-TIPS + cyclic (X)ₙ → AIBN, 4-48h, reflux → (X)ₙ-C≡C-TIPS, 63-89%]

I.C-7 Graham, A.E. and Taylor, R.J.K., *JCS(P1)*, 1087; Qing, F.-L. and Zhang, Y., *TL*, **38**, 6729; Godt, A., *JOC*, **62**, 7471; Negishi, E. et al., *JOC*, **62**, 8957 and *H*, **46**, 209; Berybreiter, D.E. and Liu, Y.-S., *TL*, **38**, 7843; **see also:** Strauss, C.R. et al., *CC*, 1275.

[Scheme: TMS-C≡CH + iodo-epoxyenone (MeO, OMe) → PdCl₂(PPh₃)₂, CuI, K₂CO₃, MeOH → alkynyl-epoxyenone, 58%]

I.C-8 Trost, B.M. et al., *JACS*, **119**, 698.

[Scheme: R-C≡CH + R¹-C≡C-EWG → Pd(OAc)₂, TDMPP, Ph-H, rt → enyne product, 11-95%]

I.C-9 Brown, H.C. et al., *TL*, **38**, 765.

$$R-C\equiv CH + ({}^{i}PrO)_2BrCH_2I \xrightarrow[\text{THF, -78°C}]{\text{LDA}} R-C\equiv C-CH_2B(O^{i}Pr)_2$$

53-80%

I.D. Cyclopropanations

I.D.1. Carbene or Carbenoid Additions to a Multiple Bond

I.D.1-1 Barluenga, J. et al., *JACS*, **119**, 7591.

<chemical scheme: cycloheptene + (CO)₅Cr=C(OMe)-CH=CH-Fc → BHT, DMF, reflux → bicyclic cyclopropane product with OMe and vinyl-Fc substituents>

61%
d.e.=83%

I.D.1-2 Denmark, S.E. et al., *JOC*, **62**, 584; Denmark, S.E. and O'Conner, S.P., *JOC*, **62**, 3390; Imai, N., Nokami, J. et al., *TL*, **38**, 1423; **see also:** Barrett, A.G.M. et al., *JACS*, **119**, 8608; **see also:** Somekawa, K. et al., *TL*, **38**, 9005.

<chemical scheme: allylic alcohol with R¹, R substituents + chiral cyclohexyl bis(NHSO₂Me) catalyst, Zn(CH₂I)₂, ZnI₂, Et₂Zn, DCM, 0°C → cyclopropyl methanol product>

88-98%
e.e. = 82-89%

I.D.1-3 Bolm, C. and Pupowicz, D., *TL*, **38**, 7349.

$$R^1-CH=CH-CH(OH)-R \xrightarrow{^iPrMgX, RCHY_2} R^1-\text{cyclopropane}(R^2)-CH(OH)-R$$

10-47%

I.D.1-4 Demonceau, A. et al., *CCC*, **61**, 1798 (1996) and *TL*, **38**, 7543; Demonceau, A., Vinas, C. et al, *TL*, **38**, 4079, 7543, 7879; Aggarwal, V.K. et al., *CC*, 1785; Simonneaux, G. et al., *CC*, 927; Denmark, S.E. et al., *JOC*, **62**, 3375; **see also:** Perez, P.J. et al., *OM*, **16**, 4399.

$$R^1-CH=CH_2 + N_2CHCO_2Et \xrightarrow[100°C]{OsH_4(PPh_3)_3} R^1-\text{cyclopropane}-CO_2Et$$

19-91%

[also Rh, Ru, Pt and Pt catalysts]

I.D.1-5 Sloan, M.J. and Kirk, K.L., *TL*, **38**, 1677.

$$\text{(MeO)}_2\text{Ar}-C(CO_2Et)=CHF \xrightarrow[\text{2. hv, Me}_2\text{CO, 48h}]{\text{1. CH}_2\text{N}_2, \text{Et}_2\text{O, 0°C}} \text{(MeO)}_2\text{Ar-cyclopropane}(F)(CO_2Et)$$

90%

I.D.1-6 Yoshida, J. and Sugawara, M., *JACS*, **119**, 11986; **see also:** Mori, M. et al., *JOC*, **62**, 8917.

$$Ar-CH(OCO_2Me)(SnBu_3) + R-CH=CH-R^1 \xrightarrow[\text{Ph-Me, -23°C}]{BF_3 \cdot Et_2O} R-\text{cyclopropane}(R^1)-Ar$$

45-94%

I.D.1-7 Achiwa, K. and Ishitani, H. *SL*, 781; Davies, H.M.L. and Kong, N., *TL*, **38**, 4203; Frauenkron, M. and Berkessel, A., *TL*, **38**, 7175; Che, C.-M. et al., *CC*, 1205; Katsuki, T. and Fukuda, T., *T*, **53**, 7201; Ahn, K.H. et al., *TA*, **8**, 1023; Fujisawa, T. et al., *T*, **53**, 9599; Schumacher, R. and Reissig, H.U., *LA*, 521.

$$N_2CHCO_2R + \text{CH}_2=\text{CHPh} \xrightarrow[\text{CH}_2\text{Cl}_2]{\text{chiral Rh cat.}} \text{cyclopropane-Ph, CO}_2R \text{ (cis)} + \text{cyclopropane-Ph, CO}_2R \text{ (trans)}$$

99%
d.e. = 99%
cis:trans = 1.7:1

I.D.2. Other Cyclopropanations

I.D.2-1 Cha, J.K. et al., *JOC*, **62**, 8235; Lee, J. and Cha, J.K., *JOC*, **62**, 1584; see also: deMeijere, A. et al., *SL* 111

MeO$_2$C—CH$_2$CH$_2$—C(O)—N(pyrrolidine)
+
CH$_2$=CH—CH$_2$CH$_2$—OTIPS

$\xrightarrow[\text{ClTi(O}^i\text{Pr)}_3,\text{ rt}]{c\text{-C}_5\text{H}_9\text{MgCl}}$

HO—cyclopropane—CH$_2$—C(O)—N(pyrrolidine), CH$_2$CH$_2$—OTIPS

58%

I.D.2-2 Toda, T., Yoshida, M. et al., *CL*, 21.

indene(Ph, Ph)=C(Br)('Bu) $\xrightarrow[\text{Et}_2\text{O, reflux}]{\text{hexSNa}}$ spiro-indene(Ph, Ph)-cyclopropene(hexS, 'Bu)

72%

I.D.2-3 Krief, A. and Couty, F., *TL*, **38**, 8085; see also: Takeda, T. et al., *JOC*, **62**, 3678.

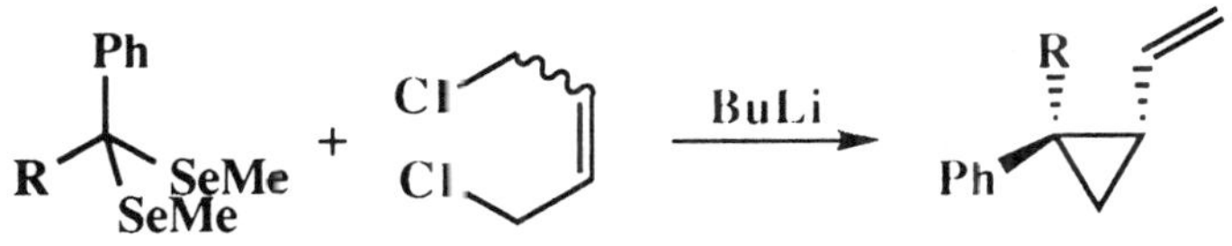

68-89%

I.D.2-4 Yamazaki, S. et al., *JOC*, **62**, 2968.

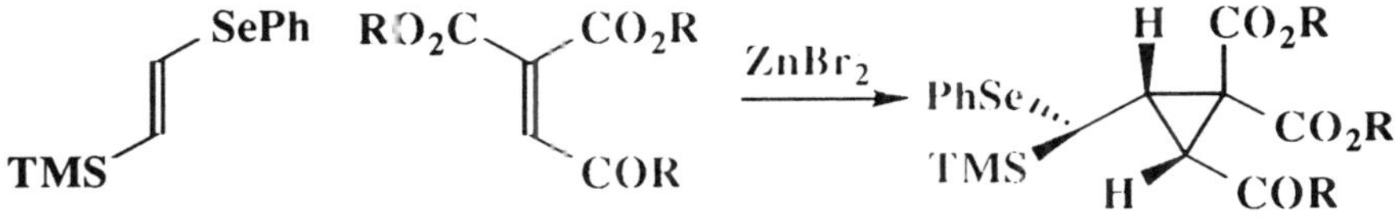

2-74%

I.D.2-5 Takahashi, S. et al., *CL*, 1273.

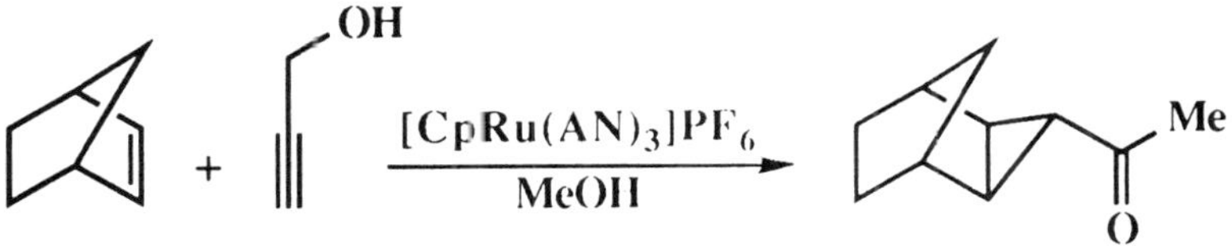

66%

I.D.2-6 Agami, C., Mioskowski, C. et al., *TL*, **38**, 4071.

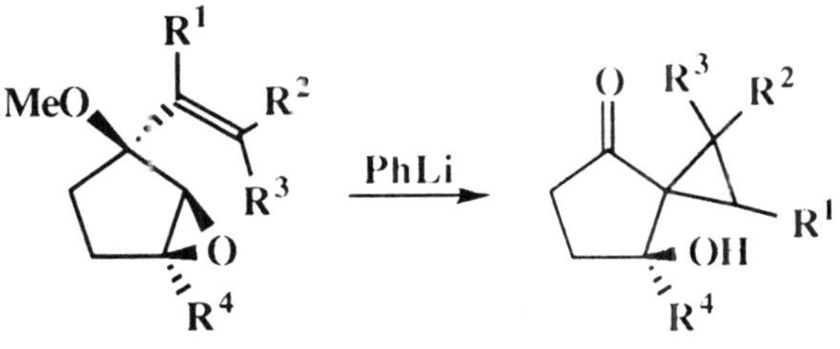

70-88%

I.D.2-7 Taguchi, T., Hanzawa, Y. et al., *TL*, **38**, 1957.

[Scheme: epoxide with R¹, R², R³, C(=O)R substituents → Cp₂ZrHCl, CH₂Cl₂, rt → cyclopropane with R¹, R², OH, R, R³ (52-98%) + alkene product with R¹, R², OH, R³, R (0-22%)]

I.D.2-8 Sato, F. et al., *TL*, **38**, 8299.

[Scheme: TBSO-substituted alkene ester with CO₂Et → Ti(O^{i}Pr)₄, ^{i}PrMgCl, Et₂O, -50 °C → rt → bicyclic cyclopropane-fused product with TBSO and HO (76%)]

I.D.2-9 Pyne, S.G. et al., *JOC*, **62**, 2337; see also: Janini, T.E. and Sampson, P., *JOC*, **62**, 5069; see also: Monn, J.A. et al., *TL*, **38**, 2133.

[Scheme: R¹C(=O)CH=CHR + Li⁺ stabilized sulfoximine (R², R³, TsN, S=O) → THF, -78 °C-rt → cyclopropane product with R¹C(=O), R, R², (83-91%)]

I.D.2-10 Marek, I., Normant, J.F. et al., *JOC*, **38**, 4898.

[Scheme: Ph-CH=CH-CH₂-O-C(Me)₂-OMe acetal → RLi, sparteine, -50 → 20 °C → cyclopropane with Ph and R (59-66%, e.e. = >90%)]

I.E. Thermal and Photochemical Reactions

I.E.1. Cycloadditions

I.E.1-1 Nair, V. et al., *CL*, 505 and *TL*, 38, 6441.

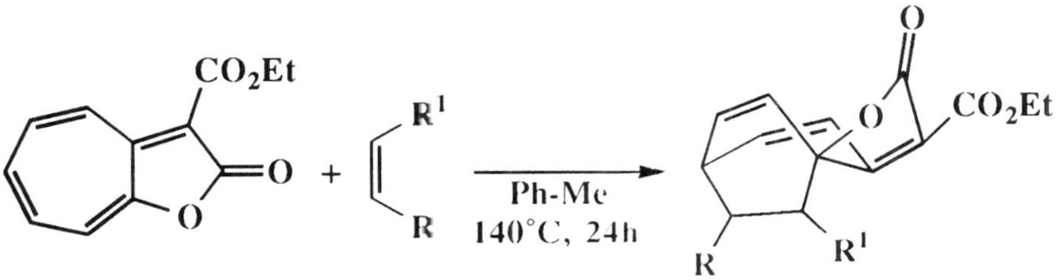

35-64%
endo:exo = 1.2-2.7:1

I.E.1-2 Murakami, M., Itami, K. and Ito, Y., *JACS*, 119, 7163.

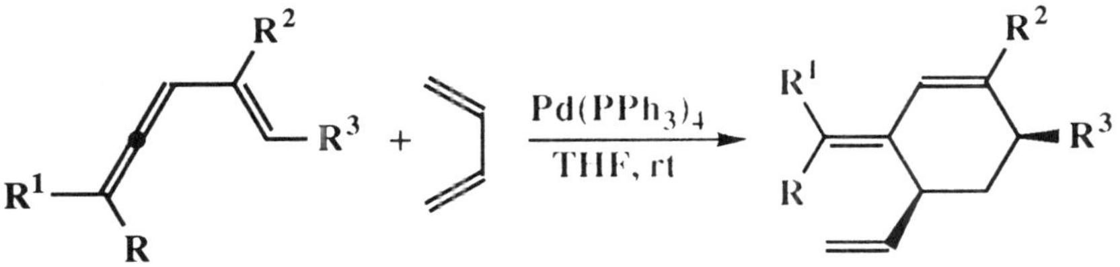

87-98%

I.E.1-3 Padwa, A. et al., *TL*, 38, 3319; see also: Kappe, C.O., *TL*, 38, 3323.

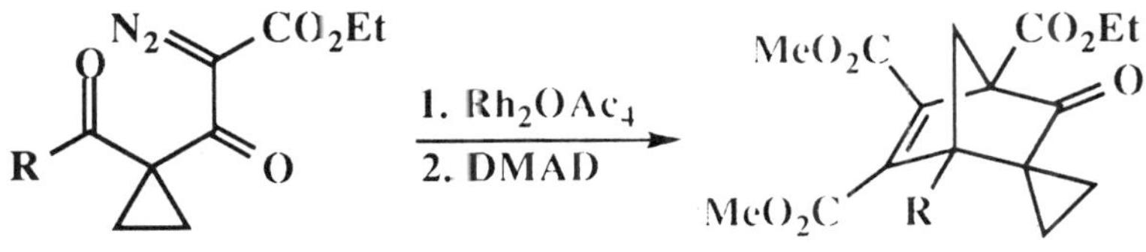

40-97%

I.E.1-4 Hsung, R.P., *JOC*, **62**, 7904; see also:, Groundwater, P.W. et al., *JCS(P1)*, 163.

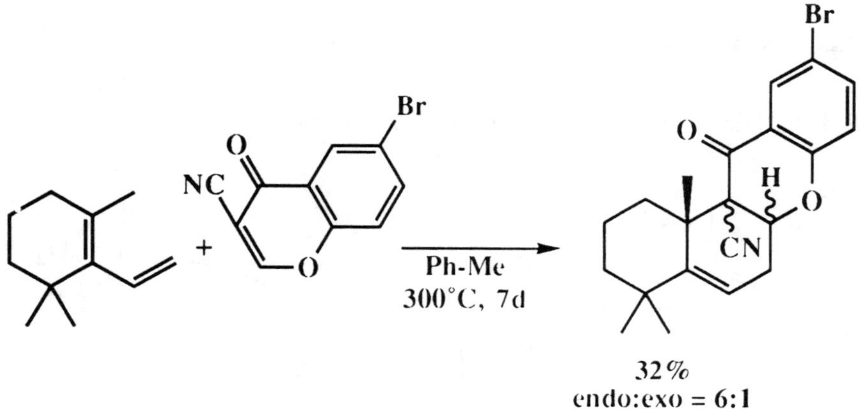

32%
endo:exo = 6:1

I.E.1-5 Fujimori, K. et al., *H*, **45**, 2093; Cavaleiro, J.A.S. et al., *TL*, **38**, 3639; Connolly, T.J. and Durst, T., *T*, **53**, 15957, 15969; Lee, S.-J. et al., *JOC*, **62**, 7812.

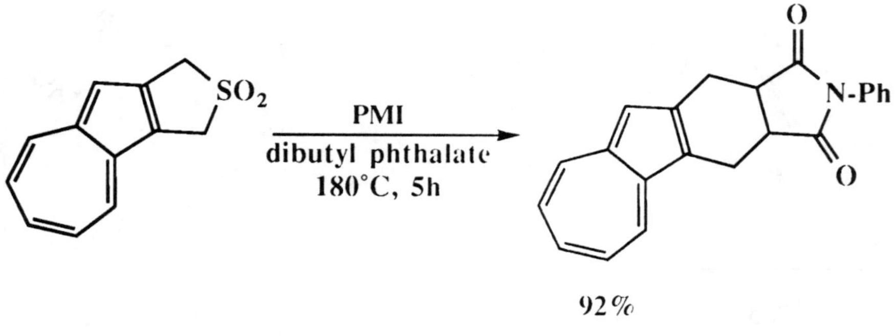

92%

I.E.1-6 Bodwell, G.J. and Pi, Z., *TL*, **38**, 309.

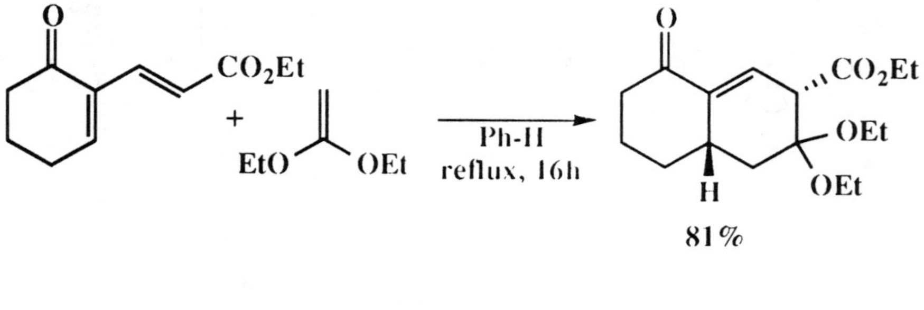

81%

I.E.1-7 Sakya, S.M. et al., *TL*, **38**, 3805.

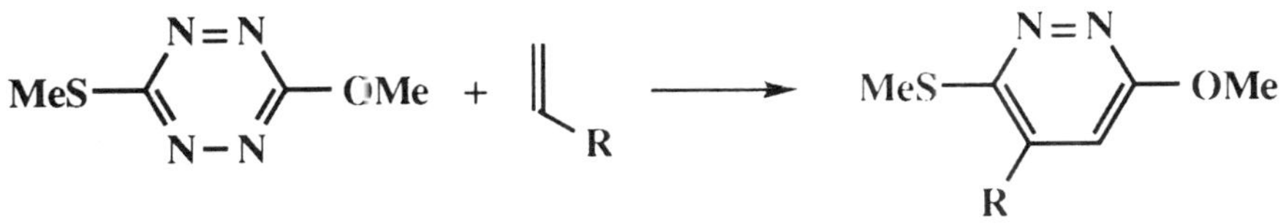

[Reaction: MeS-substituted tetrazine with OMe group + alkene with R substituent → pyridazine product with MeS, OMe, and R substituents]

1-99%

I.E.1-8 Rubin, Y. et al., *JOC*, **62**, 3432.

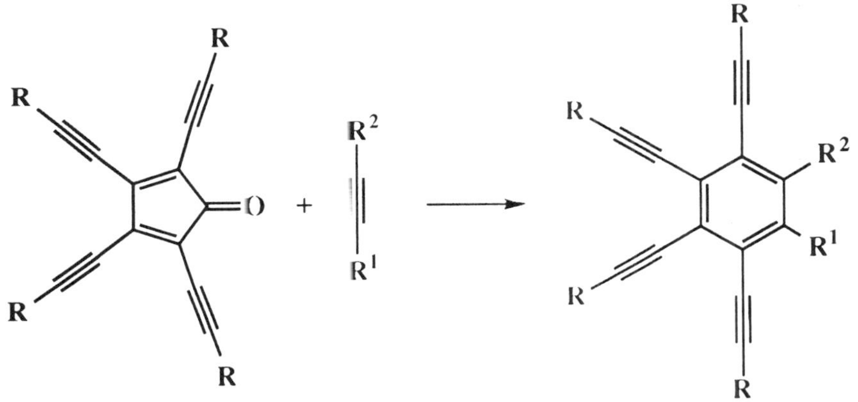

[Reaction: pentakis(alkynyl)cyclopentadienone + alkyne (R^1, R^2) → hexasubstituted benzene with four alkynyl R groups, R^1 and R^2]

20-92%

I.E.1-9 Miyashita, M. et al., *CC*, 1787; Carreno, M.C., Garcia Ruano, J.L. et al., *TL*, **38**, 9077; see also: Carreno, M.C. et al., *TL*, **38**, 3047.

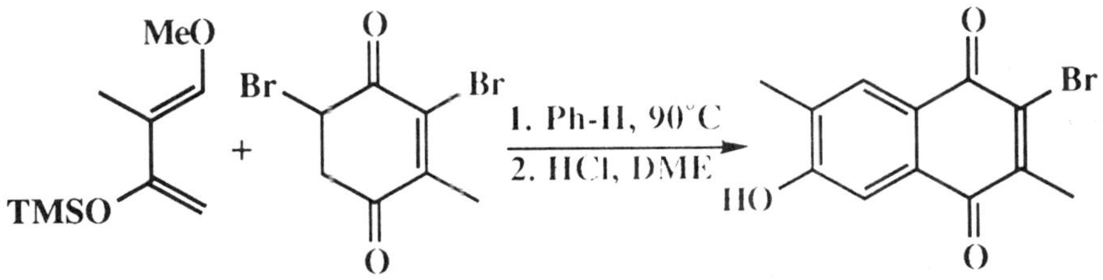

[Reaction: MeO/TMSO-substituted diene + bromo-methyl-bromocyclohexenedione, 1. Ph-H, 90°C; 2. HCl, DME → bromo-methyl-hydroxy-naphthoquinone]

85%

I.E.1-10 Liao, C.-C. et al., *SL*, 1351; Rodrigo, R. et al., *AJC*, **50**, 271.

I.E.1-11 Tapia, R.A. et al., *TL*, **38**, 153; **see also:** Motoyoshiya, J. et al., *JCS(P2)*, 1845; **see also:** Chiba, K. et al., *CC*, 1403.

I.E.1-12 Tori, M. et al., *TA*, **8**, 2731.

I.E.1-13 Myers, A.G. et al., *JACS*, **119**, 6072.

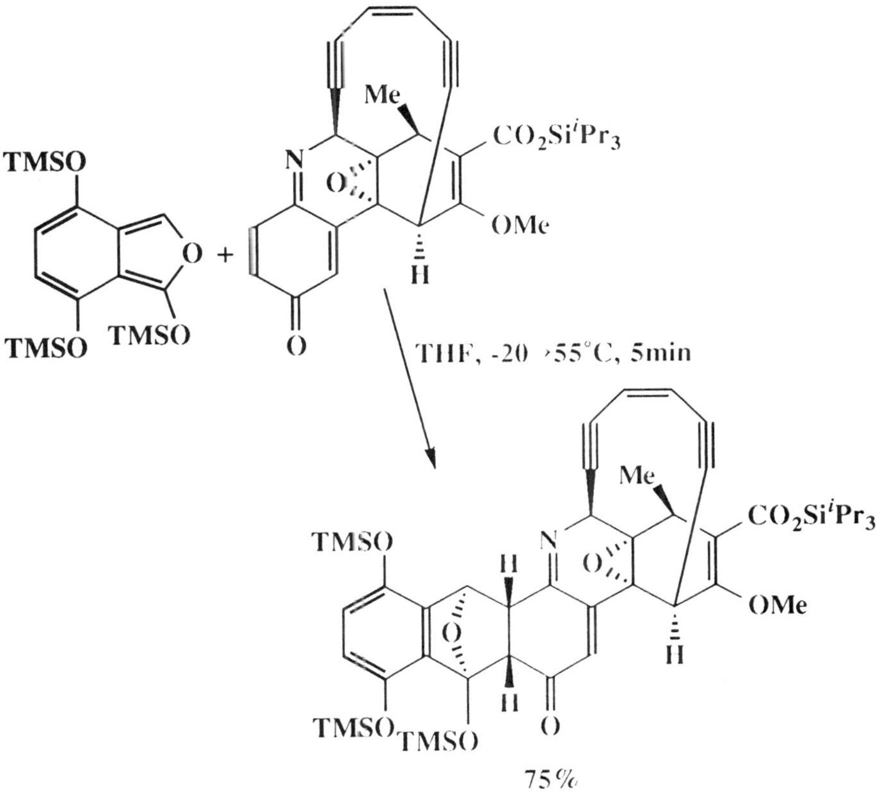

TMSO, TMSO, TMSO substituted isobenzofuran + complex polycyclic dienophile (with alkyne bridge, Me, CO$_2$Si^{i}Pr$_3$, OMe, N, O, H substituents)

THF, -20 → 55 °C, 5min

→ cycloadduct, 75%

I.E.1-14 Marko, I.E. et al., *TL*, **38**, 4269; Posner, G.H. et al., *SL*, 432; Guitian, E. et al., *TL*, **38**, 5375; Matsumoto, K. et al., *H*, **45**, 15.

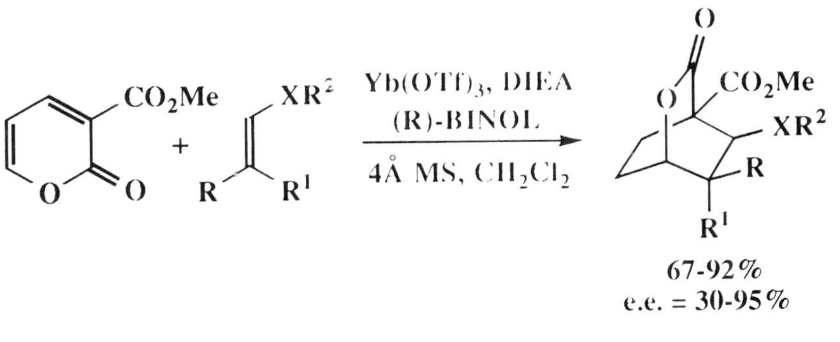

2H-pyran-2-one with CO$_2$Me + alkene (R, R^1, XR^2) $\xrightarrow{\text{Yb(OTf)}_3,\ \text{DIEA},\ \text{(R)-BINOL},\ 4\text{Å MS, CH}_2\text{Cl}_2}$ bicyclic lactone product

67-92%
e.e. = 30-95%

I.E.1-15 Lissaretzky, J. et al., *S*, 29.

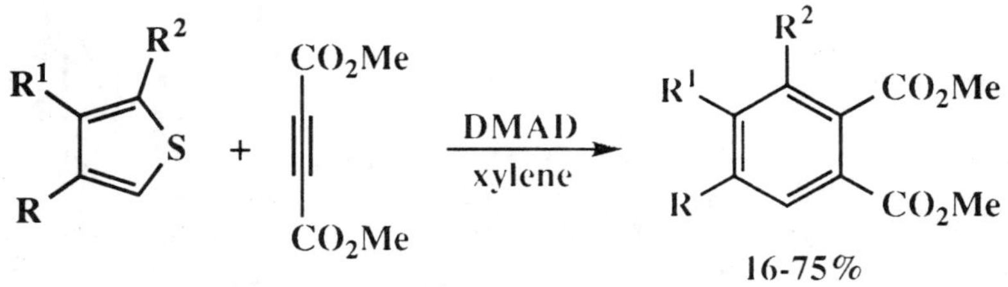

[Reaction: 3-substituted thiophene (R^1, R^2, R) + DMAD (dimethyl acetylenedicarboxylate) → substituted benzene dicarboxylate, in xylene, 16-75%]

I.E.1-16 Padwa, A. et al., *JOC*, **62**, 4088; Dubec, J. et al., *JOC*, **62**, 4880.

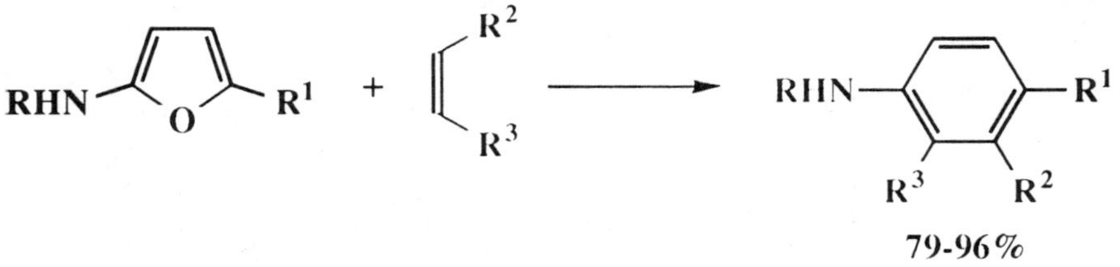

[Reaction: 2-amino-5-substituted furan (RHN-furan-R^1) + alkene (R^2, R^3) → substituted aniline, 79-96%]

I.E.1-17 Chapleur, Y. et al., *TL*, **38**, 73; Kozmin, S.A. and Rawal, V.H., *JOC*, **62**, 5252.

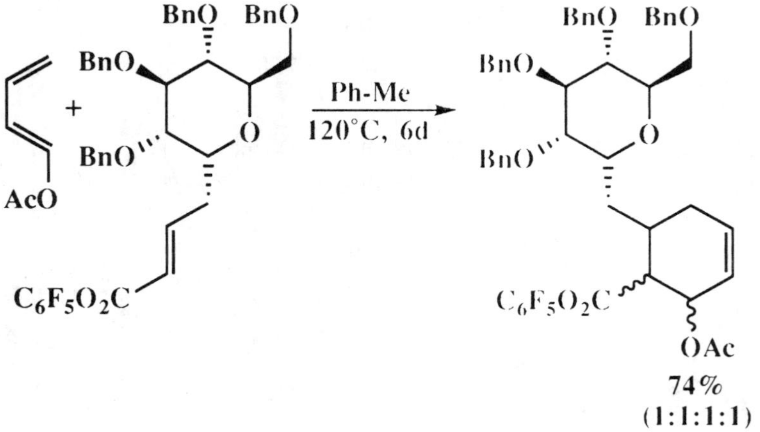

[Reaction: AcO-diene + benzylated pyranose with pentafluorophenyl acrylate tether, Ph-Me, 120°C, 6d → Diels-Alder cyclohexene product, 74% (1:1:1:1)]

I.E.1-18 Barluenga, J. et al., *JOC*, **62**, 6746; Stoodley, R.J. and Yuen, W.-H., *CC*, 1371.

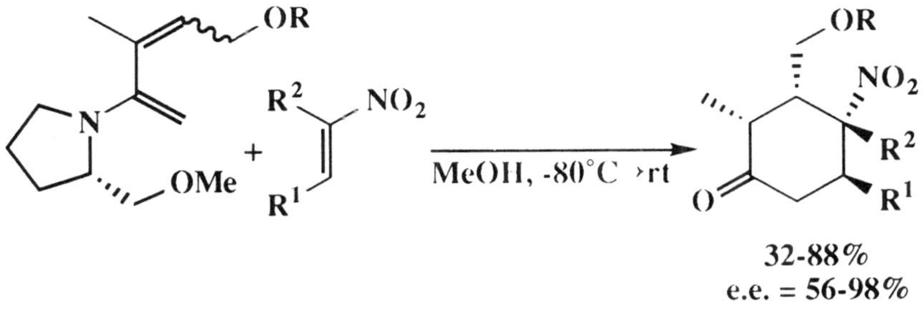

32-88%
e.e. = 56-98%

I.E.1-19 Lee, Y.-K. and Singleton, D.A., *JOC*, **62**, 2255; Singleton, D.A. and Leung, S.-W., *JOM*. **544**, 157.

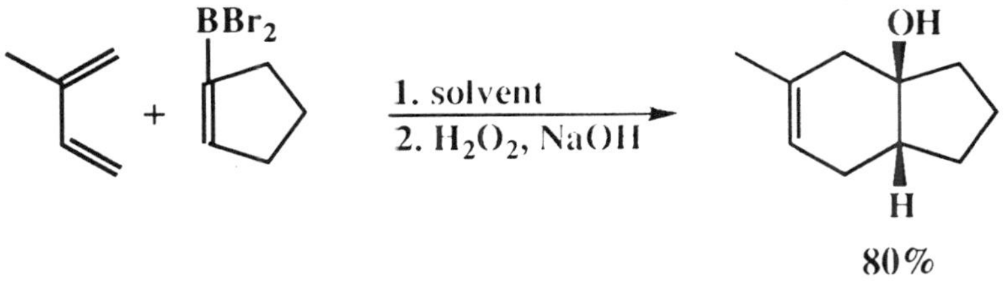

80%

I.E.1-20 Bergman, J. and Desarbre, E., *SL*, 603.

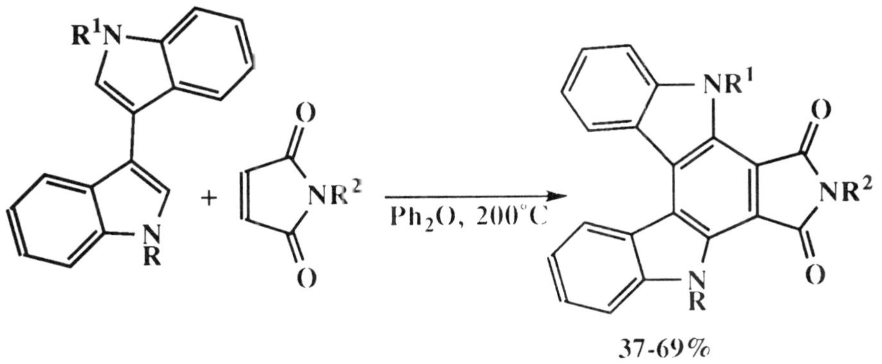

37-69%

I.E.1-21 Tamariz, J. et al., *JOC*, **62**, 4105.

I.E.1-22 DeLucchi, O. et al., *JOC*, **62**, 4162; Kollar, L. et al., *JOC*, **62**, 1326; Danheiser, R.L. et al., *JOC*, **62**, 4530.

I.E.1-23 Ito, Y.N., Katsuki, T. et al., *TL*, **38**, 8231.

I.E.1-24 Guitian, E. et al., *JOC*, **62**, 4896.

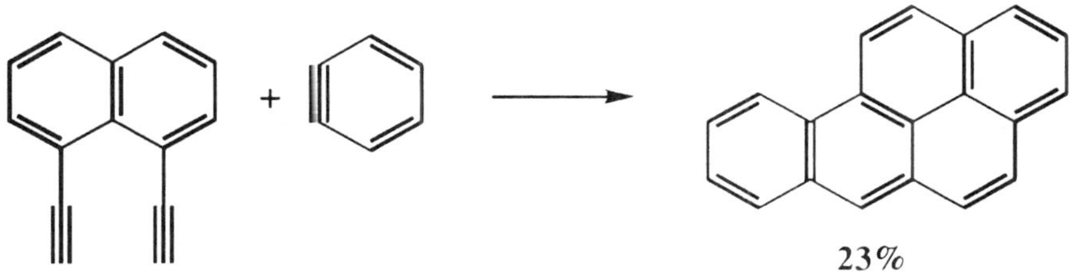

23%

I.E.1-25 Bienayme, H. and Longeau, A. *T*, **53**, 9637.

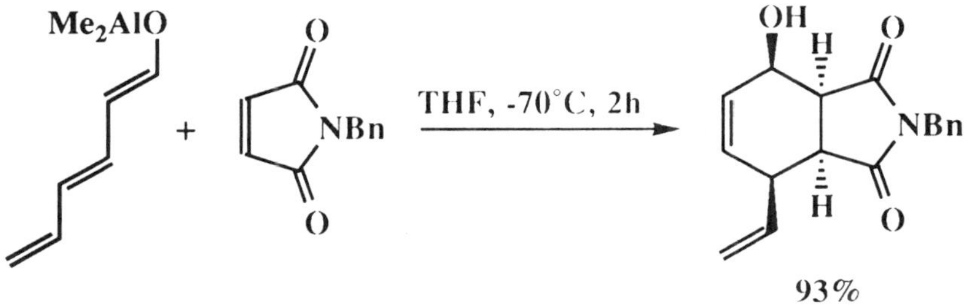

93%

I.E.1-26 Roush, W.R. and Barda, D.A., *JACS*, **119**, 7402; Carreno, M.C. et al., *JOC*, **62**, 9129; Bhat, S.V. et al., *T*, **53**, 2185.

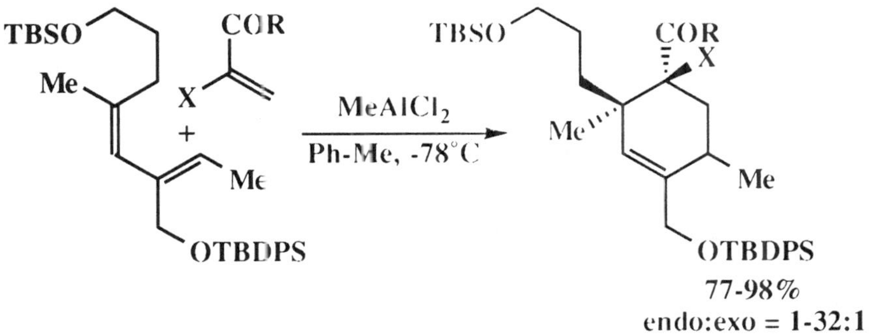

77-98%
endo:exo = 1-32:1

I.E.1-27 Thiemann, T., Tashiro, M. et al., *JOC*, **62**, 7926; Kumar, A.S. and Balasubrahmanyam, S.N., *TL*, **38**, 1099.

I.E.1-28 Beifuss, U. and Taraschewski, M., *JCS(P1)*, 2807; Liu, H.-J. and Al-Said, N., *H*, **46**, 203.

I.E.1-29 deFrutos, O. and Echavarren, A.M., *TL*, **38**, 7941.

I.E.1-30 Dudones, J.D. and Sampson, P., *JOC*, **62**, 7508; **see also:** MaGee, D.I. and Lee, M.L., *SL*, 786.

I.E.1-31 Murphy, P.J. et al., *JCS(P1)*, 997.

I.E.1-32 Taguchi, T. et al., *TL*, **38**, 4447; see also: Chan, W.H., Lee, A.W.M. et al., *TA*, **8**, 2501.

I.E.1-33 Uguen, D. and Zoller, T., *TL*, **38**, 3409; Knolker, H.-J. et al., *TL*, **38**, 8021, Araki, Y. and Konoike, T., *JOC*, **62**, 5299; Fallis, A.G. et al., *TL*, **38**, 795; **see also:** Ponten, F. and Magnusson, G., *JOC*, **62**, 7978.

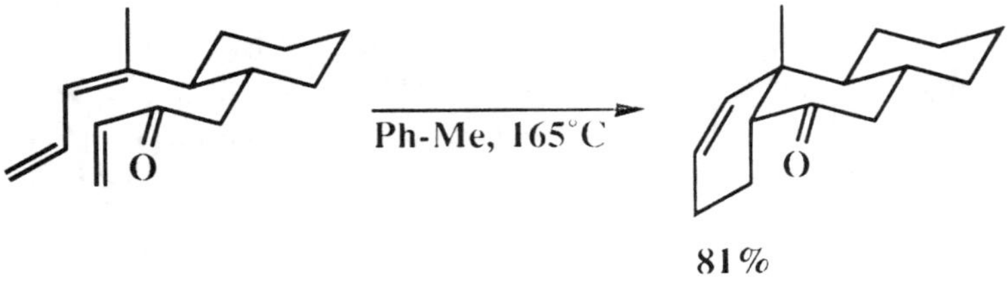

Ph-Me, 165°C

81%

I.E.1-34 Organ, M.G. and Winkle, D.D., *JOC*, **62**, 1881.

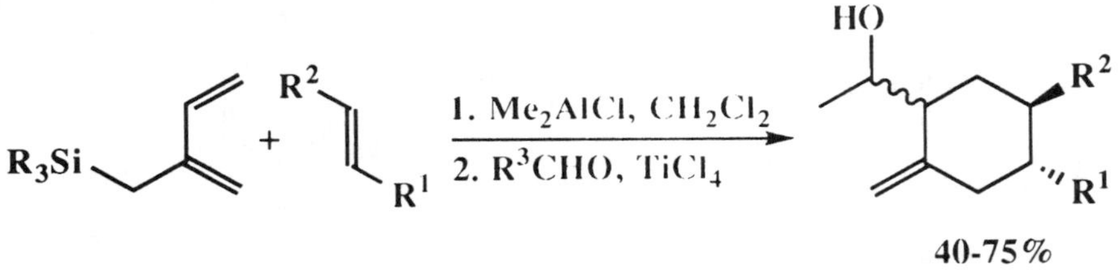

R_3Si + R^2, R^1 → 1. Me_2AlCl, CH_2Cl_2 2. R^3CHO, $TiCl_4$ →

40-75%

I.E.1-35 Batey, R.A. et al., *TL*, **38**, 3699.

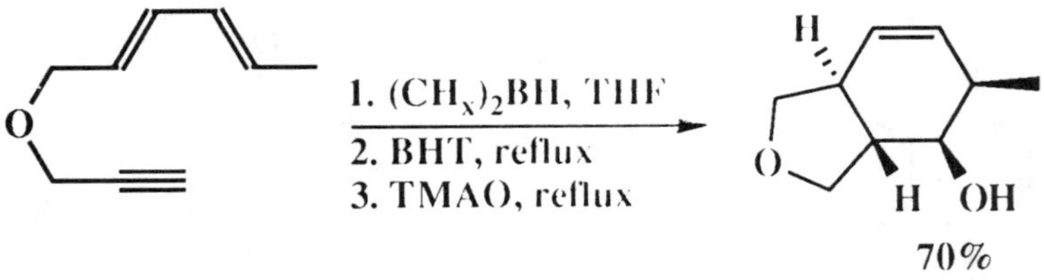

1. $(CH_x)_2BH$, THF
2. BHT, reflux
3. TMAO, reflux

70%

I.E.1-36 Pellegrinet, S.C. and Spanevello, R.A., *TL*, **38**, 8623.

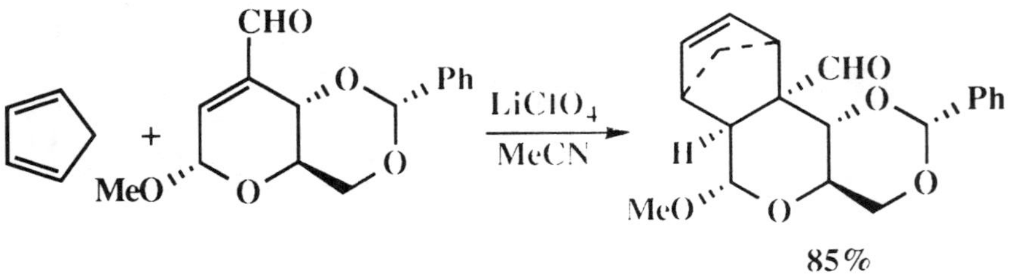

$LiClO_4$ / MeCN

85%

I.E.1-37 Shea, K.J. et al., *JOC*, **62**, 8962; Lilly, M.J. and Sherburn, M.S., *CC*, 967; Roush, W.R. and Barda, D.A., *TL*, **38**, 8781; Pedrosa, R. et al., *TL*, **38**, 1463.

I.E.1-38 Deslongchamps, P. et al., *SL*, 689 and *T*, **53**, 14937.

I.E.1-39 Carreno, M.C. et al., *AG(E)*, 1621; Carreno, M.C., Garcia Ruano, J.L., et al., *TA*, **3**, 2093; Carretero, J.C., Garcia Ruano, J.L. and Cabrejas, L.M.M., *T*, **53**, 14115 and *TA*, **8**, 2215; Garcia Ruano, J.L. et al., *TA*, **8**, 1623; see also: Bonk, J.D. and Avery, M.A., *TA*, **8**, 1149.

I.E.1-40 Szantay, C. et al., *JOC*, **62**, 9188.

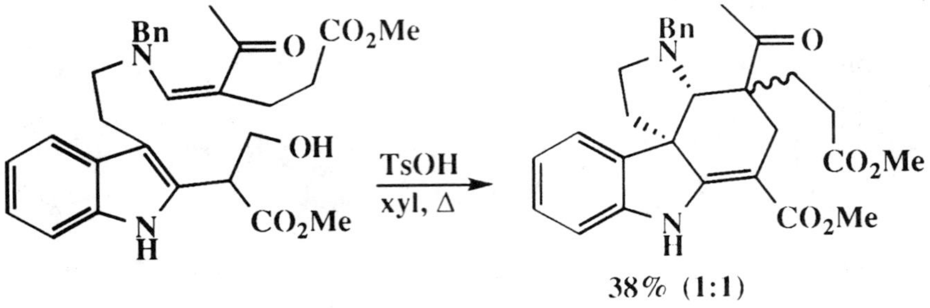

Reagents: TsOH, xyl, Δ
38% (1:1)

I.E.1-41 Kozmin, S.A. and Rawal, V.H., *JACS*, **119**, 7165; see also: Aversa, M.C. et al., *JOC*, **62**, 4370.

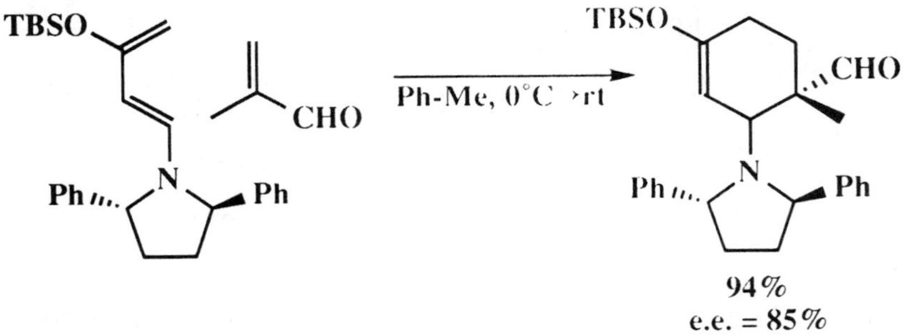

Reagents: Ph-Me, 0 °C → rt
94%
e.e. = 85%

I.E.1-42 Wulff, W.D. et al., *JACS*, **119**, 6438.

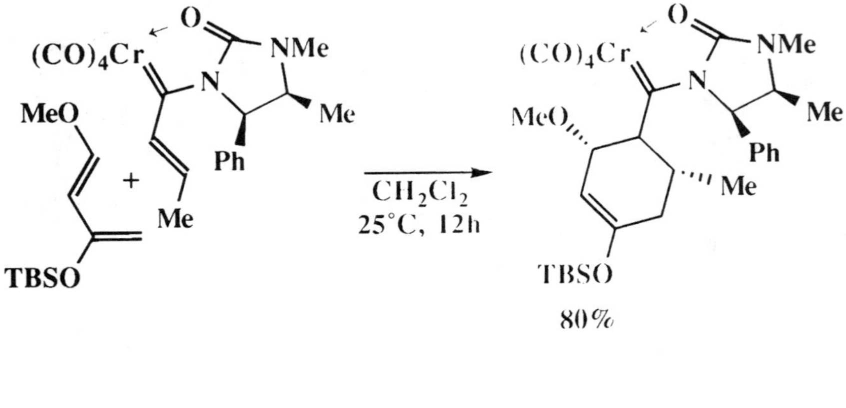

Reagents: CH_2Cl_2, 25 °C, 12h
80%

I.E.1-43 A. Carretero, J.C. et al., *TA*, **8**, 409; B. Langlois, Y. et al., *TA*, **8**, 139; C. Sudo, A. and Saigo, K., *CL*, 97; D. Kunieda, T. et al., *TL*, **38**, 559; E. Evans, D.A. and Barnes, D.M., *TL*, **38**, 57.

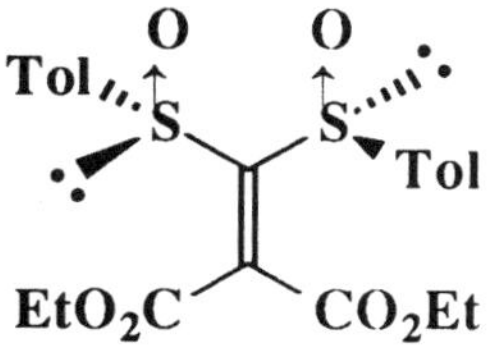

Dienophile
A

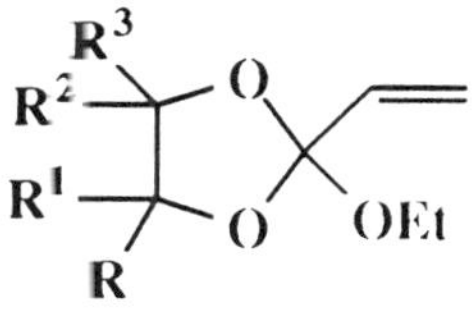

Dienophile Precursor
B

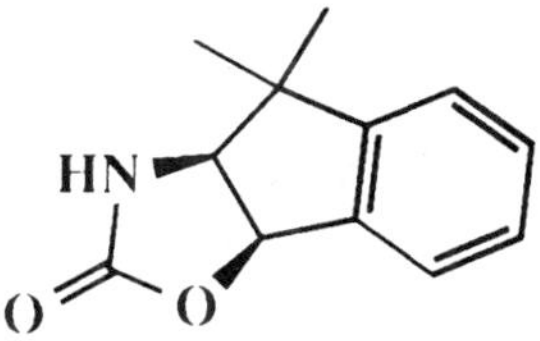

Chiral Auxiliry
C

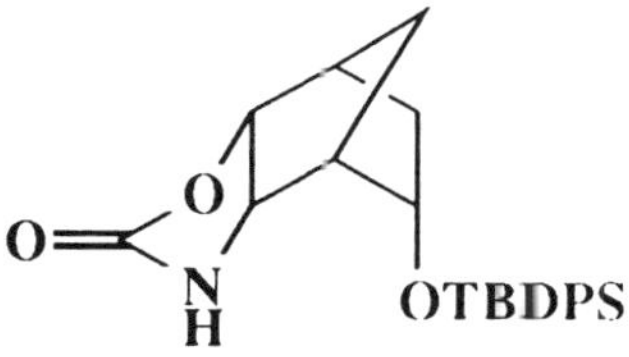

Chiral Auxiliry
D

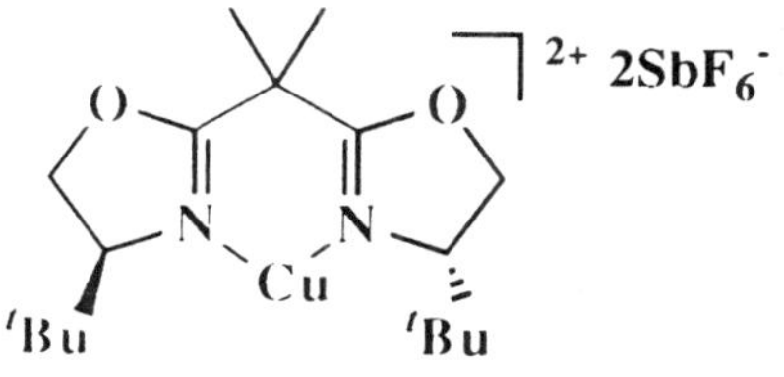

catalyst
E

I.E.1-44 Corey, E.J. and Lee, T.W., *TL*, **38**, 5755; Yamamoto, H., Inagaki, S. et al., *JOC*, **62**, 3026; Yamauchi, M. et al., *CC*, 1411; Davies, D.L. et al., *CC*, 1351, 2347; Carmona, D., Cativiela, C. et al., *CC*, 2351;

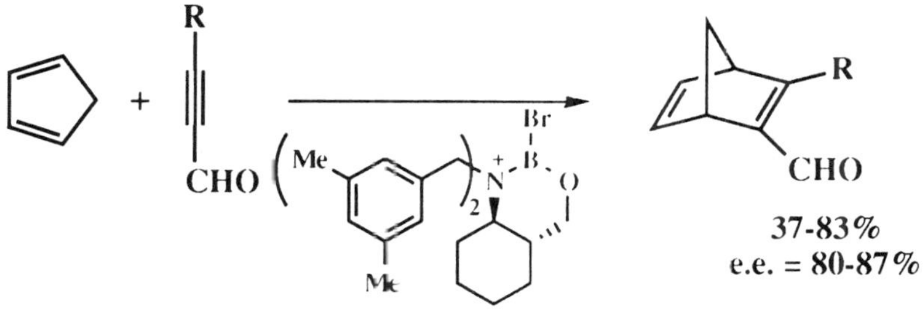

37-83%
e.e. = 80-87%

I.E.1-45 Takahashi, T. et al., *CC*, 2069.

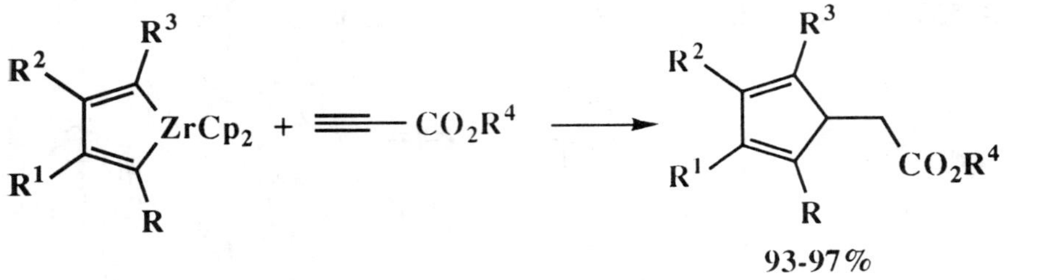

[Reaction: zirconacyclopentadiene with R^1, R^2, R^3, R substituents + HC≡C−CO_2R^4 → substituted cyclopentadiene with $CH_2CO_2R^4$ group, 93-97%]

I.E.1-46 Minami, T. et al., *JOC*, **62**, 8419; Murphy, W.S. and Neville, D., *TL*, **38**, 7933; **see also:** Correia, C.R.D. et al., *TL*, **38** 1869; **see also:** Balei, M. et al., *JOC.*, **62**, 3434.

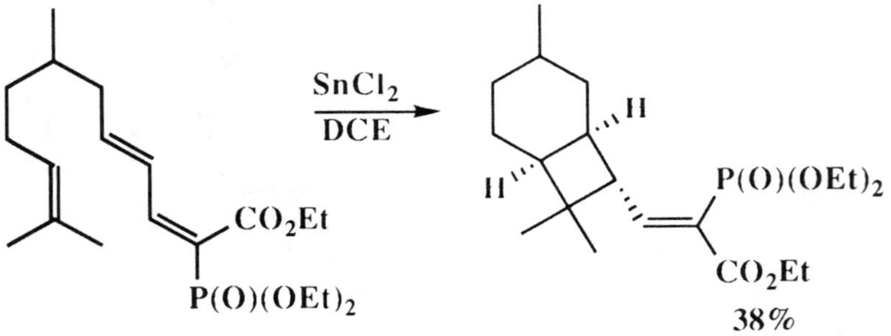

[Reaction: polyene bearing CO_2Et and $P(O)(OEt)_2$ groups, SnCl$_2$/DCE → bicyclic product with $P(O)(OEt)_2$ and CO_2Et, 38%]

I.E.1-47 Lin, X. and Little, R.D., *TL*, **38**, 15.

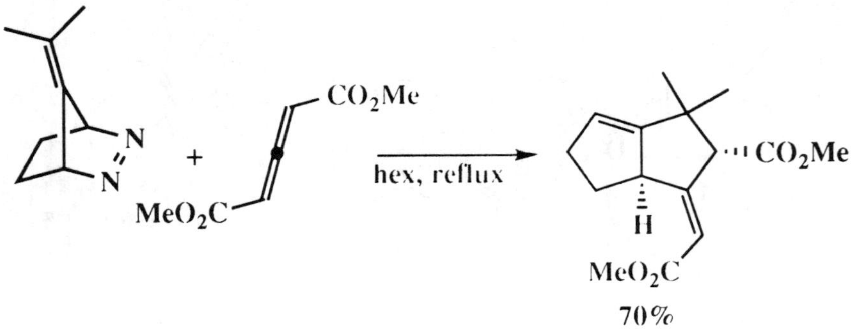

[Reaction: bicyclic diazo compound + allene with CO_2Me and MeO_2C, hex, reflux → bicyclopentane product with CO_2Me and =CH−CO_2Me, 70%]

I.E.1-48 Wender, P.A. et al., *JOC*, **62**, 4908.

I.E.1-49 Kuwajima, I. et al., *TL*, **38**, 465; see also: Knolker, H.-J. et al., *CEJ*, **3**, 538.

I.E.1-50 Lubineau, A. et al., *JCS((P1)*, 2863.

I.E.1-51 Harmata, M. and Jones, D.E., *TL*, **38**, 3861; Harmata, M. et al., *JOC*, **62**, 6051; Kende, A.S. and Huang, H., *TL*, **38**, 3353; **see also:** Davies, H.M.L. et al., *JOC*, **62**, 1095; see also: Harmata, M. and Carter, K.W., *TL*, **38**, 7985.

I.E.1-52 Rigby, J.H. et al., *SL*, 805; Rigby, J.H. and Kirova-Snover, *TL*, **38**, 8153.

I.E.1-53 Hong, B. et al., *JOC*, **62**, 7717.

I.E.1-54 Yamamoto, Y. et al., *TL*, **38**, 8603.

$$R^3 \equiv \equiv R^3 + R \equiv \underset{R^2}{\overset{R^1}{\diagup}} \xrightarrow{Pd(PPh_3)_4} \text{product, 42-95\%}$$

I.E.1-55 Grieco, P.A. and Walker, J.K., *T*, **53**, 8975 and *TL*, **38**, 1321; Ohkata, K. et al., *H*, **45**, 2097; see also: Brunner, H. and Reimer, A., *BSC*, **134**, 307; see also: Engler, T.A. et al., *JOC*, **62**, 8274.

$$\xrightarrow{\text{TMS-OTf, LiClO}_4}_{\text{EtOAc, -23°C, 5min}} \text{51\%}$$

I.E.2. Other Thermal Reactions

I.E.2-1 Cossy, J. and Bouzide, A., *T*, **53**, 5775.

$$\xrightarrow{230°C, 3h} \text{67-72\%}$$

I.E.2-2 Sarkar, T.K. et al., *JOC*, **62**, 6006.

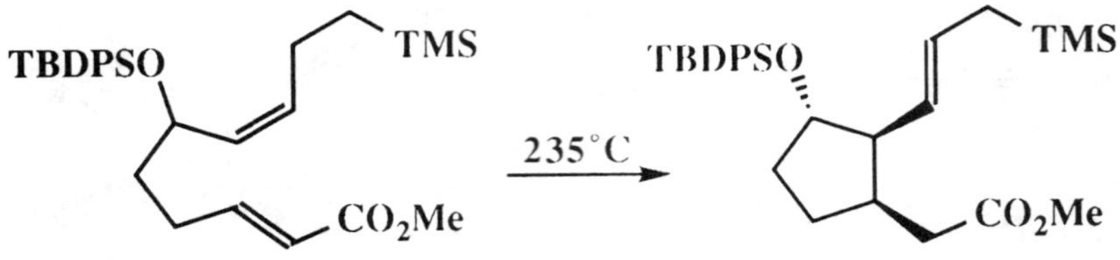

95%

I.E.2-3 Mehta, G. and Panda, G., *TL*, **38**, 2145.

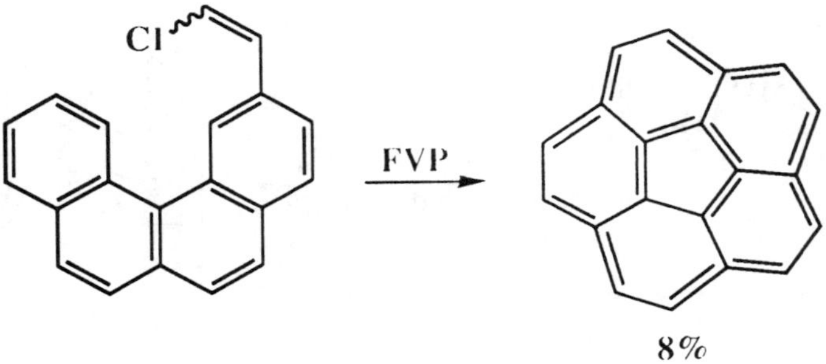

8%

I.E.3. Photochemical Reactions

I.E.3-1 Sano, T. et al., *CPB*, **45**, 608; Thiemann, T., Tashiro, M. et al., *JCR(S)*, 248; Somekawa, K. et al., *T*, **53**, 3545; Magnus, P. et al., *S*, 506; Wenz, G. et al., *CC*, 1709.

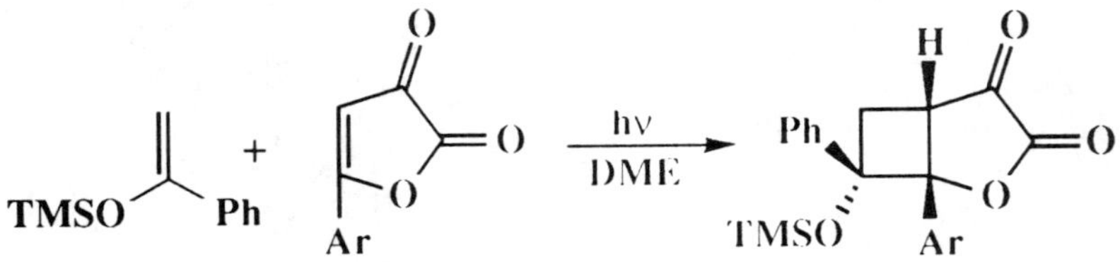

40-75%

I.E.3-2 Hilgeroth, A., *CL*, 1269.

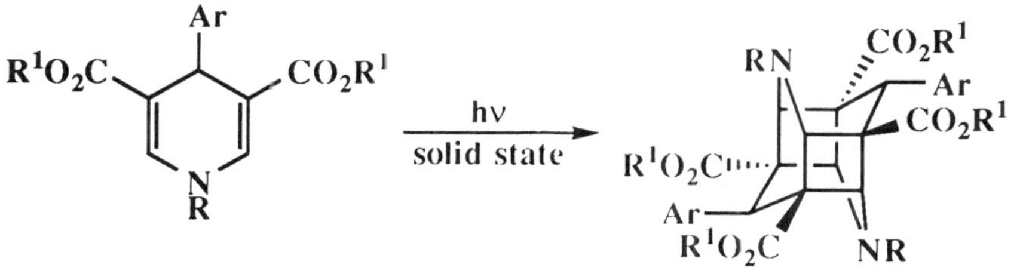

90-96%

I.E.3-3 Piva, O., Pete, J.-P. et al., *TL*, **38**, 1045; Crimmins, M.T. and Choy, A.L., *JACS*, **119**, 10237; Crimmins, M.T. et al., *T*, **53**, 8963; Gebel, R.C. and Margaretha, P., *JCR(S)*, 1; Haddad, N. et al., *JOC*, **62**, 7629; Nishimura, J. et al., *TL*, **38**, 1983.

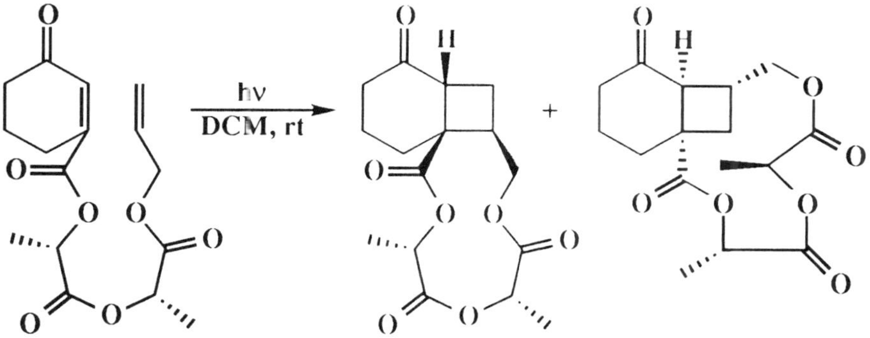

49%   27%

I.E.3-4 Kishikawa, K. et al., *JCS(P1)*, 77.

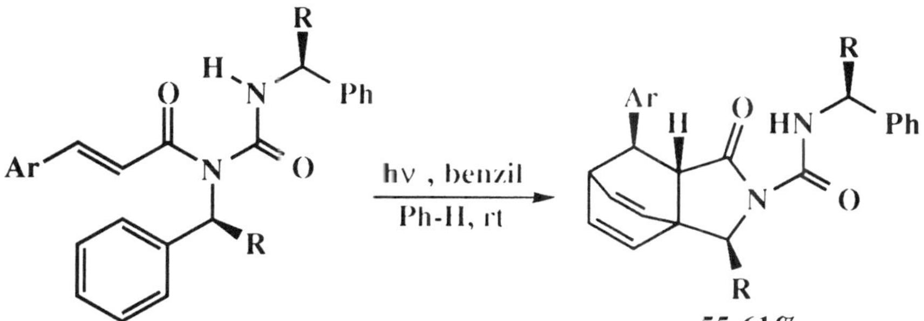

55-61%

I.E.3-5 Gomez, A.M., Lopez, J.C. et al., *JOC*, **62**, 6612.

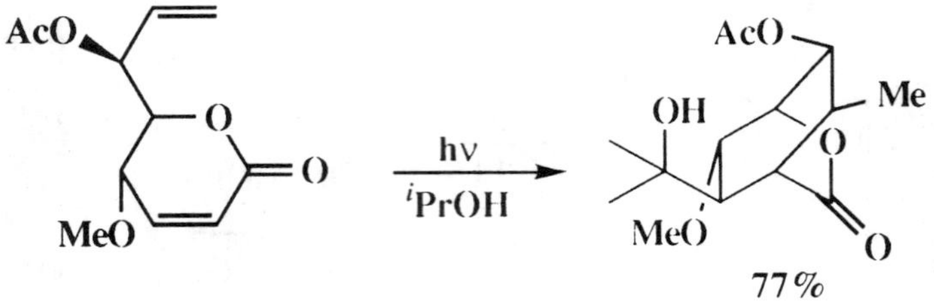

I.E.3-6 Oda, K. et al., *CPB*, **45**, 584.

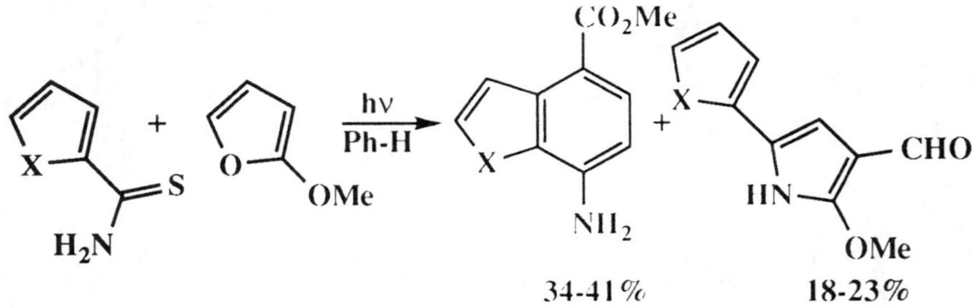

34-41%   18-23%

I.E.3-7 Walker, R.T. et al., *JCS(P1)*, 121.

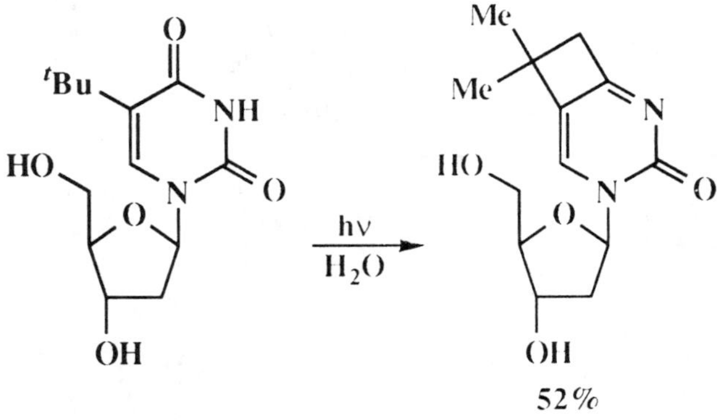

52%

I.E.3-8 Mallory, F.B. et al., *JACS*, **119**, 2119; Tanaka, K. et al., *CL*, 501.

I.E.3-9 Reed, A.D. and Hegedus, L.S., *OM*, **16**, 2313.

I.E.3-10 Jung, M.E. and Rayle, H.L., *JOC*, **62**, 4601.

I.E.3-11 Deng, L.X. and Kutateladze, A.G., *TL*, 7829.

I.E.3-12 Cossy, J. and BouzBouz, S., *TL*, **38**, 1931.

[Reaction scheme: bicyclic ketone → hν, TEA, LiClO₄, MeCN → cis-fused bicyclic ketone (60%) + methyl-substituted bicyclic ketone (10%)]

I.E.3-13 Miesch, M. et al., *TL*, **38**, 7551.

[Reaction scheme: fused cyclobutene bicyclic → hν, hexane → bicyclic diene 75-90%]

I.E.3-14 Pattenden, G. et al., *JCS(P1)*, 1167.

[Reaction scheme: macrocyclic triene → hν, EtSH → bicyclic product with EtS group, 50%]

I.E.3-15 Back, T.G. and Minksztym, K., *CC*, 1759.

$$\text{PhSeCCl}_3 + \underset{R}{\overset{R^1}{\diagup}}\!\!=\!\!\underset{}{\overset{}{\diagdown}} R^2 \xrightarrow{h\nu} \underset{\text{PhSe}}{\overset{R\ \ R^1}{\diagup}}\!\!\underset{R^2}{\diagdown}\!\! \text{CCl}_3$$

43-88%

CARBON–CARBON BOND FORMING REACTIONS

I.E.3-16 Shimizu, I. et al., *CL*, 843.

$$\text{CH}_3\text{CH=CHCOCl} + \text{CH}_2\text{=C(R}^1\text{)R} \xrightarrow[\text{Ph-H}]{h\nu, \text{AgOTf}} \text{cyclohexanone product}$$

19-56%

I.E.3-17 Ogawa, A., Sonoda, N. et al., *JACS*, **119**, 2745.

$$\text{RCl} + \text{CO} \xrightarrow{h\nu, \text{SmI}_2} \text{R-CO-CH}_2\text{-R}$$

61-89%

I.E.3-18 Singh, V. and Thomas, B., *JOC*, **62**, 5310.

$$\text{bicyclic enone with R, R}^1, \text{R}^2, \text{R}^3, \text{OMe} \xrightarrow{h\nu} \text{tricyclic diketone product}$$

48-67%

I.E.3-19 deKoning, C.B. et al., *TL*, **38**, 893.

$$\text{2-allyl-3-}^i\text{PrO-4-MeO-aryl ketone} \xrightarrow[\text{DMF, 80°C}]{h\nu, \,^t\text{BuOK}} \text{substituted naphthalene (MeO, }^i\text{PrO, R)}$$

37-79%

I.E.3-20 Griesbeck, A.G. et al., *HCA*, 80, 912.

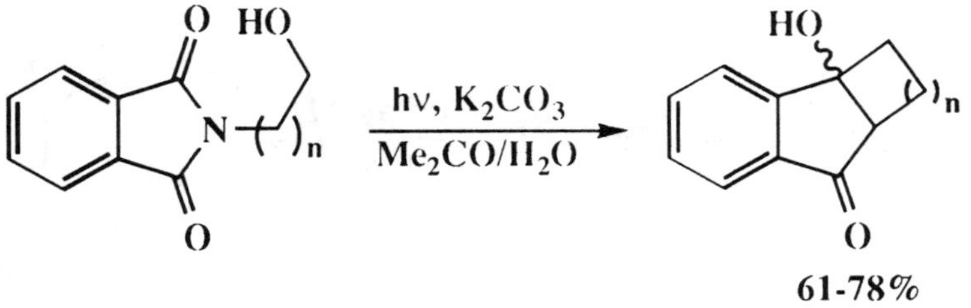

61-78%

I.E.3-21 Hasegawa, E. et al., *CC*, 1895.

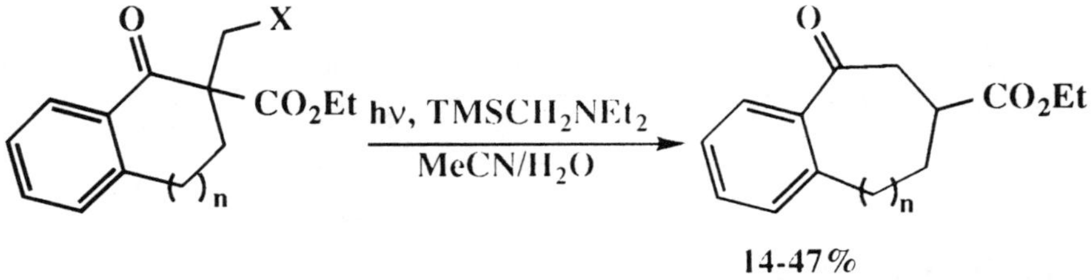

14-47%

I.F. Aromatic Substitutions Forming a New Carbon-Carbon Bond

I.F.1. Friedel-Crafts Type Aromatic Substitution Reactions

I.F.1-1 Ucar, H. et al., *H*, 45, 805.

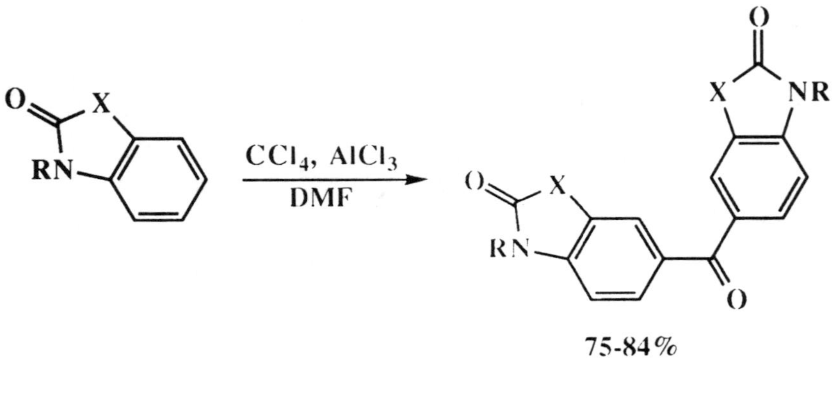

75-84%

CARBON–CARBON BOND FORMING REACTIONS

I.F.1-2 Albar, H.A. et al., *ICR(S)*, 20.

Br-CH₂-C(Br)(CH₃)-CH₂-Cl $\xrightarrow[\text{Ph-H}]{\text{AlCl}_3}$ Br-CH₂-CH(CH₃)-CH(Ph)(Ph)   86%

I.F.1-3 Padwa, A. et al., *JOC*, **62**, 67.

$\xrightarrow{\text{BF}_3\cdot\text{Et}_2\text{O}}$ 90%

I.F.1-4 Cotelle, P. and Catteu, J.-P., *TL*, **38**, 2969.

$\xrightarrow[\text{rt, 1h}]{\text{BBr}_3}$ 61-90%

I.F.1-5 Desmurs, J.R., Dubac, J. et al., *TL*, **38**, 8871; Kodomari, M. et al., *CC*, 1567.

$$\text{Ar-H} + \text{RCOX} \xrightarrow[\Delta]{\text{Bi(OTf)}_3\cdot 4\text{H}_2\text{O}} \text{Ar-COR}$$

75-96%

I.F.1-6 Yamato, T. et al., *JCR(S)*, 82 and *JCS(P1)*, 1193.

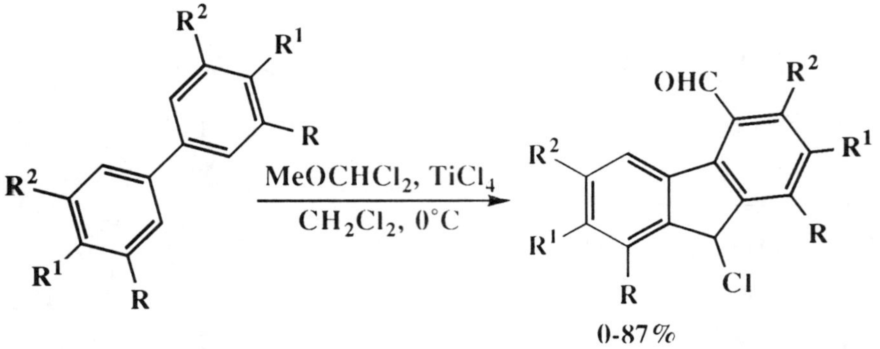

[reaction scheme: biphenyl with R, R¹, R² substituents + MeOCHCl₂, TiCl₄ / CH₂Cl₂, 0°C → fluorene product with OHC, Cl substituents, 0-87%]

I.F.1-7 Fukuzawa, S. et al., *JOC*, 62, 151.

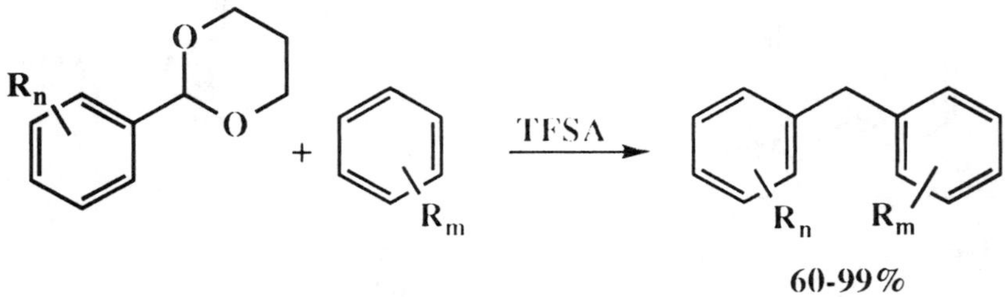

[reaction scheme: aryl 1,3-dioxane (R_n) + arene (R_m) → TFSA → diarylmethane, 60-99%]

I.F.1-8 Takuwa, A. et al., *JOC*, **62**, 2658; Majetich, G. et al., *JOC*, **62**, 6928; **see also:** Yamaguchi, M. et al., *CC*, 1663.

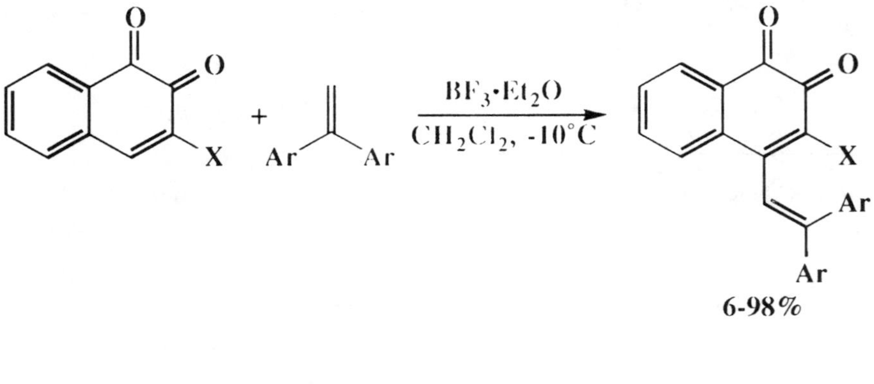

[reaction scheme: 3-X-1,2-naphthoquinone + Ar₂C=CH₂ → BF₃·Et₂O / CH₂Cl₂, -10°C → naphthoquinone with CH=CAr₂ and X substituents, 6-98%]

I.F.1-9 Ray, S. et al., *SC*, **27**, 2877.

I.F.1-10 Rumsden, C.A. et al., *TL*, **38**, 2573; Sartori, G. et al., *JCS(P1)*, 257.

I.F.1-11 Livant, P. et al., *JOC*, **62**, 737.

I.F.1-12 Baik, W. et al., *JCS(P1)*, 587.

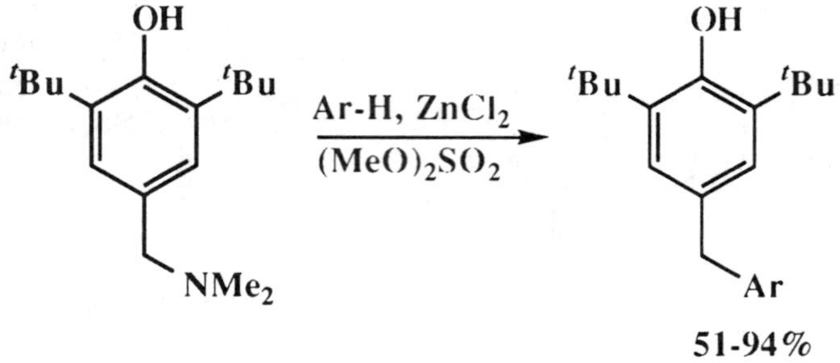

51-94%

I.F.1-13 Ichihara, J., *CC*, 1921.

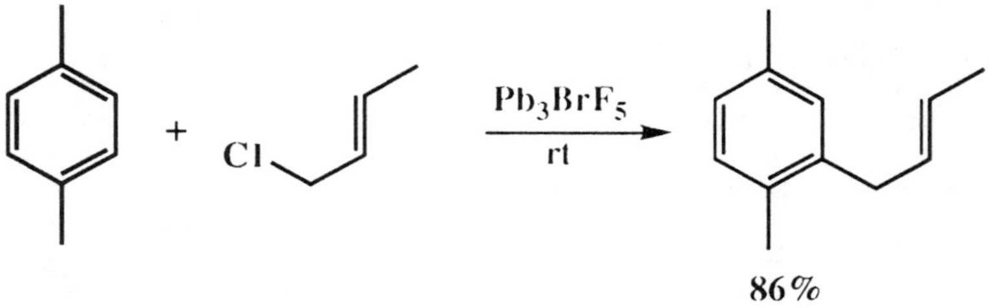

86%

I.F.2. Coupling Reactions to Form an Aromatic Carbon-Aromatic Carbon Bond

I.F.2-1 Steglich, W. et al., *CEJ*, **3**, 70; Harayama, T. and Yasuda, H., *H*, **46**, 61; Rawal, V.H. et al., *JOC*, **62**, 2; Miura, M. et al., *AG(E)*, 1740.

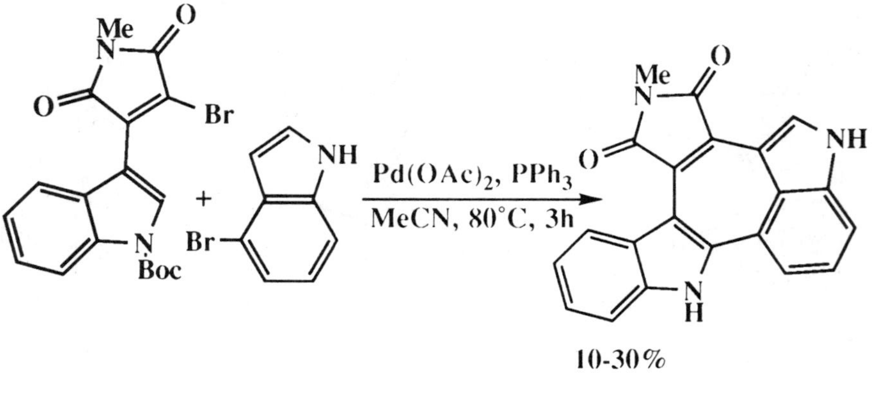

10-30%

I.F.2-2 Henry, J.R. et al., *H*, **45**, 2217; Chu, L. et al., *TL*, **38**, 3871; Huff, B.E. et al., *OS*, **75**, 53; Novak, B.M. et al., *OS*, **75**, 61; Lamas, C. et al., *T*, **53**, 12755; Bumagin, N.A. and Bykov, V.V., *T*, **53**, 14437; Anderson, J.C. et al., *T*, **53**, 15123; Nicolaou, K.C. et al., *CC*, 1899; Indolese, A.F., *TL*, **38**, 3513; Miyaura, N. et al., *JOC*, **62**, 8024; Shen, W., *TL*, **38**, 5575; Badone, D. et al., *JOC*, **62**, 7170; see also: Sengupta, S. and Bhattacharyya, S., *JOC*, **62**, 3405.

[Reaction: bromo-isoindolinone + ArB(OH)$_2$ → Pd(OAc)$_2$, P(o-Tolyl)$_3$, Na$_2$CO$_3$, DMF, 90°C → aryl-isoindolinone, 41-77%]

I.F.2-3 Cahiez, G. et al., *TL*, **38**, 4397.

[Reaction: ArMnCl + Ar'X → PdCl$_2$(PPh$_3$)$_2$, DME/THF → biaryl, 77-99%]

I.F.2-4 Motherwell, W.B. et al., *TL*, **38**, 141, 137.

[Reaction: 2-iodobenzyl sulfonate of 8-hydroxyquinoline + Bu$_3$SnH, AIBN, Ph-H, reflux → 8-(2-hydroxymethylphenyl)quinoline, 46%]

I.F.2-5 Renaud, P. et al., *HCA*, **80**, 2148; Sosabowski, M.H. and Powell, P., *JCR(S)*, 12.

I.F.2-6 Nicolaou, K.C. et al., *AG(E)*, 1539.

I.F.2-7 Miyano, S. et al., *CL*, 641.

I.F.2-8 Kang, S.-K. et al., *SC*, **27**, 2351.

$$\text{Ar-I}^+\text{-Ar}^1\text{ X}^- \xrightarrow{\text{Pd(OAc)}_2,\ \text{Et}_2\text{Zn}} \text{Ar-Ar}^1$$
46-80%

I.F.2-9 Jackson, W.R. et al., *SL*, 131; Giroux, A. et al., *TL*, **38**, 3841.

R–C₆H₄–B(OH)₂ $\xrightarrow{\text{Pd(OAc)}_2,\ \text{base, O}_2}$ R–C₆H₄–C₆H₄–R

58-84%

I.F.2-10 Shibata, K. et al., *CC*, 1309.

$$\text{Ar-Si(OMe)}_3 \xrightarrow[\substack{2.\ \text{Ar}^1\text{Br} \\ 3.\ \text{Pd(OAc)}_2,\ \text{PPh}_3}]{1.\ \text{Bu}_4\text{NF}} \text{Ar-Ar}^1$$

61-92%

I.F.2-11 Hosomi, A. et al., *CL*, 639.

$$\text{Ar-TMS + Ph-I} \xrightarrow[\text{DMI, 130°C, 12h}]{\text{CuI, C}_6\text{F}_5\text{ONa}} \text{Ar-Ph}$$

75-93%

I.F.3. Other Aromatic Substitutions and Preparations

I.F.3-1 Katritzky, A.R. and Toader, D., *JOC*, **62**, 4137.

$$\text{Ar}^2\text{-CH(OH)-Ar}^1 \xrightarrow[\substack{2.\ ^t\text{BuOK} \\ 3.\ \text{Ar-NO}_2}]{1.\ \text{Bt-H}} \text{Ar}^2\text{-CH(Ar-NO}_2\text{)-Ar}^1$$

28-94%

I.F.3-2 Lu, L. and Burton, D.J., *TL*, **38**, 7673; Shirakawa, E. et al., *TL*, **38**, 3759; Fouquet, E. et al., *JOC*, **62**, 5242; Ortar, G. and Moreva, E., *SL*, 1403; Shirakawa, E. et al., *TL*, **38**, 5177; see also: Shirakawa, E. et al., *JCS(P1)*, 2449.

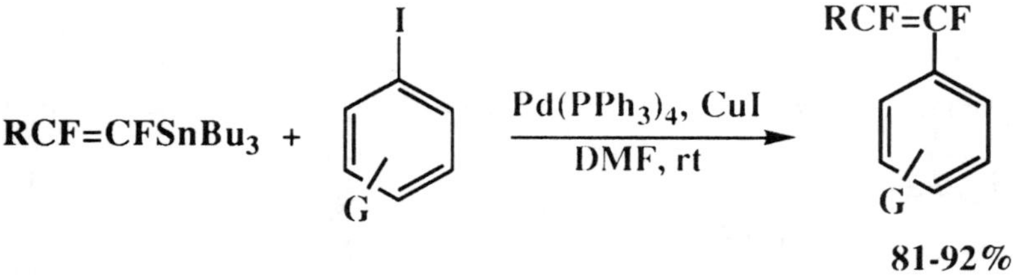

$$RCF=CFSnBu_3 + \text{[I-Ar-G]} \xrightarrow[\text{DMF, rt}]{Pd(PPh_3)_4,\ CuI} \text{[RCF=CF-Ar-G]}$$

81-92%

I.F.3-3 Katritzky, A.R. et al., *TL*, **38**, 903.

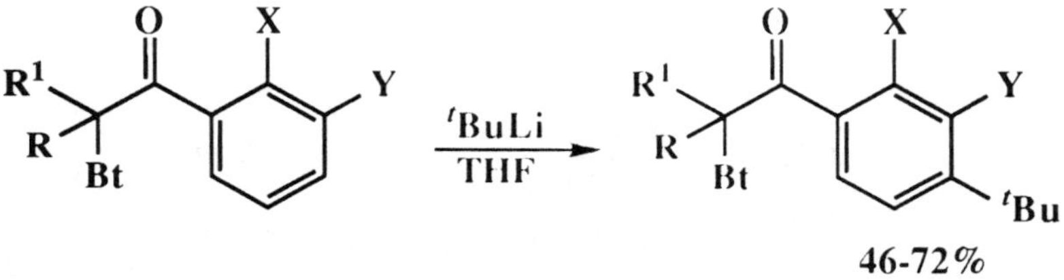

46-72%

I.F.3-4 Hallberg, A. and Ripa, L., *JOC*, **62**, 595; Larhed, M. and Hallberg, A., *JOC*, **62**, 7858; Shibasaki, M. et al., *TL*, **38**, 3455, 3459.

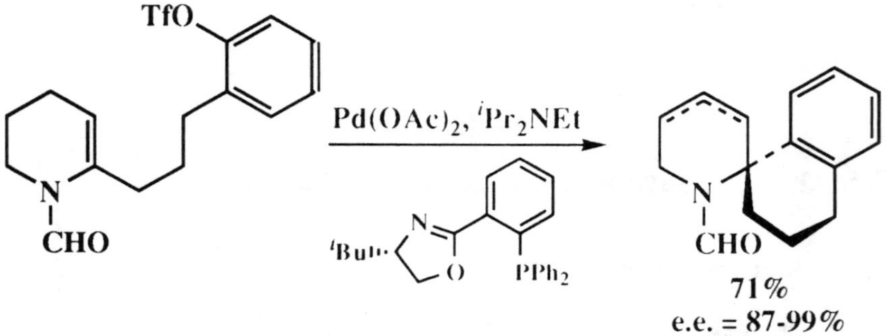

71%
e.e. = 87-99%

I.F.3-5 Johnson, C.R. and Johns, B.A., *JOC*, **62**, 6046; Satoh, Y. et al., *TL*, **38**, 7645.

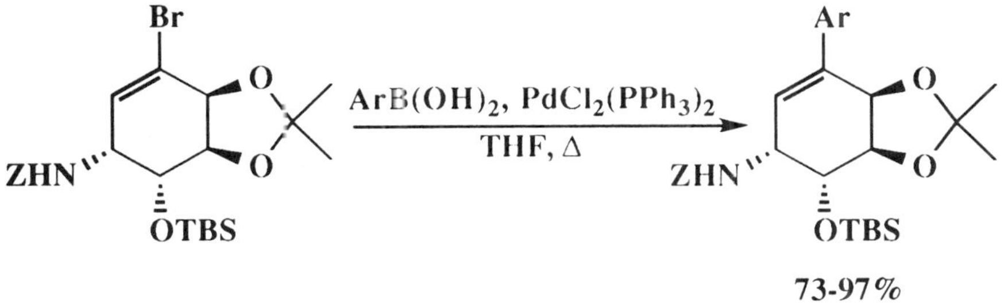

73-97%

I.F.3-6 Larock, R.C. et al., *JOC*, **62**, 7536; Tietze, L.F. et al., *SL*, 35; Shishido, K. et al., *TA*, **8**, 2155; Sudalai, A. et al., *CC*, 2071; Mehnert, C.P. and Ying, J.Y., *CC*, 2215; Herrmann, W.A., Beller, M. et al., *EJC*, **3**, 1357; Genet, J.-P. et al., *TL*, **38**, 4393; see also: Kang, S.-K. et al., *SC*, **27**, 1105.

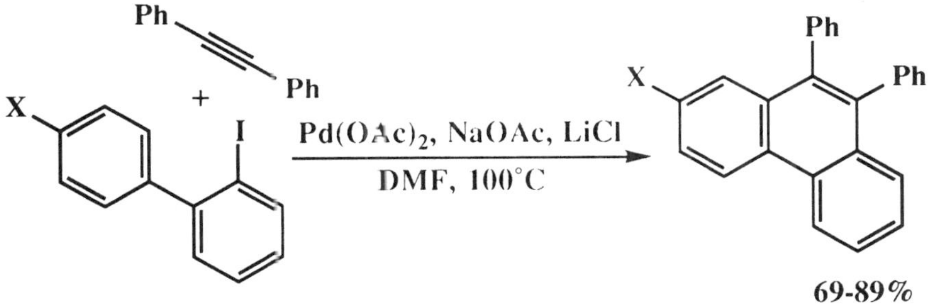

69-89%

I.F.3-7 Zard, S.Z. et al., *TL*, **38**, 1759.

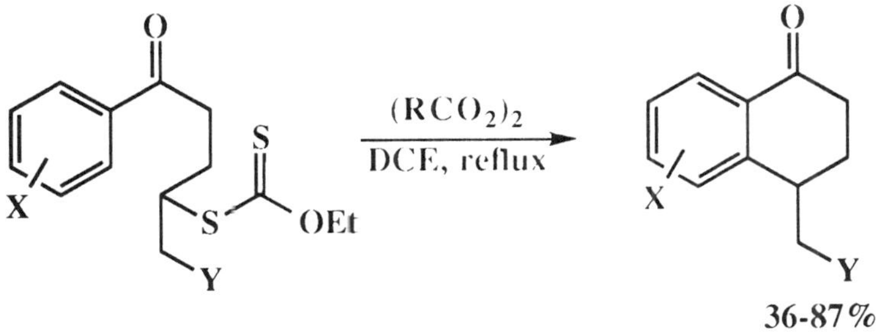

36-87%

I.F.3-8 Hartwig, J.F. and Hamann, B.C., *JACS*, **119**, 12382.

$$\text{Ar-Br} + \underset{O}{\overset{Ar^1}{\bigvee}} \xrightarrow[\text{KN(TMS)}_2, \text{THF}]{\text{Pd(dba)}_2, \text{DTPF}} \underset{O}{\text{Ar}\frown\overset{Ar^1}{}}$$

51-94%

I.F.3-9 Shimizu, I. et al., *CL*, 851, 137.

$$\xrightarrow{\text{Mo(CO)}_6}$$

79-97%
$o{:}p = 1{:}4\text{-}19$

I.F.3-10 Kerr, W.J. et al., *JOM*, 532, 219.

$$\underset{Ph}{RO}\!\!>\!\!=\!\!Cr(CO)_5 + \text{cyclohexyl-C≡CH} \xrightarrow[\text{2. CAN}]{1. \,(((\bullet}$$

83-91%

I.F.3-11 Dieter, R.K. and Li, S.J., *JOC*, **62**, 7762.

$$\underset{Boc}{\text{N-pyrrolidine}} \xrightarrow[\text{2. Ar-I, PdCl}_2, \text{PPh}_3]{1.\ ^s\text{BuLi, TMEDA; THF, -78°C}} \underset{Boc}{\text{N-pyrrolidinyl-Ar}}$$

34-79%

Other ligands: SbPh$_3$, AsPh$_3$

I.F.3-12 Hiyama, T. et al., *BCJ*, **70**, 437.

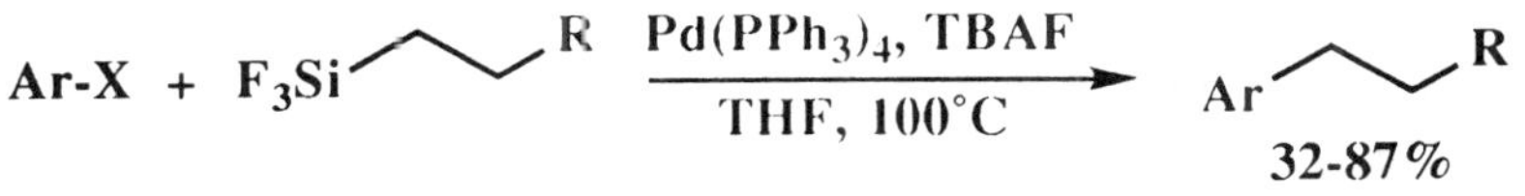

$$\text{Ar-X} + \text{F}_3\text{Si}\diagdown\diagdown\text{R} \xrightarrow[\text{THF, 100°C}]{\text{Pd(PPh}_3)_4,\text{ TBAF}} \text{Ar}\diagdown\diagdown\text{R}$$

32-87%

I.F.3-13 Basavaiah, D. et al., *TL*, **38**, 2141.

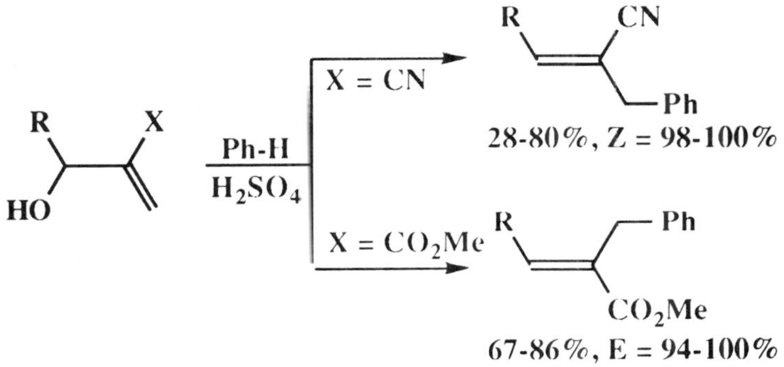

X = CN → R, CN, Ph; 28-80%, Z = 98-100%

X = CO$_2$Me → R, Ph, CO$_2$Me; 67-86%, E = 94-100%

Reagents: Ph-H, H$_2$SO$_4$

I.F.3-14 Bumagin, N.A. and Luzikova, E.V., *JOM*, **532**, 2171.

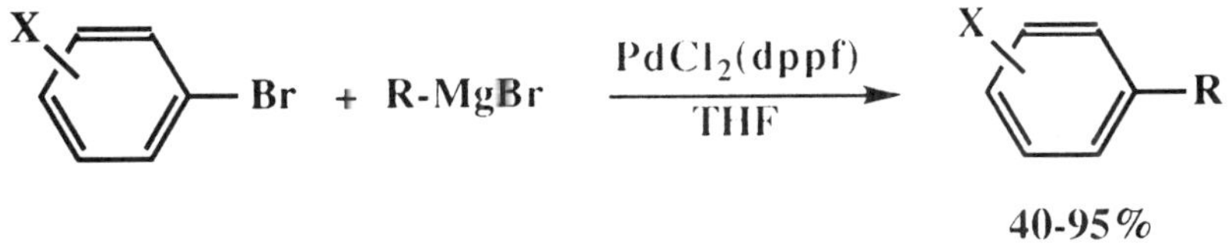

Ar-Br + R-MgBr $\xrightarrow[\text{THF}]{\text{PdCl}_2(\text{dppf})}$ Ar-R

40-95%

I.F.3-15 Ryan, J.H. and Stang, P.J., *TL*, **38**, 5061.

Cyclopentanone (CH$_2$)$_n$ $\xrightarrow{\text{Ph}_2\text{IOTf, LDA, CuCN}}$ 2-Ph-cyclopentanone

38-55%

I.F.3-16 Miyano, S. et al., *JCS(P1)*, 1117.

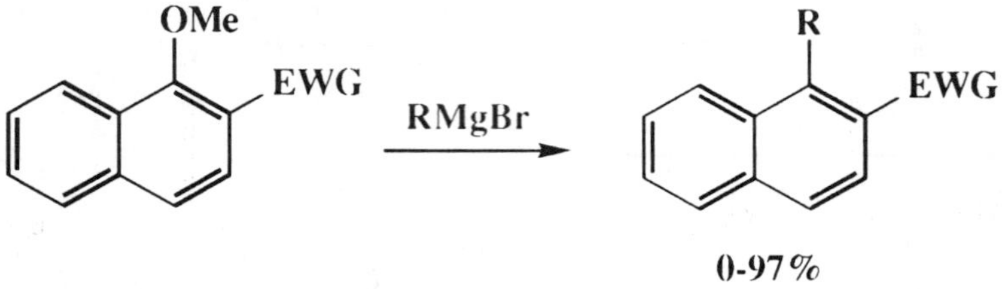

0-97%

I.F.3-17 Bickelhaupt, F. et al., *JACS*, **119**, 615.

I.F.3-18 Hidai, M. et al., *CC*, 859.

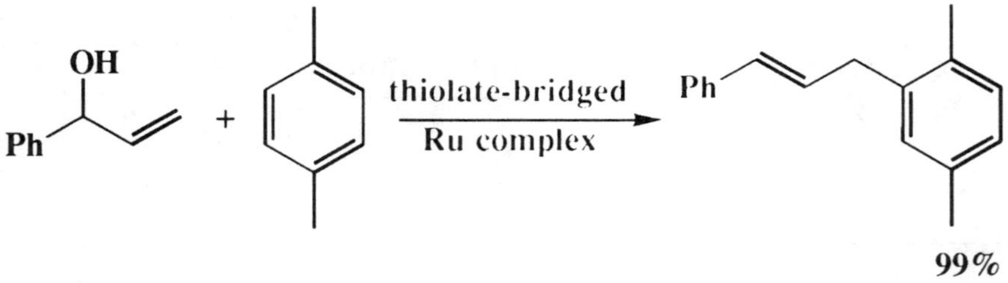

99%

I.F.3-19 Cahiez, G. et al., *TL*, **38**, 1927.

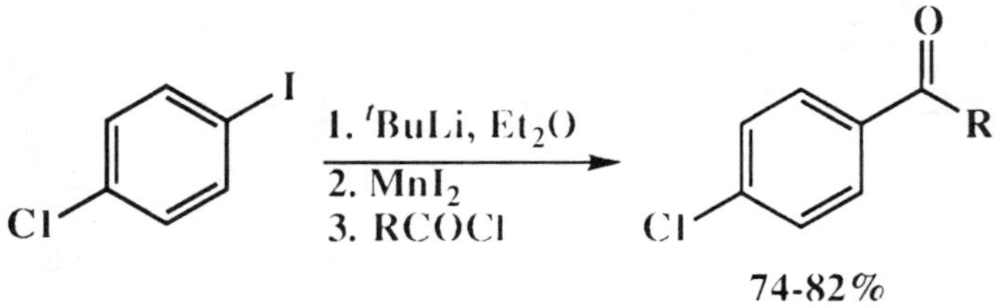

1. ^{t}BuLi, Et$_2$O
2. MnI$_2$
3. RCOCl

74-82%

I.F.3-20 Tobe, Y. et al., *JOC*, **62**, 3430.

I.F.3-21 Harman, W.D. et al., *JOC*, **62**, 130.

I.F.3-22 Tanabe, Y. and Nishii, J., *JCS(P1)*, 477.

I.F.3-23 Kotha, S. et al., *TL*, **38**, 3561; Grigg, R. et al., *TL*, **38**, 1825; Yamamoto, Y. et al., *JACS*, **119**, 11313; Ishii, Y. et al., *TL*, **38**, 3923; **see also:** Lin, C.-F. and Wu, M.-J., *JOC*, **62**, 4546; **see also:** Peters, J.-U. and Blechert, S., *CC*, 1983.

I.F.3-24 Dotz, K.H. et al., *CEJ*, **3**, 852.

I.F.3-25 Plater, M.J. and Praveen, M., *TL*, **38**, 1081.

I.F.3-26 Wu, S.-H. et al., *SC*, **27**, 11.

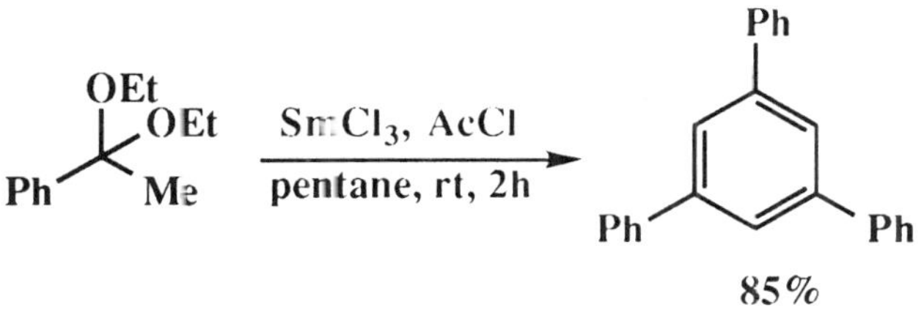

Ph(OEt)₂(Me) (ketal) + SmCl₃, AcCl, pentane, rt, 2h → 1,3,5-triphenylbenzene, 85%

I.F.3-27 Dominguez, E. et al., *H*, **45**, 757.

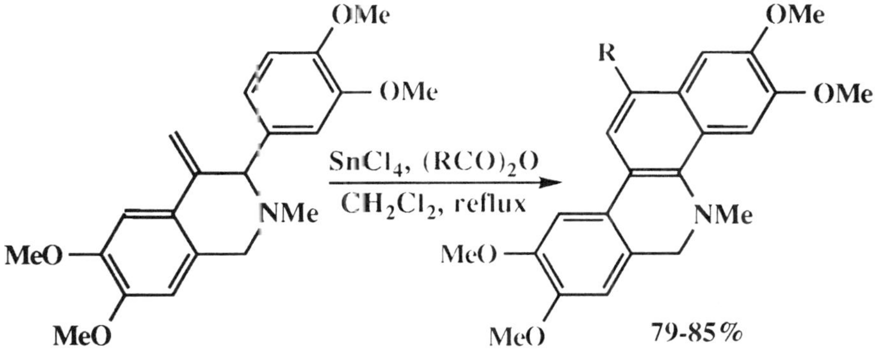

SnCl₄, (RCO)₂O, CH₂Cl₂, reflux; 79-85%

I.F.3-28 Kumar, S. and Manickam, M., *CC*, 1615.

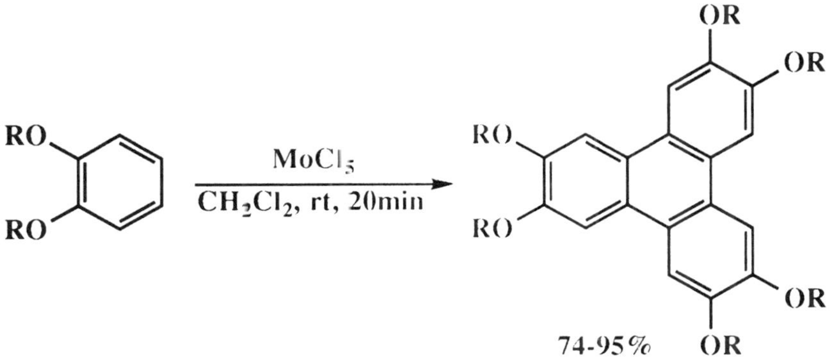

1,2-(RO)₂C₆H₄ → hexaalkoxytriphenylene, MoCl₅, CH₂Cl₂, rt, 20 min, 74-95%

I.F.3-29 Elmorsy, S. et al., *TL*, **38**, 1071.

[Reaction scheme: Ph-C(=O)-CH=C(Me)-Ph (chalcone-type) + acetophenone derivative (with R substituent) → 3,5-diphenyl biaryl product, with SiCl$_4$/EtOH; 68-88%]

I.G. Synthesis via Organometallics

I.G.1. Synthesis via Organoboranes

I.G.1-1 Brown, H.C. et al., *TL*, **38**, 2417; see also: Villieras, J. et al., *TL*, **38**, 3719.

[Reaction scheme: dialdehyde + diisopinocampheyl allylborane, THF, -100°C → bis(homoallyl alcohol); 80-97%; d.e. = 88-98%; e.e. = ≥98%]

I.G.1-2 Soderquist, J.A. et al. *TL*, **38**, 6639.

[Reaction scheme: 10-oxa-9-borabicyclic allyl boronate with R substituent + R^{1}Br, NaOH, Pd(PPh$_3$)$_4$, THF → CH$_2$=C(R^1)(R); 59-80%]

I.G.1-3 Petasis, N.A. and Zavialov, I.A., *JACS*, **119**, 445.

$$\underset{R^1}{\overset{R^3}{\diagdown}}C=C\underset{R^1}{\overset{B(OR)_2}{\diagup}} + \underset{O}{\overset{R^4}{\diagdown}}C\text{-}CO_2H \xrightarrow{HNR^5R^6} \underset{R^1}{\overset{R^3}{\diagdown}}C=C\underset{R^1}{\overset{R^4}{\diagup}}\underset{CO_2H}{\overset{NR^5R^6}{\diagup}}$$

54-94%

I.G.1-4 Blanchard, C., Vaultier, M. and Mortier, J., *TL*, **38**, 8863.

$$\equiv\!\!-\!B(NiPr_2)_2 \xrightarrow[\substack{2.\ R\text{-}X,\ -78°C\\3.\ H^+}]{1.\ BuLi,\ THF,\ 0°C} R\!-\!\!\equiv$$

0-88%

I.G.2. Carbonylations Reactions

I.G.2-1 Cook, J.M. and Van Ornum, S.G., *TL*, **38**, 3657; Moyano, A. et al., *JOC*, **62**, 4851; Murai, S. et al., *JOC*, **62**, 3762; Mitsudo, T. et al., *JACS*, **119**, 6187; Ricart, S., Moreto, J.M. et al., *OM*, **16**, 2808.

$$\xrightarrow{Co(CO)_8,\ NMO}_{CH_2Cl_2}$$

62%

I.G.2-2 Periasamy, M. et al., *JOM*, **532**, 143.

$$+ \underset{III}{\overset{R}{\|}}Co_2(CO)_6 \xrightarrow[60\text{-}70°C]{TFA}$$

40-60%

I.G.2-3 Harwood, L.M. and Tejera, L.S.A., *CC*, 1627; Moyano, A., Pericas, M.A. et al., *JACS*, **119**, 10225; see also: Takahashi, T. et al., *T*, **53**, 9123.

I.G.2-4 Murai, S. et al., *JOC*, **62**, 2604.

I.G.2-5 Iwasawa, N. and Matsua, T., *CL*, 341.

I.G.2-6 Murakami, M., Itami, K. and Ito, Y., *JACS*, **119**, 2950; Cazes, B. et al., *TL*, **38**, 5277, 5281; see also: Shaughnessy, K.H. and Waymouth, R.M., *OM*, **16**, 1001.

$$\text{allene-diene} \xrightarrow[\text{DME, 55-60°C, 6-20h}]{\text{CO, [Rh(R,R)-Me-DuPHOS(COCl)]PF}_6} \text{cyclopentenone}$$

87%
e.e. = 64%

I.G.2-7 Ryu, I., Curran, D.P. et al., *TL*, **38**, 7883; see also: Ryu, I., Sonoda, N. et al., *T*, **53**, 14615.

$$\text{R-X} + \text{CO} + \text{NaBH}_3\text{CN} \xrightarrow[\text{BTF, }^t\text{BuOH}]{(\text{C}_6\text{F}_{13}\text{CH}_2\text{CH}_2)_3\text{SnH}} \text{RCH}_2\text{OH}$$

25-81%

I.G.2-8 Ryu, I., Sonoda, N. et al., *JACS*, **119**, 5465; Huang, X. et al., *JCS(P1)*, 2273.

$$\text{R-I} + \text{R}^1\text{OH} \xrightarrow[\text{hexane}]{h\nu, \text{CO, K}_2\text{CO}_3} \text{R-C(=O)-OR}^1$$

59-87%

I.G.2-9 Kress, T.J., Varie, D.L. et al., *JOC*, **62**, 8640.

$$\xrightarrow[\text{Ph-Me, 100°C, 14h}]{\text{CO, NH}_3, \text{Pd, PPh}_3}$$

89%

I.G.2-10 Yamamoto, A. and Lin, Y.-S., *TL*, **38**, 3747; Miura, M. et al., *JOC*, **62**, 2662; **see also:** Murahashi, S.-I. et al., *TL*, **38**, 8227.

$$PhCH_2OH \xrightarrow[]{CO,\ HI,\ Pd(PPh_3)_4} PhCH_2CO_2H$$
90%

I.G.2-11 Grigg, R. et al., *TL*, **38**, 5031; Ryu, I., Sonoda, N. et al., *CC*, 1889;

$$Ar\text{-}I \xrightarrow[DMF,\ 50°C]{CO,\ Pd(0),\ NaSO_2Ph} Ar\text{-}C(=O)\text{-}C(=CH_2)\text{-}SO_2Ph$$
48-95%

I.G.2-12 Kabalka, G.W. et al., *TL*, **38**, 2203.

$$R_2(CN)CuM \xrightarrow[-78°C\ \to\ rt]{CO} R\text{-}C(=O)\text{-}CH(OH)\text{-}CH_2\text{-}R$$
48-85%

I.G.2-13 Zhou, H. et al., *JOM*, **543**, 227.

$$RCH=CH_2 + CO + MeOH \xrightarrow[cat.]{PdCl_2,\ CuCl_2} Me\text{-}CH(Ph)\text{-}CO_2Me \quad + \quad CH_2(Ph)\text{-}CH_2\text{-}CO_2Me$$

92-98%   7%
S = 99%

cat. = bicyclic diphosphine (Ph₂P, PPh₂)

I.G.2-14 Vogel, P. et al., *TL*, **38**, 543.

I.G.2-15 Kang, S.-K. et al., *TL*, **38**, 1947 and *S*, 874 and *T*, **53**, 3027.

I.G.2-16 Ogawa, A., Hirao, T. et al., *JACS*, **119**, 12380; Periasamy, M. et al., *TL*, **38**, 1623.

I.G.2-17 Murai, S. et al., *OM*, **16**, 3615.

I.G.2-18 Hidai, M. et al., *JACS*, **119**, 6448.

$$R\text{—}\!\!\equiv\!\!\text{—}R \xrightarrow[\text{Ph-H, 150°C}]{\substack{\text{CO, H}_2\text{, TEA} \\ \text{PdCl}_2(\text{PCy})_2\text{, Co}_2(\text{CO})_8}} \underset{\text{CHO}}{\overset{R\quad R}{\diagup\!\!=\!\!\diagdown}}$$

47-89%

I.G.2-19 Kiji, J., Tsuji, J. et al., *S*, 869.

$$X\!\!\smallsetminus\!\!\equiv\!\!\smallsetminus\!\!X \xrightarrow[\text{TPP, EtOH}]{\text{CO, Pd(OAc)}_2} \underset{}{\overset{\text{EtO}_2\text{C}\quad\text{CO}_2\text{Et}}{\diagup\!\!=\!\!=\!\!\diagdown}}$$

21-71%

I.G.2-20 Matsuda, I. et al., *OM*, **16**, 4327.

$$R^1\text{—}\!\!\equiv\ +\ R_3\text{SiH} \xrightarrow[\text{TEA, Ph-H}]{\text{CO, Rh}_4(\text{CO})_{12}} \underset{\text{CHO}}{\overset{R^1\quad\quad}{\diagup\!\!=\!\!\diagdown\text{SiR}_3}}$$

0-94%
Z:E = 0.16-49:1

I.G.2-21 Leighton, J.L. and O'Neil, D.N., *JACS*, **119**, 11118; Breit, B., *CC*, 591; Takahashi, T. et al., *CC*, 1291; Herrmann, W.A. et al., *JOM*, **532**, 243; Nozaki, K., Takaya, H. et al., *TL*, **38**, 4611; Chen, J. and Alper, H., *JACS*, **119**, 893; van Leewen, P.W.N.M. et al., *JOM*, **535**, 201; Claver, C. et al., *JOM*, **539**, 1; see also: Kamer, P.C.J. et al., *OM*, **16**, 2929; Nozaki, K. et al., *OM*, **16**, 2981.

71-81%
syn:anti = 9-14:1

I.G.2-22 Gusevskaya, E.V. et al., *TL*, **38**, 41.

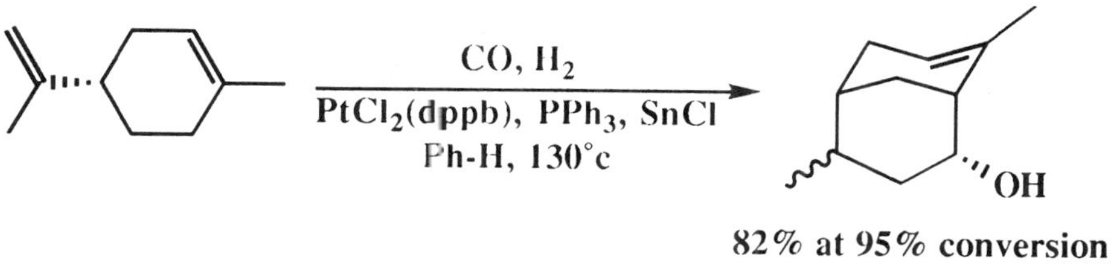

82% at 95% conversion

I.G.2-23 Murai, S. et al., *JOC*, **62**, 5647.

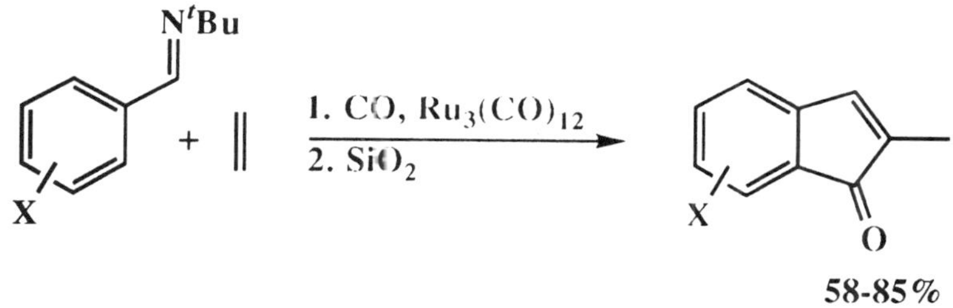

58-85%

I.G.2-24 Grigg, R. and Pratt, R., et al., *TL*, **38**, 4489.

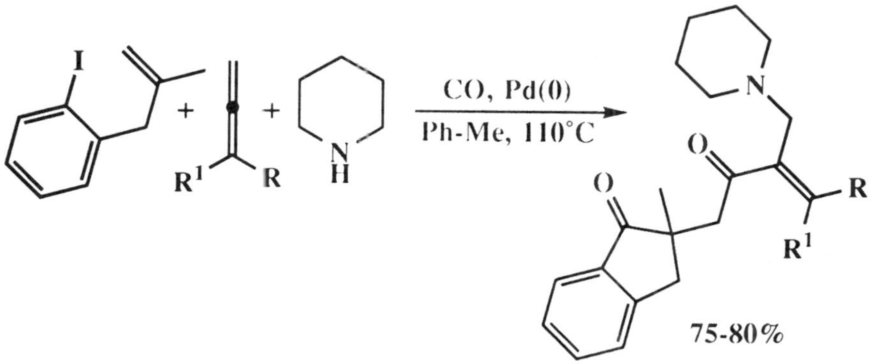

75-80%

I.G.3. Other Synthesis via Organometallics

I.G.3-1 Suh, Y.-G. et al., *TL*, 38, 3911.

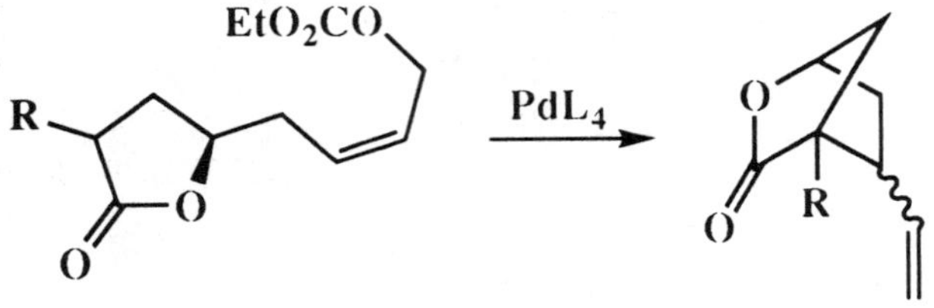

80-89%
d.r. = 1.3-20.5:1

I.G.3-2 Helquist, P. and Ishii, S., *SL*, 508.

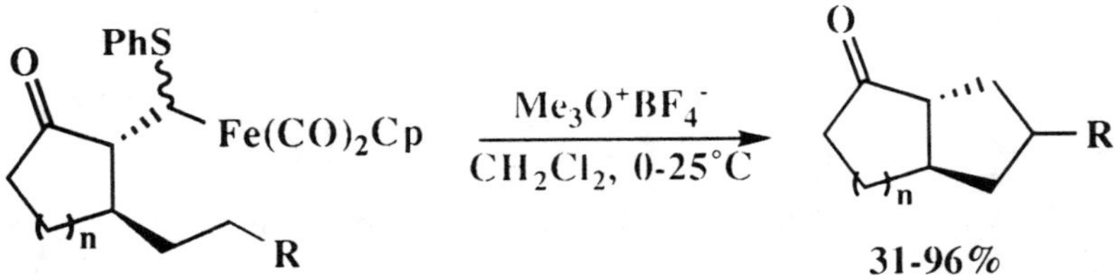

31-96%

I.G.3-3 Zhou, L. et al., *TL*, 38, 2729.

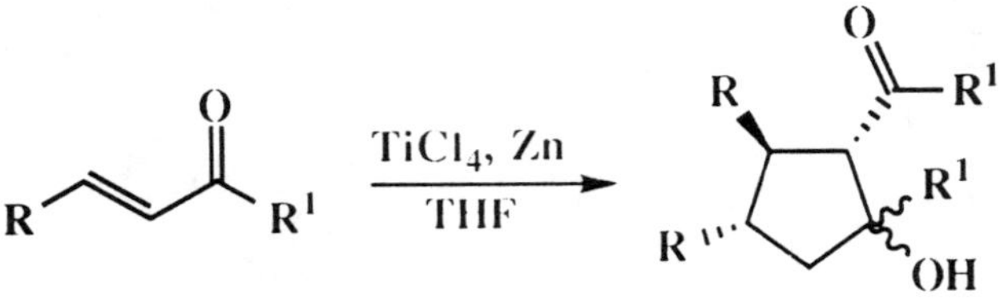

55-70%

I.G.3-4 Ranu, B.C. and Majee, A., *CC*, 1225.

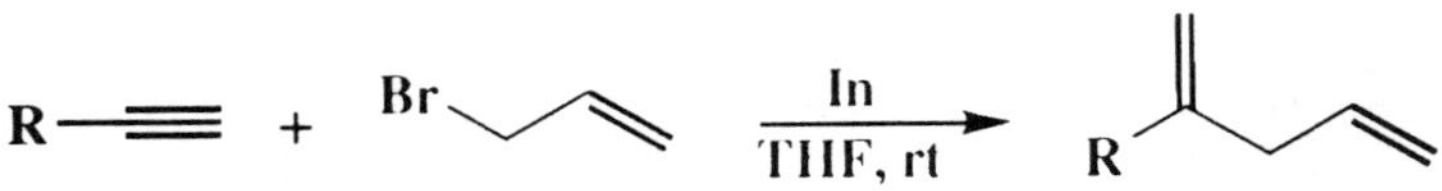

75-90%

I.G.3-5 Molander, G.A. and Retsch, W.H., *JACS*, **119**, 8817.

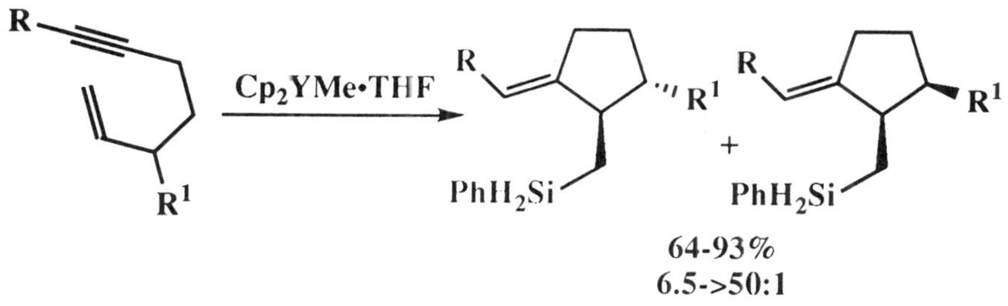

64-93%
6.5->50:1

I.G.3-6 Yoshida, M. and Jordan, R.F., *OM*, **16**, 4508.

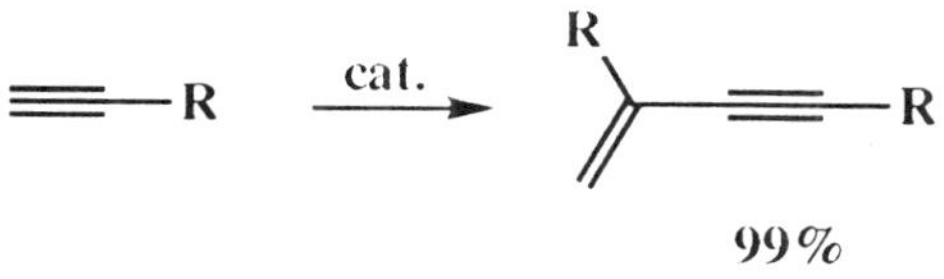

99%

cat. = Hf carboranyl complex

I.G.3-7 Yamamoto, Y. et al., *CC*, 1583.

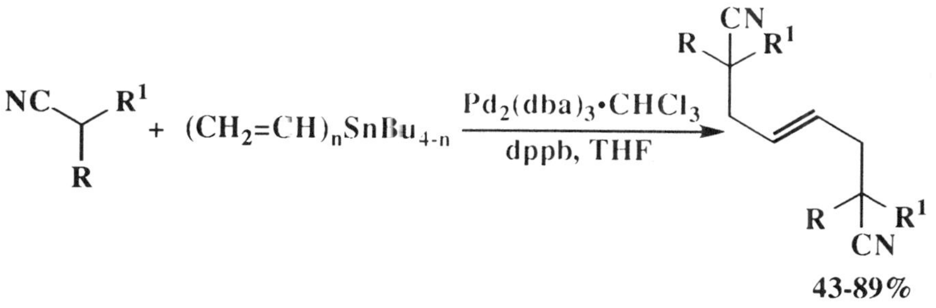

43-89%

I.G.3-8 Shirakawa, E. et al., *SL*, 1143; see also: Tamao, K. et al., *SL*, 1199.

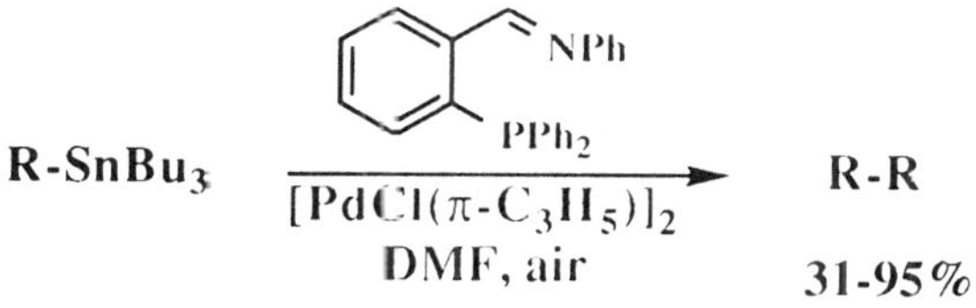

$R-SnBu_3 \xrightarrow[\text{DMF, air}]{[PdCl(\pi-C_3H_5)]_2} R-R$

31-95%

I.G.3-9 Pyne, S.G. et al., *TL*, **38**, 3623.

I.H. Rearrangements

I.H.1. Claisen, Cope and Similar Processes

I.H.1-1 Kunishima, M., Tani, S. et al., *JOC*, **62**, 7542; **see also:** Kress, M.H. et al., *TL*, **38**, 2633.

I.H.1-2 Kato, N., Takeshita, H. et al., *H*, **46**, 123; Pohnert, G. and Boland, W., *T*, **53**, 13681; Schneider, C. and Rehfeuter, M., *T*, **53**, 133; **see also:** Hunig, S. et al., *EJC*, 1588.

I.H.1-3 Tamao, K. et al., *JACS*, **119**, 233.

I.H.1-4 Paquette, L.A. et al., *TL*, **38**, 1271; White, J.B. et al., *T*, **53**, 14235; Fan., W. and White, J.B., *TL*, **38**, 7155; Sgarbi, P.W.M. and Clive, D.L.J., *CC*, 2157.

I.H.1-5 Metz, P. and Hungerhoff, B., *JOC*, **62**, 4442; see also: Hollis, T.K. and Overman, L.E., *TL*, **38**, 8837.

I.H.1-6 Roush, W.R. and Works, A.B., *TL*, **38**, 351.

I.H.1-7 Metzner, P. et al., *AG(E)*, 371.

$$\text{reaction scheme, CH}_2\text{Cl}_2, 20°C \rightarrow 40\text{-}63\%$$

I.H.1-8 Davies, H.M.L. et al., *TL*, **38**, 1737.

$$\text{Rh}_2(\text{O}_2\text{CC}_7\text{H}_{15})_4, \text{ hexane} \rightarrow 29\text{-}83\%$$

I.H.1-9 Taguchi, T. et al., *TL*, **38**, 4815; Yoo, H.Y. and Houk, K.N., *JACS*, **119**, 2877; **see also:** Piras, P.P. and Bernard, A.M., *SL*, 585.

88-97%
e.e = 88-95%

I.H.1-10 Anderson, J.C. et al., *JCS(P1)*, 1517.

[Reaction: Me₂PhSi-substituted allyl-N(Boc)(CH₂Ph) → BuLi, THF, −78 → −40 °C → rearranged product with Me₂PhSi, methylene, Me, Ph, HN-Boc, 81%]

I.H.1-11 Becker, M. and Krause, N., *LA*, 725; **see also:** Roush, W.R. and Barda, D., *TL*, **38**, 8785.

[Reaction of R¹-alkynyl α,β-unsaturated ester with allylic OR group:
1. Me₂CuLi
2. TMS-Cl
3. −30 °C → rt
4. H₃O⁺
5. CH₂N₂
→ allenyl product with CO₂Me, 20-58%]

I.H.2. Other Rearrangements

I.H.2-1 Liebeskind, L.S. and Sun, L., *TL*, **38**, 3663.

[Cyclobutenone substrate with 2-MeO-phenyl, dithiane spiro, ⁱPrO, OAc, vinyl groups → Δ → phenol product, 94%]

I.H.2-2 Grissom, J.W. et al., *JOC*, **62**, 603; **see also:** David, W.M. and Kerwin, S.M., *JACS*, **119**, 1464.

I.H.2-3 Dillon, J.L. et al., *TL*, **38**, 2231.

I.H.2-4 Lin, G.-Q. and Zhong, M., *TL*, **38**, 1087.

I.H.2-5 Kutsuki, T. and Fukuda, T., *TL*, **38**, 3435; see also: Koizumi, T. et al., *JOC*, **62**, 4562.

I.H.2-6 Coldham, I. et al., *JCS(P1)*, 2951; Maeda, Y. and Sato, Y., *JCS(P1)*, 1491.

I.H.2-7 Uguen, D. and Blintz, C., *TL*, **38**, 2973; Ogasawara, K. et al., *TL*, **38**, 857; Takacs, J.M. et al. *JACS*, **119**, 5804.

I.H.2-8 Jin, J. and Weinreb, S.M., *JACS*, **119**, 5773.

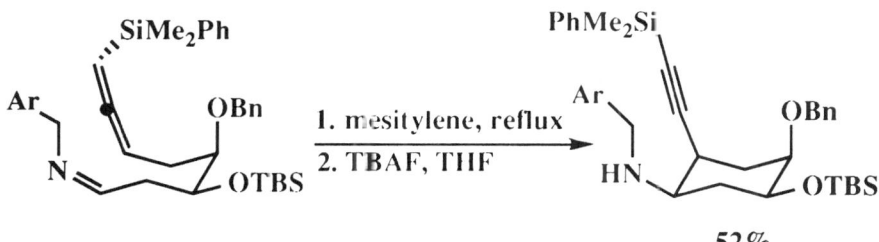

I.H.2-9 Schmittel, M. et al., *CEJ*, 3, 807.

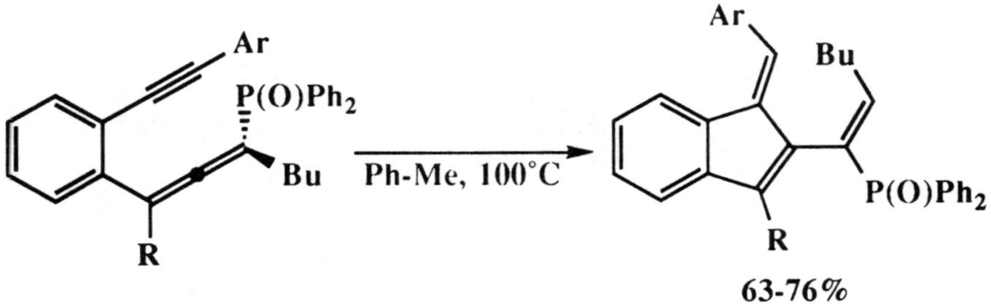

[Reaction: o-(arylethynyl)phenyl allene with P(O)Ph₂ and Bu/R substituents → indene product with Ar, Bu, P(O)Ph₂, R groups]

Ph-Me, 100°C

63-76%

I.H.2-10 Kobayashi, S. et al., *BCJ*, 70, 267.

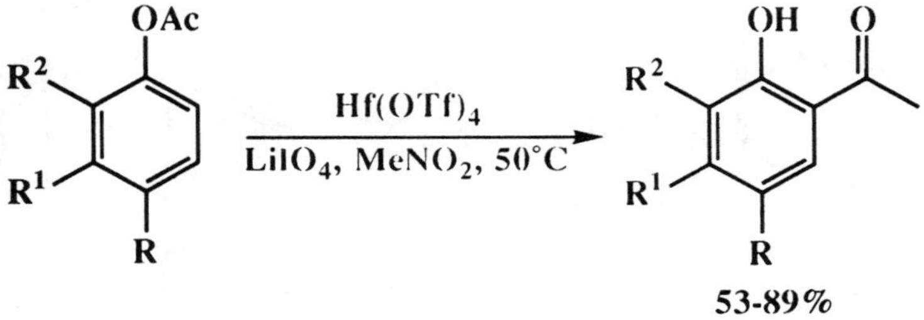

[Aryl acetate with R^1, R^2, R → ortho-hydroxy aryl ketone]

Hf(OTf)₄
LiIO₄, MeNO₂, 50°C

53-89%

I.H.2-11 Frejd, T. et al. *CC*, 445.

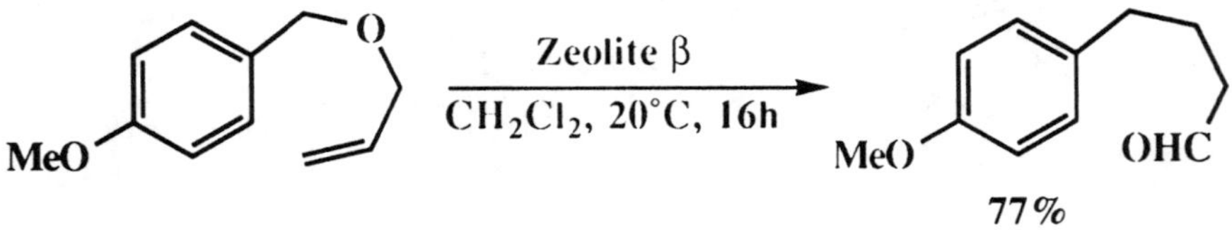

[4-MeO-benzyl allyl ether → 4-(4-methoxyphenyl)butanal]

Zeolite β
CH₂Cl₂, 20°C, 16h

77%

I.H.2-12 Kita, Y. et al., *TA*, 8, 303.

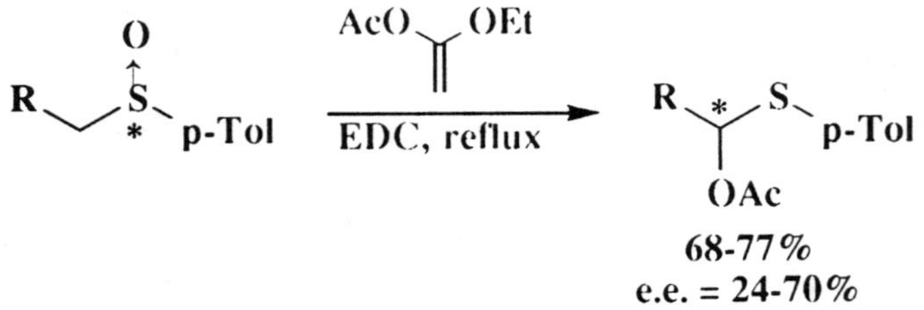

[R-CH₂-S(O)-p-Tol + AcO/OEt vinyl → R-CH(OAc)-S-p-Tol]

AcO OEt
EDC, reflux

68-77%
e.e. = 24-70%

I.H.2-13 Kita, Y. et al., *TL*, 38, 8315.

[Reaction: diol with R¹, R, R², R³, OH, OH → ketone with SnCl₄/HC(OMe)₃, 66-97%]

I.H.2-14 Taylor, R.J.K. et al., *JCS(P1)*, 2820.

[Reaction of spirocyclic diol with SO₂Ph and OMe group → cyclohexanone with ZrCl₂/CH₂Cl₂, 51-84%]

I.H.2-15 Kita, Y. et al., *TL*, 38, 1061.

[Epoxide with Me, Me, c-C₆H₁₁, RO₂C → ketone products with MABR, 82% + 11%]

I.H.2-16 Cabrera-Escribano, F. et al., *TL*, 38, 1231.

[Sugar derivative with OMe, Me, MeO, O₂N, OH → fluorinated product with DAST, CH₂Cl₂, reflux, 1.5h, 70% (3:1)]

I.H.2-17 Paquette, L.A. et al., *JOC*, **62**, 1713.

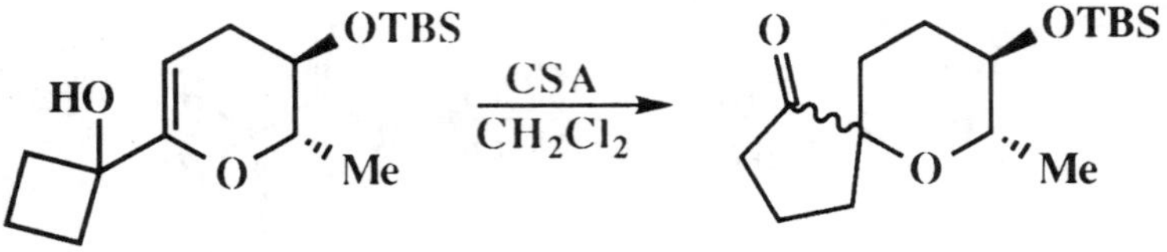

$$\text{CSA, CH}_2\text{Cl}_2$$

97% (4.7:1)

I.H.2-18 Horrowven, D.C. and Dainty, R.F., *T*, **53**, 15771.

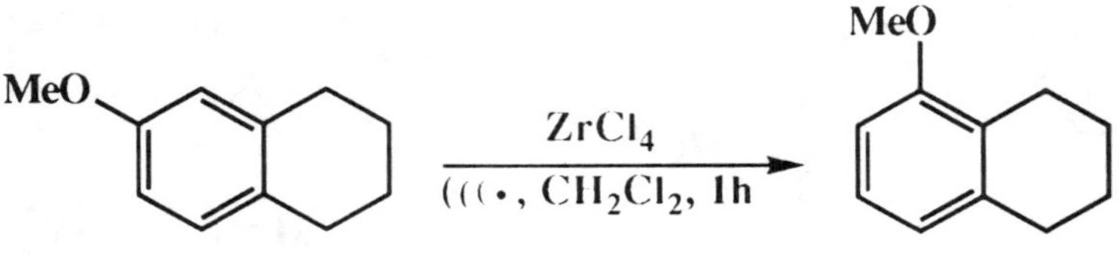

$$\text{ZrCl}_4, \text{CH}_2\text{Cl}_2, 1\text{h}$$

95%

I.H.2-19 Srikrishna, A. and Kumar, P.P., *TL*, **38**, 2005.

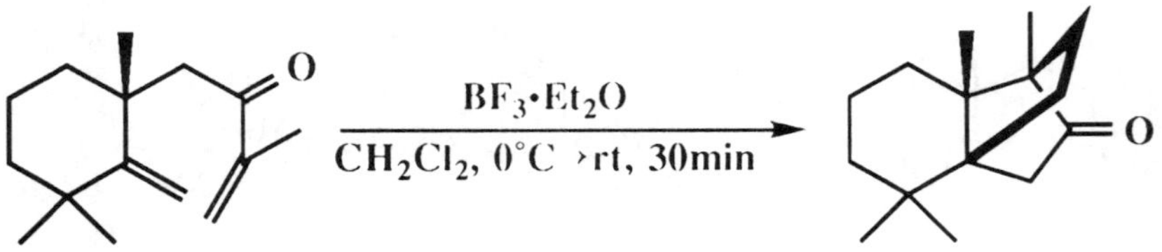

$$\text{BF}_3 \cdot \text{Et}_2\text{O}, \text{CH}_2\text{Cl}_2, 0°\text{C} \to \text{rt}, 30\text{min}$$

77%

I.H.2-20 Backhaus, D. and Paquette, L.A., *TL*, **38**, 29.

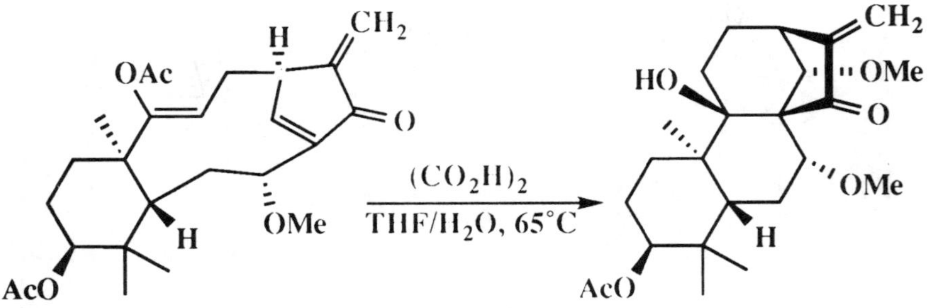

$$(\text{CO}_2\text{H})_2, \text{THF/H}_2\text{O}, 65°\text{C}$$

68%

I.H.2-21 Nemoto, H. et al., *JOC*, **62**, 7850.

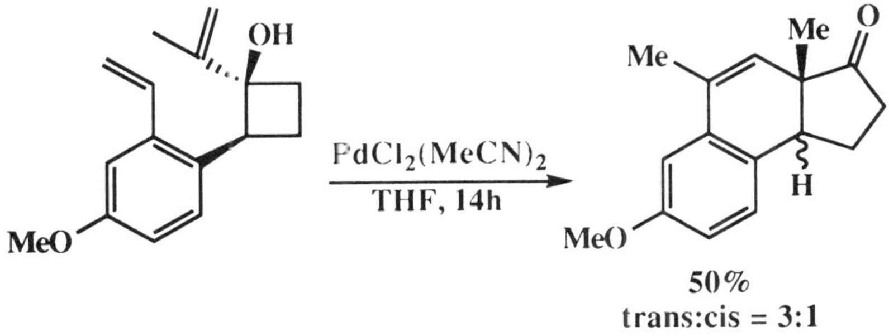

50%
trans:cis = 3:1

I.H.2-22 MacDowell, J.M. and Moore, H.W., *JOC*, **62**, 4554.

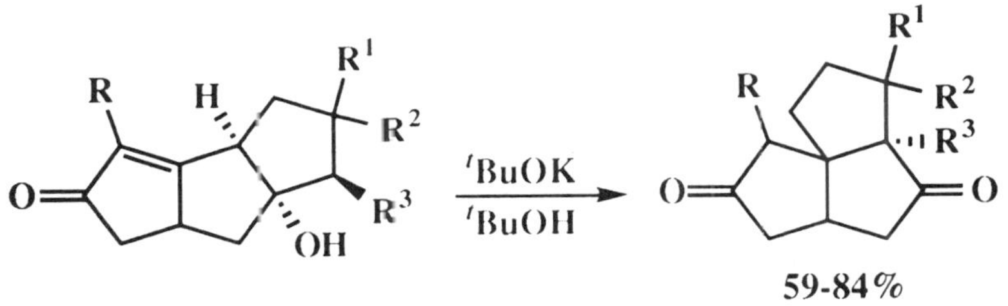

59-84%

I.H.2-23 Murakami, M., Ito, Y. et al., *JACS*, **119**, 9307.

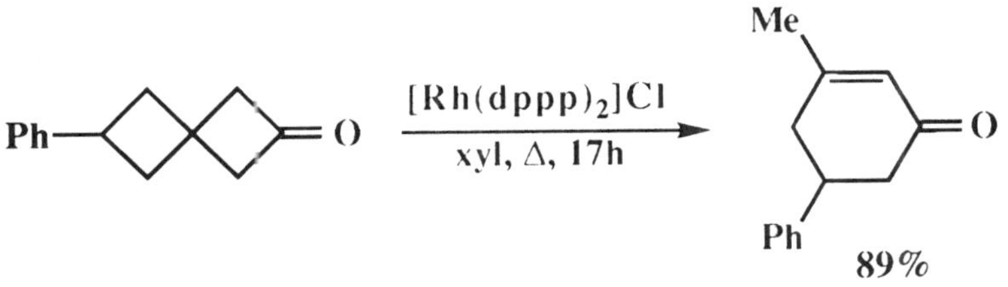

89%

I.H.2-24 Dixneuf, P.H. et al., *CC*, 1201.

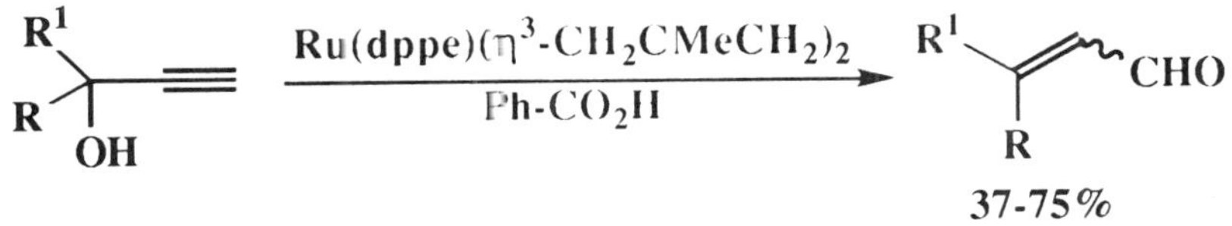

37-75%

I.H.2-25 Ferraz, H.M. and Silva, L.F., Jr., *TL*, **38**, 1899.

I.H.2-26 Hodgson, D.M. and Lee, G.P., *TA*, **8**, 2303; Hodgson, D.M. and Marriott, R.E., *TL*, **38**, 887.

I.H.2-27 Jung, M.E. and Anderson, K.L., *TL*, **38**, 2605.

I.H.2-28 Gao, H. et al., *ST*, **62**, 398.

I.H.2-29 Masnyk, M., *TL*, **38**, 879.

I.H.2-30 Mann, A. et al., *TL*, **38**, 63.

II
OXIDATIONS

II.A. C-O Oxidations

II.A.1 Alcohols → Ketones, Aldehydes

II.A.1-1 Balenkova, E.S. et al., *JOC*, **62**, 7452; **see also:** Lee, R. et al., *TL*, **38**, 3857.

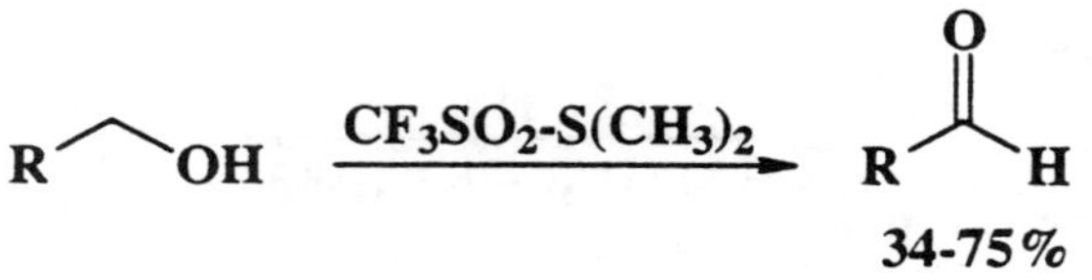

R
OH
CF_3SO_2-$S(CH_3)_2$
O
R
H
34-75%

II.A.1-2 Shing, T.K.M. and Zhong, Y.-L., *JOC*, **62**, 2622; **see also:** Chandrasekhar, S. et al., *JOC*, **62**, 2628;

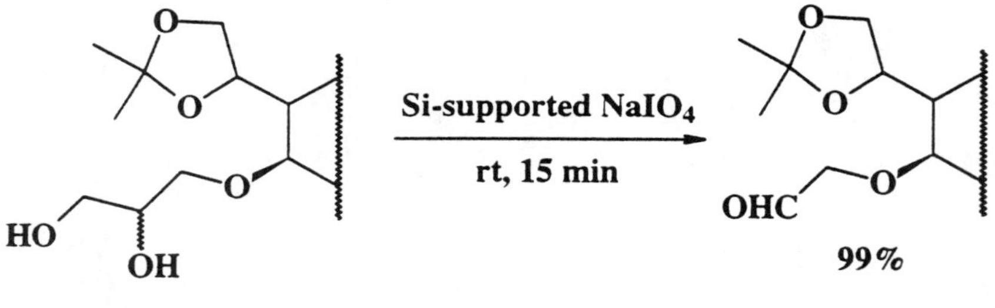

O
O
O
HO
OH
Si-supported $NaIO_4$
rt, 15 min
O
O
OHC
O
99%

II.A.1-3 Noyori, R. et al., *JACS*, **119**, 12386; **see also:** Ishii, Y. et al., *BCJ*, **70**, 2561.

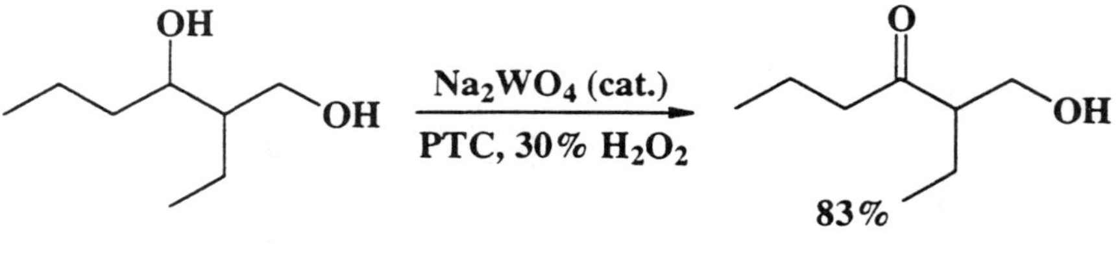

OH
OH
Na_2WO_4 (cat.)
PTC, 30% H_2O_2
O
OH
83%

1° alcohols react to give acids, but 4-5 times more slowly.

II.A.1-4 Yamamoto, H. et al., *JOC*, **62**, 5664; **see also:** Kaneda, K. et al., *TL*, **38**, 9023; Akamanchi, K.G. et al., *TL*, **38**, 6925.

$$R_3R_4C=CR_2-CHR_1-OH \xrightarrow[\text{toluene, rt}]{(C_6F_5)_2BOH \text{ (cat.)}, \; ^tBuCHO, \; MgSO_4} R_3R_4C=CR_2-C(=O)R_1$$

20-99%

[similarly via large Pd clusters; also via $(^iPrO)_2AlO_2CCF_3$ and *p*-nitrobenzaldehyde]

II.A.1-5 Margarita, R. et al. *JOC*, **62**, 6974; Varma, R.S. et al., *TL*, **38**, 7029; **see also:** Lou, J.-D. *JCR(S)*, 206; Ley, S.V. and Lenz, R. *JCS(P1)*, 3291.

$$R-CH(OH)-R' \xrightarrow[\text{TEMPO (cat.)}]{PhI(OAc)_2} R-C(=O)-R'$$

R, R' = H, Alkyl, Aryl   50-99%

II.A.1-6 Varma, R.S. et al., *TL*, **38**, 7823.

Active Manganese Dioxide on Silica: Oxidation of Alcohols under Solvent-free Conditions using Microwaves.

II.A.1-7 Cha, J.K. et al., *TL*, **38**, 5233.

[Structure: bicyclic cyclopropane-fused alcohol with RO group] $\xrightarrow[\text{NaOAc}]{FeCl_3}$ [Structure: bicyclic enone with RO group]

63-76%

II.A.2 Alcohols, Aldehydes → Acids, Esters

II.A.2-1 Kitihara, T. et al., *SL*, 1149; **see also:** Lin, H.-X. et al., *SC*, **27**, 303.

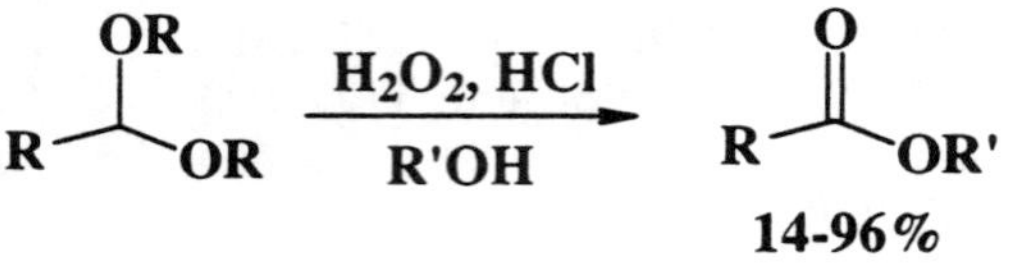

$$R-CH(OR)_2 \xrightarrow[\text{R'OH}]{\text{H}_2\text{O}_2,\ \text{HCl}} R-C(=O)-OR'$$

14-96%

II.B. C-H Oxidations

II.B.1 C-H → C-O

II.B.1-1 Ishii, Y. et al., *JOC*, **62**, 6810.

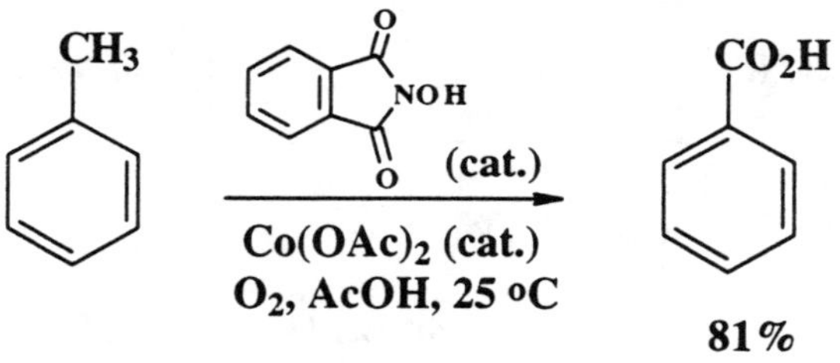

PhCH$_3$ → PhCO$_2$H

(N-hydroxyphthalimide (cat.), Co(OAc)$_2$ (cat.), O$_2$, AcOH, 25 °C)

81%

II.B.1-2 Bovicelli. P. et al., *T*, **53**, 9755.

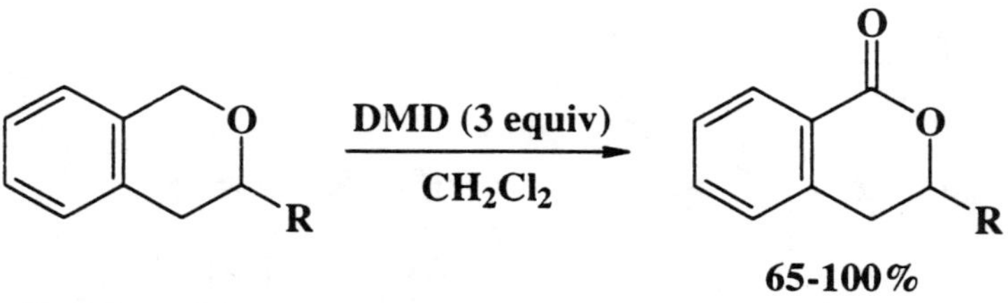

isochroman (3-R) $\xrightarrow[\text{CH}_2\text{Cl}_2]{\text{DMD (3 equiv)}}$ isochroman-1-one (3-R)

65-100%

also for diaryl methanes

II.B.1-3 Salvador, J.A.R. et al., *TL*, **38**, 119.

[Reaction: allylic oxidation of an AcO-substituted bicyclic alkene with TBHP, CuI, MeCN, 50 °C to give enone, 83%]

II.B.1-4 Einhorn, C. et al., *CC*, 457; **see also:** Clark, J.H. et al., *CC*, 2203.

$$R\text{-}CH_2\text{-}R' \xrightarrow[\text{MeCHO, MeCN}]{\text{NHPI, O}_2} R\text{-}CO\text{-}R' \quad 0\text{-}99\%$$

II.B.1-5 Sreekumar, R. and Padmakumar, R. *TL*, **38**, 5143; **see also:** Wojciechowski, K. et al., *SC*, **27**, 135.

$$Ph\text{-}CH_2\text{-}Ph \xrightarrow[\text{1,2-Cl}_2\text{C}_2\text{H}_4\text{, rt, 4d}]{\text{Y-Zeolite/KMnO}_4} Ph\text{-}CO\text{-}Ph \quad 98\%$$

II.B.1-6 Andrus, M.B. and Chen, X. *T*, **53**, 16229; Katsuki, T. and Kawasaki, K. *T*, **53**, 6337.

[Reaction: cyclohexene with bis(oxazoline)-Ph/CuPF$_6$, ^{t}Bu-*p*-Cl-peroxybenzoate, MeCN, −20 °C, 7d → cyclohexenyl 4-chlorobenzoate, 83%, 75% ee]

II.B.1-7 Davis, F.A. et al., *JOC*, **62**, 3625; **see also:** Wiemer, D.F. and Pogatchnik, D.M., *TL*, **38**, 3495.

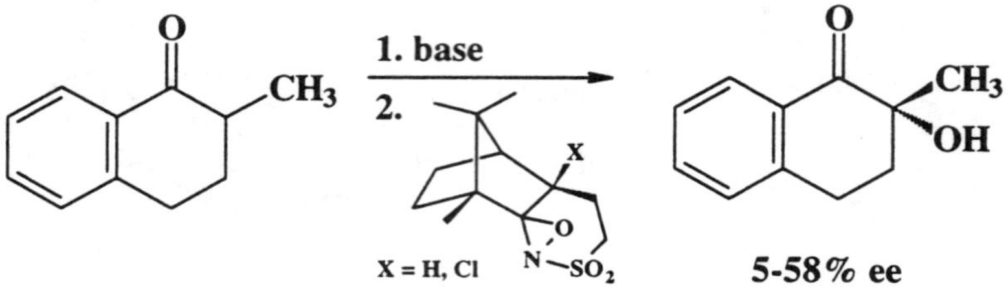

[Reaction: 2-methyl-1-tetralone → 2-hydroxy-2-methyl-1-tetralone using 1. base, 2. camphorsulfonyl oxaziridine (X = H, Cl); 5-58% ee]

II.B.1-8 Katsuki, T. and Miyatuji, A. *SL*, 836.

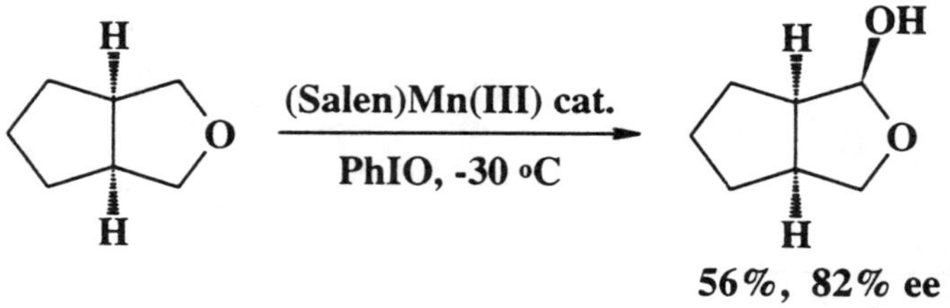

[Reaction: bicyclic ether → hydroxy bicyclic ether using (Salen)Mn(III) cat., PhIO, -30 °C; 56%, 82% ee]

II.B.1-9 Haufe, G. and Ernet, T. *S*, 953.

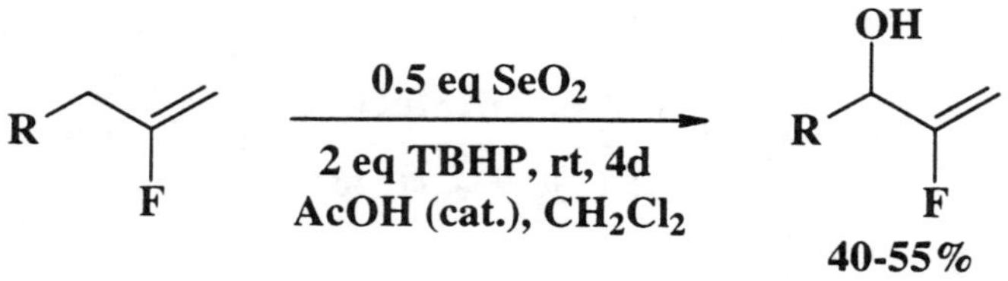

[Reaction: R-CH$_2$-C(F)=CH$_2$ → R-CH(OH)-C(F)=CH$_2$ using 0.5 eq SeO$_2$, 2 eq TBHP, rt, 4d, AcOH (cat.), CH$_2$Cl$_2$; 40-55%]

II.B.1-10 Rao, P.N. and Wang, Z., *ST*, **62**, 487.

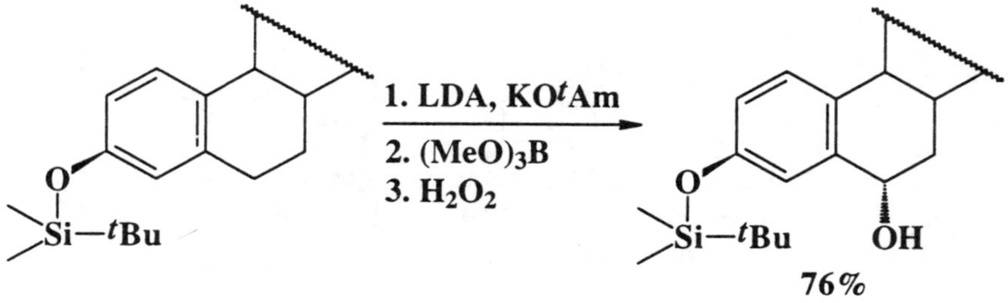

[Reaction using 1. LDA, KO^{t}Am, 2. (MeO)$_3$B, 3. H$_2$O$_2$; 76%]

OXIDATIONS

II.B.1-11 Giacomini, D. et al., *SL*, 923.

[β-lactam with R-N(R') substituent] → Ru/C, AcOOH, NaOAc, AcOH, CH₂Cl₂ → [trans β-lactam with OAc]; 69-85%; 87-100% *trans*

II.B.1-12 Davis, C.R., Johnson, R.A. et al., *JOC*, 62, 2252.

[Adamantane-NHC(O)Ph] → *Beauveria bassiana* → [hydroxyadamantane-NHC(O)Ph]; HO 58%

II.B.1-13 Barton, D.H.R. et al., *T*, 53, 2997 and *TL*, 38, 8491; see also: Barton, D.H.R. et al., *T*, 53, 487, 511, 16017.

The Selective Functionalization of Saturated Hydrocarbons. Stereoselectivity Studies of GIF-type Reactions.

II.B.2 C-H → C-Hal

II.C. C-N Oxidations

II.C-1 Ramsden, C.A. and Nongkunsarn, P. *T*, 53, 3805.

[Ar-CH=N-Ar' imine] → NaBO₃·4H₂O, TFA, 70-80 °C → [Ar,Ar'-N-CHO formamide]; 0-54%

II.C-2 Ochiai, M. et al., *H*, **46**, 71.

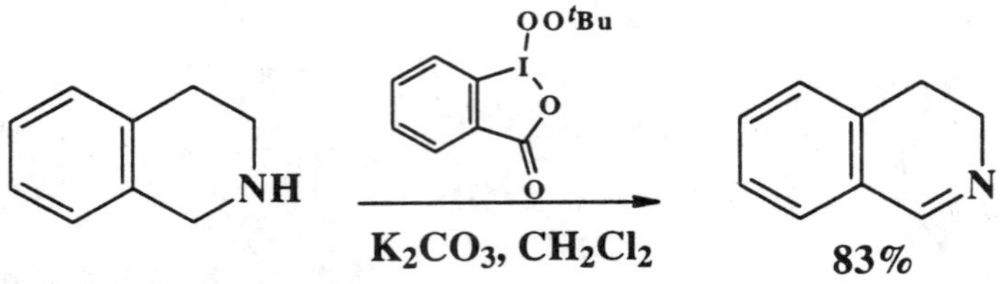

[tetrahydroisoquinoline N-H] + [2-iodoxybenzoic acid tBuOO derivative] → [3,4-dihydroisoquinoline]
K$_2$CO$_3$, CH$_2$Cl$_2$; 83%

II.C-3 Bulman Page, P.C. et al., *JOC*, **62**, 6093.

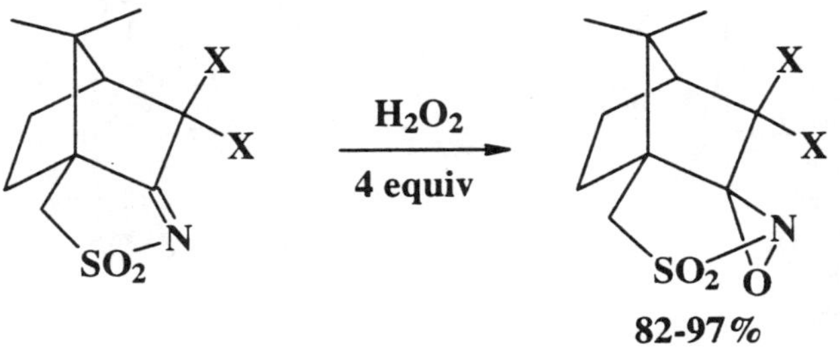

[camphorsulfonyl imine with X, X substituents] →(H$_2$O$_2$, 4 equiv)→ [corresponding oxaziridine] 82-97%

II.D. Amine Oxidations

II.D-1 Thelland, A. et al., *S*, 1387.

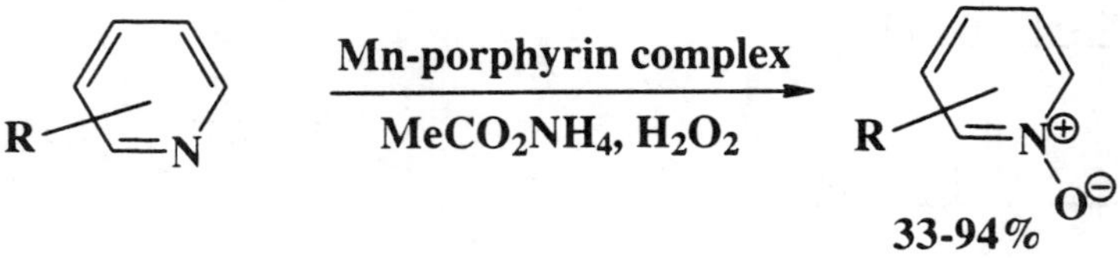

R-pyridine →(Mn-porphyrin complex, MeCO$_2$NH$_4$, H$_2$O$_2$)→ R-pyridine N-oxide 33-94%

II.D-2 Yamazaki, S. *BCJ*, **70**, 877.

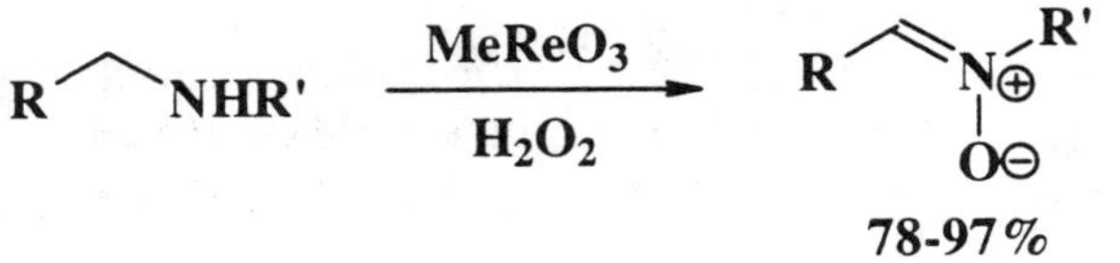

R-CH$_2$-NHR' →(MeReO$_3$, H$_2$O$_2$)→ R-CH=N$^+$(R')-O$^-$ 78-97%

II.D-3 Vega-Perez, J.M. et al., *JOC*, **62**, 6608.

R group with R_4O, R_3O, R_2O, NH_2, OR_1 → m-CPBA / CHCl$_3$ → R group with R_4O, R_3O, R_2O, NO_2, OR_1, epoxide O

66-88%

II.D-4 Wang, J. et al., *SC*, **27**, 2583.

$R\!\!\!\!\diagup\!\!\!\!\diagdown\!\!\!R' =$NNHTs $\xrightarrow{\text{TTN, MeOH, rt, 1-2 min}}$ $R\!\!\!\!\diagup\!\!\!\!\diagdown\!\!\!R' =$O

75-95%

II.E. Sulfur Oxidations

II.E-1 Rosini, C. and Superchi, S. *TA*, **8**, 349; see also: Maycock, C.D. et al., *TL*, **38**, 5047.

Ar-S-Me $\xrightarrow[\text{TBHP, CCl}_4, 0 \,^\circ\text{C, HO-CH(Ph)-CH(Ph)-OH}]{\text{Ti}(^i\text{PrO})_4, \text{cat., H}_2\text{O}}$ Ar-S(=O)-Me

up to 60%, 80% ee

II.E-2 Ochiai, M. et al., *JOC*, **62**, 4253; Srinivasan, C. et al., *T*, **53**, 7635; Ali, M.H. et al., *S*, 764 Hirano, M. et al., *S*, 1161; Ruzziconi, R. et al., *SC*, **27**, 441; Aitken, R.A. et al., *S*, 787; Rajagopal, S. et al., *T*, **53**, 1131.

Various Oxidations of Sulfides to Sulfoxides using: (t-butylperoxy) iodinanes; iodosobenzene/K-10 Clay; MMPP/hydrated Si Gel; Ca(OCl)$_2$/moist Alumina; 35% H$_2$O$_2$/CF$_3$COMe; KMnO$_4$/PTC; Cr(V).

II.E-3 Perrio, S. et al., *JOC*, **62**, 8626.

ArSLi (R-substituted) + 1. tBu-C(O)-C(Me)(SO₂Ph)-O⁻, THF, −78 °C; 2. R'-X → Ar-S(O)-R' (R-substituted), 66-89%

II.E-4 Taylor, R.J.K. and Johnson, P. *TL*, **38**, 5873; **see also:** Rozen, S. and Baraket, Y. *JOC*, **62**, 1457; Aitken, R.A. et al., *JCS(P1)*, 935.

Cycloheptene-fused thiirane $\xrightarrow{\text{Oxone, 9 eq.} \atop (CF_3)_2CO,\ MeCN,\ NaHCO_3,\ Na_2(EDTA)}$ cycloheptene-fused SO₂, 97%

[other sulfide to sulfone-type oxidations]

II.E-5 Curci, R. et al., *TL*, **38**, 5559.

R-S(=N-G)-R' $\xrightarrow{\text{R'}\text{-dioxirane (Me)}, \atop \text{acetone, 25 °C}}$ R-S(=N-G)(=O)-R', >90%

II.E-6 Arterburn, J.B. et al., *JACS*, **119**, 9309; **see also:** Joshi, G.C. et al., *JCR(S)*, 300.

$$\text{RSH} \xrightarrow[\text{Me}_2\text{SO}]{\text{Re(O)Cl}_3(\text{PPh}_3)_2} \text{RSSR}$$

13-100%

II.F. Oxidative Additions to C-C Multiple Bonds

II.F.1 Epoxidations

II.F.1-1 Shi, Y. et al., *JOC*, **62**, 2328, 8622.

R–CH=CH–R' → (Oxone, H$_2$O-MeCN, with chiral ketone catalyst) → R-epoxide-R'

66-93%, 90-97% ee

II.F.1-2 Korb, M.N. and Adam, W. *TA*, **8**, 1131; Ovaska, T. et al., *CL*, 15; Adam, W. et al., *JOC*, **62**, 3183; Honda, T. et al., *H*, **46**, 137; Wang, D., Chan, T.H. and Li, L.H. *TL*, **38**, 101.

Sharpless-type Enantioselective, Catalytic Epoxidations.

II.F.1-3 Roberts, S.M. et al., *CC*, 739; Allen, J.V. et al., *JCS(P1)*, 3297; see also: Merour, J.-Y. et al., *S*, 268; Stoodley, R.J. et al., *CC*, 1981; Shibasaki, M. et al., *JACS*, **119**, 2329; Kim, Y.H. et al., *TL*, **38**, 3009.

R–CH=CH–C(O)–R' → (poly-L-leucine, H$_2$O$_2$, CO(NH$_2$)$_2$, DBU, 0.5 h) → epoxy ketone

60-100%, >95% ee

II.F.1-4 Corma, A. et al., *CC*, 1285; Katsuki, T. et al., *T*, **53**, 9541.

Asymmetric Epoxidations via Chiral Salen Manganese Complexes.

II.F.1-5 Scettri, A. et al., *T*, **53**, 15867; Adam, W. et al., *JOC*, **62**, 3631; **see also:** Hanquet, G. et al., *T*, **53**, 13727; Kurihara, M. et al., *CL*, 1015; Fringuelli, F., Pizzo, F. et al., *JOC*, **62**, 3748.

$$\underset{\text{HO}}{\overset{R_2}{\underset{R_3}{>}}}\!\!=\!\!\overset{R_1}{\underset{}{<}}\!\!-\!R_4 \quad \xrightarrow[\text{microwaves}]{\text{TBHP, MS}} \quad \underset{\text{HO}}{\overset{R_2 \;\; O \;\; R_1}{\underset{R_3}{\triangle}}}\!\!-\!R_4$$

18-95%

II.F.1-6 Iqbal, J. et al., *T*, **53**, 7641; Iqbal, J. et al., *TL*, **38**, 1235; Pedro, J.R. et al., *TL*, **38**, 2377; **see also:** Sharpless, K.B. et al., *CC*, 1565.

$$\underset{R'}{\overset{R}{>}}\!\!=\!\! \quad \xrightarrow[^i\text{PrCHO, MeCN}]{\text{Co(II)-polyaniline, O}_2} \quad \underset{O}{\overset{R}{\triangle}}\!\!R'$$

50-80%

II.F.1-7 Chandrasekaran, S. et al., *JCS(P1)*, 3115; **see also:** Nishiyama, H. et al., *CC*, 1863.

$$\underset{R'}{\overset{R}{>}}\!\!=\!\!R'' \quad \xrightarrow[^i\text{PrCHO}]{\text{RuCl}_2 \text{ (biox)}_2 \text{ (cat.)}} \quad \underset{R'\;\;O}{\overset{R}{\triangle}}\!\!R''$$

72-100%

II.F.1-8 Salaun, J. et al., *TA*, **8**, 1011; **see also:** McWhorten, W.M. et al., *SC*, **27**, 2425.

$$\triangleright\!\!=\!\!\text{C}_4\text{H}_9 \quad \xrightarrow[\text{CH}_2\text{Cl}_2]{\text{MCPBA}} \quad \triangleright\!\!\overset{O}{\triangle}\!\!\text{C}_4\text{H}_9$$

90%
7:3 syn:anti

II.F.1-9 Hagen, L.P. et al., *JACS*, **119**, 443.

$$\text{CH}_2=\text{C(CH}_3)\text{-(CH}_2)_n\text{-Br} \xrightarrow[\text{TBHP, citrate buffer} \atop \text{pH 5.5}]{\text{cat. } \textit{chloroperoxidase}} \text{epoxide-(CH}_2)_n\text{-Br}$$

n = 1 - 5

33-99%
50-95% ee

II.F.1-10 Neumann, R. et al., *CC*, 1915; see also: Noyori, R. et al., *BCJ*, **70**, 905.

Si-supported Methyltrioxorhenium for H_2O_2 Epoxidation of Alkenes.

II.F.1-11 Rozen, S. et al., *TL*, **38**, 2333.

Epoxidation of Polyaromatics using HOF-MeCN.

II.F.1-12 Bach, R.D. et al., *JOC*, **62**, 5191.

Mechanism of Acid-catalyzed Epoxidation of Alkenes with Peroxyacids.

II.F.2 Hydroxylations

II.F.2-1 Sharpless, K.B. et al., *JACS*, **119**, 1840; Mander, L.N. and Morris, J.C. *JOC*, **62**, 7479; Bolm, C. et al., *CC*, 2353; O'Hagan, D. et al., *TA*, **8**, 2325; Janda, K.D. et al., *TL*, **38**, 1527; Caddick, S. et al., *TL*, **38**, 5735; Sudalai, A. et al., *TL*, **38**, 2577.

Mechanistic Analyses, Improved Ligands and Enantioselectivities in the Asymmetric Dihydroxylation of Olefins.

II.F.2-2 Andrus, M.B. et al., *TL*, **38**, 4043.

Selective Dihydroxylation of Non-conjugated Dienes in Favor of the Terminal Olefin.

II.F.2-3 Donohoe, T.J. et al., *TL*, **38**, 5027.

The Directed Dihydroxylation of Allylic Alcohols.

II.F.2-4 Hudlicky, T. et al., *TA*, **8**, 975; Boyd, D.R. et al., *JCS(P1)*, 1715, 1879.

Asymmetric Enzymatic Dihydroxylation of Aromatics.

II.F.2-5 Chakraborty, T. et al., *CL*, 563; **see also:** Kabalka, G.W. et al., *TL*, **38**, 5455; Togni, A. et al., *OM*, **16**, 255.

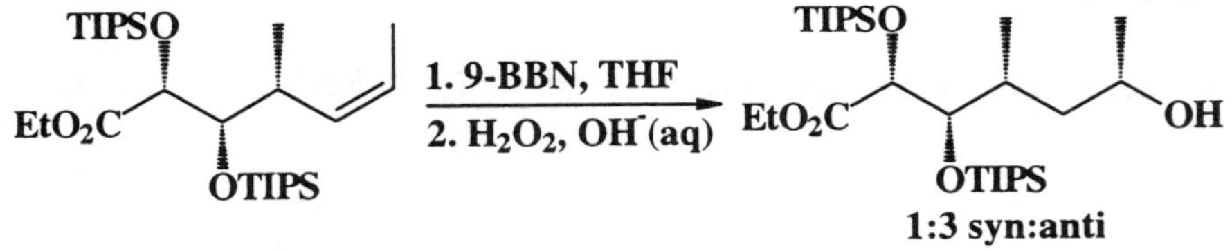

1:3 syn:anti

II.F.2-6 van Heerden, F.R and Simbi, L. *JCS(P1)*, 269.

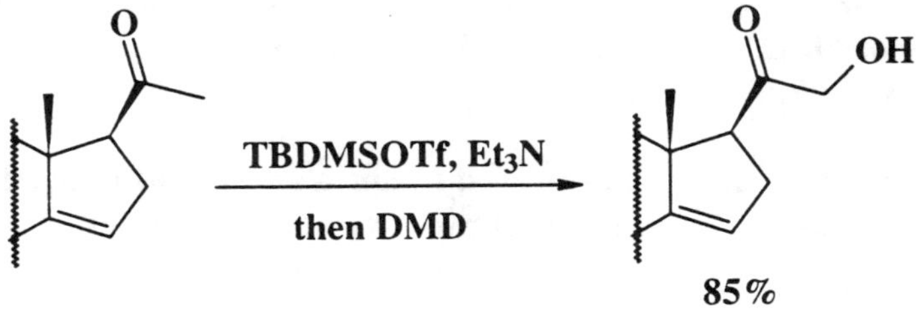

85%

II.F.2-7 Koskinen, A.M.P. et al., *TL*, **38**, 8895; see also: Altenbach, H.-J. et al., *T*, **53**, 6019.

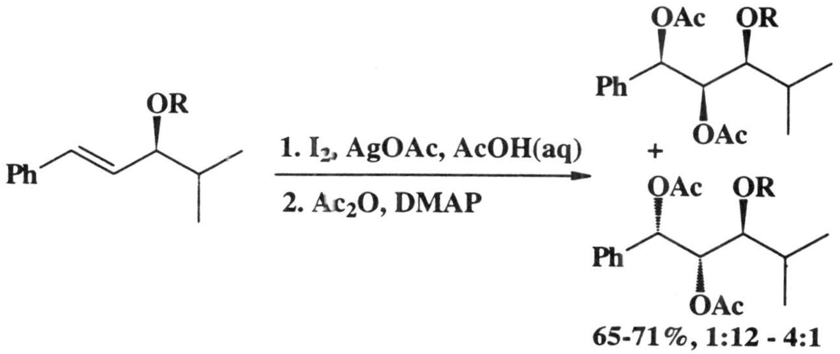

Ph–CH=CH–CH(OR)–CH(CH₃)₂

1. I₂, AgOAc, AcOH(aq)
2. Ac₂O, DMAP

→ Ph–CH(OAc)–CH(OAc)–CH(OR)–CH(CH₃)₂ (anti) + Ph–CH(OAc)–CH(OAc)–CH(OR)–CH(CH₃)₂ (syn)

65-71%, 1:12 - 4:1

II.F.3 Other Oxidative Additions to C-C Multiple Bonds

II.F.3-1 Itami, K., Bäckvall, J.E. et al., *TL*, **38**, 8541.

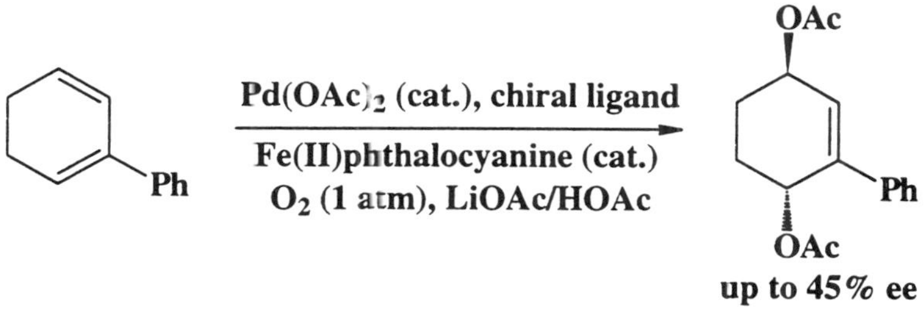

Pd(OAc)₂ (cat.), chiral ligand
Fe(II)phthalocyanine (cat.)
O₂ (1 atm), LiOAc/HOAc

up to 45% ee

II.F.3-2 Krause, N. and Laux, M. *SL*, 765.

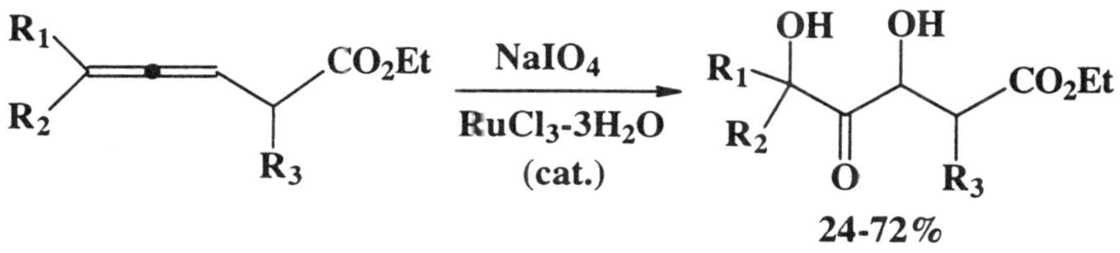

$R_1R_2C=C=CH-CHR_3-CO_2Et$

NaIO₄
RuCl₃·3H₂O (cat.)

→ $R_1R_2C(OH)-C(OH)(H)-C(O)-CHR_3-CO_2Et$

24-72%

II.F.3-3 Barba, I. and Tornero, M. *T*, **53**, 8613.

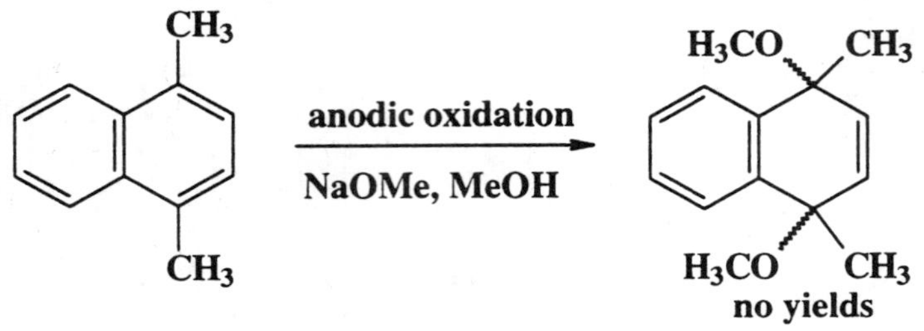
CH3
anodic oxidation
NaOMe, MeOH
CH3
H3CO
CH3
H3CO
CH3
no yields

II.F.3-4 Sharpless, K.B. et al., *AGE*, **36**, 1483.

N-Bromoacetamide: A New Nitrogen Source for the Catalytic Asymmetric Aminohydroxylation of Olefins.

II.G. Phenol-Quinone Oxidations

II.G-1 Pelter, A., Ward, S. et al., *T*, **53**, 3879; Mitchell, A.S. et al., *T*, **53**, 4387; **see also:** Ochiai, M. et al., *TL*, **38**, 3927.

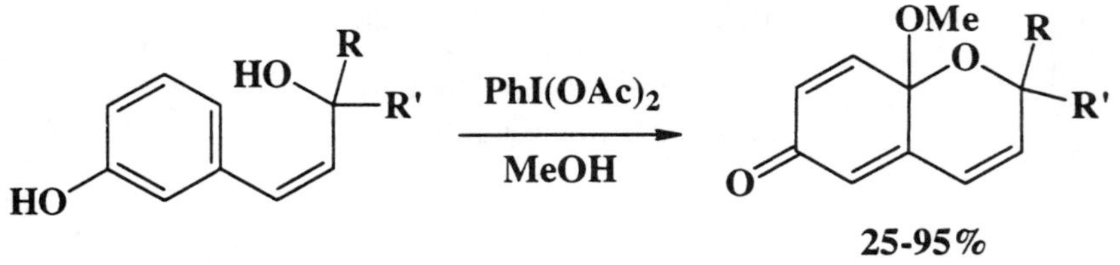
R
HO
R'
HO
PhI(OAc)2
MeOH
OMe
R
O
R'
O
25-95%

II.G-2 Kita, Y. et al., *AGE*, **36**, 1529.

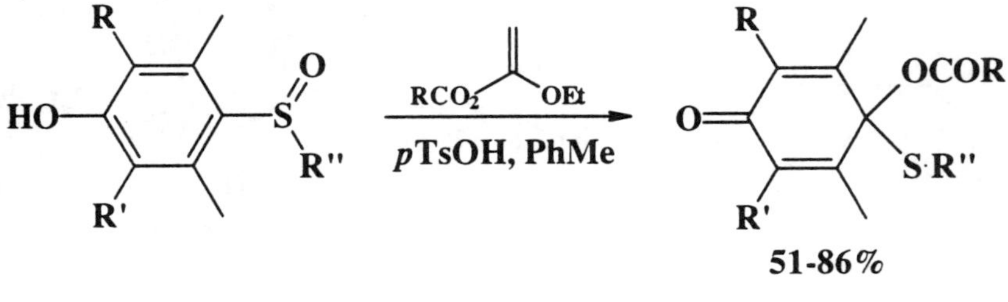
R
O
HO
S
R''
R'
RCO2
OEt
pTsOH, PhMe
R
OCOR
O
S R''
R'
51-86%

II.G-3 Kubo, A. et al., *CPB*, **45**, 1697.

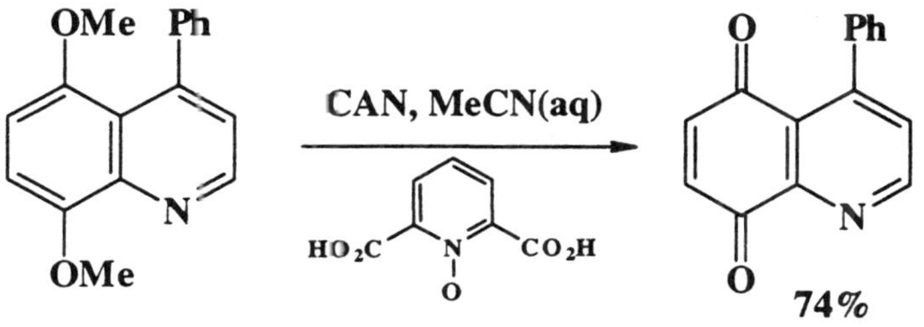

[Scheme: 5,8-dimethoxy-4-phenylquinoline → 4-phenylquinoline-5,8-dione, reagents: CAN, MeCN(aq), with pyridine-2,6-dicarboxylic acid N-oxide; 74%]

II.G-4 Whiting, D.A et al., *JCS(P1)*, 2707.

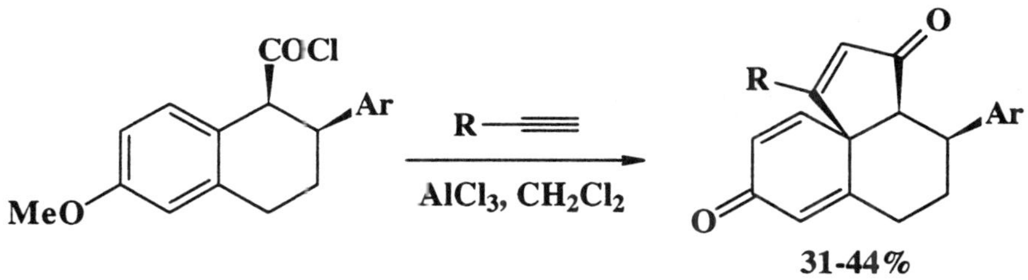

[Scheme: acid chloride of 6-methoxy-tetrahydronaphthalene bearing Ar substituent + R−≡ , AlCl₃, CH₂Cl₂ → tricyclic dienone product; 31-44%]

II.G-5 Boldt, P. and Zippel, S. *S*, 173.

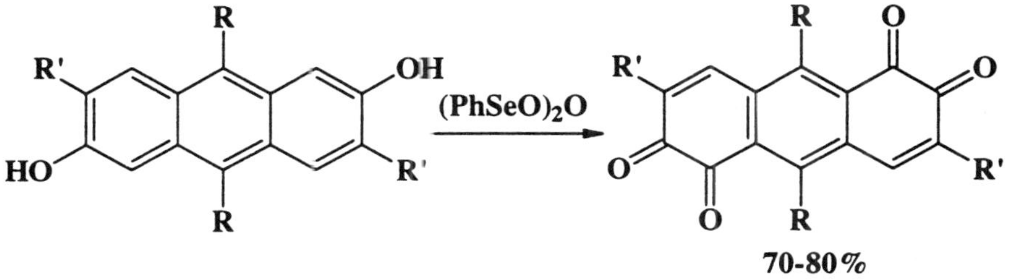

[Scheme: dihydroxyanthracene derivative (R, R' substituents) → anthracene-1,2,5,6-tetraone derivative, reagent: (PhSeO)₂O; 70-80%]

II.H. Dehydrogenations

II.H-1 Aranda, G. et al., *TL*, **38**, 815.

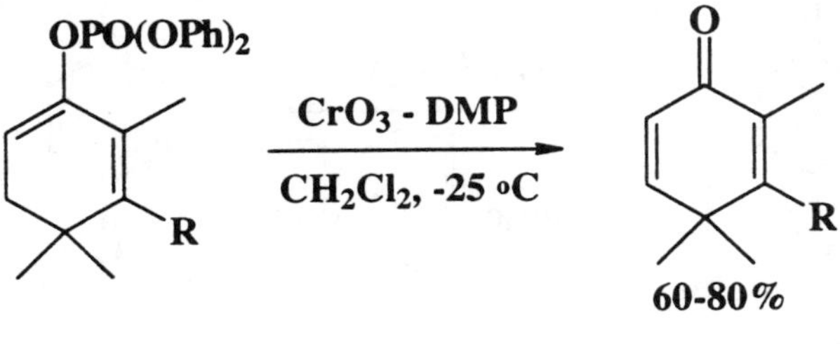
OPO(OPh)2
R
CrO3 - DMP
CH2Cl2, -25 °C
O
R
60-80%

II.H-2 Williams, D.R. et al., *TL*, **38**, 331.

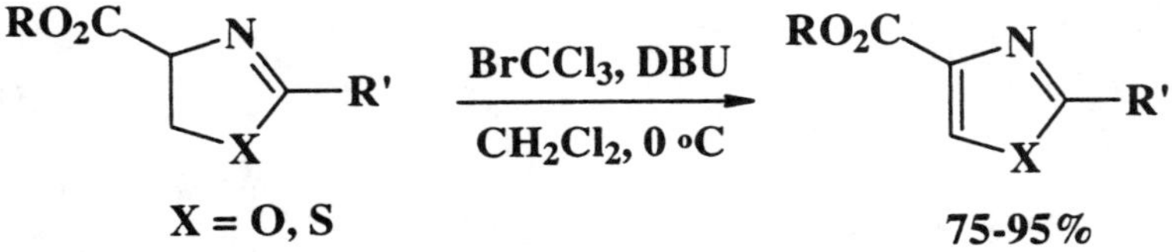
RO2C
N
R'
X
X = O, S
BrCCl3, DBU
CH2Cl2, 0 °C
RO2C
N
R'
X
75-95%

II.I. Other Oxidations

II.I-1 Furstoss, R. et al., *TL*, **38**, 825, 1195.

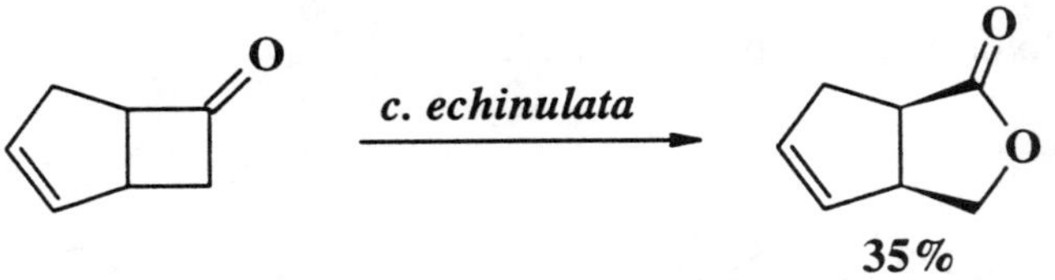
O
c. echinulata
O
O
35%

II.I-2 Furstoss, R. et al., *H.* **45**, 1161.

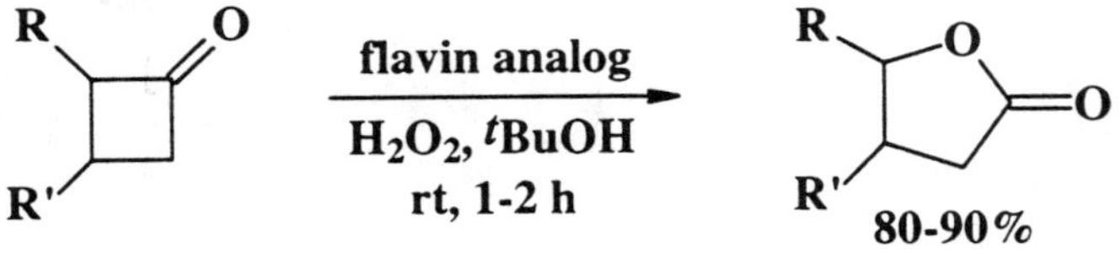
R
O
R'
flavin analog
H2O2, tBuOH
rt, 1-2 h
R
O
O
R'
80-90%

II.I-3 Yamashita, M. et al., *JOC*, **62**, 2633; **see also:** Bolm, C. et al., *SL*, 1151; Chambers, R.D. et al., *T*, **53**, 15833; Sano, T. et al., *BCJ*, **70**, 2567.

cyclopentanone with R substituent, $n = 0, 1, 2$ → MMPP / NaHCO$_3$, MeOH / H$_2$O → lactone, 60-98%

II.I-4 Shimizu, I. et al., *SL*, 887.

1-phenylcyclohexene → hv / O$_2$, Cu(OTf)$_2$, NaN$_3$, MeOH → Ph-CO-(CH$_2$)$_3$-CN, 89%

II.I-5 Cha, J.K. et al., *JACS*, **119**, 10241.

Et$_2$N-cyclopropane with R and CH$_2$CH$_2$OTIPS → hv / K$_2$CO$_3$, p(CN)$_2$C$_6$H$_4$, MeCN, MeOH → R-CO-(CH$_2$)$_3$-OTIPS, 82-85%

II.I-6 Maki, S. et al., *SL*, 1385.

chromene-styrene substrate → anodic oxidation, LiClO$_4$ / MeCN → chromene-CHO, 74%

II.I-7 Luzzio, F.A. and Bobb. R.A. *TL*, **38**, 1733.

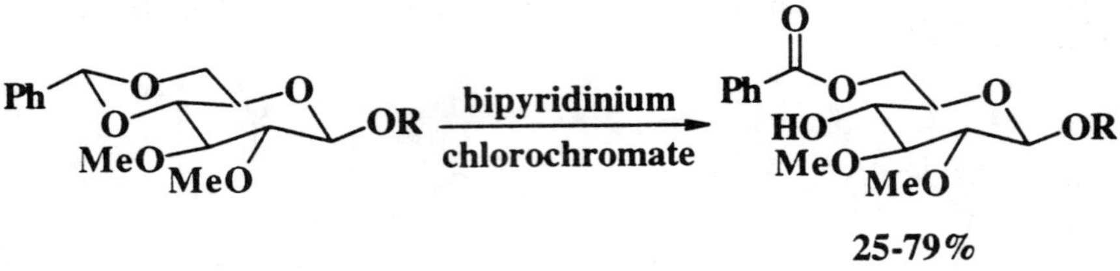
Ph
O
O
O
OR
MeO
MeO
bipyridinium
chlorochromate
O
Ph
O
O
HO
OR
MeO
MeO
25-79%

II.I-8 Winterfeldt, E. et al., *CC*, 1491.

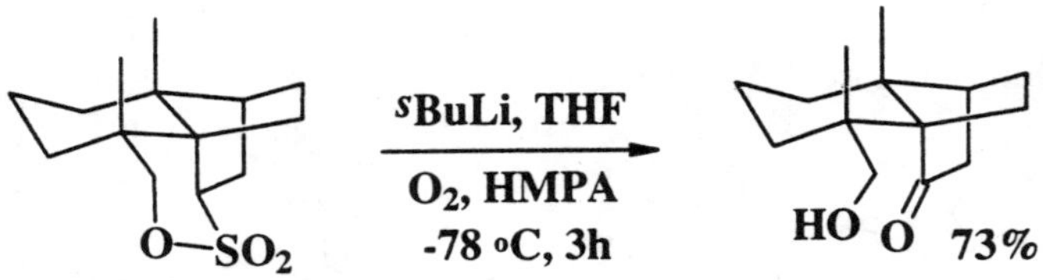
O
SO2
sBuLi, THF
O2, HMPA
-78 oC, 3h
HO
O
73%

II.I-9 Backvall, J.E. et al., *TL*, **38**, 291.

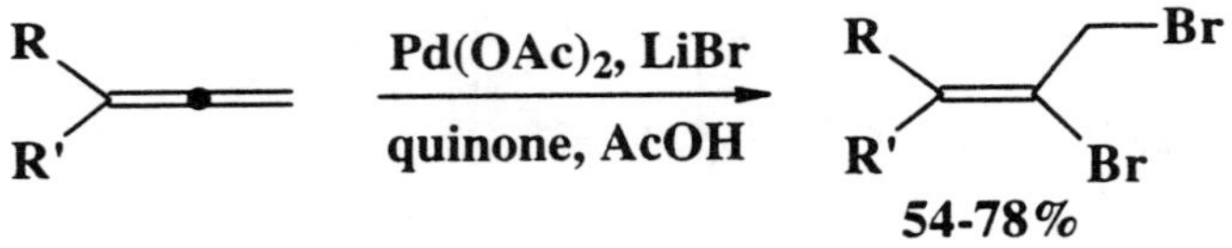
R
R'
Pd(OAc)2, LiBr
quinone, AcOH
R
Br
R'
Br
54-78%

II.I-10 Wasserman, H.H. and Peterson, A.K. *TL*, **38**, 953.

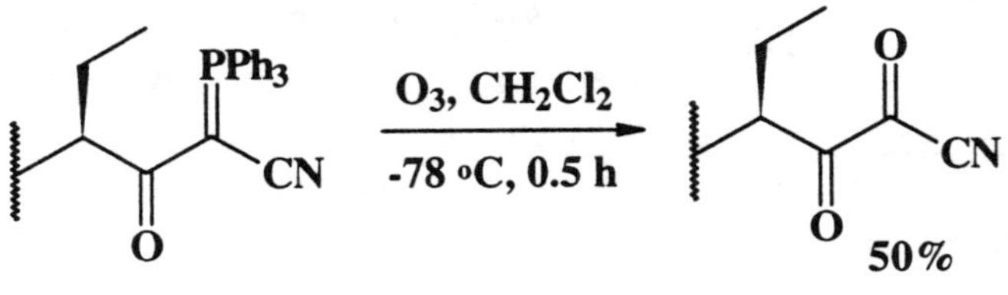
PPh3
CN
O
O3, CH2Cl2
-78 oC, 0.5 h
O
CN
O
50%

II.I-11 Singaram, B. et al., *TL*, **38**, 981.

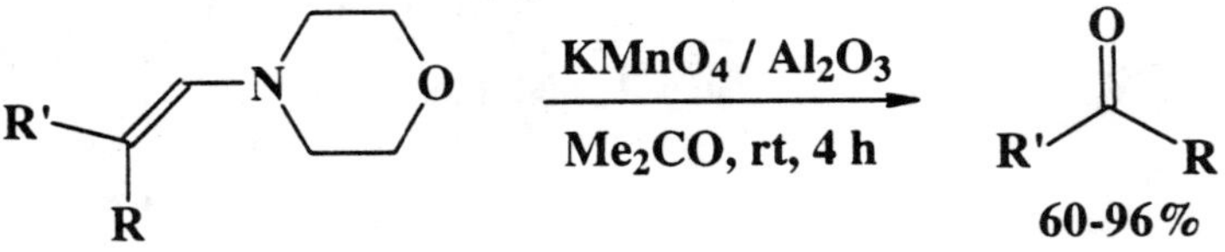
N
O
R'
R
KMnO4 / Al2O3
Me2CO, rt, 4 h
O
R'
R
60-96%

III
REDUCTIONS

III.A. C=O Reductions

III.A-1 Lawrence, N.J. et al., *TL*, **38**, 5857; Kagan, H.B. et al., *SL*, 1175; **see also:** Kobayashi, Y. et al., *T*, **53**, 1627; Lawrence, N.J. et al., *SL*, 989.

Ph-CO-CH$_3$

1. *N*-Bn-quinidinium fluoride
   (Me$_3$SiO)$_3$SiH (1.5 eq.)
2. NaOH, H$_2$O

→ Ph-CH(OH)-CH$_3$

99%, 78% ee

III.A-2 Baboulene, M. et al., *TA*, **8**, 1259.

R-CO-Ph

1. [oxazaborolidine-BH$_2$ catalyst with R$_1$, R$_2$, R$_3$]
2. 2N HCl

→ R-CH(OH)-Ph

80-90%
3-29% ee

III.A-3 Wandrey, C. et al., *TA*, **8**, 1975; **see also:** Joshi, N.N. et al., *TA*, **8**, 173; O'Neill, I.A. et al., *SL*, 777.

R$_1$-[X]-CO-R$_2$ X = O, S

BH$_3$-SMe$_2$
[diphenylprolinol-B-Me oxazaborolidine] (cat.)

→ R$_1$-[X]-CH(OH)-R$_2$

50-75%, 83-99% ee

III.A-4 Martens, J. and Reiners, I. *TA*, **8**, 277; Martens, J. et al., *TA*, **8**, 2033; Masui, M. and Shiori, T. *SL*, 273.

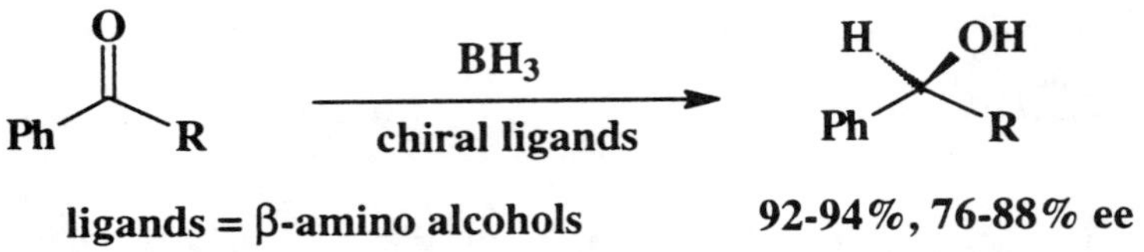

Ph-CO-R →(BH₃, chiral ligands)→ Ph-CH(OH)-R

ligands = β-amino alcohols

92-94%, 76-88% ee

III.A-5 Zhang, X. et al., *TL*, **38**, 215; see also: Zhang, X. et al., *JOM*, **547**, 97.

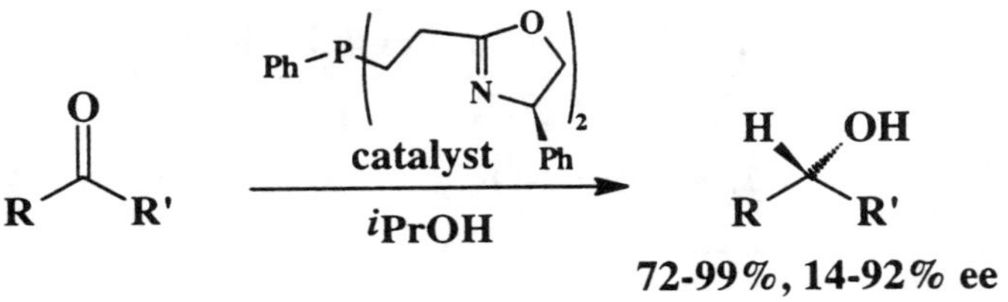

R-CO-R' →(catalyst, *i*PrOH)→ R-CH(OH)-R'

catalyst: Ph–P(CH₂-oxazoline-Ph)₂

72-99%, 14-92% ee

III.A-6 Genet, J.P. et al., *TL*, **38**, 2951; Noyori, R. et al., *SL*, 467.

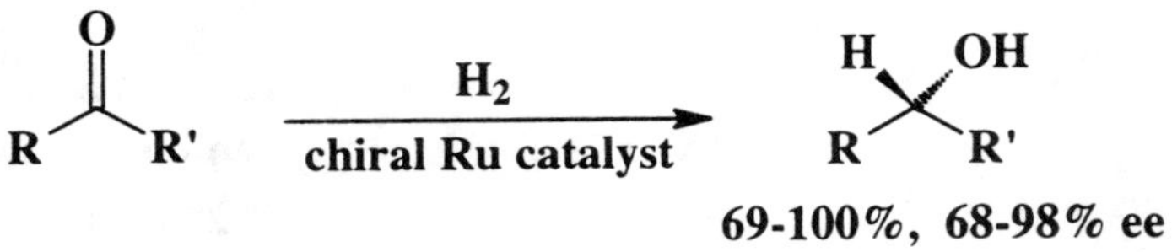

R-CO-R' →(H₂, chiral Ru catalyst)→ R-CH(OH)-R'

69-100%, 68-98% ee

III.A-7 Imanishi, T. et al., *T*, **53**, 593.

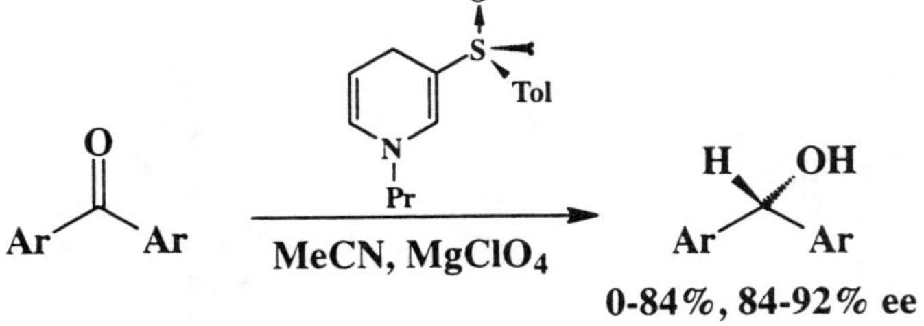

Ar-CO-Ar →(N-Pr dihydropyridinyl sulfoxide-Tol, MeCN, MgClO₄)→ Ar-CH(OH)-Ar

0-84%, 84-92% ee

III.A-8 Frejd, T. et al., *AGE*, **36**, 376.

$$R\text{-}CO\text{-}R' \xrightarrow[\text{2. catecholborane}]{\text{1. [ArOMe(OH)-norbornyl-OH], Ti(OiPr)}_4} R\text{-}CH(OH)\text{-}R'$$

48-97%, 40-97% ee

III.A-9 Tellado, F.G. et al., *TL*, **38**, 277; Varma, R.S. and Saini, R.K. *TL*, **38**, 4337; **see also:** Gani, D. and Schulz, J. *TL*, **38**, 111.

$$Ph\text{-}CO\text{-}Ph \xrightarrow[\text{Amberlyst-15}]{\text{NaBH}_4, \text{THF}} Ph\text{-}CH(OH)\text{-}Ph$$

98%

III.A-10 Akamanchi, K.G. et al., *SL*, 371; **see also:** Fujita, M., Tai, A. et al., *CC*, 1631.

$$R_1\text{-}CO\text{-}R_2 \xrightarrow[\text{CH}_2\text{Cl}_2]{\text{Al(CF}_3\text{CO}_2)(\text{O}^i\text{Pr})_2} R_1\text{-}CH(OH)\text{-}R_2$$

40-100%

III.A-11 Okamoto, Y. et al., *JHC*, **34**, 1737; **see also:** Hoffman, H.M.R. et al., *JOC*, **62**, 4650.

4-*tert*-butylcyclohexanone + pyridyl-NHR / BH$_3$ → *trans*-4-*tert*-butylcyclohexanol + *cis*-4-*tert*-butylcyclohexanol

3:97 to 17:83

III.A-12 van Bekkum, H. et al., *CC*, 1989.

Reductive Etherification of Substituted Cyclohexanones with Secondary Alcohols Catalyzed by Zeolite H-MCM-22.

III.A-13 Noyori, R. et al., *JACS*, **119**, 8738; Lemaire, M. et al., *TL*, **38**, 2275; Wills, M. et al., *JOC*, **62**, 5226; **see also:** Uemura, S. et al., *JOM*, **532**, 13.

R−C≡C−C(O)−R' →[chiral Ru catalyst / ^{i}PrOH] R−C≡C−CH(OH)−R'

58-99%, 90-99% ee

III.A-14 Mohr, J.T. et al., *JOC*, **62**, 7092; Jacobs, P.A. *CC*, 2323; **see also:** Carpentier, J.-F. et al., *TA*, **8**, 1083.

CH$_3$−C(O)−CH$_2$−CO$_2$Me →[RuCl$_2$(L)$_2$(DMF)$_2$ / H$_2$] CH$_3$−CH(OH)−CH$_2$−CO$_2$Me

99%, >98% ee

III.A-15 Node, M. et al., *JACS*, **118**, 13103; see also: Krohn, K. and Knaver, B., *RTC*, **115**, 140.

R$_1$−C(R$_2$)=CH−C(O)−R$_3$ →[camphor-derived SH, OH / Me$_2$AlCl, RT then Raney Ni] R$_1$−CH(R$_2$)−CH$_2$−CH(OH)−R$_3$

60-93%, 92-98% ee

III.A-16 Langer, T. and Helmchen, G. *TL*, **37**, 1381.

$$R_1-CO-R_2 \xrightarrow[\text{82 °C}]{\substack{i\text{PrOH} \\ \text{chiral catalyst}}} R_1-C^*(H)(OH)-R_2$$

88%, 78% ee

III.A-17 Smallridge, A.J. et al., *TA*, **8**, 1049; Demuth, M. et al., *T*, **53**, 935; Buisson, D., Azerad, R. et al., *TA*, **8**, 1735; Forzato, C. et al., *TA*, **8**, 1811; Moran, P.J.S. et al., *TA*, **8**, 2649; Utaka, M. et al., *TL*, **38**, 3021; **see also:** Kawai, Y. et al., *BCJ*, **70**, 1683.

Various Asymmetric Reductions of β-Ketoesters and Similar Ketones with Baker's Yeast.

III.A-18 Kabalka, G.W. et al., *TL*, **38**, 7705; **see also:** Arakai, S. et al., *T*, **53**, 15685.

$$R-CO-CH_2-CH(OH)-R' \xrightarrow[\text{2. amine boranes}]{\text{1. LiClO}_4, \, 0\,°\text{C}} R-CH(OH)-CH_2-CH(OH)-R'$$

84-88%
up to 99:1 syn:anti

III.A-19 Firouzabadi, H. et al., *BCJ*, **70**, 155; **see also:** Narasimhan, S. et al., *SC*, **27**, 385, 391.

$$\text{ArCHO} \xrightarrow[\text{THF, rt}]{[\text{Zn(BH}_4)_2(\text{DABCO})]} \text{ArCH}_2\text{OH}$$

90-100%

III.A-20 Burkhardt, E.R. and Salunkhe, A.M. *TL*, **38**, 1519, 1523.

$$R-C(=O)-OH \xrightarrow[\text{THF}]{N,N\text{-Et}_2\text{aniline-borane}} R-CH_2-OH \quad \mathbf{88\text{-}90\%}$$

III.A-21 Kaneda, K. et al., *TL*, **38**, 3005.

[acetyl-dimethylcyclobutane-CH₂CHO] $\xrightarrow[\substack{\text{80 °C, C}_6\text{H}_6 \\ \text{polymer-bound} \\ \text{Rh}_6 \text{ cluster}}]{\text{CO/H}_2\text{O, 15 atm}}$ [acetyl-dimethylcyclobutane-CH₂CH₂OH] **83%**

III.A-22 Buchwald, S.L. et al., *JOC*, **62**, 8522.

[γ-butyrolactone with R' and R substituents] $\xrightarrow[\substack{\text{polymethylhydrosiloxane} \\ \text{TBAF/Al}_2\text{O}_3, \text{PhMe}}]{\text{Ti}(p\text{-ClPhO})_2\text{Cp}_2}$ [lactol with R' and R substituents, OH] **88-97%**

III.A-23 Dalla, V. et al., *TL*, **38**, 1577.

[X-aryl-CH=C(OH)-CO₂Me] $\xrightarrow[\text{MeOH}]{\text{NaBH}_4}$ [X-aryl-CH₂-CH(OH)-CH₂OH] **69-86%**

III.A- 24 Nakagawa, M. et al., *TL*, **38**, 3535; see also: Cossy, J. et al., *SC*, **27**, 2769.

III.B. C-N Multiple Bond Reductions

III.B.1. Imine Reductions

III.B.1-1 Sugi, K.D. et al., *CL*, 493.

III.B.1-2 Fujisawa, T. et al., *TL*, **38**, 5193.

comparable yield and % ee via reduction with H_2, Pd/C in EtOH, but gives opposite diastereomer.

III.B.1-3 Xu, D. et al., *TA*, **8**, 1445.

[Scheme: ethyl 2-[(1-phenylethyl)amino]cyclohex-1-ene-1-carboxylate → 1. NaBH₄; 2. HBr, PrCO₂H; 3. H₂, Pd/C → ethyl (1R,2S)-2-aminocyclohexane-1-carboxylate·HBr]

67% overall
>96% ee

III.B.1-4 Yamagishi, T. et al., *CL*, 237.

$R_2R_1C=N-R_3$ $\xrightarrow{\text{RuHCl(PPh}_3)_3,\ \text{KOH, }^i\text{PrOH}}$ $R_2R_1CH-N(H)R_3$

21-96%

III.B.1-5 Crowe, W.E. and Amin, S. R. *TL*, **38**, 7487.

$R_2R_1C=N-R_3$ $\xrightarrow[\text{Cp}_2\text{TiCl}_2\ (\text{cat.}),\ 25\ ^\circ\text{C},\ 2\ \text{h},\ (\text{H}_2\text{O quench})]{n\text{PrMgCl, Et}_2\text{O}}$ $R_2R_1CH-N(H)R_3$

0-94%

III.B.1-6 Johansson, A., Olsson, T. et al., *ACS*, **51**, 351; Fu, G.C. and Lopez, R.M. *T*, **53**, 16349; Ranu, B.C. et al., *JOC*, **62**, 1841.

**Reduction of Imines and Iminium Salts to Amines via:
Borane•SMe₂; Polymethylhydrosiloxane/Sn catalyst; Zn(BH₄)₂/SiO₂.**

III.B.2. Reductions of Heterocycles

III.B.2-1 Achmatowicz, O. and Szechner, B. *TL*, **38**, 4701.

Ar-CH(HO)-[dihydropyran]-OMe →(LiAlH$_4$, dioxane, Δ, 72 h)→ Ar-CH(HO)-[dihydropyran] 71%

no reaction when OH and OMe are trans

III.C. Reduction of Sulfur Compounds

III.C-1 Parsons, A.F. et al., *SL*, 271.

PhC(O)N(SO$_2$Ph)(CH$_2$Ph) →(SmI$_2$, THF, 0 °C - rt)→ PhC(O)N(H)(CH$_2$Ph) 99%

III.C-2 Zhang, Y. et al., *SC*, **27**, 85.

2 ArSO$_2$Cl →(SmI$_2$, THF, HMPA)→ ArS-SAr 54-77%

III.D. N-O Reductions

III.D-1 Sudalai, A. et al., *CC*, 1119; **see also:** Shi, Y. et al., *SC*, **27**, 3047.

O_2N-C$_6$H$_4$-C(O)R →($Zr_{0.8}Ni_{0.2}O_2$, ^{i}PrOH, KOH, reflux, 3h)→ H_2N-C$_6$H$_4$-C(O)R 96%

III.D-2 Baik, W. et al., *TL*, **38**, 845.

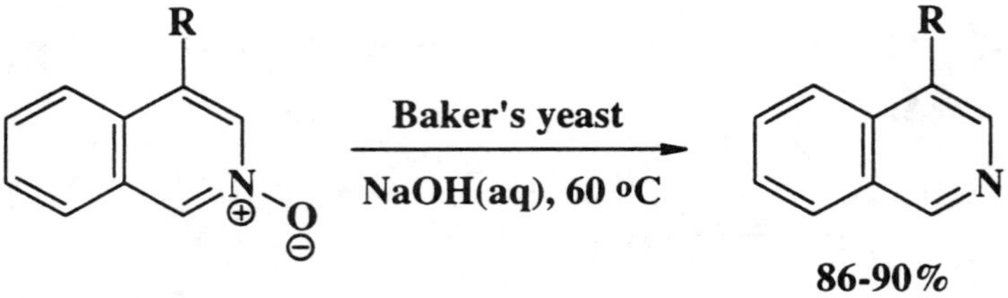

[Isoquinoline N-oxide with R group] → [Isoquinoline with R group]
Baker's yeast, NaOH(aq), 60 °C
86-90%

also other N-oxide examples

III.E. C-C Multiple Bond Reductions

III.E.1. C=C Reductions

III.E.1-1 Roberts, S.M. et al., *CC*, 1713; Yamagishi, T. et al., *JCS(P1)*, 1869; Chan, A.S.C. et al., *JACS*, **119**, 9570; Zhang, X. et al., *JACS*, **119**, 1799.

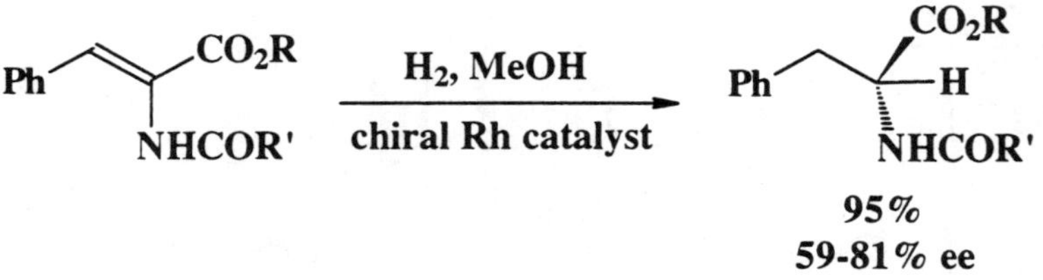

Ph-CH=C(CO$_2$R)(NHCOR') →[H$_2$, MeOH; chiral Rh catalyst] Ph-CH$_2$-C*(CO$_2$R)(H)(NHCOR')
95%
59-81% ee

III.E.1-2 Mitsunobu, O. et al., *TL*, **38**, 849.

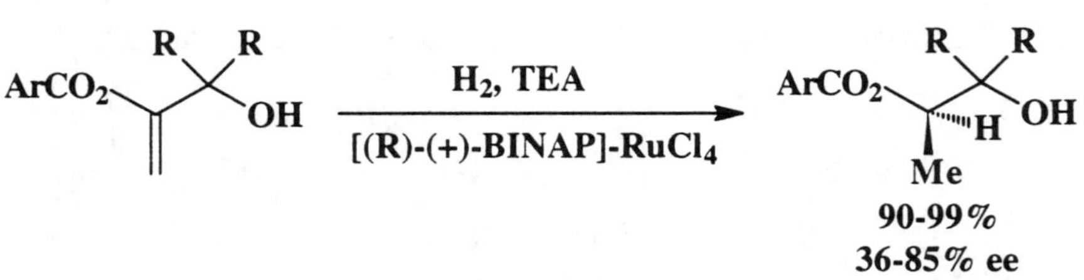

ArCO$_2$-C(=CH$_2$)-CR$_2$-OH →[H$_2$, TEA; [(R)-(+)-BINAP]-RuCl$_4$] ArCO$_2$-CH(Me)-CR$_2$-OH
90-99%
36-85% ee

III.E.1-3 Yamaguchi, M. et al., *SL*, 117.

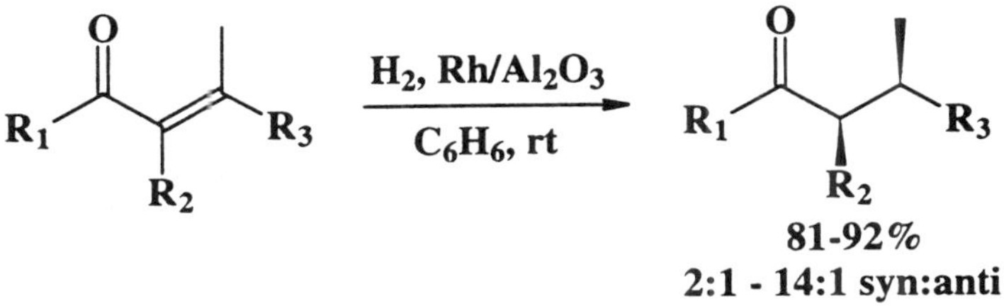

R_1-C(O)-C(R_2)=C(Me)-R_3 → R_1-C(O)-CH(R_2)-CH(Me)-R_3

H$_2$, Rh/Al$_2$O$_3$, C$_6$H$_6$, rt

81-92%
2:1 - 14:1 syn:anti

III.E.1-4 Hosomi, A. et al., *TL*, **38**, 8887; **see also:** Mori, A. et al., *CC*, 2159.

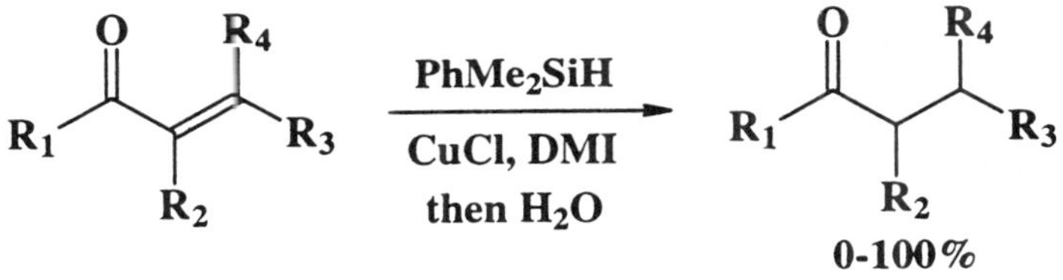

R_1-C(O)-C(R_2)=C(R_3)-R_4 → R_1-C(O)-CH(R_2)-CH(R_4)-R_3

PhMe$_2$SiH, CuCl, DMI then H$_2$O

0-100%

III.E.1-5 Schultz, A. G. et al., *TL*, **38**, 2071.

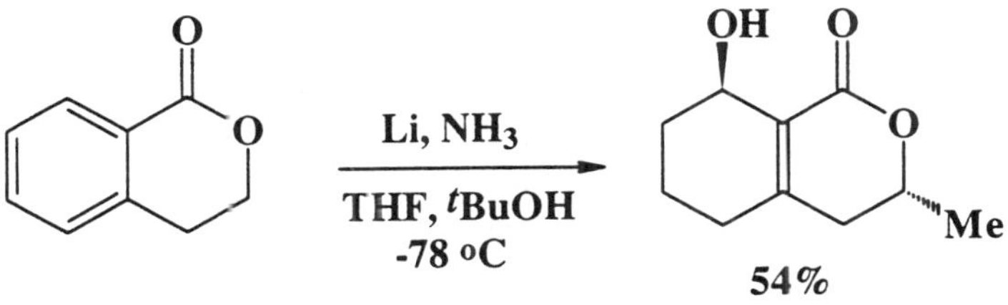

Li, NH$_3$, THF, ^{t}BuOH, -78 °C

54%

III.E.1-6 Valenta, Z. et al., *TL*, **38**, 3863.

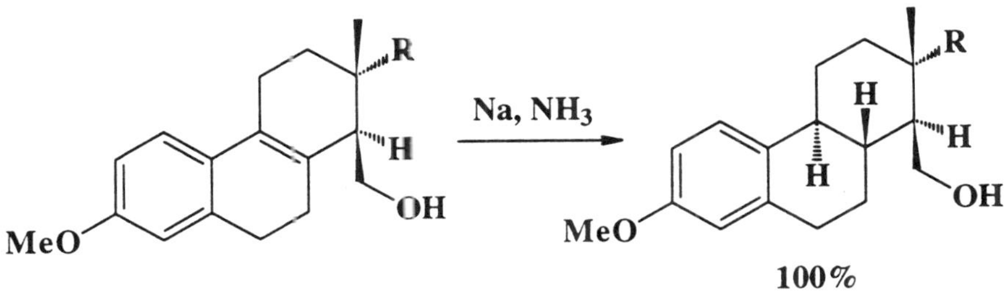

Na, NH$_3$

100%

III.E.1-7 Huff, B.E., Martinelli, M.J. et al., *TL*, **38**, 8627.

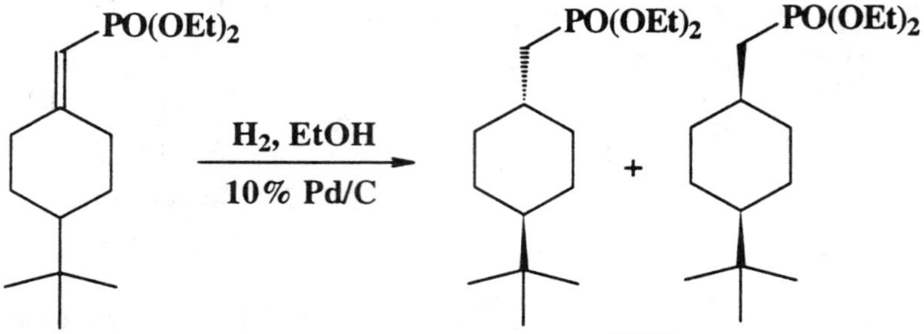
PO(OEt)2
H2, EtOH
10% Pd/C
PO(OEt)2
PO(OEt)2
+

99%
up to 14.3:1

III.E.1-8 Poliakoff, M. and Hitzler, M.G. *CC*, 1667.

Hydrogenation of Organic Compounds in Supercritical Fluids.

III.E.1-9 Mathey, F. et al., *EJC*, **3**, 1365; Nozaki, K. et al., *JOM*, **531**, 159; Yamagishi, T. et al., *JOM*, **539**, 115.

New Chiral Biphosphine Catalysts for Asymmetric Hydrogenation.

III.E.2. C≡C Reductions

III.E.2-1 Yus, M. and Alonso, F. *TL*, **38**, 149.

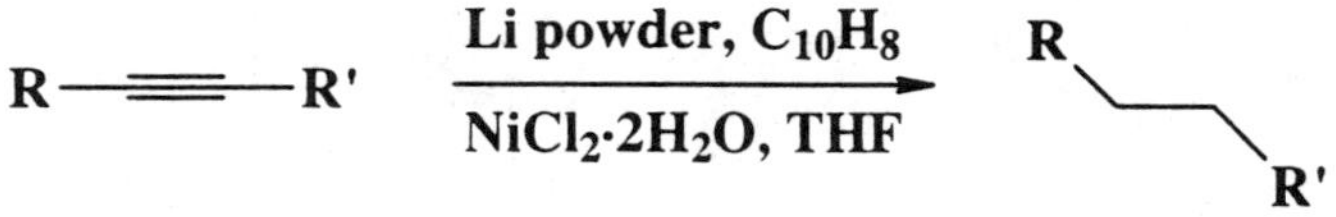
R
R'
Li powder, C10H8
NiCl2·2H2O, THF
R
R'

70-91%

III.E.2-2 Alami, M. et al., *TL*, **38**, 5297; Alami, M. et al., *SL*, 992.

$$\underset{\text{OH}}{\text{R}}\diagdown\!\!\!\diagup\!\!\!\equiv\!\!\!\text{R}' \xrightarrow[\text{Et}_2\text{O or THF}]{\text{Red-Al}} \underset{\text{OH H}}{\text{R}}\diagdown\!\!\!\diagup\!\!\!=\!\!\!\underset{\text{R}'}{\overset{\text{H}}{\diagup}}$$

74-90%
(E) isomer only

III.E.2-3 Kabalka, G.W. et al., *TL*, **38**, 7681.

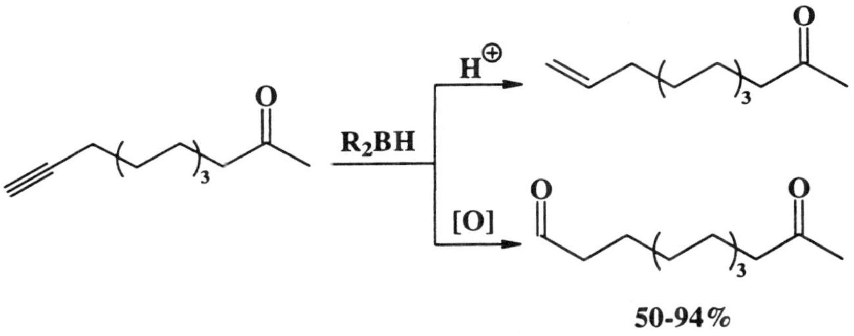

50-94%

III.F. Hetero Bond Reductions

III.F.1. C-O → C-H

III.F.1-1 Sasaki, K. et al., *CL*, 617.

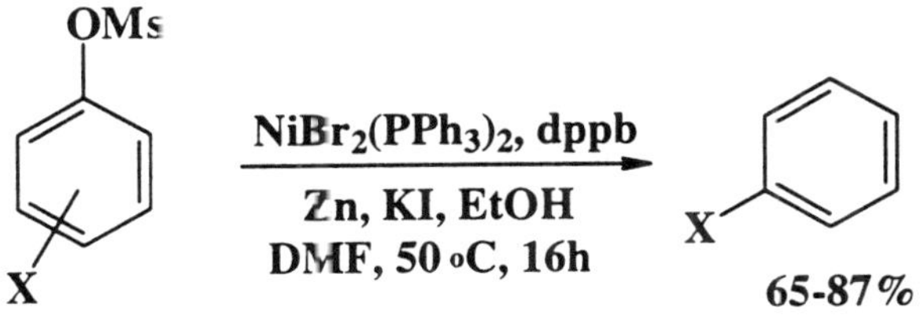

65-87%

III.F.1-2 Fu, G.C. et al., *JACS*, **119**, 6949; Burger, A., Biellmann, J.-F. et al., *JOC*, **62**, 8309.

$$\underset{R \quad R'}{\overset{S}{\underset{O \quad OPh}{\bigvee}}} \xrightarrow[\substack{\text{PMHS, BuOH} \\ \text{PhMe, 80-110 °C}}]{\text{AIBN, Bu}_3\text{SnH}} \underset{R \quad R'}{\wedge} \quad 63\text{-}75\%$$

III.F.1-3 Nishiyama, Y., Itoh, K. et al., *CL*, 165.

[Reaction: dithiolane-fused tetrahydrofuran with OH → Ph₃SiH, TiCl₄, CH₂Cl₂, -78 °C, 5 min → dithiolane-fused tetrahydrofuran]

63-83%
1:7 - 1:63 cis:trans

III.F.1-4 Herdeis, C. et al., *TA*, **8**, 2421.

[Reaction: bicyclic epoxy lactam with Ph → 1. BH₃·THF, 0 °C; 2. H₂, Pd/C, Boc₂O, EtOAc, 18 h → N-Boc epoxy pyrrolidine with CH₂OH]

64%

III.F.1-5 Rizzo, C.J. and Wang, Z. *TL*, **38**, 8177.

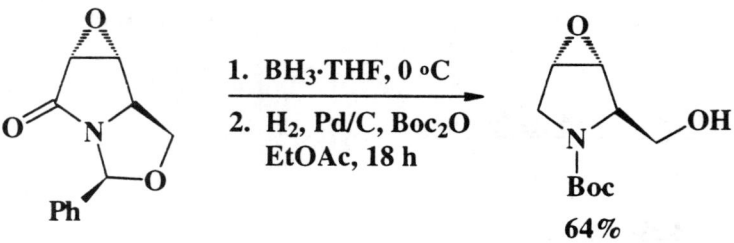

33-81%

III.F.1-6 Lautens, M. et al., *JACS*, **119**, 11090, 6478.

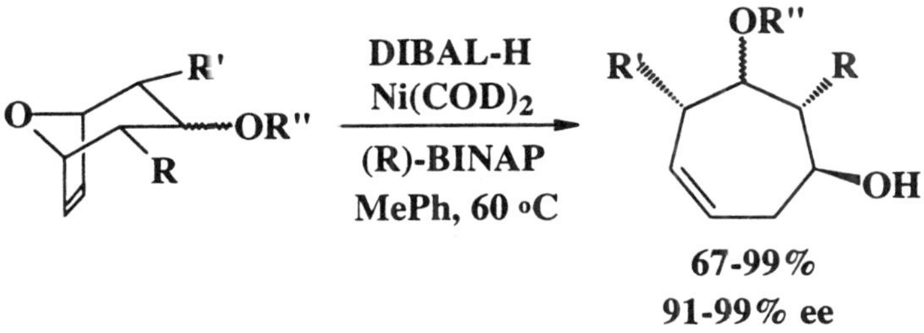
R'
O
OR"
R
DIBAL-H
Ni(COD)2
(R)-BINAP
MePh, 60 °C
OR"
R'
R
OH
67-99%
91-99% ee

III.F.1-7 Cha, J.S., Lee, J.C. et al., *OPP*, **29**, 665.

RCO_2H —(ThxBHO^{s}Bu; THF, 4d)→ RCHO
49-98%

III.F.1-8 Myers, A.G. et al., *JACS*, **119**, 8572.

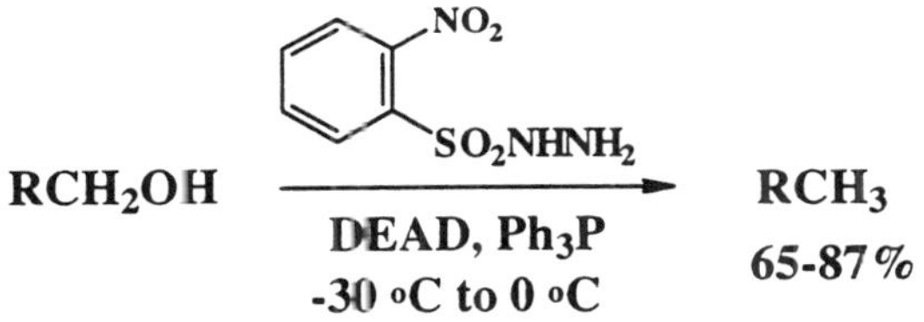
NO2
SO2NHNH2
RCH2OH
DEAD, Ph3P
-30 °C to 0 °C
RCH3
65-87%

III.F.2. C-Hal → C-H

III.F.2-1 Takeuchi, S. et al., *TL*, **38**, 2709.

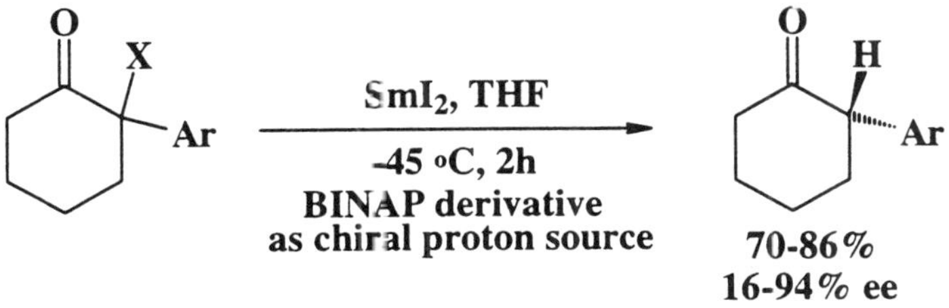
O
X
Ar
SmI2, THF
-45 °C, 2h
BINAP derivative
as chiral proton source
O
H
Ar
70-86%
16-94% ee

III.F.2-2 Ogawa, A., Hirao, T. et al., *CL*, 275; **see also:** Ogawa, A., Hirao, T. et al., *TL*, **38**, 9017.

[Reaction: gem-dichlorocyclopropane fused bicycle with vinyl substituent → gem-dihydrocyclopropane analog; reagents: SmI$_2$, THF, hν, PhSH, rt; 65%]

III.F.2-3 Jung, D.O. *SC*, **27**, 1023.

$$\text{R-X} \quad \xrightarrow[\text{dioxane, reflux}]{\text{PhSiH}_3, \text{AIBN}} \quad \text{R-H}$$

X = Br, I ⟶ 36-95%

III.F.2-4 Hoshi, M. et al., *TL*, **38**, 453.

[Reaction: R$_2$B-C(Br)=CH-R' + Bu$_3$SnH → R$_2$B-CH=CH-R'; 98:1 to 1:99 anti:syn]

III.F.2-5 Malanga, C. et al., *TL*, **38**, 8093.

$$\text{R-C(O)Cl} \quad \xrightarrow[\text{Ni(dppe)Cl}_2 \text{ (cat.)}]{\text{Bu}_3\text{SnH, THF}} \quad \text{R-C(O)H}$$

45-95%

III.F.2-6 Ashby, E.C. et al., *JOC*, **62**, 3542.

Convincing Non-Radical Cyclization Evidence that LiAlH$_4$ Reduction of Hindered Alkyl Iodides Proceeds Predominantly via SET Pathway.

III.F.2-7 Shteingarts, V.D. et al., *TL*, **38**, 3765.

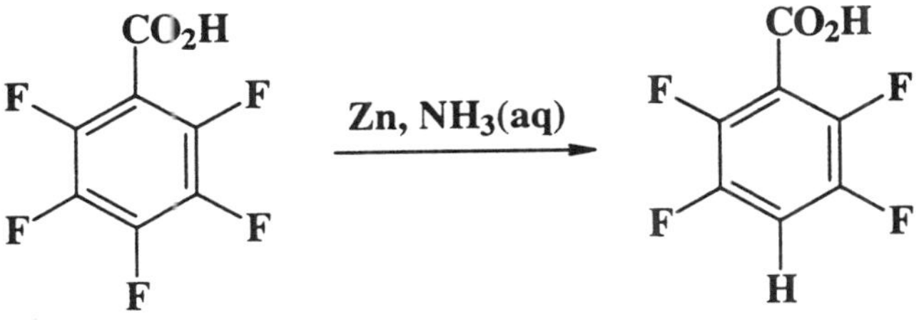

Pentafluorobenzoic acid → 2,3,5,6-tetrafluorobenzoic acid, Zn, NH₃(aq), 93%

similarly for other polyfluorinated aromatics

III.F.2-8 Miura, Y. et al., *JOC*, **62**, 1188.

$$\text{Ar-Br} \xrightarrow[\text{CH}_3\text{OD}]{\text{Na(Hg)}} \text{Ar-D} \quad 74\text{-}99\%$$

products showed 96-99% isotopic purity.

III.F.2-9 Togo, H., Yokoyama, M. et al., *BCJ*, **70**, 2519.

Novel Water-soluble Organosilane Compounds as Radical Reducing Agents in Aqueous Media.

III.F.3. C-S → C-H

III.F.3-1 Zhang, Y. et al., *JCR(S)*, 114.

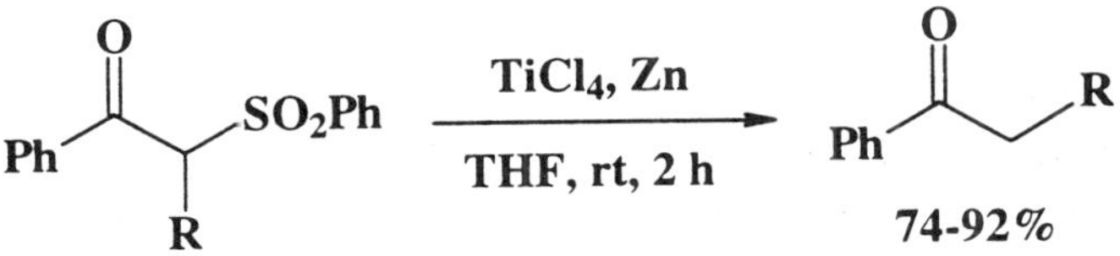

PhCO-CHR-SO₂Ph → PhCO-CH₂R, TiCl₄, Zn, THF, rt, 2 h, 74-92%

III.G. Reductive Cleavages

III.G.1. Oxiranes

III.G.1-1 dos Santos, R.B. et al., *TL*, **38**, 745.

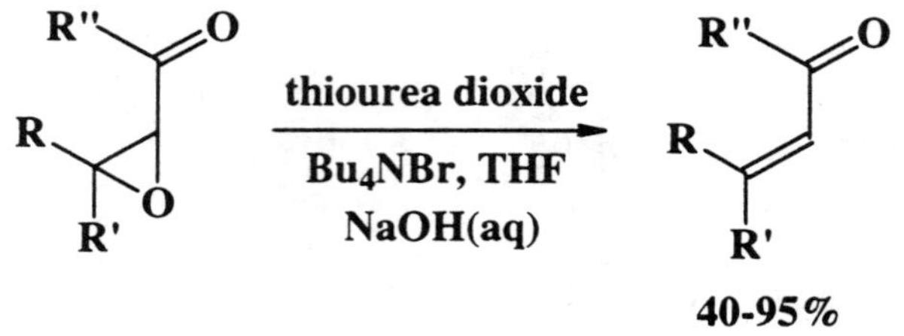

R"-C(=O)-CR(-)-C(R')(O) → [thiourea dioxide, Bu₄NBr, THF, NaOH(aq)] → R"-C(=O)-CR=CR'
40-95%

III.G.1-2 Yadav, J.S. and Srinivas, D. *CL*, 905.

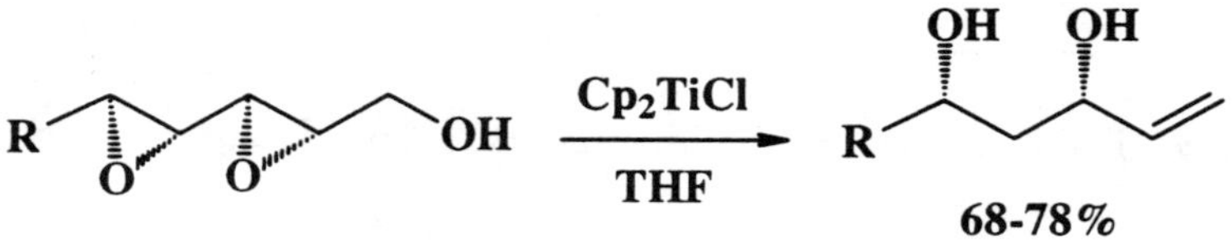

R-epoxide-epoxide-CH₂OH → [Cp$_2$TiCl, THF] → R-CH(OH)-CH$_2$-CH(OH)-CH=CH$_2$
68-78%

III.G.1-3 Tamami, B. et al., *JCR(S)*, 330.

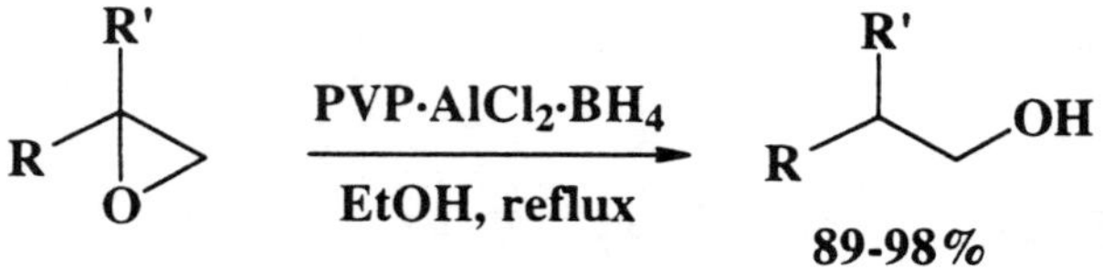

R-C(R')-CH$_2$ epoxide → [PVP·AlCl$_2$·BH$_4$, EtOH, reflux] → R-CH(R')-CH$_2$-OH
89-98%

gives exclusively the less substituted alcohol.
(PVP = polyvinylpyridine)

III.G.2. N-O Cleavages

III.G.2-1 Ohta, A. et al., *S*, 891.

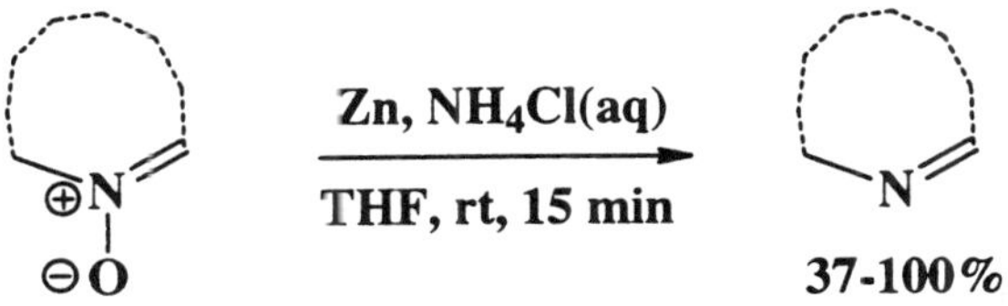

Zn, NH$_4$Cl(aq)
THF, rt, 15 min
37-100%

III.G.3. Other Reductive Cleavages

III.G.3-1 Sieburth, S. McN. et al., *TL*, **38**, 8433.

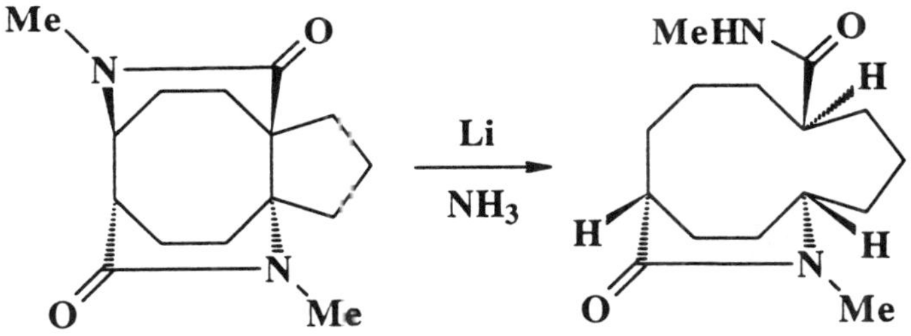

Li, NH$_3$
25%

III.G.3-2 Ohsawa, A. et al., *TL*, **38**, 4117.

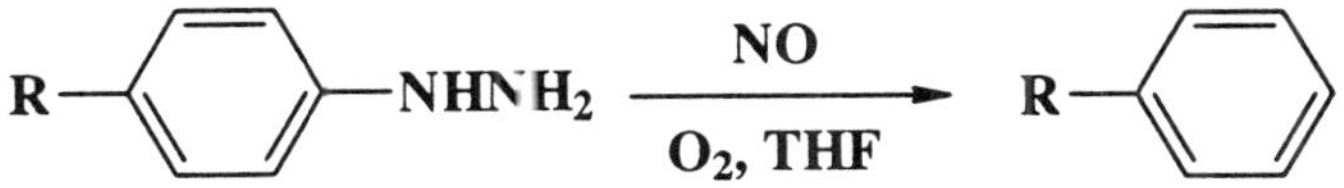

$$R-C_6H_4-NHNH_2 \xrightarrow[O_2, THF]{NO} R-C_6H_5$$

61-82%

also obtained 8-25% of the corresponding aryl azide.

III.H. Reduction of Azides

III.H-1 Kamal, A. et al., *TL*, **38**, 6945; Zhang, Y. et al., *TL*, **38**, 1065.

$$R-N_3 \xrightarrow[\text{MeCN, rt}]{\text{TMSCl, NaI}} R-NH_2 \quad 90\text{-}98\%$$

[via Sm, I_2 in EtOH]

III.H-2 Kamal, A. et al., *TL*, **38**, 6871; **see also:** Kamal, A. et al., *CC*, 1015.

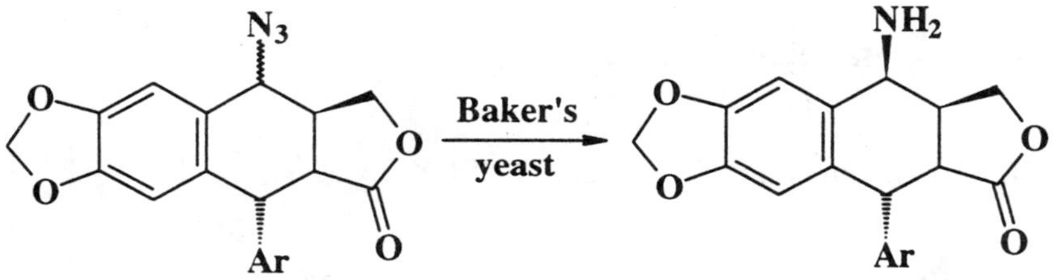

Baker's yeast

84-88%

III.I. Other Reductions

III.I-1 DeBrabander, J. et al., *HCA*, **80**, 1319.

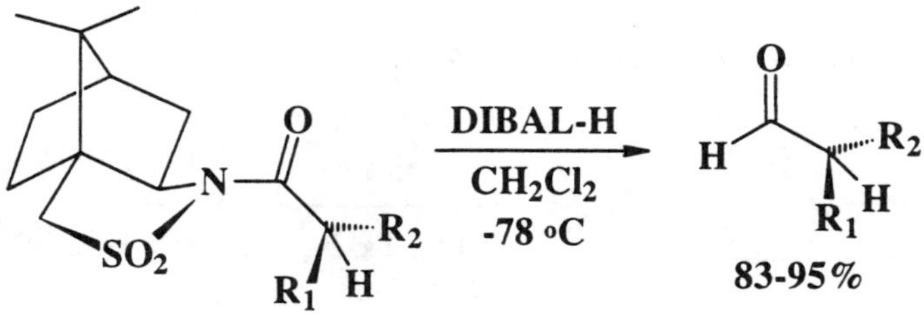

DIBAL-H, CH_2Cl_2, -78 °C

83-95%

racemization was insignificant

III.I-2 Molander, G.A. and Stengel, P.J. *T*, **53**, 8887.

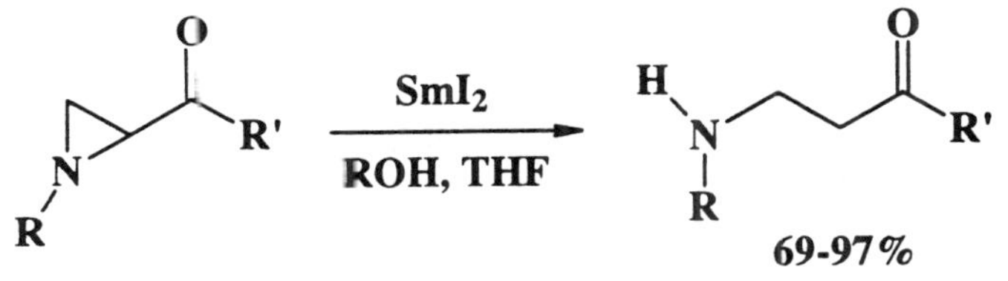

[Aziridine ketone] → [β-amino ketone], SmI$_2$, ROH, THF, 69-97%

III.I-3 Barrett, A.G M. et al., *JOC*, **62**, 7673.

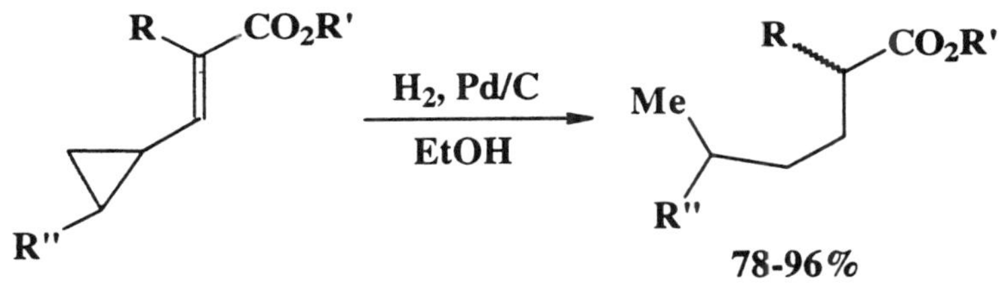

H$_2$, Pd/C, EtOH, 78-96%

III.I-4 Vaultier, M. et al., *BSF*, **134**, 713.

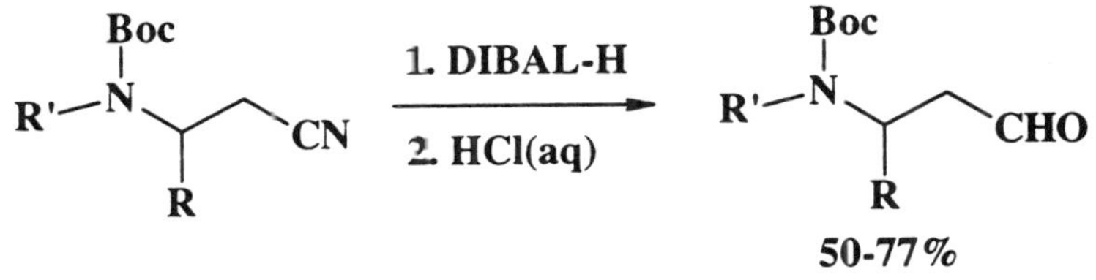

1. DIBAL-H
2. HCl(aq)

50-77%

III.I-5 Crouch, R.D., Dai, H.G. et al., *TL*, **38**, 791.

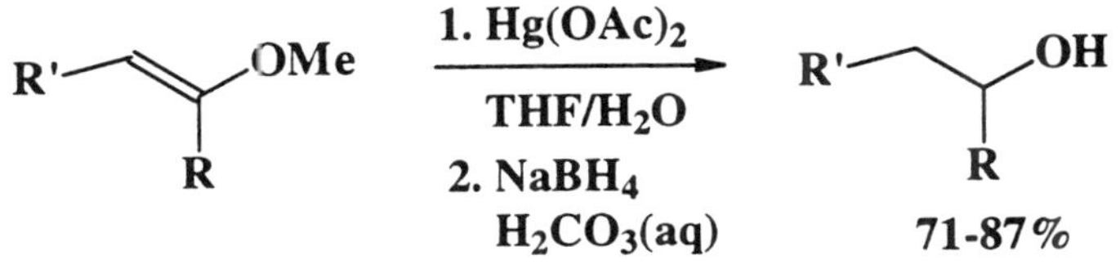

1. Hg(OAc)$_2$, THF/H$_2$O
2. NaBH$_4$, H$_2$CO$_3$(aq)

71-87%

III.I-6 Abo, M. et al., *TA*, **8**, 345.

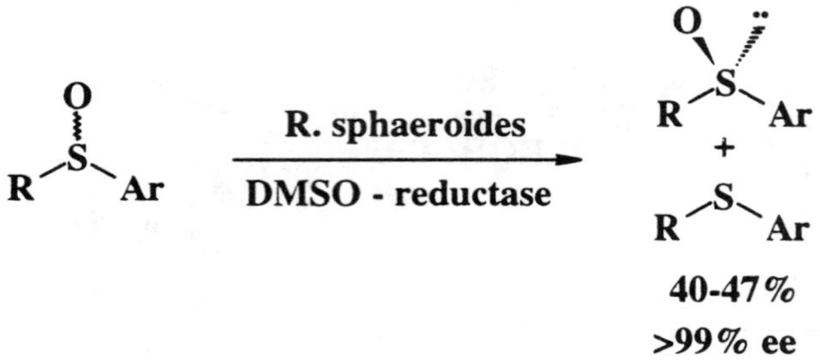

$$\underset{R}{\overset{O}{\overset{\|}{S}}}\diagdown Ar \quad \xrightarrow[\text{DMSO - reductase}]{\text{R. sphaeroides}} \quad \underset{R}{\overset{O}{\overset{\searrow}{S}}}\diagdown Ar \; + \; \underset{R}{\overset{}{\overset{}{S}}}\diagdown Ar$$

40-47%
>99% ee

III.I-7 Shono, T. et al., *TL*, **38**, 6717.

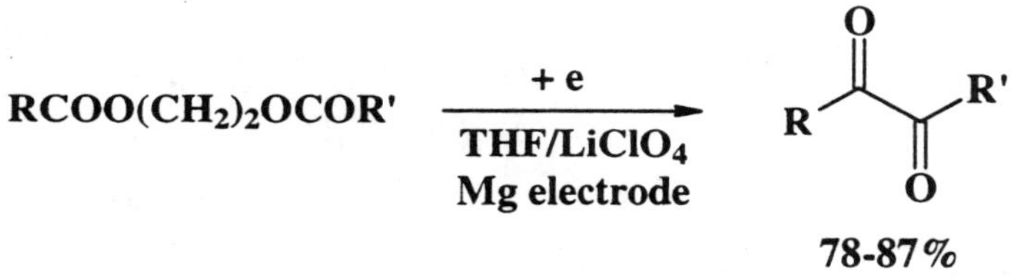

$$RCOO(CH_2)_2OCOR' \quad \xrightarrow[\substack{THF/LiClO_4 \\ \text{Mg electrode}}]{+e} \quad R\underset{O}{\overset{O}{-C-C-}}R'$$

78-87%

III.I-8 Wahala, K. et al., *SL*, 460.

The Hydrogenation and Deuteration of Estrone.

IV
SYNTHESIS OF HETEROCYCLES

IV.A. Oxiranes, Aziridines and Thiiranes

IV.A-1 Andersson, P.G. et al., *TL*, **38**, 6897; Kim, D.Y. and Rhie, D.Y., *T*, **53**, 13603; Che, C.-M. et al., *CC*, 1655.

$$R\text{-CH=CH-}R' \xrightarrow[\text{PhI=NSO}_2\text{Ar, CH}_3\text{CN}]{[\text{Cu(CH}_3\text{CN})_4]\text{ClO}_4 \text{ (5 mol\%)}} \text{aziridine, 60-99\%}$$

IV.A-2 Batori, S. et al., *H*, **45**, 1097.

(6-fluoro-7-chloro-4-oxo-1-amino-quinoline-3-carboxylic acid ethyl ester) + alkene $\xrightarrow{\text{Pb(OAc)}_4}$ N-aziridinyl quinolone, 34-70%

IV.A-3 Hou, X.-L. et al., *TL*, **38**, 7225 and *CC*, 1231.

$$\text{Me}_2\overset{+}{\text{S}}\text{CH}_2\text{C(O)NR}^1\text{R}^2 \cdot \text{Br}^- + \text{RHC=NTs} \xrightarrow[\text{CH}_2\text{Cl}_2]{\text{KOH}} \text{N-Ts aziridine}, 75\text{-}98\%$$

IV.A-4 Davis, F.A. et al., *TL*, **38**, 5139 and *JOC*, **62**, 3796.

IV.A-5 Sudalai, A. et al., *CC*, 1429; Rasmussen, K.G. and Jorgensen, K.A., *JCS(P1)*, 1287.

[similarly using Cu(OTf)$_2$, Yb(OTf)$_3$, etc.]   32-75%

IV.A-6 De Kimpe, N. et al., *JOC*, **62**, 2448.

IV.A-7 Wessig, P. and Schwarz, J., *SL*, 893; **see also:** Bergmeier, S.C. and Seth, P.P., *JOC*, **62**, 2671.

IV.A-8 Taguchi, T. et al., *TL*, **38**, 8371.

[Scheme: ^1R, R^2-substituted allyl-NHTs → (NaH, Et$_2$O) → sodium sulfonamide intermediate → (I$_2$) → N-Ts aziridine with R^1, R^2, I substituents, 64-92%]

IV.A-9 Cardillo, G. et al., *JOC*, **62**, 9149.

[Scheme: N-methyl-N'-(3-(NHOBn)propanoyl)-4-phenylimidazolidin-2-one → (1. TiCl$_4$; 2. TEA, CH$_2$Cl$_2$, rt) → aziridine-carbonyl imidazolidinone product, 95%, major diastereomer]

IV.A-10 Molander, G.A. and Hiersemann, M., *TL*, **38**, 4347; see also: Bergmeier, S.C. and Stanchina, D.M., *JOC*, **62**, 4449.

[Scheme: cyclopentenone with azidopropyl and benzodioxole-ethyl substituents → (131 °C, xylene) → spirocyclic aziridine product, 26-76%]

IV.A-11 Albeck, A. and Estreicher, G.I., *TL*, **53**, 5325.

[Scheme: α-PHN-α-R-β-bromoketone → (NaBH$_4$, EtOH) → PHN-R-substituted epoxide, 62-99% (erythro:threo 4.9-9.4:1)]

IV.A-12 Florio, S. et al., *TL*, **38**, 5843; **see also:** Shimizu, M. et al., *TL*, **38**, 4591.

$$\text{BT}\underset{\text{Cl}}{\overset{\text{Me}}{-}}\text{H} \xrightarrow[\text{2. RR}^1\text{CO}]{\text{1. LDA/tol (-)-sparteine}} \text{BT}\underset{\text{Cl}}{\overset{\text{Me}}{-}}\underset{\text{R}}{\overset{\text{R}^1}{-}}\text{OH} \longrightarrow \underset{\text{BT}\ \ \text{O}\ \ \text{R}}{\overset{\text{Me}\ \ \ \ \text{R}^1}{\triangle}}$$

BT = benzothiazolyl

45-75%
54-76% ee

IV.A-13 Aggarwal, V.K. et al., *JOC*, **62**, 8628.

$$\text{RCHO} + \text{Et}_2\text{Zn} + \text{ICH}_2\text{Cl} \xrightarrow[\text{PhMe/DCE}]{\text{tetrahydrothiophene}} R\overset{O}{\triangle}$$

IV.A-14 Dybowski, P. and Skowronska, A., *S*, 1134.

$$^1\text{R}\overset{\text{O}}{\underset{\text{R}^2}{-}}\overset{\text{S}}{-}\underset{\overset{\|}{\text{O}}}{\text{P(OR)}_2} \xrightarrow{\text{NaBH}_4,\ \text{EtOH}} {}^1\text{R}\overset{\text{S}}{\triangle}\text{R}^2$$

71-94%

IV.B. Oxetanes, Azetidines and Thietanes

IV.B-1 Barluenga, J. et al., *JOC*, **62**, 5974.

$$^1\text{R}\underset{\text{NBn}_2}{\overset{\text{O}}{-}}\text{Cl} \xrightarrow[\text{2. NH}_4\text{Cl}]{\text{1. R}^2\text{Li, CeCl}_3} \left[{}^1\text{R}\underset{\overset{+}{\text{N}}\text{Bn}_2}{\square}{}^{2\text{R},\ \text{OH}} \right] \text{Cl}^- \xrightarrow[\Delta]{\text{Pd, HCO}_2\text{H}} {}^1\text{R}\underset{\overset{\text{N}}{\text{H}}}{\square}{}^{2\text{R},\ \text{OH}}$$

90-95%

IV.B-2 Bach, T. et al., *JACS*, **119**, 2437.

IV.B-3 Mordini, A. et al., *JOC*, **62**, 8557.

IV.B-4 Craig, D. et al., *SL*, 1001.

IV.C. Lactams

IV.C-1 Hatanaka, M. et al., *JCS(P1)*, 1793.

CNPNB = nitrobenzylisocyanide

IV.C-2 Bhaduri, A.P. et al., *JCR(S)*, 254.

IV.C-3 Marcaccini, S. et al., *TL*, **38**, 2519 and *H*, **45**, 1589; Bossio, R. et al., *S*, 1389.

IV.C-4 Podlech, J. and Linder, M.R., *JOC*, **62**, 5873.

IV.C-5 Schaumann, E. et al., *S*, 942.

IV.C-6 Tomioka, K. et al., *JACS*, **119**, 2060; Cainelli, G., Giacommini, D. and Galletti, P., *S*, 886.

IV.C-7 Palomo, C. et al., *JOC*, **62**, 2070 and *CEJ*, **3**, 1432.

IV.C-8 Burger, U. et al., *HCA* **80**, 121.

IV.C-9 Yee, N.K., *TL*, **38**, 5091.

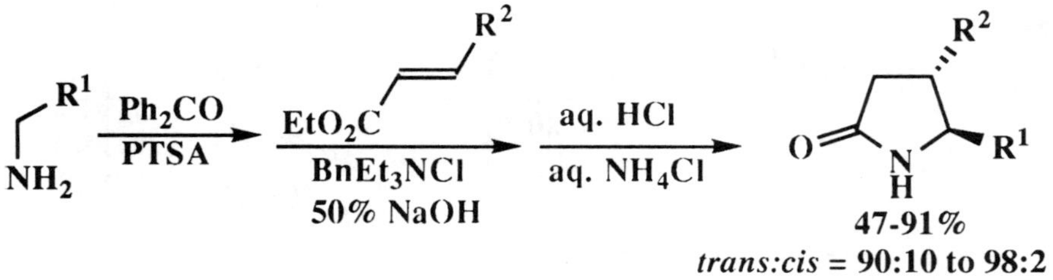

$R^1CH(NH_2)$ → [Ph$_2$CO, PTSA] → [EtO$_2$C-CH=CH-R^2, BnEt$_3$NCl, 50% NaOH] → [aq. HCl, aq. NH$_4$Cl] → pyrrolidinone with R^2 and R^1 substituents

47-91%
trans:cis = 90:10 to 98:2

IV.C-10 Arzoumanian, H. et al., *OM*, **16**, 2726.

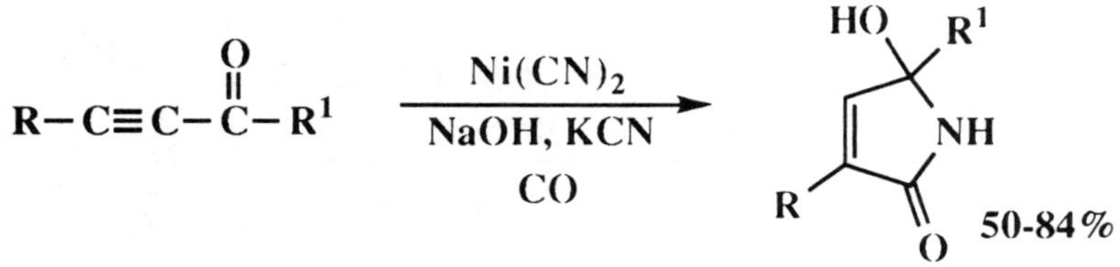

$R-C\equiv C-\overset{O}{\underset{}{C}}-R^1$ → [Ni(CN)$_2$, NaOH, KCN, CO] → pyrrolinone product

50-84%

IV.C-11 Sato. F. et al., *TL*, **38**, 6849.

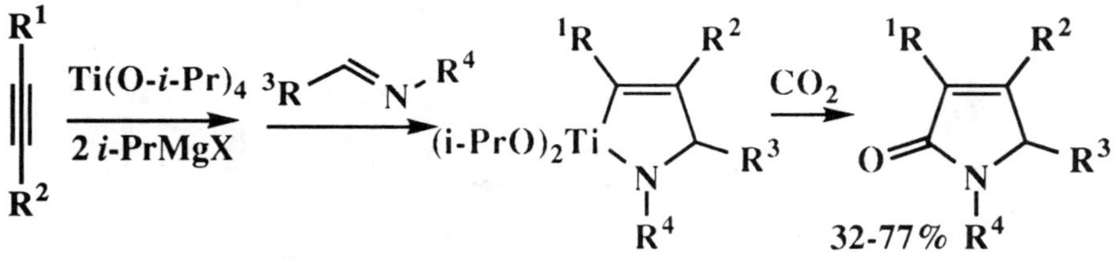

$R^1-C\equiv C-R^2$ → [Ti(O-i-Pr)$_4$, 2 i-PrMgX, ^{3}R-CH=N-R^4] → titanacycle intermediate → [CO$_2$] → pyrrolinone

32-77%

IV.C-12 Iwasawa, N. and Maeyama, K., *JOC*, **62**, 1918.

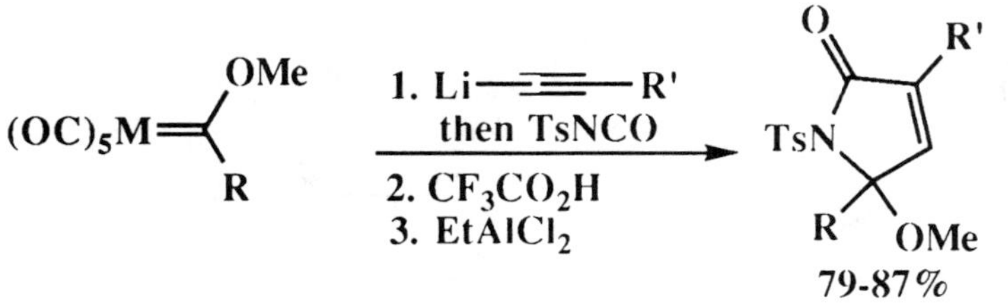

$(OC)_5M=C(OMe)R$ → 1. Li−≡−R' then TsNCO; 2. CF$_3$CO$_2$H; 3. EtAlCl$_2$ → TsN-pyrrolinone product

79-87%

IV.C-13 Ruck-Braun, K., *AG(E)*, **36**, 509.

IV.C-14 Harriman, G.C.B., *TL*, **38**, 5591.

IV.C-15 Petroliagi, M. and Igglessi-Markopoulou, O., *JCS(P1)*, 3543.

IV.C-16 Ikeda, M., Ishibashi, H. et al., *H*, **45**, 863; Uneyama, K. et al., *TL*, **38**, 7763; **see also:** Ghelfi, F. et al., *T*, **53**, 14031.

IV.C-17 Toru, T. et al., *JOC*, **62**, 2652.

[anhydride] + H$_2$N–R $\xrightarrow[\text{benzene}]{\text{HMDS, Lewis acid}}$ [imide] 73-98%

IV.C-18 Ishibashi, H. et al., *H*, **46**, 37.

[starting material with SPh, S(O)Me, N-(2-bromobenzyl)amide] $\xrightarrow[\text{reflux}]{\text{TsOH, DCE}}$ [cyclized product with SPh, SMe] 42% *cis:trans* 2:1 + [elimination product] 36%

IV.C-19 Shim, S.C. et al., *JHC*, **34**, 1371.

[2-bromobenzaldehyde] + H$_2$N–R $\xrightarrow[\text{100 °C}]{\text{cat. PdCl}_2\text{(PPh}_3\text{)}_2 \\ \text{Et}_3\text{N, CO (13 atm)}}$ [3-(NHR)-isoindolin-1-one] 10-83%

IV.C-20 Kundu, N.G. and Khan, M.W., *SL*, 1435 and *TL*, **38**, 6937 and *JCS(P1)*, 2577.

[2-iodobenzamide NHR] $\xrightarrow[\text{2. NaOEt, EtOH}]{\text{1. H–C≡C–R}^1 \\ \text{PdCl}_2\text{(PPh}_3\text{)}_2\text{, CuI} \\ \text{Et}_3\text{N, DMF}}$ [3-alkylidene isoindolinone] 41-86%

IV.C-21 Ishibashi, H., Kawanami, H. and Ikeda, M., *JCS(P1)*, 817.

IV.C-22 Iyer, S. et al., *TL*, **38**, 8533 and 8113.

IV.C-23 Couture, A. et al., *JCS(P1)*, 469.

IV.C-24 Rehwald, M. et al., *H.* **45**, 483.

X = CN, CO_2Et, COMe, COPh
Y = NH_2, OH, Me, Ph

IV.C-25 Gurjar, M.K. et al., *H*, **45**, 231.

IV.C-26 Kuethe, J.T. and Padwa, A., *TL*, **38**, 1505.

tandem Pummerer/dipolar cycloaddition

IV.C-27 Lindstrom, U.M. and Somfai, P., *JACS*, **119**, 8385.

IV.C-28 Aube, J. et al., *JOC*, **62**, 654.

IV.D. Lactones

IV.D-1 Romo, D. et al., *T*, **53**, 16471; see also: Wedler, C. et al., *JCS(P1)*, 1963 and *OS*, **75**, 116.

IV.D-2 Shindo, M., *TL*, **38**, 4433.

IV.D-3 Yavari, I. and Baharfar, R., *TL*, **38**, 4259.

[Reaction: PPh₃ + RO₂C—≡—CO₂R + (OH)(Cl)C=C(CH₃)(COCH₃) enol/chloro diketone → CH₂Cl₂, rt → substituted furanone product, 46-85%]

IV.D-4 Xiao, W.-J. and Alper, H., *JOC*, **62**, 3422; Yu, W.Y. and Alper, H., *JOC*, **62**, 5684.

[Reaction: R⁴SH + propargyl alcohol (^{1}R-C≡C-C(^{2}R)(R³)OH) → Pd Catalyst, ligand, solvent, 400-600 psi CO, 90-110 °C → butenolide with SR⁴, 8-64%]

IV.D-5 Brunner, M. and Alper, H., *JOC*, **62**, 7565; Alper, H. et al., *CEJ*, **3**, 417.

[Reaction: allylic alcohol (R, Ph substituted) → CO/H₂, Pd(OAc)₂, dppb, CH₂Cl₂, 100 °C → γ-butyrolactone, 42-65%]

IV.D-6 Ryu, I., Sonoda, N. et al., *JOC*, **62**, 7550.

[Reaction: ^{t}BuS-CH(C₅H₁₁)-CH=CH-I → CO, Bu₃SnH, AIBN, PhH, 100 °C, 5h → thiophenone with C₅H₁₁, 60%]

IV.D-7 Liu, R.-S. et al., *TL*, **38**, 5209 and *CC*, 2055 and *JOC*, **62**, 1986.

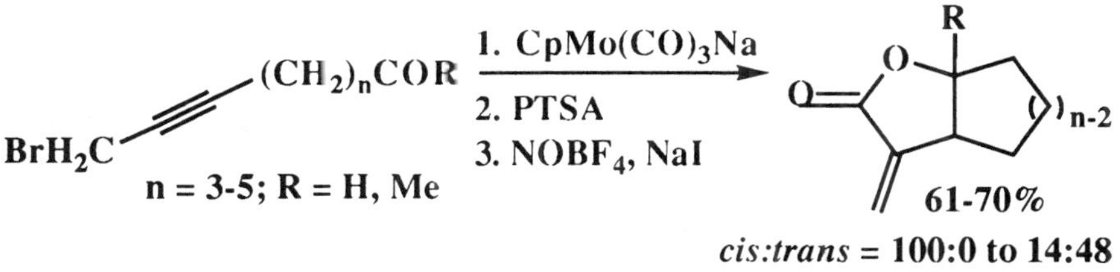

$$BrH_2C-C\equiv C-(CH_2)_nCOR \xrightarrow[\text{3. NOBF}_4, \text{NaI}]{\text{1. CpMo(CO)}_3\text{Na}, \text{2. PTSA}} \text{product}$$

n = 3-5; R = H, Me

61-70%

cis:trans = 100:0 to 14:48

IV.D-8 Gabriele, B. et al., *JCS(P1)*, 147.

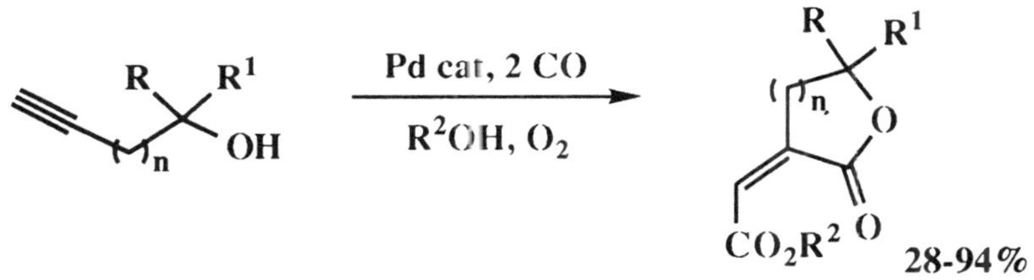

$$\xrightarrow{\text{Pd cat, 2 CO}, R^2OH, O_2}$$

28-94%

IV.D-9 Csuk, R. et al., *TA*, **8**, 1411.

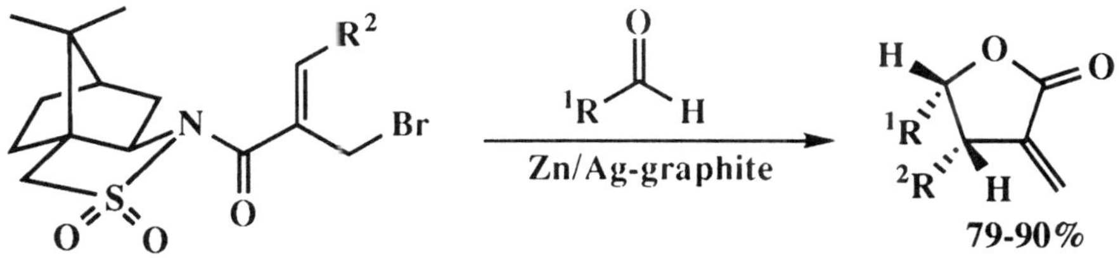

$$\xrightarrow[\text{Zn/Ag-graphite}]{^1R-CHO}$$

79-90%

IV.D-10 Fukuzawa, S. et al., *JACS*, **119**, 1482; Corey, E.J. and Zheng, G., *TL*, **38**, 2045; Taniguchi, N. and Uemura, M., *TL*, **38**, 7199; **see also:** Yus, M. et al., *T*, **53**, 2641.

IV.D-11 Pedersen, S.F. et al., *SL*, 41.

IV.D-12 Deziel, R. et al., *TL*, **38**, 4753.

IV.D-13 Jabre-Truffert, S. and Waegell, B., *TL*, **38**, 835.

IV.D-14 Katritzky, A.R. et al., *JOC*, **62**, 4131.

IV.D-15 Wang, Z. and Lu, X., *TL*, **38**, 5213.

IV.D-16 Snieckus, V. et al., *SL*, 839.

IV.D-17 Kitahara, T. et al., *H*, **46**, 45.

IV.D-18 Kobayashi, S. and Moriwaki, M., *SL*, 551.

IV.D-19 Al-Omran, F., Elnagdi, M.H. et al., *JCR(S)*, 84.

IV.D-20 Lautens, M. et al., *TL*, **38**, 3833.

IV.D-21 Suzuki, K. et al., *TL*, **38**, 8985.

IV.D-22 Cartwright, G.A. and McNab, H., *JCR(S)*, 296.

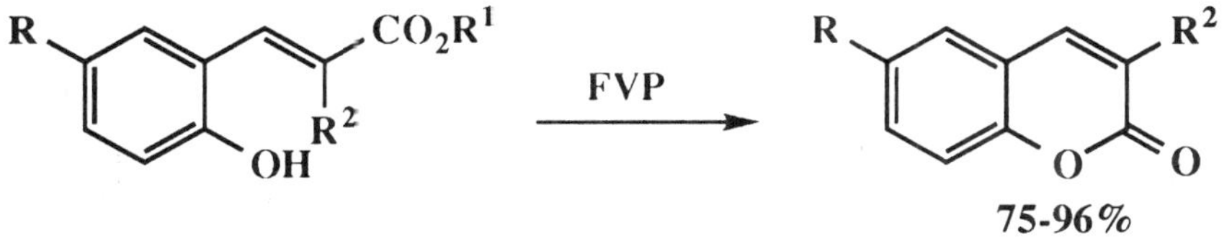

[Scheme: ortho-hydroxy cinnamate ester → coumarin via FVP, 75-96%]

IV.D-23 Speranza, G. et al. *S*, 931.

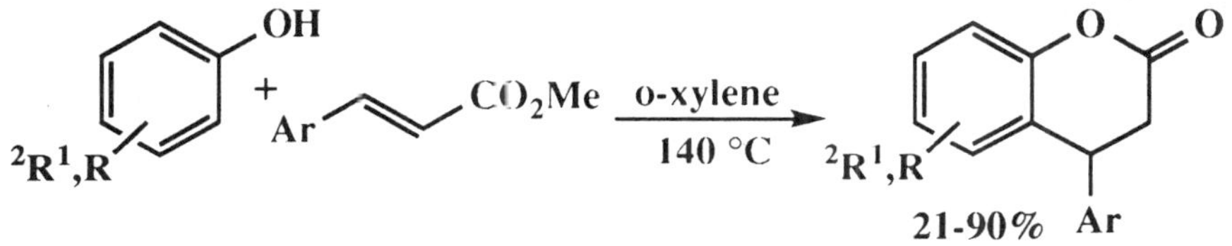

[Scheme: phenol + Ar-CH=CH-CO$_2$Me, o-xylene, 140 °C → 4-aryl chroman-2-one, 21-90%]

IV.D-24 Beam, C.F. et al., *JHC*, 34, 1159.

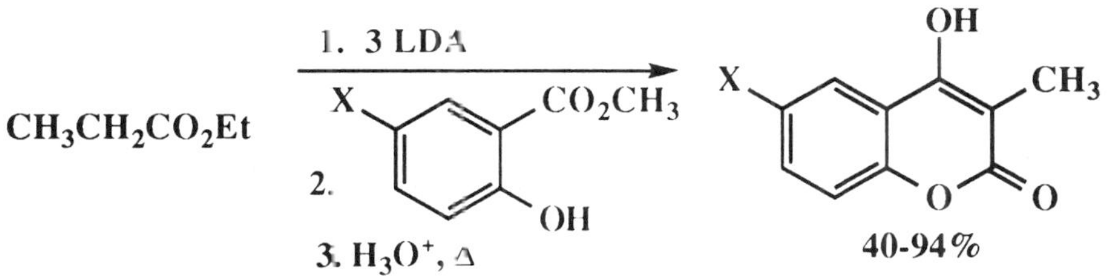

CH$_3$CH$_2$CO$_2$Et

1. 3 LDA
2. [X-substituted methyl salicylate]
3. H$_3$O$^+$, Δ

→ 4-hydroxy-3-methylcoumarin, 40-94%

IV.D-25 Ishikawa, T. et al., *T*, 53, 14915.

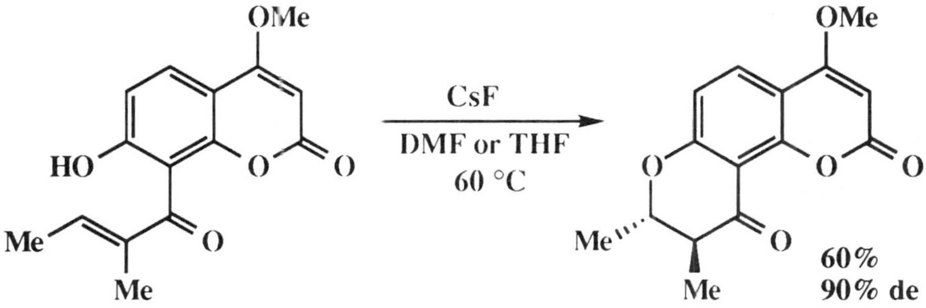

[Scheme: 4-methoxy-7-hydroxy-8-(2-methylbut-2-enoyl)coumarin, CsF, DMF or THF, 60 °C → fused pyranochromenone, 60%, 90% de]

IV.D-26 Litinas, K.E. and Salteris, B.E., *JCS(P1)*, 2869.

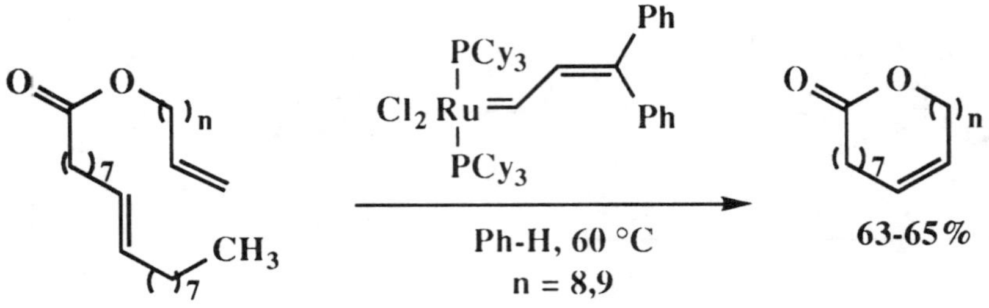
Ph
PCy3
Cl2 Ru
Ph
PCy3
CH3
n
7
7
Ph-H, 60 °C
n = 8,9
63-65%

IV.E. Furans and Thiophenes

IV.E-1 Hosomi, A. et al., *JOC*, **62**, 8610; Takai, K. et al., *JOC*, **62**, 8612.

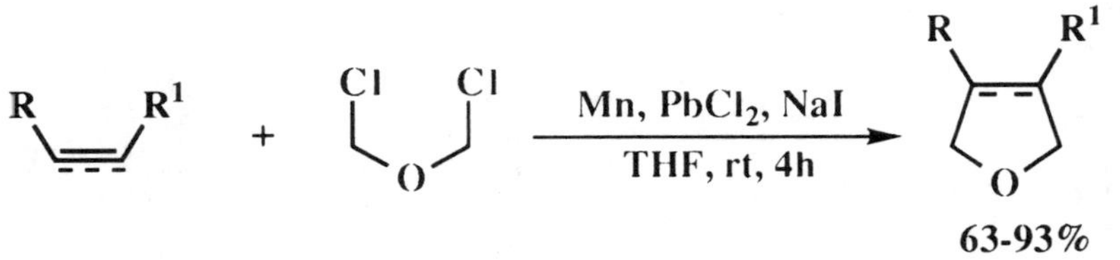
R
R1
Cl
Cl
+
Mn, PbCl2, NaI
THF, rt, 4h
63-93%

IV.E-2 Doyle, M.P. et al., *JOC*, **62**, 7210.

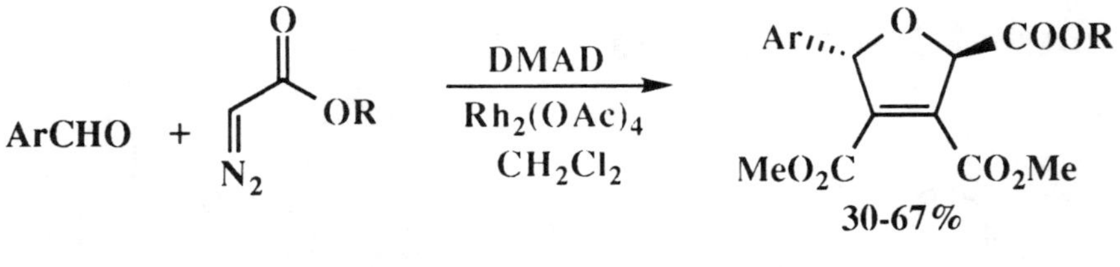
ArCHO
+
OR
N2
DMAD
Rh2(OAc)4
CH2Cl2
Ar
COOR
MeO2C
CO2Me
30-67%

IV.E-3 Calter, M.A. et al., *TL*, **38**, 3837.

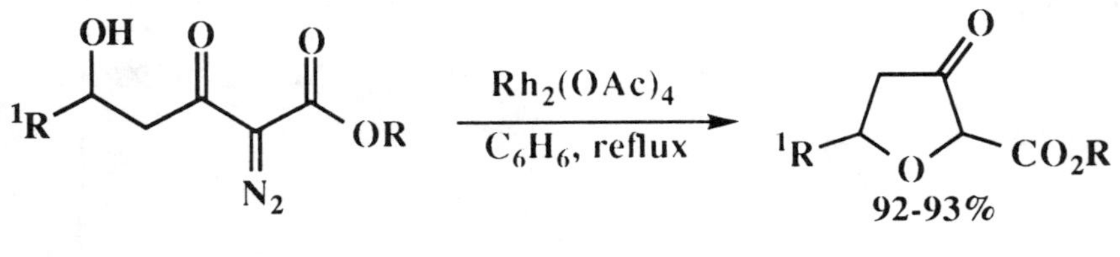
OH
1R
OR
N2
Rh2(OAc)4
C6H6, reflux
1R
CO2R
92-93%

IV.E-4 Clark, J.S. et al., *JOC*, **62**, 4910; McKervey, M.A. et al., *TL*, **38**, 4705.

[Scheme: α-diazo ketone with R^1CH(O-CH$_2$R^2) under Rh(O$_2$CR)$_4$ / CH$_2$Cl$_2$ gives 3-oxotetrahydrofuran with R^1 and R^2 substituents, 18-62%]

IV.E-5 Marsden, S.P. et al., *SL*, 1411; Meyer, C. and Cossy, J., *TL*, **38**, 7861.

[Scheme: silyl-tethered alkene with R group + R'CHO, BF$_3$·Et$_2$O, CH$_2$Cl$_2$, -78 °C → 2,5-disubstituted tetrahydrofuran bearing vinyl group, 65-97%]

IV.E-6 Oriyama, T. and Sano, T, *SL*, 716.

[Scheme: RCH(OMe)$_2$ + TMS-CH$_2$-CH=CH-CH$_2$CH$_2$-OTMS, TMSOTf, MeCN, -20 °C → 2-R-3-vinyl tetrahydrofuran, 82-100%, >98:2 cis:trans]

IV.E-7 Nakai, T. et al., *TL*, **38**, 8939.

[Scheme: R-CH(SnBu$_3$)(O-CH$_2$CH$_2$-CH=CH-OMe), n-BuLi, THF, -78 to 0 °C → 2-R-3-vinyl tetrahydrofuran, 66-67%, >99% trans]

IV.E-8 Lorthiois, E.; Marek, I. and Normant, J.-F., *BSF*, **134**, 333.

[Scheme: alkene-alkyne ether with TMS → 1. sBuLi, Et₂O; 2. ZnBr₂; 3. H₃O⁺ → tetrahydrofuran with Me and C≡C-TMS substituents, 61-63%, ds = 4-11.5:1]

IV.E-9 Giovannini, R. and Petrini, M., *CC*, 1829; **for similar radical cyclizations, see also:** Pancrazi, A. et al., *BSF*, **134**, 183; Journet, M. et al., *JOC*, **62**, 8630; Sha, C.-K. et al., *CC*, 239.

[Scheme: PhSO₂-CH=CH-CH₂-X + 1. R-CH=CH-CH₂OH / KF-Al₂O₃; 2. Bu₃SnH → tetrahydrofuran with R and CH₂SO₂Ph substituents, 50-92%]

IV.E-10 Akiyama, T. and Suzuki, M. *CC*, 2357.

[Scheme: ¹R-C(O)-C(O)-R² + CH₂=CH-CH(Me)-GeR₃ → SnCl₄, toluene, -78 °C → tetrahydrofuran product with ¹R, ²RC(O), Me, GeR₃ substituents]

IV.E-11 Towne, T.B. and McDonald, F.E., *JACS*, **119**, 6022; McDonald, F.E. and Schultz, C.C., *T*, **53**, 16435; Figadere, B. et al., *TL*, **38**, 1413.

[Scheme: geranyl-type diene alcohol → (CF₃CO₂)ReO₃, 2,6-lutidine, CH₂Cl₂ → tetrahydrofuran product, 84%]

IV.E-12 Dumez, E. et al., *CC*, 1831 and 971; Balme, G. et al., *SL*, 845 and *TL*, **38**, 1763.

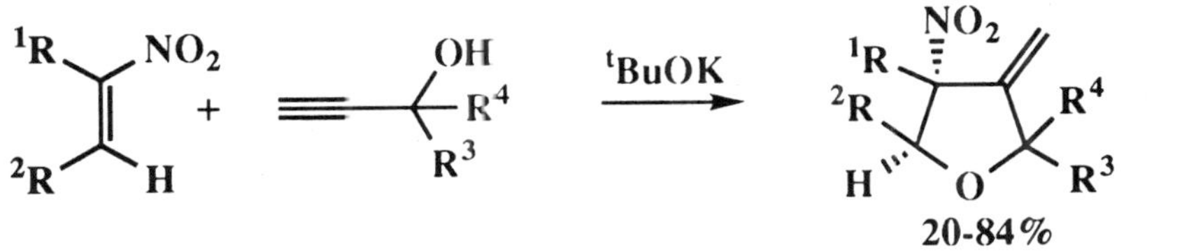

[Reaction scheme: $^1R,^2R$-nitroalkene + HC≡C–C(OH)(R³)(R⁴) →(ᵗBuOK) tetrahydrofuran with NO₂ and exocyclic methylene, 20-84%]

IV.E-13 MaGee, D.I. and Leach, J.D., *TL*, **38**, 8129.

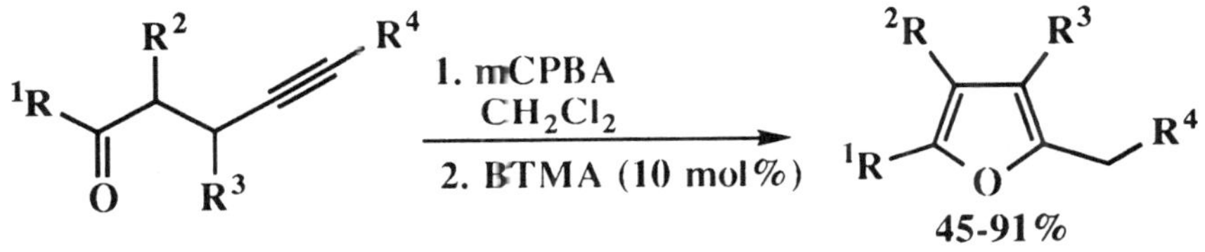

[Reaction scheme: ketone with alkyne →(1. mCPBA, CH₂Cl₂; 2. BTMA (10 mol%)) substituted furan, 45-91%]

IV.E-14 Gabriele, B. and Salerno, G., *CC*, 1083 and *TL*, **38**, 6877.

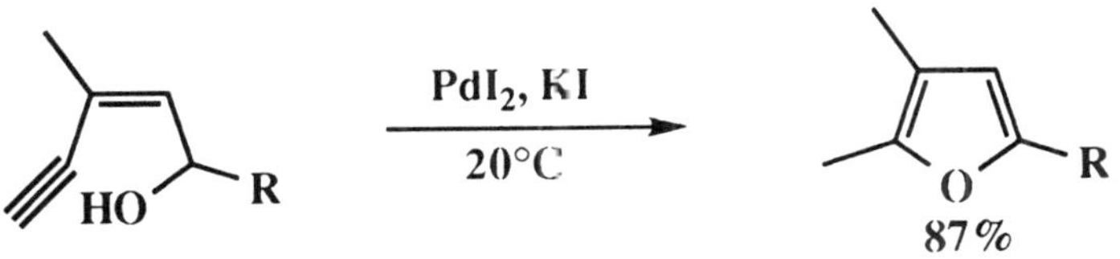

[Reaction scheme: alkynyl allylic alcohol →(PdI₂, KI, 20°C) substituted furan, 87%]

IV.E-15 Cacchi, S. et al., *JOC*, **62**, 5327.

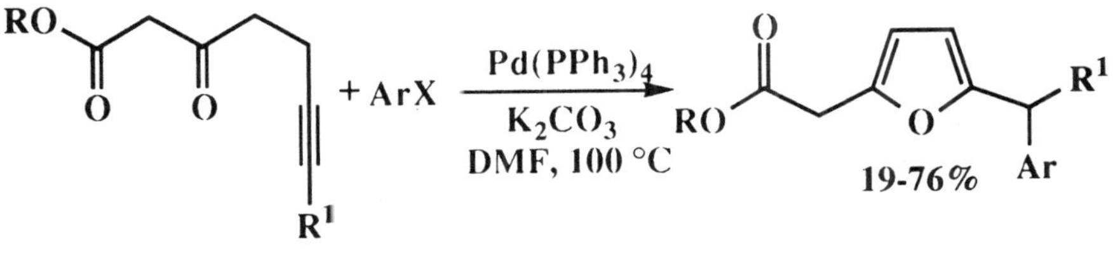

[Reaction scheme: β-ketoester alkyne + ArX →(Pd(PPh₃)₄, K₂CO₃, DMF, 100°C) furan product, 19-76%]

IV.E-16 Nishino, H. et al., *S*, 899; **see also:** Snider, B.B. et al., *JOC*, **62**, 6978; Lee, Y.R. and Kim, B.S., *TL*, **38**, 2095; Hagiwara, H. et al., *TL*, **38**, 2103.

$$\text{R-CO-CH}_2\text{CN} + {}^1R\text{-C(}{}^2R\text{)=C(}R^3\text{)} \xrightarrow{\text{Mn(OAc)}_3 \cdot 2\text{H}_2\text{O}}_{\text{AcOH, reflux}} \text{dihydrofuran}$$

6-88%

IV.E-17 Oshima, K. et al., *BCJ*, **70**, 2039 and *JOC*, **62**, 1910

$$\text{2-iodophenyl prenyl ether} \xrightarrow{\text{Bu}_3\text{MnLi}} \text{3-isopropenyl-2,3-dihydrobenzofuran}$$

similarly for indolines 84%

IV.E-18 Piras, P.P. et al., *S*, 41.

$$\text{aryl 2-methylallyl ether} \xrightarrow{\text{Mo(CO)}_6}_{\text{toluene, 110 °C}} \text{3,3-disubstituted-2,3-dihydrobenzofuran}$$

15-91%

IV.E-19 Kundu, N.G. et al., *JCS(P1)*, 2815; Shiori, T., Aoyama, T. et al., *SL*, 1163; Dehaen, W. et al., *CC*, 1753; Kobayashi, K., Konishi, H. et al., *TL*, **38**, 837.

$$\text{2-iodophenol} + \text{HC≡C-R} \xrightarrow{\text{Pd(PPh}_3)_2\text{Cl}_2}_{\text{CuI, TEA, DMF}} \text{2-substituted benzofuran}$$

0-77%

IV.E-20 Kamigata, N. et al., *TL*, **38**, 8529.

IV.E-21 Obrecht, D. et al., *HCA*, **80**, 531; Andres, D.F., Laurent, E.G. Marquet, B.S. *TL*, **38**, 1049.

IV.E-22 Marson, C.M. and Campbell, J., *TL*, **38**, 7785.

IV.E-23 Kim, D.S.H.L. and Freeman, F., *TL*, **38**, 799.

IV.E-24 Ichikawa, J., Minami, T. et al., *CC*, 1537.

$$\text{[Ar-C(Bu)=CF}_2\text{, Ar = 2-(MeS(O))-C}_6\text{H}_4\text{]} \xrightarrow[\text{CH}_2\text{Cl}_2, 0\,°\text{C}]{\text{TFAA, NEt}_3} \xrightarrow[\text{0 °C to reflux}]{\text{K}_2\text{CO}_3, \text{MeOH}} \text{3-Bu-2-F-benzothiophene, 82\%}$$

IV.E-25 Kang, S.-K. et al., *JOC*, **62**, 4208 and *JCS(P1)*, 797; Lemaire, M. et al., *TL*, **38**, 8867; Durandetti, M. et al., *TL*, **38**, 8683.

$$\text{2-(SnBu}_3\text{)-thiophene} + \text{ArI} \xrightarrow[\text{or MnBr}_2\,(10\,\text{mol\%})]{\text{CuI}\,(10\,\text{mol\%})} \text{2-Ar-thiophene, 75-92\%}$$

IV.F. Pyrroles, Indoles, etc.

IV.F-1 Aoyama, T. et al., *SL*, 1063.

$$\text{R}^1\text{C(O)CH(R}^2\text{)CH(R}^3\text{)NHR}^4 \xrightarrow{\text{Me}_3\text{SiC(Li)N}_2} \text{3-pyrroline (R}^1,R^2,R^3,R^4\text{), 36-81\%}$$

IV.F-2 Maryanoff, B.E. et al., *OS*, **75**, 215.

$$\text{3-(RCO)-1-vinyl-2-pyrrolidinone} \xrightarrow[\text{2. H}_3\text{O}^+, \Delta]{\text{1. NaH, R'-X, THF}} \text{2-R-3-R}^1\text{-1-pyrroline, 51-94\%}$$

IV.F-3 Bettsbrugge, J.V. et al., *T*, **53**, 9233; **see also:** Craig, D. et al., *SL*, 1423 and *CC*, 2141; Edwards, G.L. et al., *SL*, 1441.

[Reaction: HO-CH₂-CH(NHCO₂Et)-CH(Ph)-CO₂R with PPh₃, DEAD, THF, 60 °C → N-CO₂Et pyrrolidine with Ph and CO₂R substituents, 55-63%]

IV.F-4 Karoyan, P. and Chassaing, G., *TL*, **38**, 85; Lorthiois, E., Marek, I., Normant, J.-F., *TL*, **38**, 89.

[Reaction: allyl-N(Bn)-CH₂-CO₂Et with 1. LDA, Et₂O, -78 °C; 2. ZnBr₂, -90 °C; 3. I₂, -90 °C to rt → pyrrolidine with CH₂I and CO₂Et substituents, N-Bn, 99%]

IV.F-5 Coldham, I. et al., *TL*, **38**, 7617 and 7621; **see also:** Coldham, I., et al., *JCS(P1)*, 1481; Tsuge, O. et al., *CL*, 945; Gaebert, C. and Mattay, J., *T*, **53**, 14297.

[Reaction: R-CH(allyl)-N(Bn)-CH₂-SnBu₃ with BuLi, -78 °C to rt then MeOH → pyrrolidine with R and Me substituents, N-Bn, 50-78%, *cis:trans* up to 7:1]

IV.F-6 Mori, M. et al., *JACS*, **119**, 7615; Montgomery, J. et al., *T*, **53**, 16449.

IV.F-7 Naito, T. et al., *H*, **46**, 321; see also: Sha, C.-K., Chu, S.-Y. et al., *CC*, 239.

IV.F-8 Livinghouse, T. et al., *OM*, **16**, 1523; see also: McDonald, F.E. and Chatterjee, A.K., *TL*, **38**, 7687; Cossy, J. et al., *TL*, **38**, 2677 and *JOC*, **62**, 7900.

IV.F-9 Narasaka, K. et al., *BCJ*, **70**, 965.

IV.F-10 Lu, X. and Xu, Z., *TL*, **38**, 3461.

IV.F-11 Iwasawa, N. et al., *JACS*, **119**, 1486.

IV.F-12 Mori, M. et al., *CL*, 825.

IV.F-13 Baba, A. et al., *TL*, **38**, 3265.

[Reaction: R²-substituted allyl-N(R¹)-SnBu₃ + ³R-CH(X)-CHO (X = Br, Cl) → 2-³R, 3-(1-methylethyl with R²)-N-R¹ pyrrole, 56-99%]

IV.F-14 Arcadi, A. and Rossi, E., *SL*, 667.

[Reaction: R-C(O)-CH(R¹)-CH(R²)-C≡CH + ³R-NH₂ → pyrrole with R, R¹, R², R³, and CH₂R² substituents, PhMe, Δ, 76-97%]

IV.F-15 Pavri, N.P. and Trudell, M.L., *JOC*, **62**, 2649; de Leon, C.Y. and Ganem, B., *T*, **53**, 7731; Loubinoux, B. et al., *S*, 1451; Katritzky, A.R. et al., *H*, **44**, 67.

[Reaction: Ar-CH=CH-CO₂Me + TosMIC, NaH, DMSO, Et₂O → 3-CO₂Me, 4-Ar pyrrole (NH), 48-70%]

IV.F-16 Pelkey, E.T. and Gribble, G.W., *CC*, 1873; Lash, T.D. et al., *TL*, **38**, 2031; Cavaleiro, J.A.S. et al., *TL*, **38**, 3639; Ono, N. et al., *JCS(P1)*, 3161; Dumoulin, H. et al., *JHC*, **34**, 13.

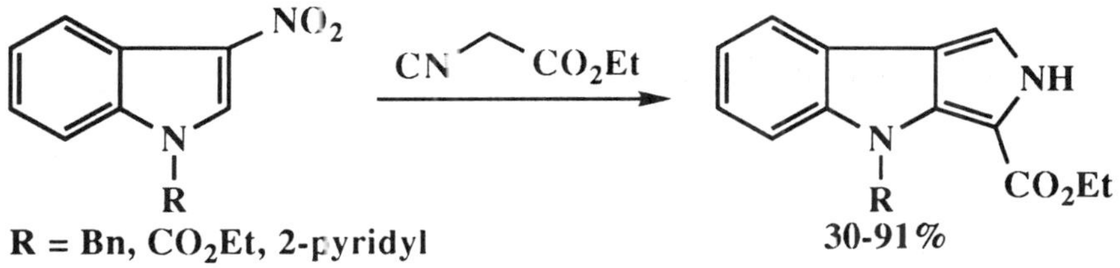
NO2
CN CO2Et
NH
N
R
CO2Et
R = Bn, CO2Et, 2-pyridyl
30-91%

IV.F-17 Pelkey, E.T. and Gribble, G.W., *TL*, **38**, 5603; Tontini, A. et al., *OPP*, **29**, 471; Jones, G.B. and Mathews, J.E., *T*, **53**, 14599; Montevecchi, P.C. et al., *TL*, **38**, 7913.

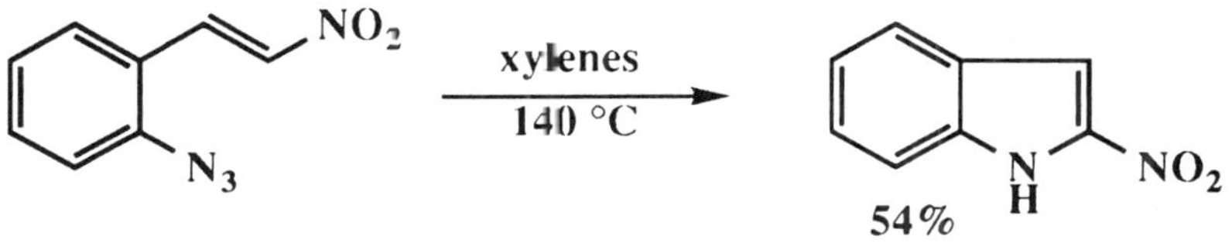
NO2
N3
xylenes
140 °C
N
H
NO2
54%

IV.F-18 Soderberg, B.C. and Shriver, J.A., *JOC*, **62**, 5838.

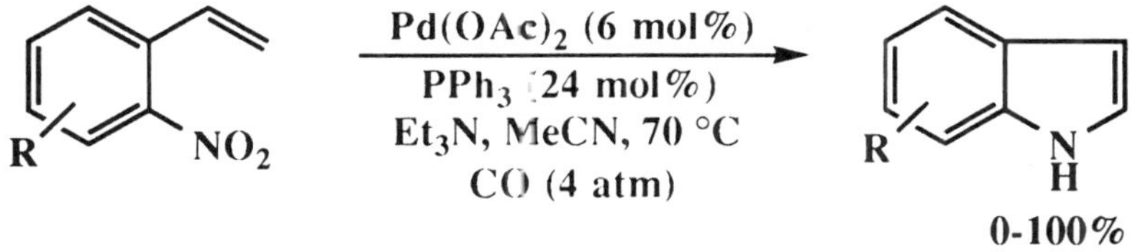
R
NO2
Pd(OAc)2 (6 mol%)
PPh3 (24 mol%)
Et3N, MeCN, 70 °C
CO (4 atm)
R
N
H
0-100%

IV.F-19 Buchwald, S.L. et al., *JACS*, **119**, 8451.

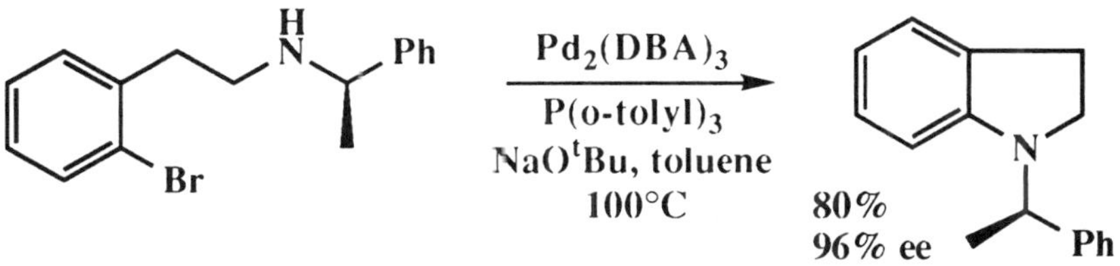
H
N
Ph
Br
Pd2(DBA)3
P(o-tolyl)3
NaOtBu, toluene
100°C
N
80%
96% ee
Ph

IV.F-20 Chen, C. et al., *JOC*, **62**, 2676.

[Reaction: 2-iodoaniline (with ^1R substituent) + R³-CH₂-C(O)-R² → indole with ^1R, R², R³ substituents; Pd(OAc)₂, DMF, DABCO; 55-82%]

IV.F-21 Cacchi, S. et al., *SL*, 1363; Kondo, Y., Kojima, S. and Sakamoto, T., *JOC*, **62**, 6507.

[Reaction: 2-ethynyl-NHCOCF₃-benzene + Ar-I → 3-Ar-indole; Pd₂(DBA)₃, K₂CO₃, DMSO, 40 °C; 56-85%]

IV.F-22 Grigg, R. et al., *T*, **53**, 11803.

[Reaction: N-(2-iodophenyl)-N-(2-methylallyl)-sulfonamide (SO₂Ph) + ArB(OH)₂ → 3-methyl-3-(CH₂Ar)-indoline; Pd(OAc)₂ (10 mol%), PPh₃ (20 mol%), Na₂CO₃, toluene, 90 °C; 58-65%; similarly for oxindoles]

IV.F-23 Rawal, V.H. et al., *TL*, **38**, 6379.

[Reaction: 3,5-dihydroxy-N-(2-bromoallyl)-N-(CO₂Me)aniline → 4,6-dihydroxy-3-methyl-N-CO₂Me-indole; HC, Cs₂CO₃, DMA; 71%]

HC = Hermann's dimeric palladacyclic catalyst

IV.F-24 Murphy, J.A. et al., *TL*, **38**, 7295 and *JCS(P1)*, 1549.

[Reaction: 2-(N-methylsulfonyl-N-(1-R¹-3-bromoallyl)amino)benzenediazonium tetrafluoroborate → 1-SO₂Me-2-R¹-3-CH₂R-indole, NaI/acetone, 44-83%]

IV.F-25 Bailey, W.F. and Carson, M.W., *TL*, **38**, 1329; **see also:** Yokum, T.S. et al., *TL*, **38**, 5111.

[Reaction: N,N-diallyl-2-fluoroaniline → 1-allyl-3-methylindoline, RLi/MTBE]

IV.F-26 Caubere, P. et al., *JCS(P1)*, 2857.

[Reaction: 3-chloro-R-aniline + ketone → 2-substituted indole, 1. TsOH, PhH reflux; 2. NaNH₂, ᵗBuONa, THF, rt, 27-55%]

IV.F-27 Dong, Y. and Busacca, C.A., *JOC*, **62**, 6464.

[Reaction: 2-allyl-R-aniline → 3-(CH₂CH₂R¹)-indole, HRh(CO)(PPh)₃, H₂/CO, 300 psi, PhCH₃, 70 °C, 32-73%]

IV.F-28 Szczepankiewicz, B.G. and Heathcock, C.H., *T*, **53**, 8853; Nagase, H. et al, *H*, **45**, 2109; **for other Fischer syntheses, see also:** Castro, J.L., Street, L.J. et al., *JMC*, **40**, 3497; Brodfuehrer, P.R., Wang, S. et al., *JOC*, **62**, 9192; Maligres, P.E. et al., *T*, **53**, 10983; Sainsbury, M. et al., *JCS(P1)*, 1699; MacLeod, A.M. et al., *JMC*, **40**, 3501.

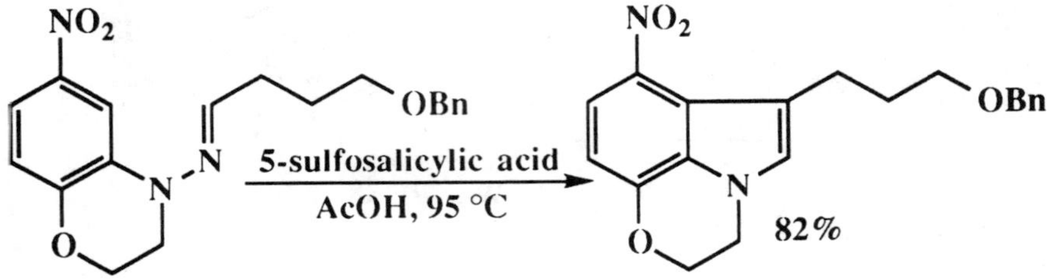

supression of abnormal Fischer using constrained hydrazone

IV.F-29 Ila, H., Junjappa, H. et al., *T*, **53**, 14737; **see also:** Smith, J.O. and Mandal, B.K., *JHC*, **34**, 1441.

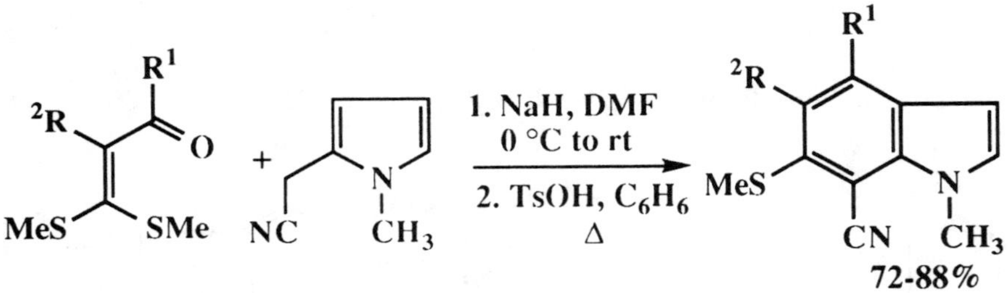

IV.F-30 Engler, T.A. and Wanner, J., *TL*, **38**, 6135.

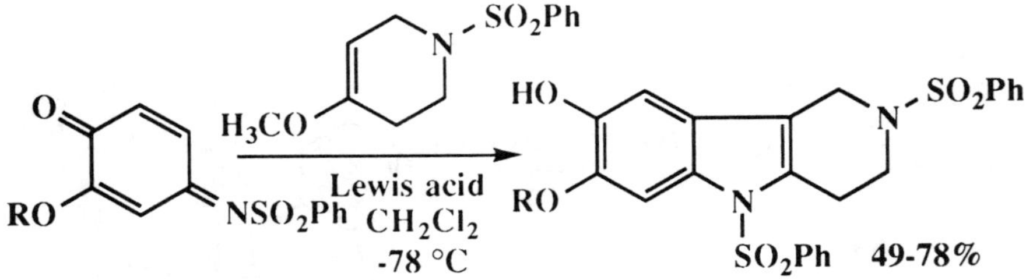

IV.F-31 Dotz, K.H. and Leese, T., *BSF*, **134**, 503.

IV.F-32 Knolker, H.-J. et al., *TL*, **38**, 4051, 533, 1535, and *SL*, 1108, and *JCS(P1)*, 349.

IV.F-33 Yang, C.-C. et al., *JCS(P1)*, 2843.

IV.F-34 Martinelli, M.J. et al., *JOC*, **62**, 982; see also: Vedejs, E. and Monahan, S.D., *JOC*, **62**, 4763.

IV.F-35 Cha, J.K. et al, *JACS*, **119**, 8127.

IV.F-36 Sulikowski, G.A. et al., *T*, **53**, 16521.

IV.F-37 Van Vranken, D.L. et al., *JOC*, **62**, 8600 and *T*, **53**, 16553.

Stereochemistry of 3-Alkylindole Dimerization

IV.F-38 Steglich, W. et al., *CEJ*, **3**, 70; Ohkubo, M. et al., *T*, **53**, 585; Hudkins, R.L. et al., *TL*, **38**, 915; Merlic, C.A. et al, *TL*, **38**, 7661 and 6787; Macor, J.E. et al., *S*, 443.

IV.F-39 Wood, J.L. et al., *JACS*, **119**, 9641.

IV.G. Pyridines, Quinolines, etc.

IV.G-1 Herdeis, C. and Schiffer, T., *S*, 1405.

IV.G-2 Rutjes, F.P.J.T. and Schoemaker, H.E., *TL*, **38**, 677; Dyatkin, A.B., *TL*, **38**, 2065.

IV.G-3 Hirai, Y. et al., *CL*, 221.

BnO / NH-Boc / OH → PdCl$_2$(MeCN)$_2$, THF → BnO-piperidine-N-Boc, vinyl, H 81% (8:1)

IV.G-4 Reese, C.B. et al., *JCS(P1)*, 191.

Cl-CH$_2$CH$_2$-C(H)(OH)-CH$_2$CH$_2$-Cl →
1. ArNH$_2$, K$_2$CO$_3$, NaI, DMF
2. DCC, CF$_3$CO$_2$H, DMSO, C$_6$H$_6$, pyr
3. CH(OMe)$_3$, pTsOH, MeOH, Δ

→ 4,4-(MeO)$_2$-piperidine-N-Ar   74-81%

IV.G-5 Parsons, A.F. and Pettifer, R.M., *TL*, **38**, 5907.

^{2}R, ^{1}R alkene — N(SO$_2$Ph) — CH$_2$CH$_2$CHO → Bu$_3$SnH, AIBN, Ph-H, Δ → 3-(CHR^{1}R^2)-4-OH-piperidine-N-SO$_2$Ph   40-56%

IV.G-6 Cativiela, C. et al., *TL*, **38**, 2547; Akiba, K. et al., *T*, **53**, 5423; Lin, Y.M. and Oh, T., *TL*, **38**, 726; Campos, P.J. et al., *TL*, **38**, 6741.

[Reaction scheme: Bn-N=CH-C*(S)H(OBn)-CH₂OBn + TMSO/OMe diene → N-Bn dihydropyridinone with CH(S)(OBn)CH₂OBn substituent; ZnCl₂, CH₂Cl₂, -40 °C; 65%, 90% de]

IV.G-7 Barluenga, J. et al., *TL*, **38**, 3981; see also: Gierson, J.K.F. et al., *ACS*, **51**, 348.

[Reaction scheme: R^2-substituted diene with R^1 and N-R^3 imine + (OC)₅W=C(OMe)C≡C-R^4 → tetrahydropyridine with W(CO)₅, OMe, R^4, R^3, R^2, R^1 substituents; THF, 20 °C; 65-89%]

first [4+2] of alkynyl Fischer carbenes and heterodienes

IV.G-8 Shibata, K. et al., *S*, 1721 and *SL*, 591; Okada, E. et al., *H*, **46**, 129; Cocco, M.T. et al., *JHC*, **34**, 1283.

[Reaction scheme: CF₃-CO-CH₂-CO-R^1 + H₂N-C(R^2)=CH-Me → pyridine with CF₃, R^2, R^1, Me substituents; reflux, EtOH or MeCN; 29-82%]

IV.G-9 Annunziata, R. et al., *T*, **53**, 9715.

IV.G-10 Katritzky, A.R. et al., *JHC*, **34**, 1259.

IV.G-11 Kobayashi, K. et al., *BCJ*, **70**, 1697.

IV.G-12 Yavari, I. et al., *JCR(S)*, 208 and *M*, **128**, 927; Spagnolo, P. et al., *TL*, **38**, 2171.

IV.G-13 Baik, W. et al., *TL*, **38**, 4579; **see also:** Sano, T., et al., *H*, **45**, 1937

IV.G-14 Strekowski, L. et al., *H*, **45**, 2089.

IV.G-15 Narasaka, K. et al., *SL*, 445.

IV.G-16 Masquelin, T. and Obrecht, D., *T*, **53**, 641.

IV.G-17 Perumal, P.T. and Amaresh, R.R., *SC*, **27**, 337.

IV.G-18 Avendano, C. et al., *SL*, 285.

IV.G-19 Babu, G. and Perumal, P.T., *TL*, **38**, 5025; Kubo, A. et al., *T*, **53**, 6001; Behforouz, M. et al., *TL*, **38**, 2211.

IV.G-20 Compagnone, R.S. et al., *SC*, **27**, 1631.

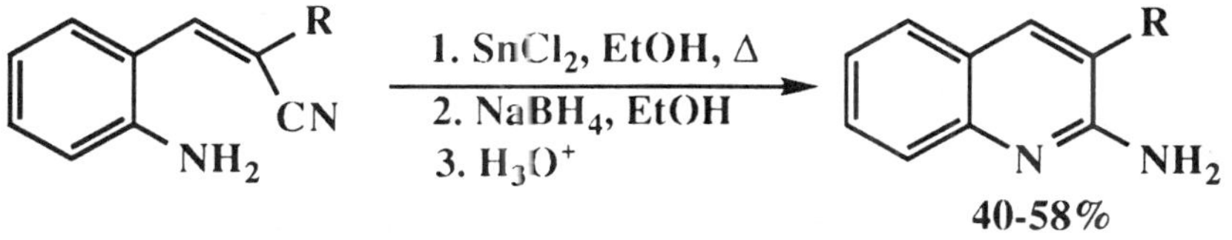
R
CN
NH2
1. SnCl2, EtOH, Δ
2. NaBH4, EtOH
3. H3O+
R
N
NH2
40-58%

IV.G-21 Comins, D.L. et al., *T*, **53**, 16327; Kawai, M. et al., *TA*, **8**, 1487; Bailey, P.D. et al., *JCS(P1)*, 1209; Nakagawa, M. et al., *SL*, 761.

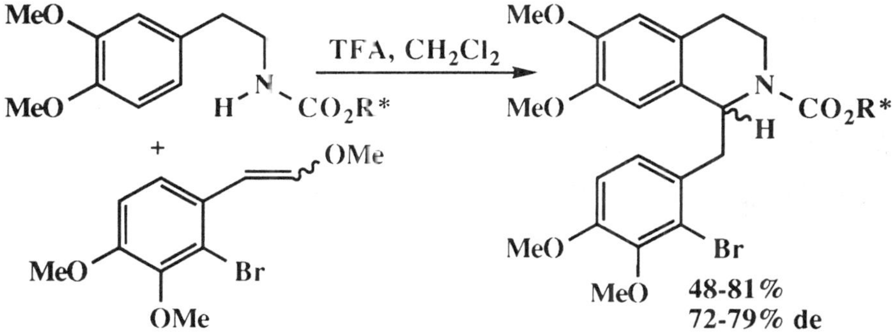
MeO
MeO
H
N
CO2R*
+
OMe
MeO
Br
OMe
TFA, CH2Cl2
MeO
MeO
N
CO2R*
H
MeO
Br
MeO
48-81%
72-79% de

IV.G-22 Giardina, G.A.M. et al., *JMC*, **40**, 1794.

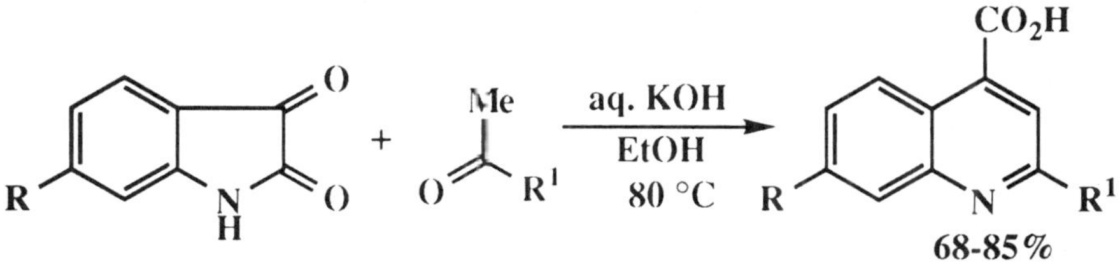
O
R
N
H
O
+
Me
O
R1
aq. KOH
EtOH
80 °C
CO2H
R
N
R1
68-85%

IV.G-23 Sano, T. et al., *CPB*, **45**, 813.

IV.G-24 Murai, S. et al., *TL*, **38**, 9027.

IV.G-25 Liebscher, J. et al., *SL*, 1071.

IV.G-26 Palacios, F. et al., *JOC*, **62**, 1146; Molina, P. et al., *S*, 963.

IV.G-27 Gilchrist, T.L. et al., *T*, **53**, 4447.

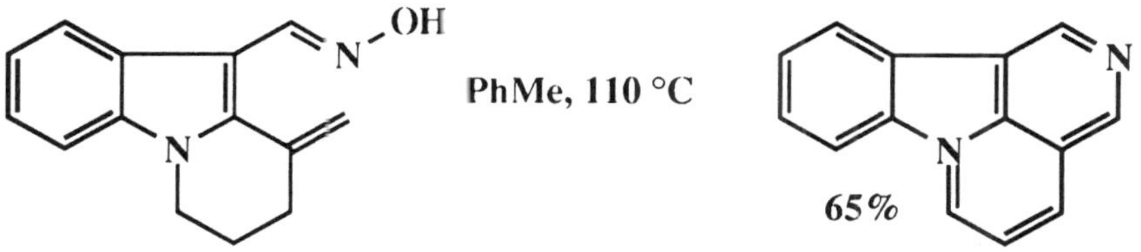
OH
N
N
PhMe, 110 °C
N
N
65%

IV.G-28 Waldmann, H. and Kirschbaum, S., *TL*, **38**, 2829.

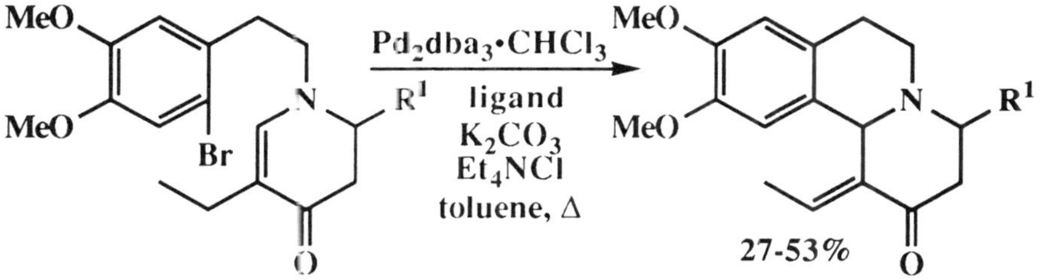
MeO
MeO
Br
N
R1
O
Pd2dba3•CHCl3
ligand
K2CO3
Et4NCl
toluene, Δ
MeO
MeO
N
R1
27-53%
O

IV.G-30 Weidner, J.J. and Peet, N.P., *JHC*, **34**, 1857.

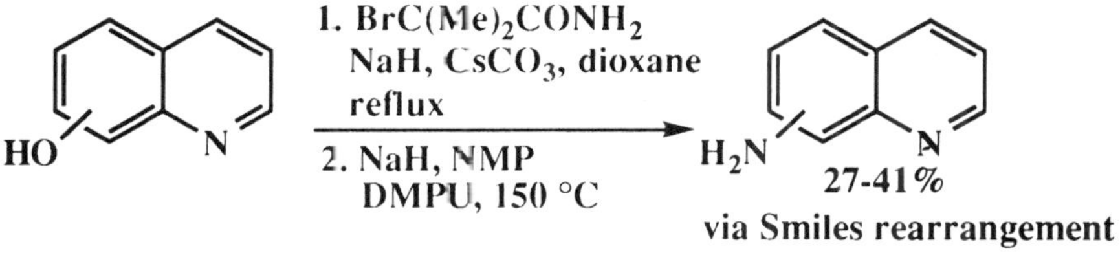
HO
N
1. BrC(Me)2CONH2
NaH, CsCO3, dioxane
reflux
2. NaH, NMP
DMPU, 150 °C
H2N
N
27-41%
via Smiles rearrangement

IV.H Pyrans, Pyrones and Sulfur Analogues

IV.H-1 Marko, I.E. et al., *TL*, **38**, 2895 and 2899.

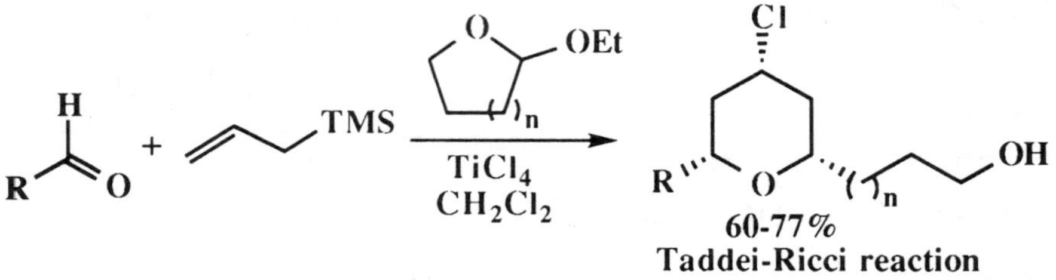

60-77%
Taddei-Ricci reaction

IV.H-2 Dixneuf, P.H. et al., *CC*, 1405.

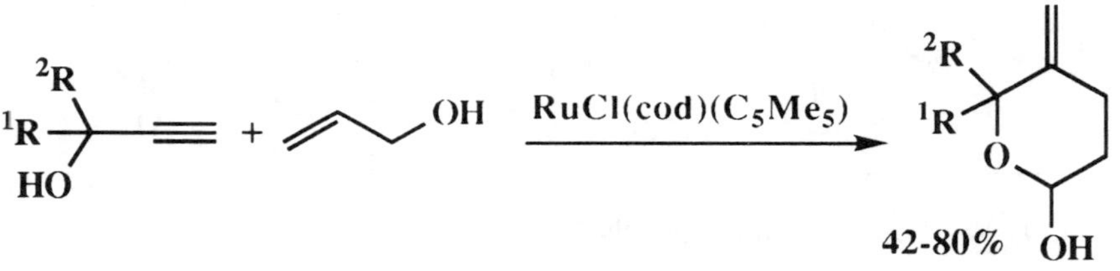

42-80%

IV.H-3 Edmunds, A.J.F. and Trueb, W., *TL*, **38**, 1009; **see also:** Martin, V.S. et al., *JOC*, **62**, 4570; Schneider, C., *SL*, 815; Inoue, H. and Murata, S., *H*, **45**, 847; Edwards, G.L. et al., *T*, **53**, 6171; McDonald, F.E. and Singhi, A.D., *TL*, **38**, 7683; de Koning, C.B. et al., *TL*, **38**, 5055; Orito, K. et al., *S*, 23.

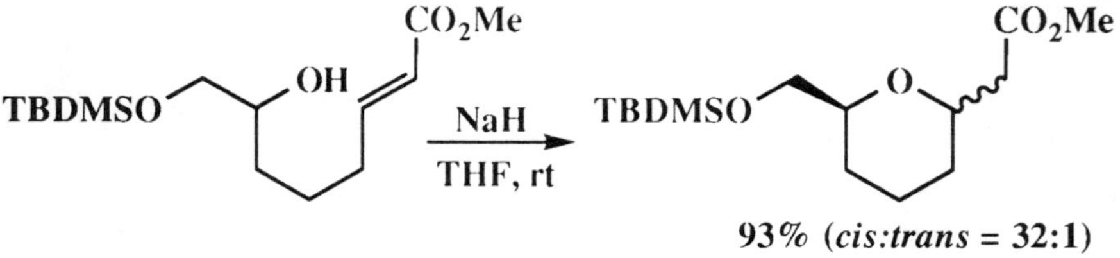

93% (*cis:trans* = 32:1)

SYNTHESIS OF HETEROCYCLES

IV.H-4 Ihara, M. et al., *JCS(P1)*, 991.

Reagents: Bu₃SnH, Et₃B, MAD, toluene, -40 °C; PhMen = *trans*-2-phenylcyclohexyl. 38%, >98% de.

IV.H-5 Rychnovsky, S.D. et al., *JOC*, **62**, 3022.

Reagents: $BF_3 \cdot Et_2O$, HOAc, cyclohexane. 42-51%.

IV.H-6 Evans, P.A. et al., *TL*, **38**, 5249 and 8165.

Reagents: (TMS)₃SiH, Et₃B, PhH. 81%.

IV.H-7 Hiemstra, H., Speckamp, W.N. et al., *JOC*, **62**, 3426.

(E) Lewis acid: 62-94%, *cis:trans* up to 11:89
(Z) Lewis acid: 21-86%, *cis:trans* up to 98:2

IV.H-8 Inanaga, J. et al., *BCJ*, **70**, 1421 and *SL*, 79; Stoodley, R.J. et al., *CC*, 2171; Aggarwal, V.K. et al., *TL*, **38**, 2569; Varelis, P. and Johnson, B.L., *AJC*, **50**, 43; Kleindl, P.J. and Donaldson, W.A., *JOC*, **62**, 4176.

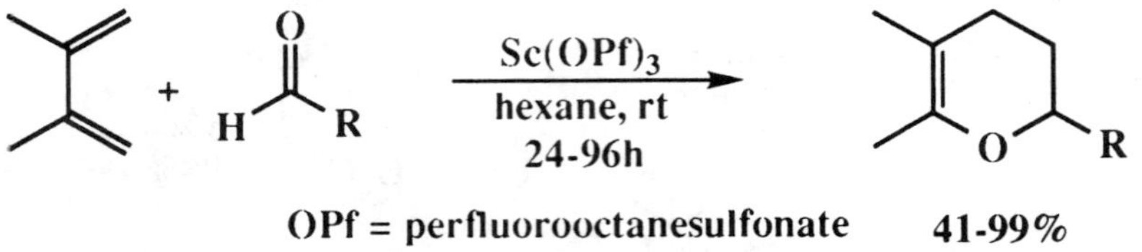

$$\text{diene} + \text{RCHO} \xrightarrow[\text{24-96h}]{\text{Sc(OPf)}_3,\ \text{hexane, rt}} \text{dihydropyran}$$

OPf = perfluorooctanesulfonate   41-99%

IV.H-9 Jorgensen, K.A. et al., *CC*, 2169.

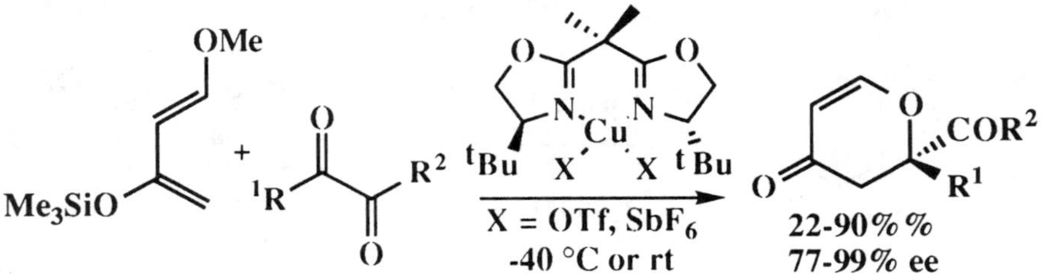

X = OTf, SbF$_6$
−40 °C or rt

22-90%
77-99% ee

IV.H-10 Dujardin, G. et al., *TL*, **38**, 1555; Bogdanowicz-Szwed, K. and Palasz, A., *M*, **128**, 1157; Dondoni, A. et al., *CEJ*, **3**, 424; Pulido, F.J. et al., *S*, 628.

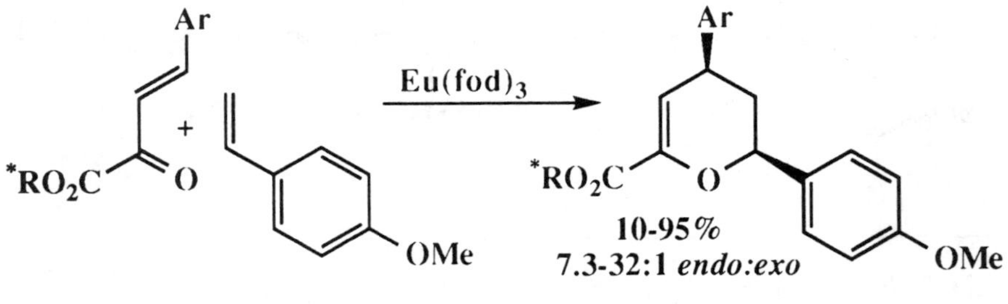

Eu(fod)$_3$

10-95%
7.3-32:1 *endo:exo*

IV.H-11 Hiroi, K. et al., *CPB*, **45**, 759.

IV.H-12 Saito, T. et al., *JCS(P1)*, 2957; Marchand, A., Pradere, J.-P. and Guingant, A., *TL*, **38**, 1033.

IV.H-13 Paquette, L. A. and Zuev, D., *TL*, **38**, 5115 and 5119.

IV.H-14 Hoveyda, A.H. et al., *JACS*, **119**, 1488.

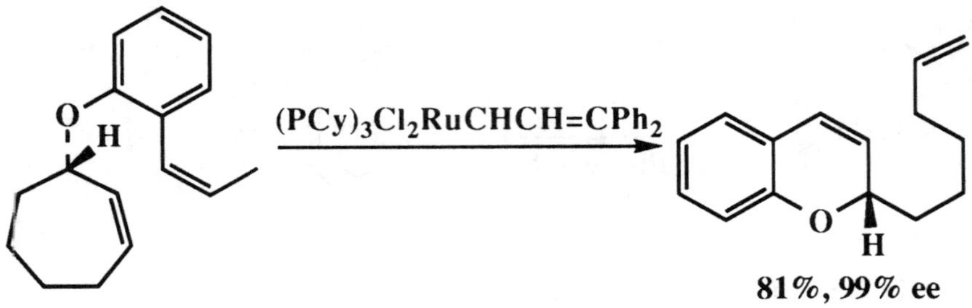
(PCy)3Cl2RuCHCH=CPh2
H
O
H
81%, 99% ee

IV.H-15 Carreira, E.M. et al., *TL*, **38**, 8789.

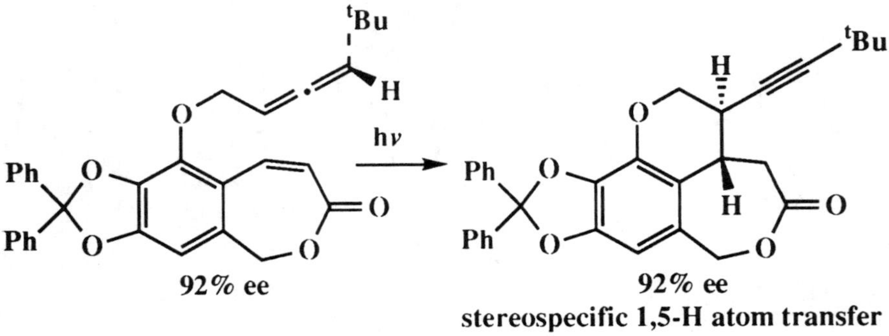
tBu
H
O
hν
Ph
Ph
O
O
92% ee
92% ee
stereospecific 1,5-H atom transfer

IV.H-16 Riva, C. et al., *S*, 195.

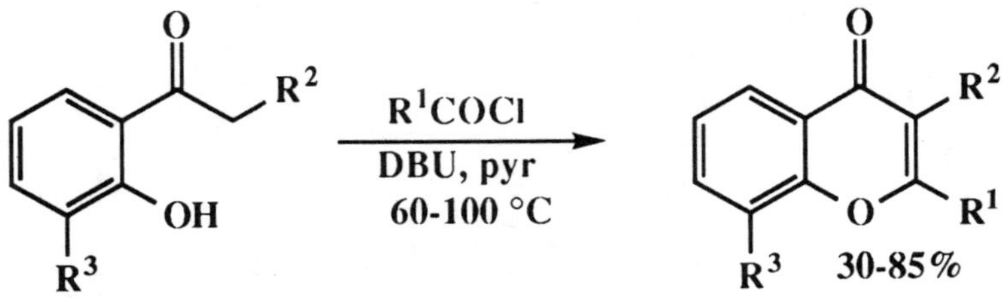
O
R2
OH
R3
R1COCl
DBU, pyr
60-100 °C
R1
30-85%

IV.H-17 Togo, H. et al., *JCS(P1)*, 787.

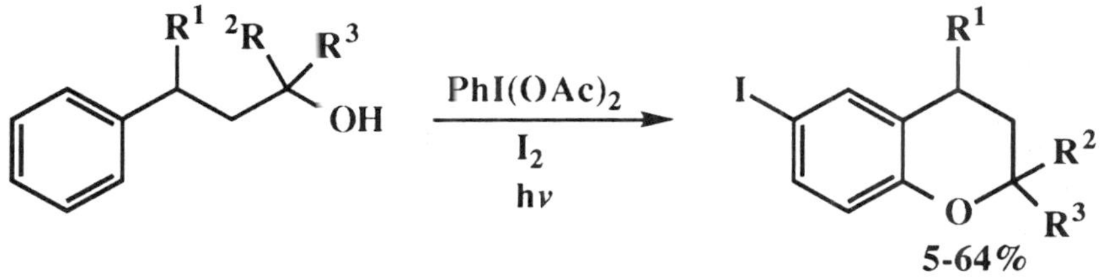

$$\text{PhI(OAc)}_2, \text{I}_2, h\nu$$

5-64%

IV.H-18 Tietze, L.F. et al., *LA*, 887 and 1407.

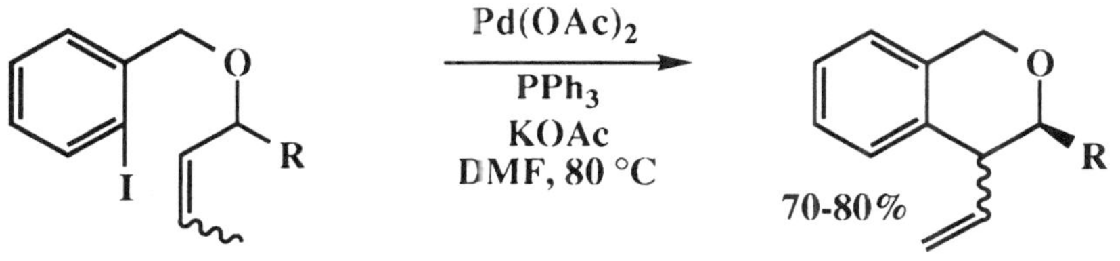

$$\text{Pd(OAc)}_2, \text{PPh}_3, \text{KOAc}, \text{DMF, 80 °C}$$

70-80%

IV.H-19 Miura, M. et al., *CL*, 1103.

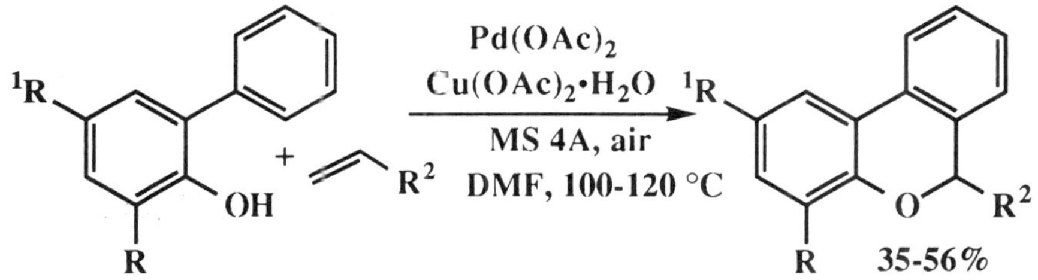

$$\text{Pd(OAc)}_2, \text{Cu(OAc)}_2\cdot\text{H}_2\text{O}, \text{MS 4A, air}, \text{DMF, 100-120 °C}$$

35-56%

IV.H-20 Okuro, K, and Alper, H., *JOC*, **62**, 1566.

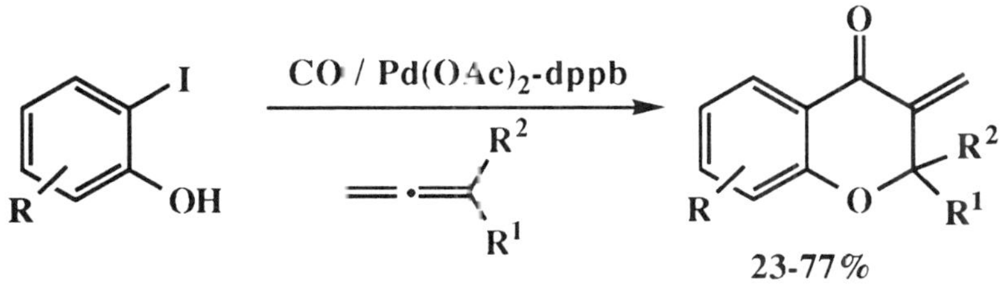

$$\text{CO / Pd(OAc)}_2\text{-dppb}$$

23-77%

IV.H-21 Sartori, G. et al., *JOC*, **62**, 7024; Tsukayama, M., Kunagi, A. et al., *H*, **45**, 1131.

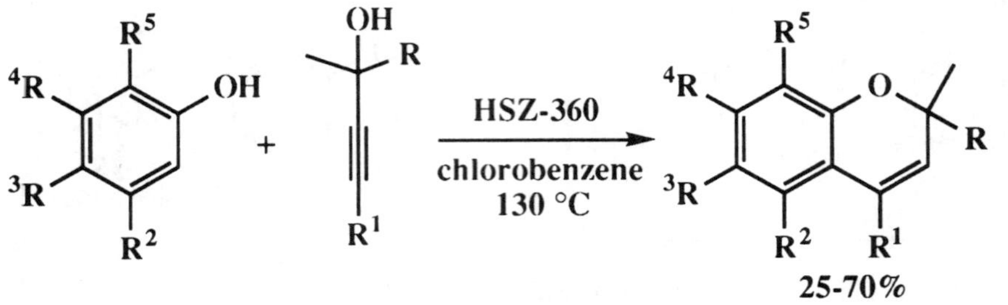

25-70%

IV.H-22 Tyrrell, E. et al., *TL*, **38**, 685.

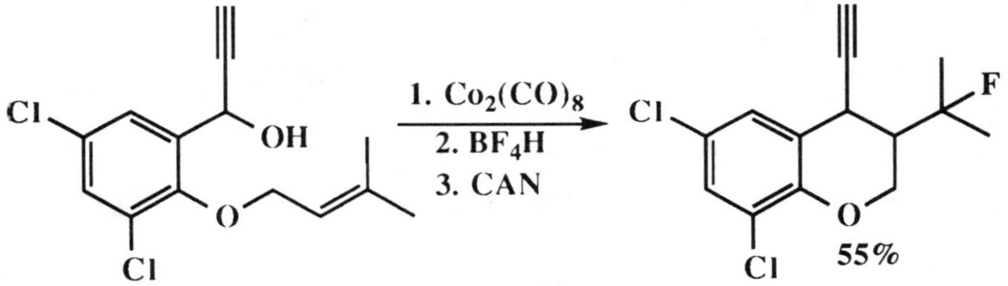

1. $Co_2(CO)_8$
2. BF_4H
3. CAN

55%

IV.H-23 Moore, H.W. et al., *JOC*, **62**, 5658.

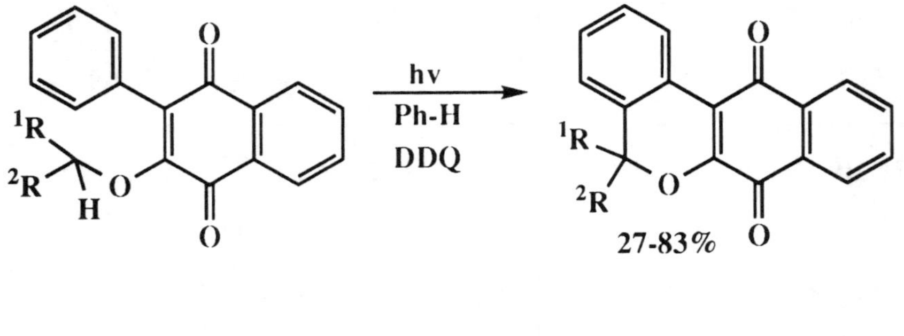

hv
Ph-H
DDQ

27-83%

IV.I. Other Heterocycles with One Heteroatom

IV.I-1 Ciufolini, M.A. et al., *TL*, **38**, 4355.

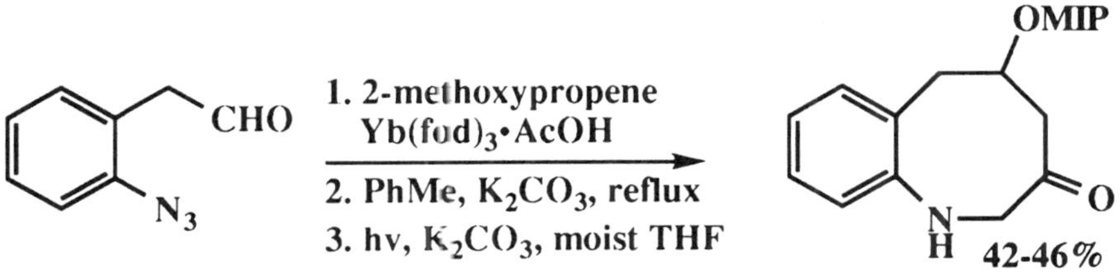
CHO
N3
1. 2-methoxypropene
Yb(fod)3•AcOH
2. PhMe, K2CO3, reflux
3. hv, K2CO3, moist THF
OMIP
O
N
H
42-46%

IV.I-2 Gibson, S.E. et al., *JCS(P1)*, 447.

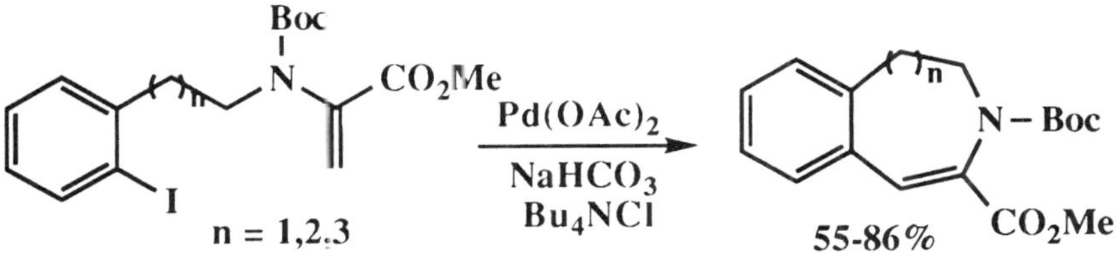
Boc
N
CO2Me
n
I
n = 1,2,3
Pd(OAc)2
NaHCO3
Bu4NCl
n
N – Boc
CO2Me
55-86%

IV.I-3 Barluenga, J. et al., *CEJ*, **3**, 1324.

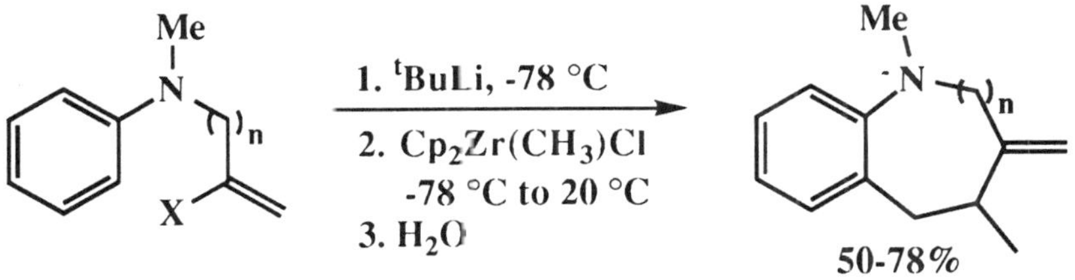
Me
N
n
X
1. tBuLi, -78 °C
2. Cp2Zr(CH3)Cl
-78 °C to 20 °C
3. H2O
Me
N
n
50-78%

IV.I-4 Hoberg, J.O., *JOC*, **62**, 6615.

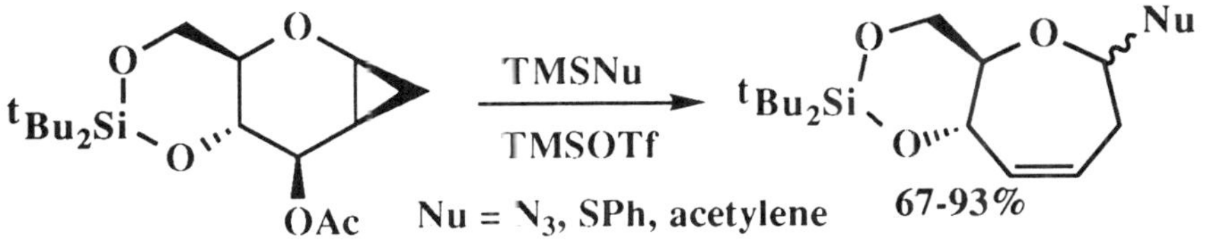
O
O
tBu2Si
O
OAc
TMSNu
TMSOTf
Nu = N3, SPh, acetylene
O
O
Nu
tBu2Si
O
67-93%

IV.I-5 Linderman, R.J. et al., *JACS*, **119**, 6919; **see also:** Crimmins, M.T. and Choy, A.L., *JOC*, **62**, 7548.

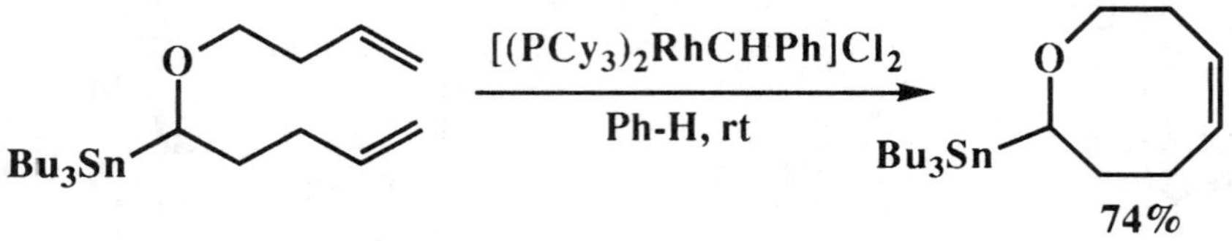

IV.I-6 O'Shea, D.F. and Sharp, J.T., *JCS(P1)*, 3025.

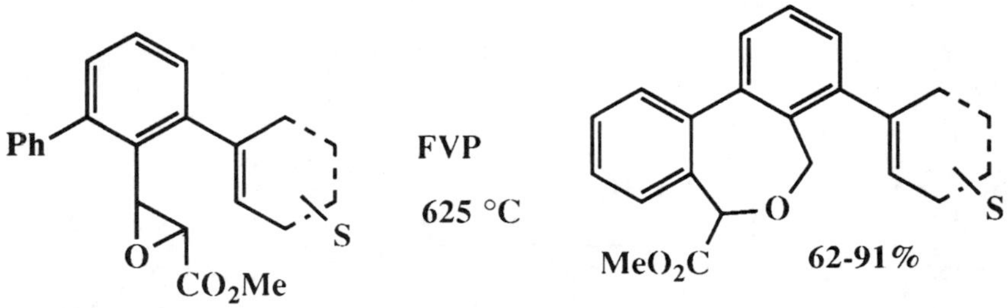

IV.I-7 Chattopadhyay, P. et al., *CC*, 2139.

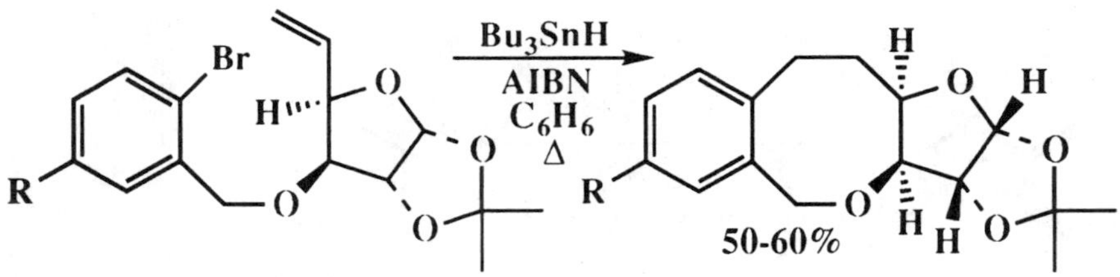

IV.I-8 Cole, T.E. and Gonzalez, T., *TL*, **38**, 8487.

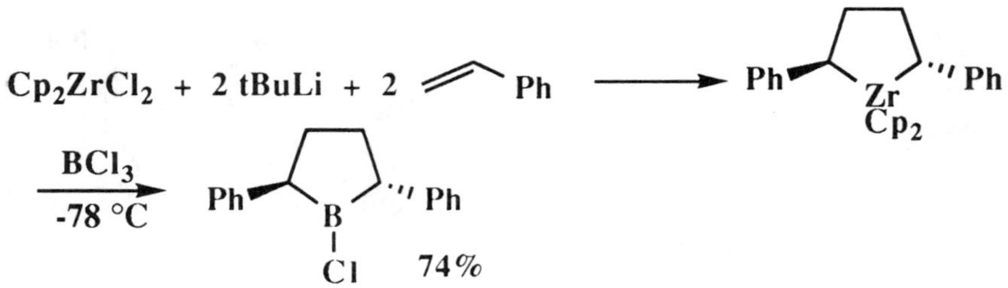

IV.I-9 Palmer, W.S. and Woerpel, K.A., *OM*, **16**, 4824.

IV.I-10 Laws, M.J. and Schiesser, C.H., *TL*, **38**, 8429.

IV.I-11 Kruger, J. and Hoffmann, R.W., *JACS*, **119**, 7499.

IV.J. Heterocycles with a Bridgehead Heteroatom

IV.J-1 Kang, S.H. et al., *TL*, **38**, 603 and 607.

IV.J-2 Fleet, G.W. et al, *TL*, **38**, 5869.

IV.J-3 Katritzky, A.R. et al., *JOC*, **62**, 4148.

IV.J-4 Bowman, W.R. et al., *TL*, **38**, 7937.

[Reaction: N-(ω-bromoalkyl)-3-acetylpyrrole + Bu$_3$SnH, AIBN, PhMe, reflux, n = 1-3 → fused bicyclic pyrrolizine-type product, 45-54%]

IV.J-5 Pearson, W.H. and Mi, Y., *TL*, **38**, 5441.

[Reaction: imine with M-CH$_2$ group and chloroalkyl chain + CH$_2$=CHR, toluene, Δ → bicyclic indolizidine product, 31-79%]

M = SnBu$_3$, TMS
R = SiEt$_3$, SPh, Ph, CO$_2$Me

IV.J-6 Cossy, J. et al., *BSF*, **134**, 141.

[Reaction: N-acyl pyrrolidine bearing alkyne and bromoalkyl chain + Bu$_3$SnH, AIBN, Ph-H, 80 °C, 12h → bicyclic lactam with exocyclic =CH$_2$, 40%]

IV.J-7 Najera, C. and Caturla, F., *TL*, **38**, 3789; Stevenson, P.J. et al., *SL*, 1359.

[Reaction: Ts-CH=CH-CH$_2$-CH$_2$-C(O)NH$_2$ + 1. 2 NaH, DMF; 2. Br-CH$_2$CH$_2$CH$_2$CH$_2$-Br → bicyclic tosyl-substituted lactam, 53%]

IV.J-8 Sato, F. et al., *JACS*, **119**, 6984.

IV.J-9 Carretero, J.C. et al., *TL*, **38**, 8537.

IV.J-10 Momose, T. et al., *JCS(P1)*, 1315.

IV.J-11 Naidu, B.N. and West, F.G., *T*, **53**, 16565.

IV.J-12 Grierson, D.S., Fowler, F.W. et al., *JOC*, **62**, 2093.

IV.J-13 Moody, C.J. and Norton, C.L., *JCS(P1)*, 2639; Wang, S.-F. and Chuang, C.-P., *TL*, **38**, 7597; Ziegler, F.E. and Belema, M., *JOC*, **62**, 1083.

[similar cyclization of chiral aziridinyl radicals to mitosenes]

IV.J-14 Hudlicky, T et al., *TL*, **38**, 8833; see also: Martin, S.F. and Bur, S.K., *TL*, **38**, 7641; Pigeon, P. and Decroix, B., *TL*, **38**, 1041; Lete, E. et al., *JOC*, **62**, 2080; Royer, J. et al., *SC*, **27**, 2817; Steckhan, E. et al., *SL*, 95.

[similar acid mediated annulations]

IV.J-15 Pavri, N.P. and Trudell, M.L., *TL*, **38**, 7993; Singh, S. and Basmadjian, G.P., *TL*, **38**, 6829; see also: Trudell, M.L. et al., *TL*, **38**, 5619.

IV.J-16 Gribble, G.W. et al., *CC*, 993.

IV.K. Heterocycles with Two or More Heteroatoms

IV.K.1a. 5-Membered Heterocycles with 2 N's

IV.K.1a-1 Tiecco, M. et al., *TL*, **38**, 4441.

IV.K.1a-2 Cacchi, S. et al., *SL*, 959.

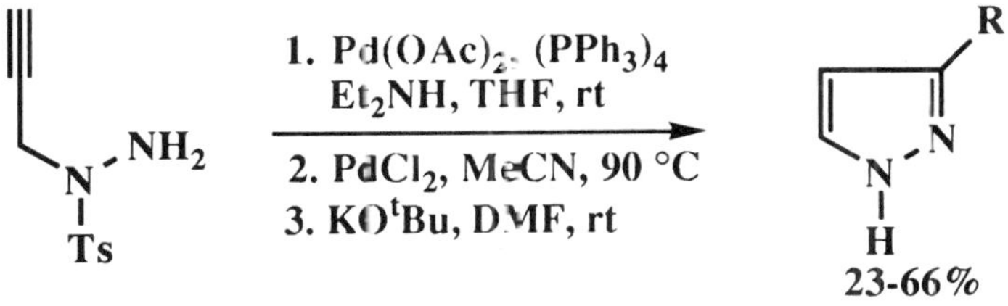
NH2
N
Ts
1. Pd(OAc)2, (PPh3)4
Et2NH, THF, rt
2. PdCl2, MeCN, 90 °C
3. KO^tBu, DMF, rt
R
N
N
H
23-66%

IV.K.1a-3 Yoshimatsu, M. et al., *JCS(P1)*, 695; **see also:** Stang, P.J. and Murch, P., *TL*, **38**, 8793.

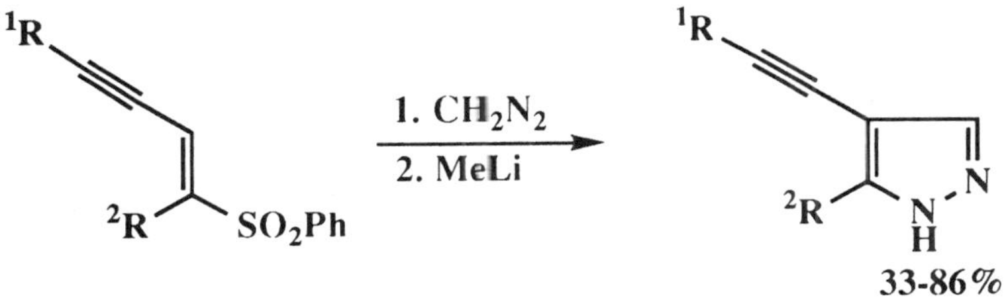
1R
2R
SO2Ph
1. CH2N2
2. MeLi
1R
N
2R
N
H
33-86%

IV.K.1a-4 Carreira, E.M. et al., *JACS*, **119**, 8379 and *JOC*, **62**, 7916.

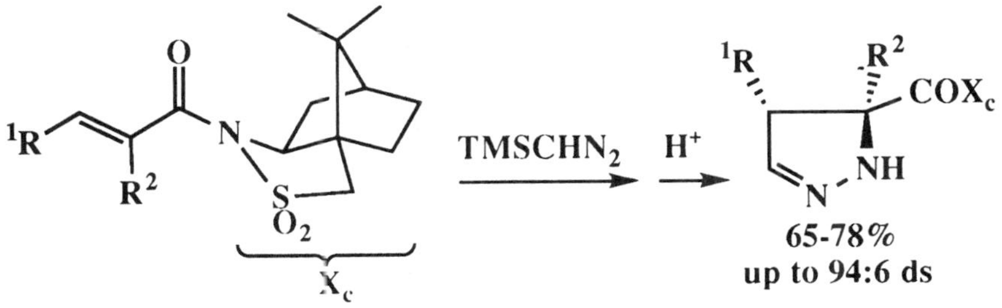
O
1R
R2
N
S
O2
Xc
TMSCHN2
H+
1R
R2
COXc
NH
N
65-78%
up to 94:6 ds

IV.K.1a-5 Viehe, G. et al., *T*, **53**, 1729.

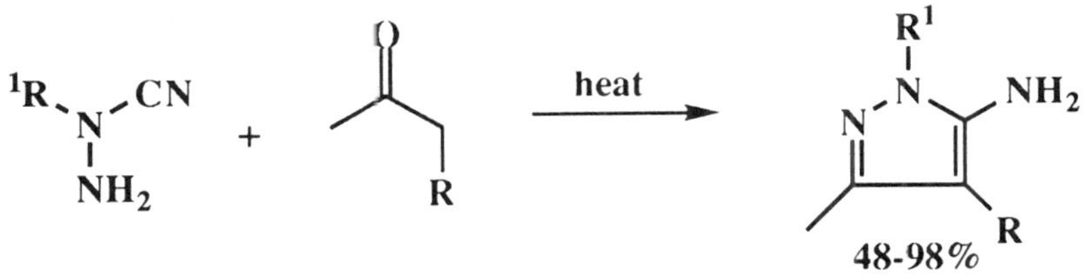
1R
CN
N
NH2
+
O
R
heat
R1
N
N
NH2
R
48-98%

IV.K.1a-6 Huang, W.-Y. and Yu, H.-B., *SL*, 679.

$$ArN\overset{I}{=}\underset{CF_3}{C} + \underset{R}{\overset{H_3C}{C}}=NNPh \xrightarrow[DMF]{NaH} F_3C\underset{Ph}{\overset{R}{\underset{N-N}{\diagdown}}}$$

28-81%

IV.K.1a-7 Takahashi, M. et al., *JHC*, **34**, 1395; Bean, C.F., Metz, C.R. et al., *JHC*, **34**, 1549.

$$F_3C\underset{NHCO_2Et}{\overset{N}{\diagdown}}SO_2NR^1R^2 \xrightarrow{(R^3O)_2CHNMe_2} \underset{CO_2Et}{F_3C\text{-pyrazole-}SO_2NR^1R^2}$$

27-53%

IV.K.1a-8 Granik, V.G. et al., *T*, **53**, 15005.

quinone (O, X) + PhCH=N-NHPh → HO-indazole-Ph (X, Ph)

aza-Nenitzescu

IV.K.1a-9 Halley, F. and Sava, X., *SC*, **27**, 1199.

Br-C6H3(F)-CHO $\xrightarrow{\text{1. CuCN, DMF, }\Delta}_{\text{2. RNHNH}_2,\ \Delta}$ NC-indazole-R

32-90%

IV.K.1a-10 Hirota, K. et al., *SL*, 1409.

[Reaction: 1,3-dimethyl-5-(CH=NR)-6-amino-uracil + PhI(OAc)₂ (4 equiv), DMF, 80 °C → pyrazolo-fused uracil, 40-90%]

IV.K.1a-11 Van Leusen, A.M. et al., *T*, **53**, 11355; Tavani, C. et al., *T*, **53**, 2125; Lin, Y.-R. et al., *JOC*, **62**, 1799.

RCHO → 1. TosNH₂ 2. TOSMIC, K₂CO₃, MeOH, DME, Δ → 4-R-imidazole (NH), 49-94%

IV.K.1a-12 Bailly, F. et al., *JCS(P1)*, 2983; Sedlak, M. et al., *JHC*, **34**, 1227.

[R^2C(O)N(R^1)CH(R)C(S)NH₂ + TMSOTf, TEA, CH₂Cl₂ → 1-R^1, 2-R^2, 4-SH, 5-R imidazole, 13-45%]

IV.K.1a-13 Rolfs, A. and Liebscher, J., *JOC*, **62**, 3480.

[R^1N=C(R^2)–N(R^4)–CH(R^3)–C(=S) precursor → oxidant/base or CH₃I, base; oxidant = I₂/Et₃N, H₂O₂ → 2-R^1, 4-R^2, 5-R^3, 1-R^4 imidazole, 58-95%]

IV.K.1a-14 Li, Y. et al., *JOC*, **62**, 5222.

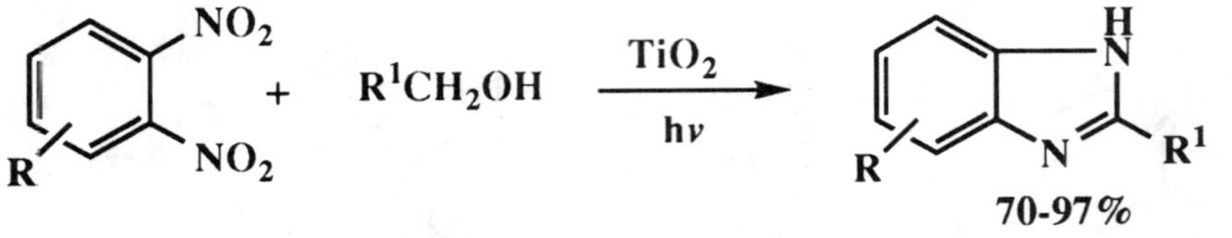

R—C₆H₃(NO₂)₂ + R¹CH₂OH $\xrightarrow[h\nu]{TiO_2}$ benzimidazole-R¹

70-97%

IV.K.1a-15 Prabhakar, S. et al., *TL*, **38**, 3115.

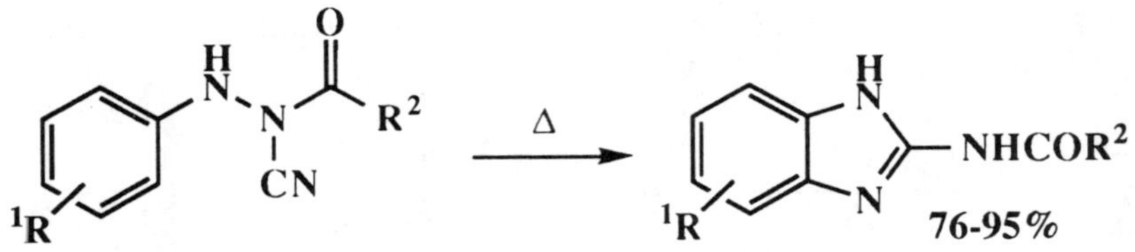

^{1}R-C₆H₄-NH-N(CN)-COR² $\xrightarrow{\Delta}$ ^{1}R-benzimidazol-2-yl-NHCOR²

76-95%

IV.K.1b 6 Membered Heterocycles with 2 N's

IV.K.1b-1 Jaisinghani, H.G. and Khadilkar, B.M., *TL*, **38**, 6875.

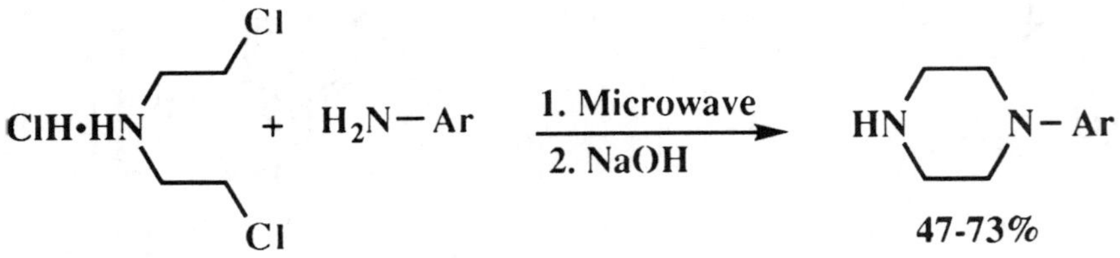

ClH·HN(CH₂CH₂Cl)₂ + H₂N—Ar $\xrightarrow[\text{2. NaOH}]{\text{1. Microwave}}$ HN(CH₂CH₂)₂N—Ar

47-73%

IV.K.1b-2 Wang, T. and Cloudsdale, I.S., *SC*, **27**, 2521.

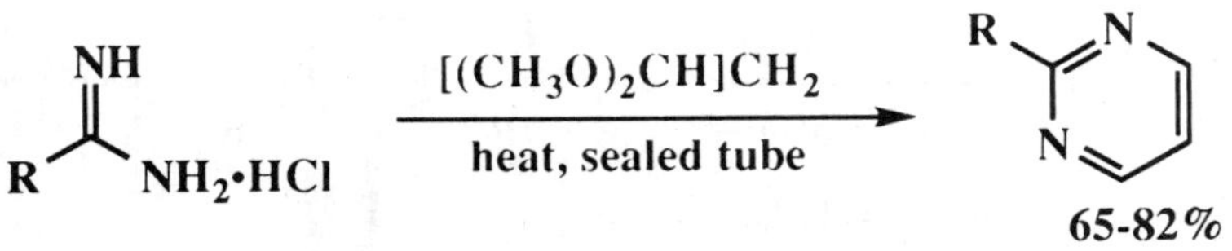

R-C(=NH)NH₂·HCl $\xrightarrow[\text{heat, sealed tube}]{[(CH_3O)_2CH]CH_2}$ 2-R-pyrimidine

65-82%

IV.K.1b-3 Rossi, E et al., *T*, **53**, 14107; Mahajan, M.P. et al., *T*, **53**, 13829 and 13841.

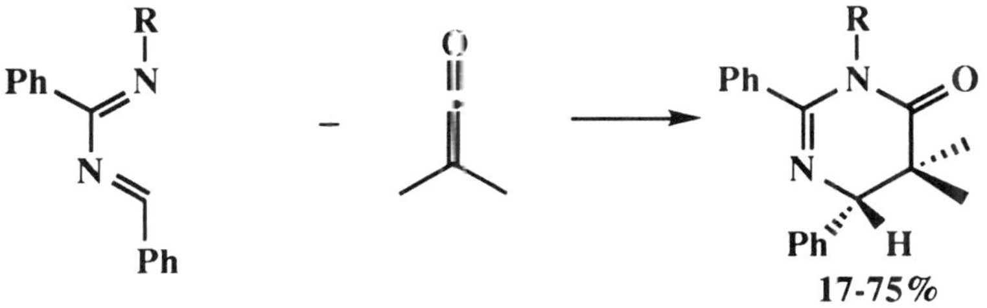

17-75%

IV.K.1b-4 Heldman, D.K. and Sauer, J., *TL*, **38**, 5791.

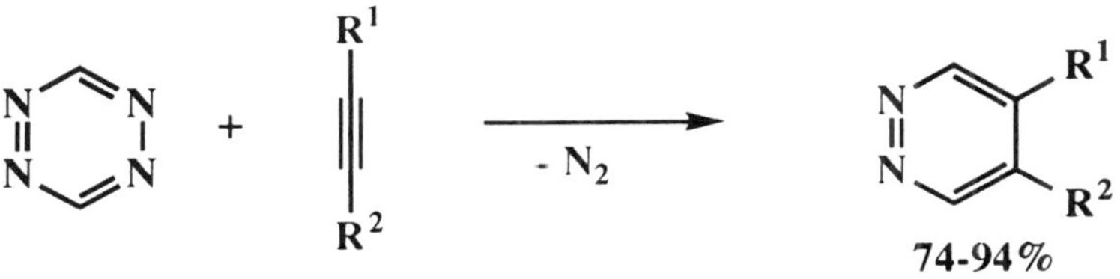

74-94%

IV.K.1b-5 Erba, E. and Sporchia, D., *JCS(P1)*, 3021.

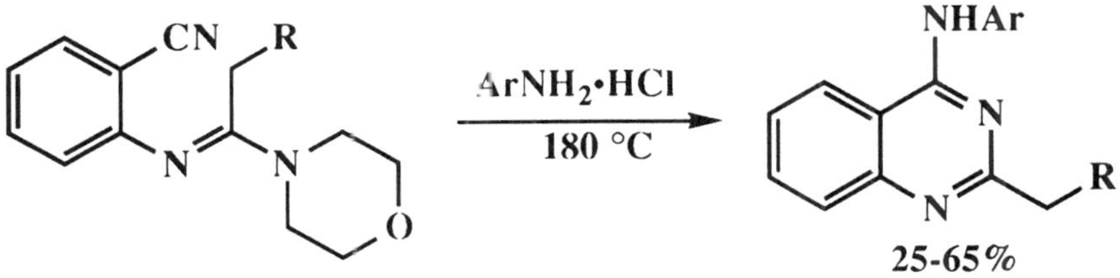

25-65%

IV.K.1b-6 Bandgar, B.P. *SC*, **27**, 2065.

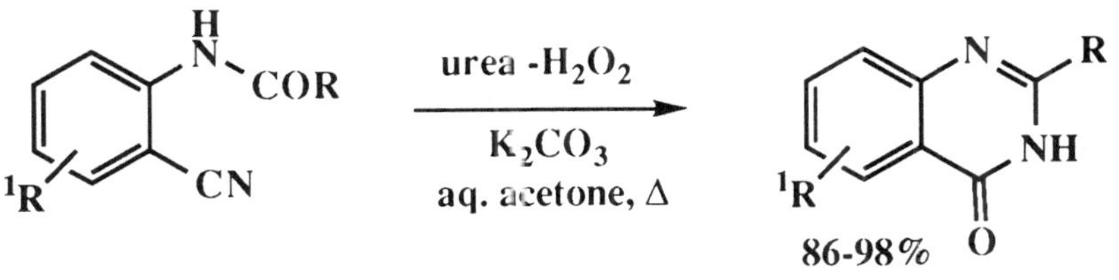

86-98%

IV.K.1c. 7-Membered Heterocycles with 2 N's

IV.K.1c-1 Eguchi, S. et al., *CL*, 869.

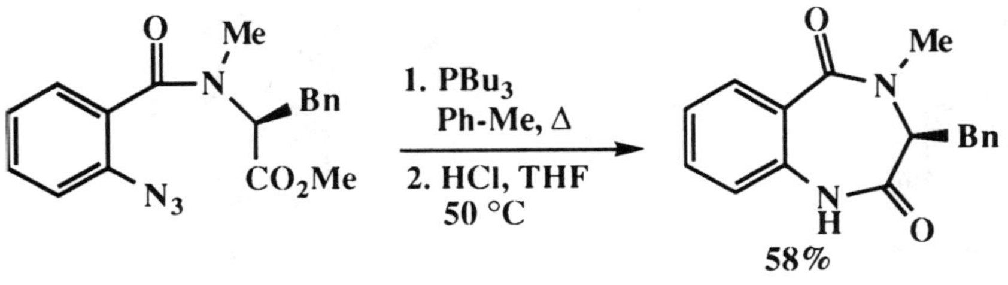

1. PBu_3 Ph-Me, Δ
2. HCl, THF, 50 °C

58%

IV.K.1c-2 Matsuda, K. et al., *SC*, **27**, 2393.

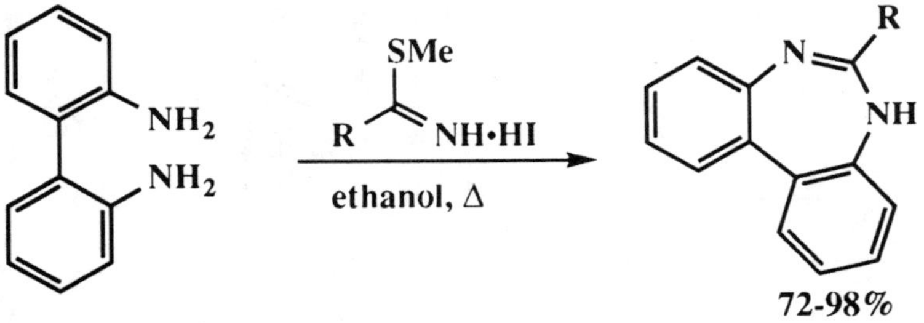

ethanol, Δ

72-98%

IV.K.1c-3 Tarraga, A. et al., *T*, **53**, 15895.

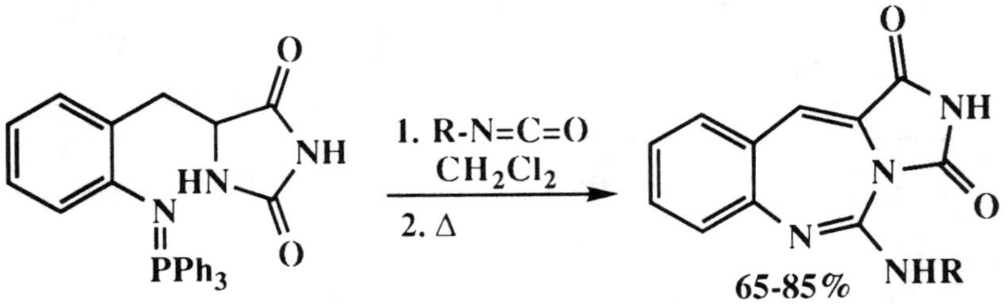

1. R-N=C=O, CH_2Cl_2
2. Δ

65-85%

IV.K.2. Heterocycles with 2 O's or 2 S's

IV.K.2-1 Zhu, Z. and Espenson, J.H., *OM*, **16**, 3658.

IV.K.2-2 Dunach, E et al., *CC*, 95.

IV.K.2-3 Akiyama, T. et al., *CL*, 385.

IV.K.2-4 Coutts, I.G C. et al. *TL*, **38**, 5563.

IV.K.2-5 Plumet, J. et al., *H*, **45**, 1921.

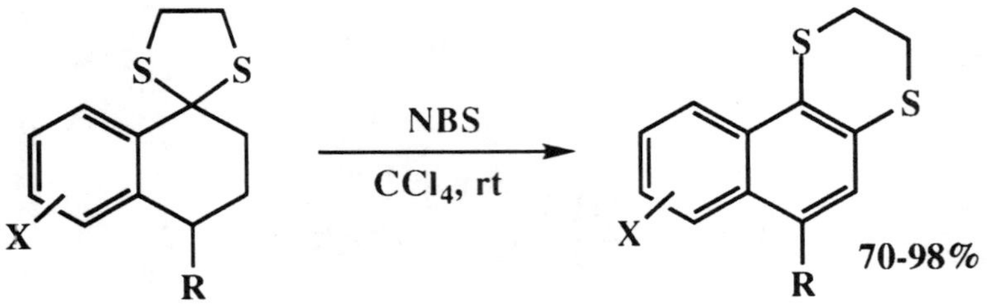

70-98%

IV.K.2-6 Koreeda, M. and Wang, Y., *JOC*, **62**, 446; Salama, P. and Poirier, M., *TA*, **8**, 2757.

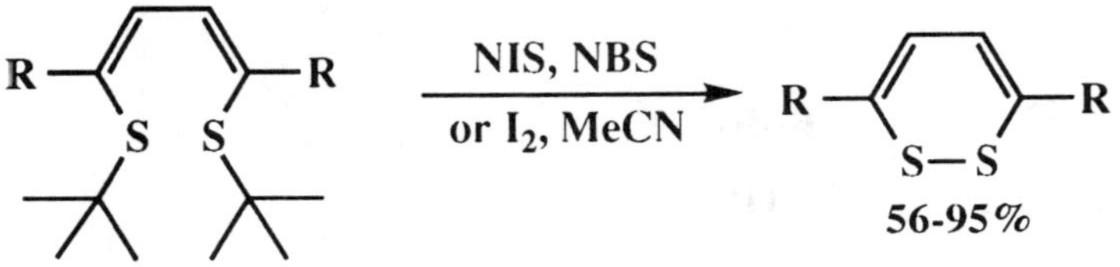

56-95%

IV.K.2-7 Shon, Y.-S. and Lee, T.R., *TL*, **38**, 1283.

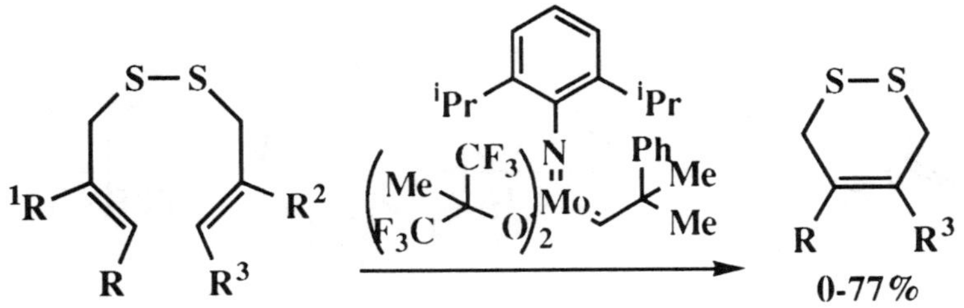

0-77%

IV.K.3. Heterocycles with 1 N and 1 O

IV.K.3-1 Perlmutter, P. et al., *JCS(P1)*, 35.

Ar-C(=O)-N(aziridine)-R →(1. NaI or CF₃SO₃H; 2. NiO₂)→ 2-Ar-4-R-oxazole   40-100%

IV.K.3-2 Bach, T. and Schröder, J., *TL*, **38**, 3707.

Ph/O-oxetane-NBnBoc,R →(TFA, CH₂Cl₂)→ oxazolidinone (Ph, CH₂OH, R, N-Bn)   75%

IV.K.3-3 Lee, J.C. and Hong, T., *TL*, **38**, 8959.

Ar-C(=O)-CH₃ →(Tl(OTf)₃, R–C≡N, reflux)→ 5-Ar-2-R-oxazole   71-87%

IV.K.3-4 Mayo, V.J. and Perumal, P.T., *TL*, **38**, 6889.

(4-R-C₆H₄)-C(=O)-CH₂-N₃ →(DMF, POCl₃, Δ)→ 5-(4-R-C₆H₄)-4-CHO-oxazole   45-61%

IV.K.3-5 Natale, N.R. et al., *TL*, **38**, 7019.

$$R-C(=O)-OEt + HO-CH_2-C(CH_3)_2-NH_2 \xrightarrow{\text{LnCl}_3, \text{nBuLi, Toluene}} R-\text{oxazoline}$$

52-82%

IV.K.3-6 Kobayashi, S. et al., *CL*, 1039.

$$R^1CHO + RNHOH + {}^2R-C(=O)-CR^3=CHR^4 \xrightarrow[\text{MS 4Å} \\ \text{Ph-Me, }\Delta]{\text{Yb(OTf)}_3} \text{isoxazolidine}$$

53-99%
(endo:exo = 3-99:1)

IV.K.3-7 Arcadi, A., *SL*, 941; **see also:** Balme, G. et al., *SL*, 944; Tamura, Y. et al., *TL*, **38**, 3963; Taguchi, T. et al., *TL*, **38**, 615.

$$\text{propargyl carbamate} + R^3-X \xrightarrow[\text{K}_2\text{CO}_3, \text{DMF} \\ 60\,°\text{C}]{\text{Pd(PPh}_3)_4} \text{oxazolidinone}$$

50-80%

IV.K.3-8 Stoner, E.J. et al., *TL*, **38**, 4981.

$$Ar-\equiv-CH(CH_3)-N(OH)-C(=O)NH_2 \xrightarrow[\text{Et}_3\text{N} \\ \text{THF, MeCN, rt}]{\text{Pd(OAc)}_2} \text{isoxazoline}$$

50-87%

IV.K.3-9 El Kaim, L. et al., *TL*, **38**, 8027.

$$\underset{R}{\overset{N^{\nearrow OH}}{\diagup}}\!\!\diagdown\!X \;+\; C=N-R^1 \;\xrightarrow{Na_2CO_3}\; \underset{R}{\overset{N-O}{\diagup\!\diagdown}}\!\!-NHR^1 \quad 0\text{-}93\%$$

IV.K.3-10 Hassner, H. and Easel, Y., *S*, 309; Mioskowski, C. et al., *TL*, **38**, 1547

$$R\!\!\diagdown\!\!NO_2 \;+\; {}^2R-\underset{H}{\overset{|}{C}}\!=CH_2 \;\xrightarrow[DMAP]{(Boc)_2O}\; \underset{{}^1R}{\overset{N-O}{\diagup\diagdown}}\!\!-R^2 \quad 50\text{-}90\%\%$$

[similar "in situ" preparation of nitrile oxides using DAST]

IV.K.3-11 Jorgensen, K.A. et al., *HCA*, **80**, 2039 and *TL*, **38**, 7923; **see also:** Denmark, S.E. et al., *JOC*, **62**, 4610 and 7086; Wilkins, D.J. et al., *JCS(P1)*, 155; Tamura, O., Sakamoto, M. et al., *H*, **46**, 95; Eguchi, S. et al., *JCS(P1)*, 1581; Basak, A. et al., *TL*, **38**, 2535, Ohta, A. et al., *CPB*, **45**, 962; Carboni, B. et al., *TL*, **38**, 6665; de March, Figueredo, M. et al., *JOC*, **62**, 7781.

65-82%%, 48-70% ee, *endo:exo* up to 100:0

IV.K.3-12 Curran, D.P. and Yoon, M.-H., *T*, **53**, 1971.

Can an Aromatic Ring Alter the Reactions of a Nearby Saturated Imide? A Study of the Rate and Selectivity of Nitrile Oxide Cycloaddition Reactions of Acryloyl Derivatives of the Rebek Imide Benzoxazole

IV.K.3-13 Easton, C.J. et al., *CC*, 1517.

A Cyclodextrin to Reverse the Regioselectivity of Nitrile Oxide Cycloaddition to a Terminal Alkene

IV.K.3-14 Wallace, R.H. et al., *TL*, **38**, 6795; Tamura, O., Sakamoto, M. et al., *TL*, **38**, 429; Grigg, R. et al., *T*, **53**, 14339, 15051 and *TL*, **38**, 7777; Soufiaoui, M. et al., *TL*, **38**, 8855.

IV.K.3-15 Eichinger, K. et al., *JPC*, **339**, 92.

IV.K.3-16 Stambach, J.F. et al., *H*, **45**, 1825.

$$\underset{^2R}{\overset{^1R}{>}}\!\!\!\underset{CN}{\overset{OH}{<}} + \underset{^3R}{\overset{O}{\|}}\!\!\!R^4 \xrightarrow[\text{Ac}_2\text{O, 40 °C}]{\text{H}_2\text{SO}_4\text{, AcOH}} \text{oxazolidinone}$$

60-82%

IV.K.3-17 Bazureau, J.P. et al., *T*, **53**, 6351; Nishiyama, K. et al., *H*, **45**, 1405.

$$\text{Me-C(=N-CH(CO}_2\text{Me)}_2\text{)-OEt} \xrightarrow[\text{neat, 70 °C}]{\text{RCHO}} \text{oxazoline}$$

64-91%

IV.K.3-18 Freeman, F. et al., *S*, 861.

$$\underset{\text{H}}{\overset{\text{NC}}{>}}\!\!\!\underset{\text{NH}_3\cdot\text{OTs}}{\overset{\text{CN}}{<}} + R-COOH \xrightarrow[\text{pyridine}]{\text{DCC}} \text{4-amino-5-cyanooxazole}$$

22-82%

IV.K.3-19 DeLuca, M.R. and Kerwin, S.M., *T*, **53**, 457.

$$\text{2-acyloxy-anilide} \xrightarrow[\text{Ph-H, }\Delta]{\text{PTSA}} \text{benzoxazole}$$

74-98%

IV.K.3-20 Varma, R.S. et al., *TL*, **38**, 2621.

$$\text{2-hydroxyaryl imine} \xrightarrow[\text{MeCN}]{\text{PhI(OAc)}_2} \text{2-aryl benzoxazole}$$

82-93%

IV.K.3-21 Lhommet, G. et al., *JCS(P1)*, 2163.

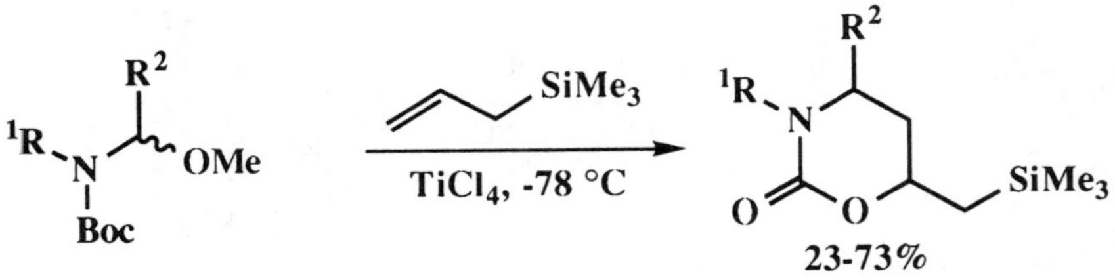

^1R-N(Boc)-CH(R^2)-OMe + allyl-SiMe$_3$ →[TiCl$_4$, -78 °C] cyclic carbamate with R^2, ^1R-N, CH$_2$SiMe$_3$

23-73%

IV.K.3-22 Kawase, M. et al., *H*, **45**, 2185.

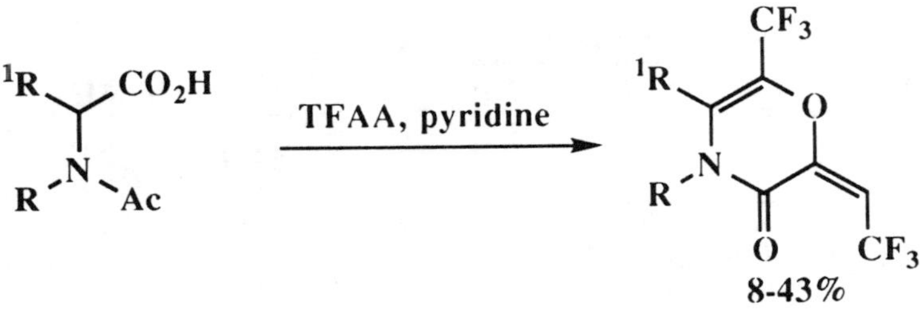

^1R-CH(CO$_2$H)-N(Ac)-R →[TFAA, pyridine] morpholinone with CF$_3$ groups

8-43%

IV.K.3-23 Khajavi, M.S. et al., *JCR(S)*, 286.

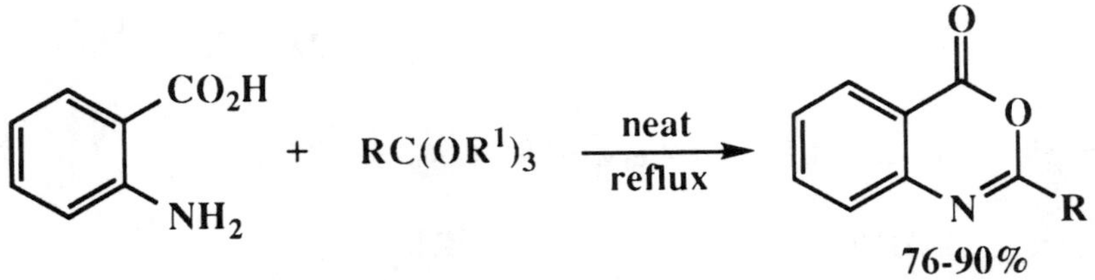

2-aminobenzoic acid + RC(OR^1)$_3$ →[neat, reflux] 4H-benzo[d][1,3]oxazin-4-one with R at position 2

76-90%

IV.K.4. Heterocycles with 1 N and 1 S

IV.K.4-1 Marco, J.L. and Ingate, S., *TL*, **38**, 4835.

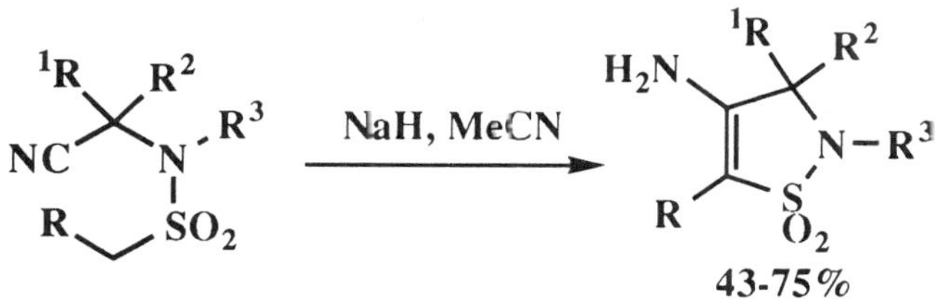

43-75%

IV.K.4-2 Rees, C.W. et al., *JCS(P1)*, 1617.

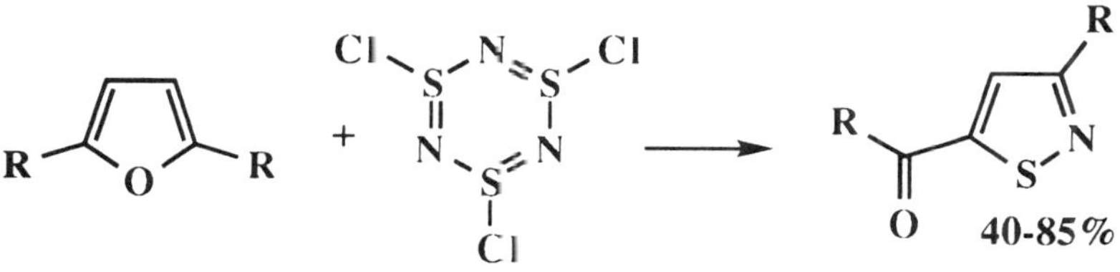

40-85%

IV.K.4-3 Torii, S. et al., *JOC*, **62**, 3610 and *JCS(P1)*, 637.

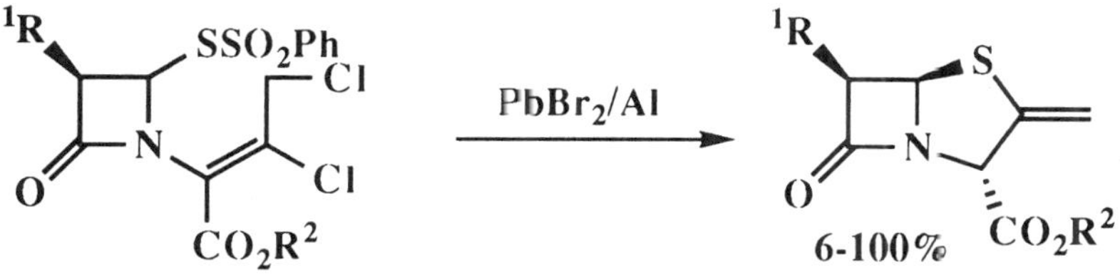

6-100%

IV.K.4-4 Gallagher, T., Hales, N.J. et al., *JOC*, **62**, 3438.

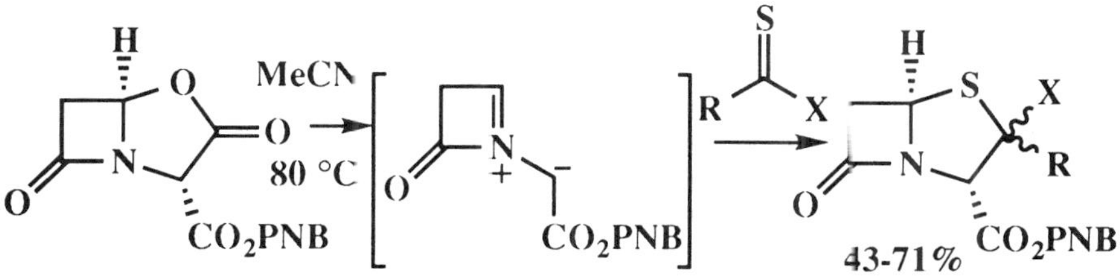

43-71%

IV.K.4-5 Hanumanthu, P. et al., *SC*, **27**, 1487.

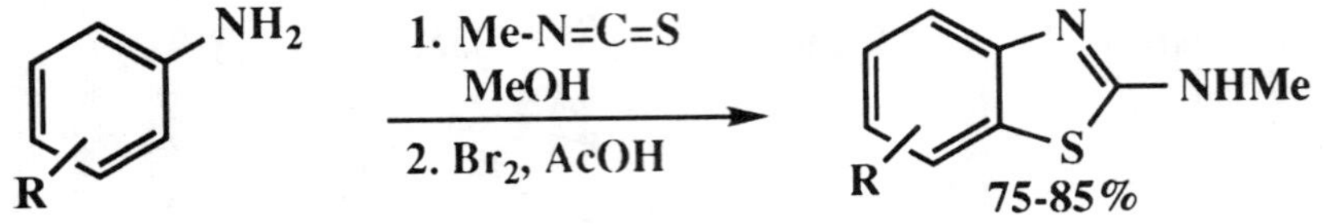
NH2
R
1. Me-N=C=S
MeOH
2. Br2, AcOH
N
S
NHMe
R
75-85%

IV.K.4-6 Besson, T. et al., *SC*, **27**, 2275.

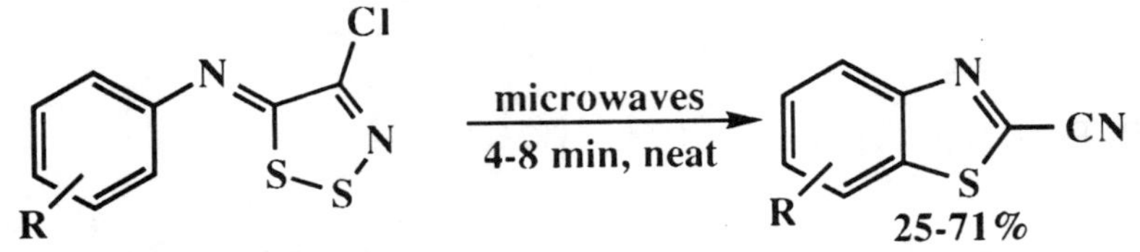
Cl
N
N
S
S
R
microwaves
4-8 min, neat
N
S
CN
R
25-71%

IV.K.4-7 Bravo, P., Zanda, M. et al., *JCR(S)*, 416.

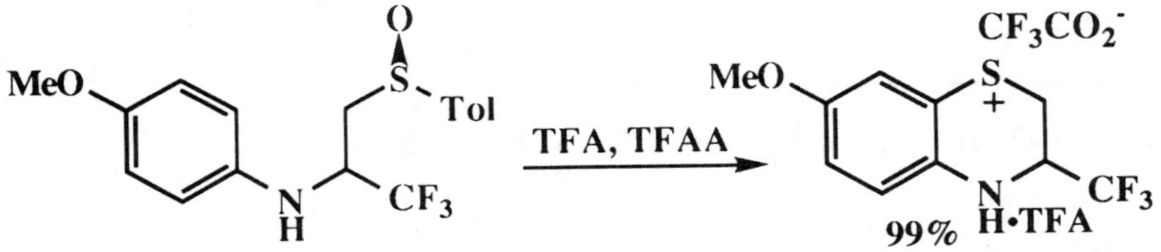
O
MeO
S
Tol
N
H
CF3
TFA, TFAA
CF3CO2-
MeO
S
+
N
H•TFA
CF3
99%

IV.K.4-8 McClelland, C.W. et al., *JCR(S)*, 356.

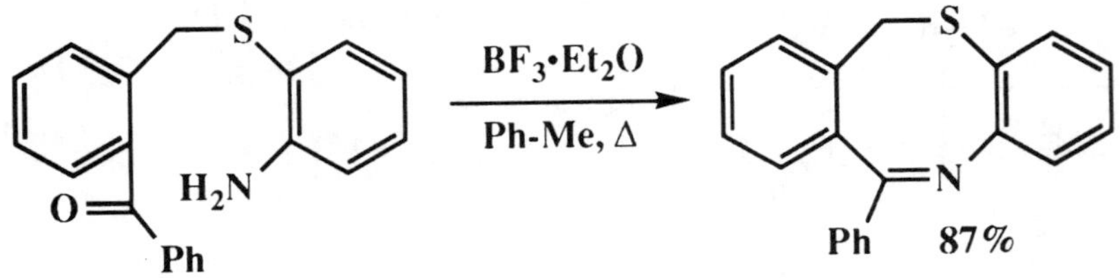
S
H2N
O
Ph
BF3•Et2O
Ph-Me, Δ
S
N
Ph
87%

V.K.5. Heterocycles with 1 O and 1 S

IV.K.5-1 Abe, H., Harayama, T. et al., *CPB*, **45**, 778.

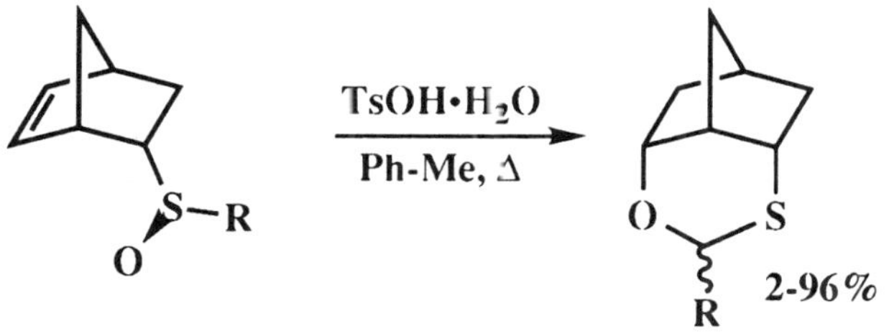

2-96%

IV.K.5-2 Capozzi, G., Menichetti, S. et al., *JOC*, **62**, 2611.

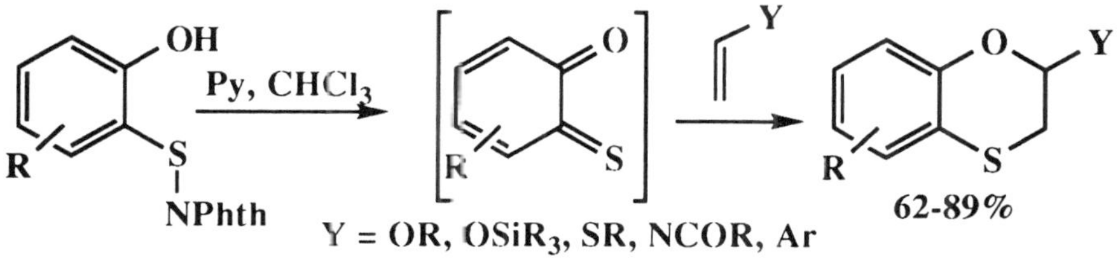

Y = OR, OSiR$_3$, SR, NCOR, Ar

62-89%

IV.K.5-3 Motherwell, W.B. et al., *H*, **46**, 523.

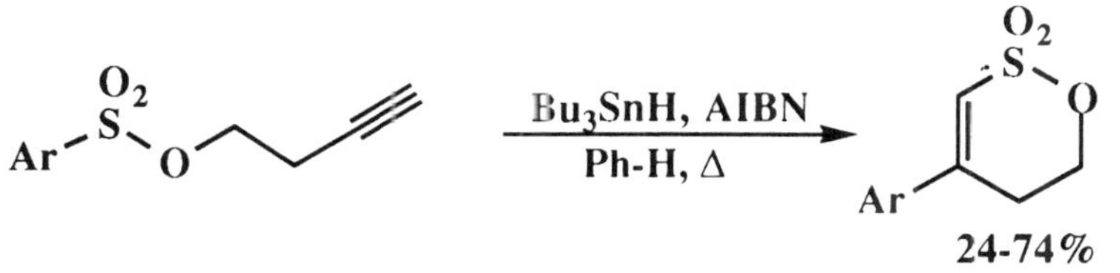

24-74%

IV.K.6. Heterocycles with 3 or more N's

IV.K.6-1 Ferreira, V.F. et al., *TL*, **38**, 5103.

^{1}R-NH-C(CH$_3$)=CH-C(O)-R^2 → (via NaH, Y-N$_3$; Y = Ts, Ms) → 1-R^1, 5-CH$_3$, 4-C(O)R^2-1,2,3-triazole   37-97%

IV.K.6-2 Elmorsy, S.S. et al., *TL*, **38**, 1257.

Ar-C(O)-NH$_2$ + TACS —MeCN→ 5-Ar-tetrazole (N-H)   76-94%

TACS = triazidochlorosilane

IV.K.6-3 Invidiata, F.P. et al., *JHC*, **34**, 1255.

R-C(O)-OH + H$_2$NHN-C(S)-NHNH$_2$ —160-170 °C→ 3-R-4-NH$_2$-5-SH-1,2,4-triazole   22-95%

IV.K.6-4 Kim, B.H. et al., *TL*, **38**, 8303.

(2-nitro-4,5-disubstituted-phenyl)-N=N-(2-hydroxyaryl) —SmI$_2$, THF→ 2-aryl-2H-benzotriazole   25-97%

IV.K.6-6 Smalley, R.K. et al., *S*, 773.

IV.K.6-7 Molteni, G. et al., *JCR(S)*, 380.

IV.K.6-8 Balachari, D. and Trudell, M.L., *TL*, **38**, 8607.

IV.K.6-9 Milcent, R. et al., *JHC*, **34**, 1603.

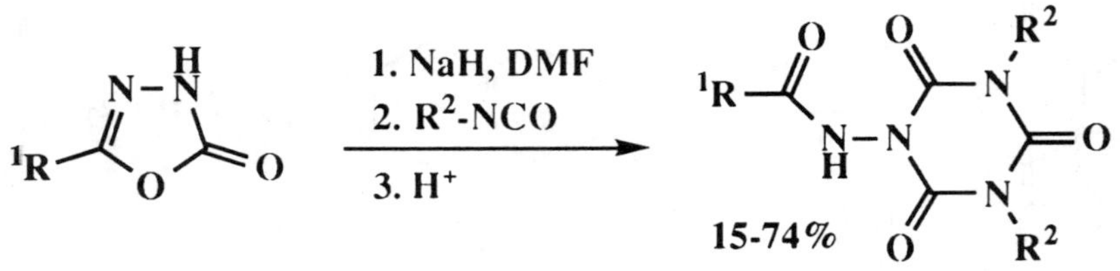

1. NaH, DMF
2. R^2-NCO
3. H^+

15-74%

IV.K.6-10 Eguchi, S. et al., *T*, **53**, 16061.

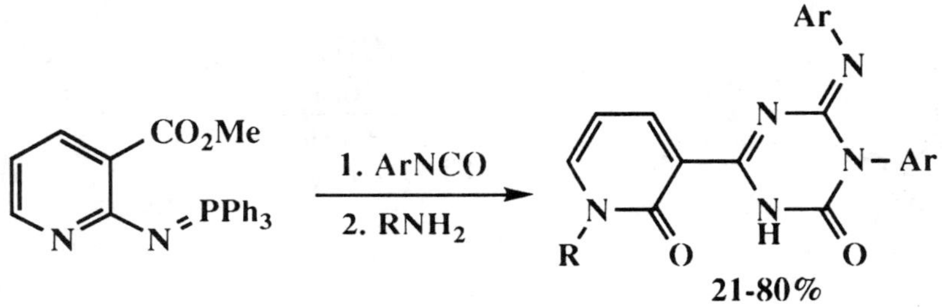

1. ArNCO
2. RNH_2

21-80%

IV.K.7. Heterocycles with 2 N's and 1 O

IV.K.7-1 Coskun, N. et al., *T*, **53**, 13873.

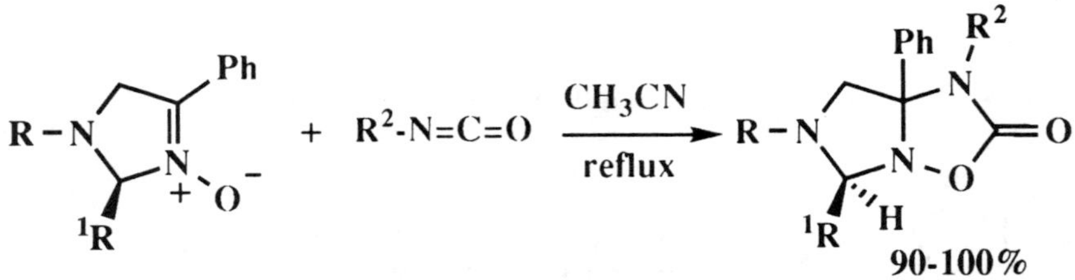

+ R^2-N=C=O $\xrightarrow{\text{CH}_3\text{CN, reflux}}$

90-100%

SYNTHESIS OF HETEROCYCLES

IV.K.7-2 Gallos, J K. et al., *JCS(P1)*, 2461.

IV.K.7-3 Knight, D.W. et al., *TL*, **38**, 8545.

IV.K.7-4 Lee, Y.Y. et al., *H*, **45**, 2101.

IV.K.8. Heterocycles with 2 N's and 1 S

IV.K.8-1 Rees, C.W. et al., *JCS(P1)*, 2597, 2695, 2831.

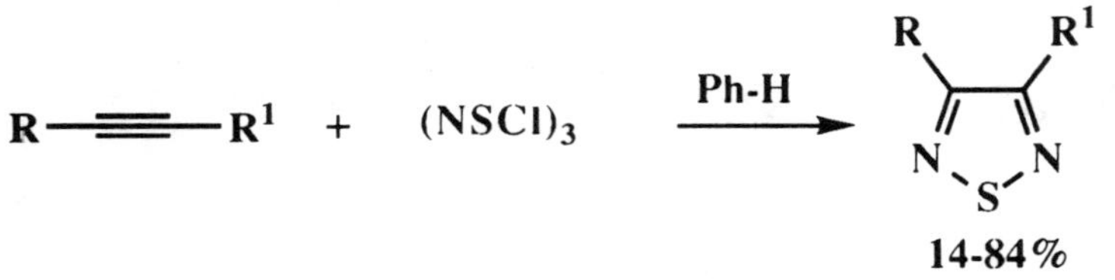

$R \equiv\!\!\equiv R^1$ + $(NSCl)_3$ →[Ph-H] (1,2,5-thiadiazole with R, R¹)

14-84%

IV.K.8-2 Duran, X.-G. and Rees, C.W., *JCS(P1)*, 3189 and *CC*, 1493.

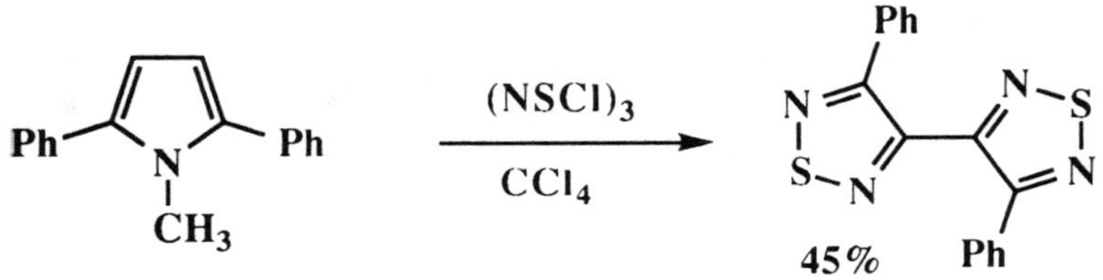

45%

IV.L. Other Heterocycles

IV.L-1 Woerpel, K.A. and Shaw, J.T., *JOC*, **62**, 442; Kuwajima, I. et al., *JOC*, **62**, 4206.

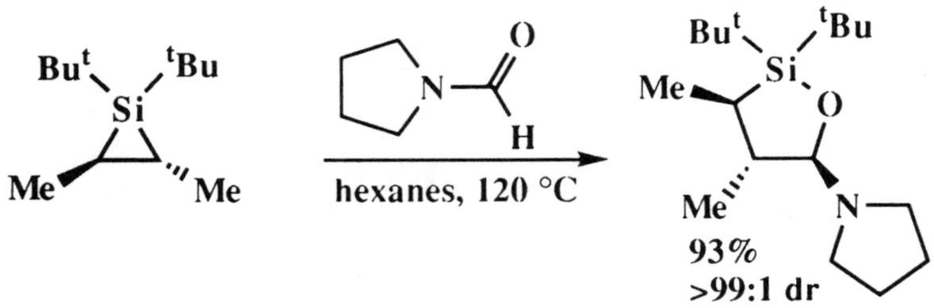

93%
>99:1 dr

IV.L-2 Chang, S. and Grubbs, R.H., *TL*, **38**, 4757.

IV.L-3 Brown, H.C. et al., *TL*, **38**, 2421.

IV.L-4 Sonoda, N., Fujiwara, S. et al., *T*, **53**, 13667.

IV.L-5 King, S.A., Pipik, P. et al., *SC*, **27**, 701.

IV.L-6 Barbe, J. et al., *OPP*, **29**, 711.

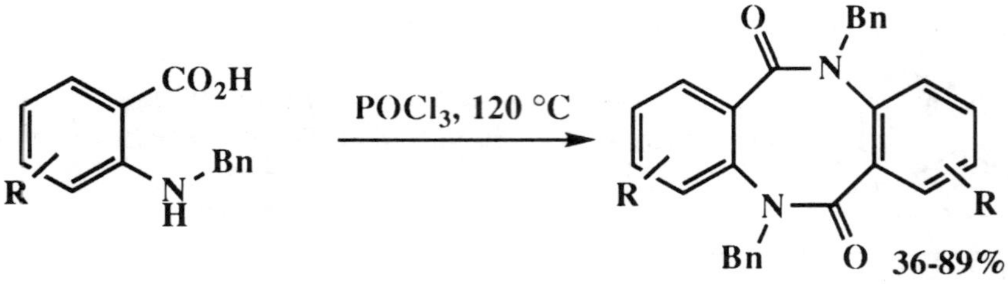
CO₂H
Bn
N
H
R
POCl₃, 120 °C
O
Bn
N
R
N
R
Bn
O
36-89%

IV.L-7 Wipf, P. et al., *T*, **53**, 16575.

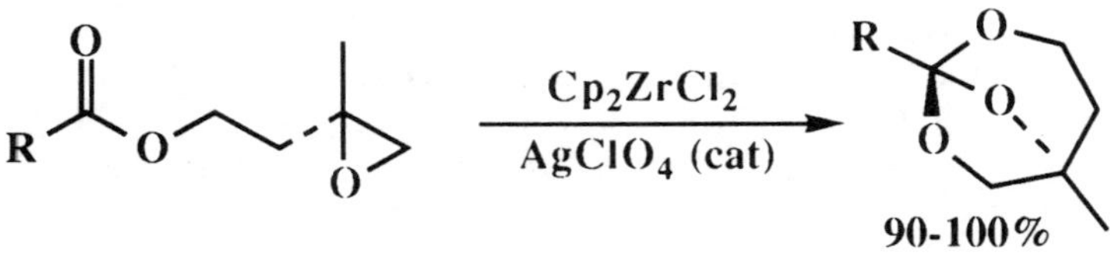
O
R
O
O
Cp₂ZrCl₂
AgClO₄ (cat)
R
O
O
O
90-100%

IV.L-8 Delgado, M. and Martin, J.D., *TL*, **38**, 8387.

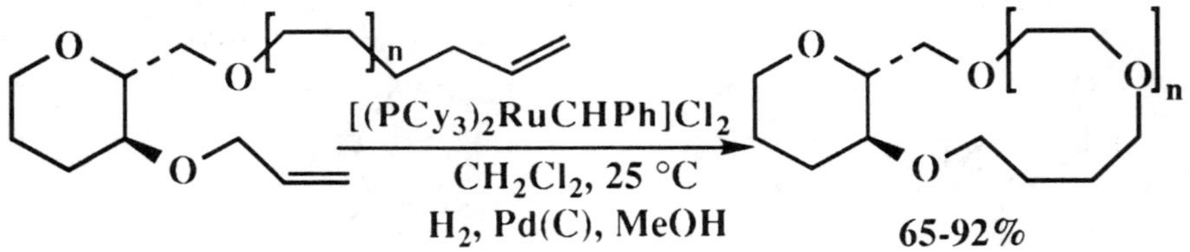
O
O
n
O
[(PCy₃)₂RuCHPh]Cl₂
CH₂Cl₂, 25 °C
H₂, Pd(C), MeOH
O
O
O
n
O
65-92%

IV.L-9 Okazaki, R. et al., *JACS*, **119**, 2337.

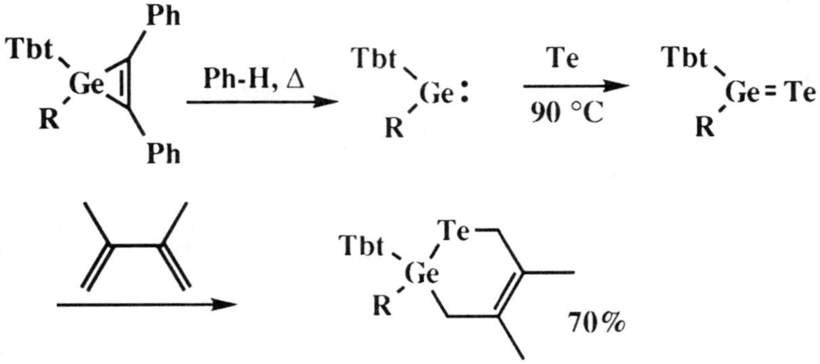
Ph
Tbt
Ge
R
Ph
Ph-H, Δ
Tbt
Ge:
R
Te
90 °C
Tbt
Ge=Te
R
Te
Tbt
Ge
R
70%

IV.M. Reviews

IV.M-1 Dondoni, A. and Perrone, D., *AA*, **30**, 35.

Review: "Thiazole-Based Routes to Amino Hydroxy Aldehydes, and Their Use for the Synthesis of Biologically Active Compounds"

IV.M-2 Dolphin, D. et al, *ACR*, **30**, 251.

Review: "Polyhaloporphyrins: Unusual Ligands for Metal-Catalyzed Oxidations"

IV.M-3 Bradshaw, J.S. and Izatt, R.M., *ACR*, **30**, 338.

Review: "Crown-Ethers: The Search for Selective Ion Ligating Agents"

IV.M-4 Yamamura, S. and Nishiyama, S., *BCJ*, **70**, 2025,

Account: "Synthetic Studies on Polypropionate-Derived 4-Pyrone-Containing Natural Products

IV.M-5 Mori, Y., *CEJ*, **3**, 849.

Concepts: "Reiterative Synthesis of *trans*-Fused Polytetrahydropyrans Using the Oxiranyl Anion"

IV.M-6 Elliott, M.C., *COS*, **4**, 238.

Review: "Saturated Oxygen Heterocycles"

IV.M-7 Aldabbagh, F. and Bowman, W.R., *COS*, **4**, 261.

Review: "Synthesis of Heterocycles by Radical Cyclisations"

IV.M-8 Collins, I. et al., *COS*, **4**, 281.

> **Review:** "Saturated and Unsaturated Lactones"

IV.M-9 Nadin, A., *COS*, **4**, 387.

> **Review:** "Saturated Nitrogen Heterocycles"

IV.M-10 Boger, D.L. et al., *CRV*, **97**, 787.

> **Review:** "CC-1065 and the Duocarmycins: Synthetic Studies"

IV.M-11 Jasat, A. and Dolphin, D., *CRV*, **97**, 2267.

> **Review:** "Expanded Porphyrins and their Heterologs"

IV.M-12 Aube, J., *CSR*, **26**, 269.

> **Review:** "Oxaziridine Rearrangements in Asymmetric Synthesis"

IV.M-13 Rousseau, G. and Homsi, F., *CSR*, **26**, 453.

> **Review:** "Preparation of Seven and Larger Membered Heterocycles by Electrophilic Heteroatom Cyclization"

IV.M-14 Raimondi, L., *G*, **127**, 167.

> **Res. Rep.:** "The Origin of Stereoselection in 1,3-Dipolar Cycloadditions to Chiral Alkenes"

IV.M-15 Pasquato, L., et al., *G*, **127**, 177.

> **Res. Rep.:** "Thiiranium and Thiirenium Ions. From Reaction Intermediates to Building Blocks in Organic Synthesis"

IV.M-16 Kirihara, M. and Kita, Y., *H*, **46**, 705.

> Review: "Synthetic Studies on Heteroanthracyclines"

IV.M-17 Tsuda, M. and Kobayashi, J., *H*, **46**, 765.

> Review: "Structures and Biogenesis of Manzamines and Related Alkaloids"

IV.M-18 Asakawa, Y., *H*, **46**, 795.

> Review: "Heterocyclic Compounds Found in Bryophytes"

IV.M-19 Shiotani, S., *H*, **45**, 975.

> Review: "Furopyridines. Synthesis and Properties"

IV.M-20 Tisler, M. et al., *JHC*, **34**, 1067.

> Review: "Heteroarylalanines"

IV.M-21 Laschat, S., *LA*,

> Review: "New Synthetic Pathways to Nitrogen Heterocycles"

IV.M-22 Wong, H.N.C. et al, *LA*, 459.

> Review: "Regiospecific Synthesis of 3,4-Disubstituted Furans and Thiophenes"

IV.M-23 Napolitano, E., *OPP*, **29**, 631.

> Review: "The Synthesis of Isocoumarins Over the Last Decade. A Review"

IV.M-24 Padwa. A. et al., *S*, 1353.

Review: "Application of the Pummerer Reaction Toward the Synthesis of Complex Carbocycles and Heterocycles"

IV.M-25 Koroleva, E.V. and Lakhvich, F.A., *RCR*, **66**, 27.

Review: "Unusual Transformations of 2-Isoxazolines"

IV.M-26 Prostakov, N.S. et al., *RCR*, **66**, 121.

Review: "Azafluorenes. Synthesis and Conversions"

IV.M-27 Shvekhgeimer, M.-G.A., *RCR*, **66**, 139.

Review: "2,3-Dihydrofurans in the Synthesis of Heterocyclic Compounds"

IV.M-28 Basiuk, V.A., *RCR*, **66**, 187.

Review: "Imidazo[1,2-a]pyrazines"

IV.M-29 Vernitskaya, T.-V. and Efimov, O.N., *RCR*, **66**, 443.

Review: "Polypyrrole: A Conducting Polymer; Its Synthesis, Properties and Applications"

IV.M-30 Litvinov, V.P. and Dyachenko, V.D., *RCR*, **66**, 923.

Review: "Selenium-Containing Heterocycles"

IV.M-31 Frederickson, M., *T*, **53**, 403.

Review: "Optically Active Isoxazolidines via Asymmetric Cycloaddition Reactions of Nitrones with Alkenes: Applications in Organic Synthesis"

IV.M-32 Padwa, A. et al., *T*, **53**, 14179.

> Review: "Synthetic Applications of Furan Diels-Alder Chemistry"

IV.M-33 Nangia, A. et al., *T*, **53**, 14507.

> Review: "Synthesis of Cyclopenta[a]pyran Skeleton of Iridoid Lactones"

IV.M-34 Sweeney, J. et al., *TA*, **8**, 1693.

> Review: "The Asymmetric Synthesis of Aziridines"

IV.M-35 Scott, A.I., *TL*, **38**, 4961.

> Article: "How Were Porphyrins and Lipids Synthesized in the RNA World?"

V
PROTECTING GROUPS

V.A. Aldehyde and Ketone Protecting Groups

V.A-1 Sen, S.E. et al., *JOC*, **62**, 6684; Taylor, R.J.K., et al., *TL*, **38**, 1881; Li, T.-S. and Li, S.-H., *SC*, **27**, 2299; Lee, A. S.-Y and Cheng, C.L., *T*, **53**, 14255; Marcantoni, E., Bartoli, G., et al., *JOC*, **62**, 4183.

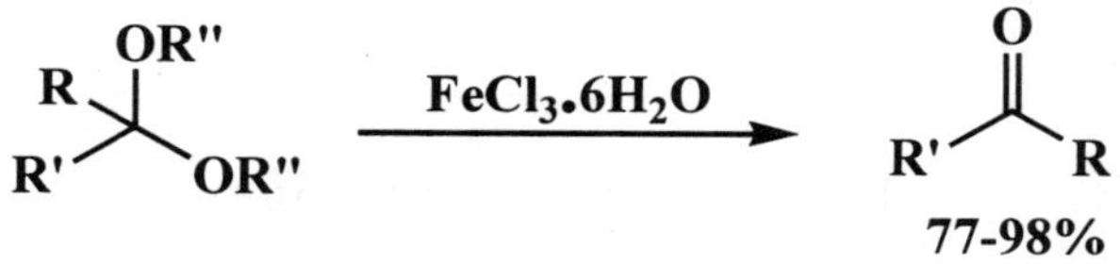

$$\underset{R'}{\overset{R}{\diagup}}\!\!\diagdown\!\!\underset{OR''}{\overset{OR''}{\diagup}} \xrightarrow{FeCl_3 \cdot 6H_2O} \underset{R'}{\overset{O}{\diagup}}\!\!\diagdown\!\! R$$

77-98%

V.A-2 Roy, S.C. et al., *TL*, **38**, 7271.

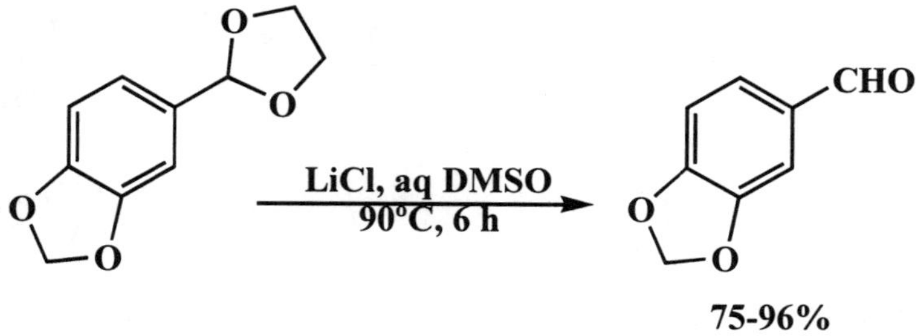

Reagents: LiCl, aq DMSO, 90°C, 6 h

75-96%

V.A-3 Sarma, J.C. et al., *JOC*, **62**, 1563; Li, T.-S. et al., *JCR(S)*, 174.

$$R\text{-CHO} \xrightarrow[I_2]{Ac_2O,\ CHCl_3} R-CH(OAc)_2$$

R = alkyl, aryl, a,b-unsaturated   70-99%

V.A-4 Angelis, Y.S. and Smonou, I., *TL*, **38**, 8109; Li, T.-S. et al., *JCR(S)*, 174.

$$\text{Ph-CH(Me)-CH(OAc)}_2 \xrightarrow{\text{Enzyme}} \text{Ph-CH(Me)-CHO}$$

Enzyme = PLE, PPL, CRL, PFL   5-30% conversion

V.A-5 Lipshutz, B.H. et al., *TL*, **38**, 1873.

$$R'\text{-CO-R} \underset{LiBF_4,\ THF,\ 65°C}{\overset{TMS\text{-CH(CH}_2OH)_2,\ M.S.,\ DCM,\ rt}{\rightleftharpoons}} \text{1,3-dioxane-TMS acetal}$$

76-93%   45-97%

V.A-6 Li, T.-S. et al., *JCR(S)*, 26; Cramorossa, M.R. et al., *T*, **53**, 15889; Hamelin, J. et al., *TL*, **38**, 7867; Ciceri, P and Demnitz, F.W.J., *TL*, **38**, 389.

$$R'\text{-CO-R} \xrightarrow[\text{montmorillonite K-10}]{\text{ethylene glycol, Ph-H, }\Delta} \text{1,3-dioxolane}$$

0-99%

V.A-7 Hirano, M., Morimoto, T. et al., *OPP*, **29**, 480, *S*, 858, *SC*, **27**, 1527; Curini, M. et al., *SL*, 769; Meshram, H.M. et al. *TL*, **38**, 8891; Varma, R.S. and Saini, R.R., *TL*, **38**, 2623; Node, M. et al., *H*, **44**, 393.

$$\text{R'}\underset{R}{\overset{S}{\diagdown}}\!\!\diagup\!\!\underset{S}{\diagup} \quad \xrightarrow[\text{hexane, 50°C}]{\text{Fe(NO}_3)_3,\text{ SiO}_2} \quad \text{R'}\underset{R}{\diagdown}\!\!\diagup\text{O}$$

85-99%

V.A-8 Streinz, L. et al., *CCC*, **62**, 665; Bandgar, B.P. and Kasture, S.P., *M*, **127**, 1305.

$$\text{R'}\underset{R}{\diagdown}\!\!\diagup\text{O} \quad \xrightarrow[\text{TiPSOTf, hexane, 85°C}]{\text{HO}\diagdown\!\!\diagup\text{SH}} \quad \text{R'}\underset{R}{\overset{O}{\diagdown}}\!\!\diagup\!\!\underset{S}{\diagup}$$

0-96%

V.A.9 Varma, R.S. and Meshram, H.M., *TL*, **38**, 7973, 5427; Ballini, R. et al., *SL*, 795.

$$\text{R'}\underset{R}{\diagdown}\!\!\diagup\text{N}\diagdown\text{NHR} \quad \xrightarrow[\text{MW or ultrasound}]{(\text{NH}_4)_2\text{S}_2\text{O}_8\text{-Clay}} \quad \text{R'}\underset{R}{\diagdown}\!\!\diagup\text{O}$$

58-94%

V.A-10 Lin, J.-M. and Liu, B.-S., *SC*, **27**, 739; Koga, K. et al., *T*, **53**, 5963; Xie, L. et al., *JOC*, **62**, 7516; Hoffman, R.V. et al., *JOC*, **62**, 2458; Kogu, K. and Aoki, K., *TL*, **38**, 2505; Collin, J. et al., *S*, 68.

$$\underset{()_n}{\text{cyclic ketone, O}} \quad \xrightarrow[\text{DMF, pet ether, rt}]{\text{TMSCl, KI, Et}_3\text{N}} \quad \underset{()_n}{\text{cyclic enol ether, OTMS}}$$

86-98%

V.A-11 Demir, A.S. et al., *TL*, **38**, 7267; Sandhu, J.S. et al., *TL*, **38**, 4267; Varma, R.S. et al., *TL*, **38**, 8819; Bandgar, B.P. et al., *SC*, **27**, 1149; Wakharkar, R.D., Sudalai, A. et al., *TL*, **38**, 653.

$$\underset{R}{\overset{R'}{>}}\!\!=\!\!NOH \xrightarrow{Mn(OAc)_3, Ph-H} \underset{R}{\overset{R'}{>}}\!\!=\!\!O$$

89-96%

V.B. Amino Acid Protecting Groups

V.B-1 Joullie, M.M. et al., *TL*, **38**, 4025.

Mild, Slective Cleavage of Amino Acid and Peptide β-(Trimethylsilyl)ethoxymethyl (SEM) Esters by Magnesium Bromide

---

V.B-2 Gewehr, M. and Kunz, H., *S*, 1499.

Comparative Lipase-catalyzed Hydrolysis of Ethylene Glycol Derived Esters. The 2-Methoxyethyl Ester as a Protective Group in Peptide and Glycopeptide Synthesis.

V.B-3 Givens, R.S. et al., *JACS*, **119**, 8369.

New Photoactivated Protecting Groups. 7. P-Hydroxyphenacyl: A Phototrigger for Excitatory Amino Acids and Peptides.

V.B-4 Penso, M. et al., *JCS(P1)*, 247.

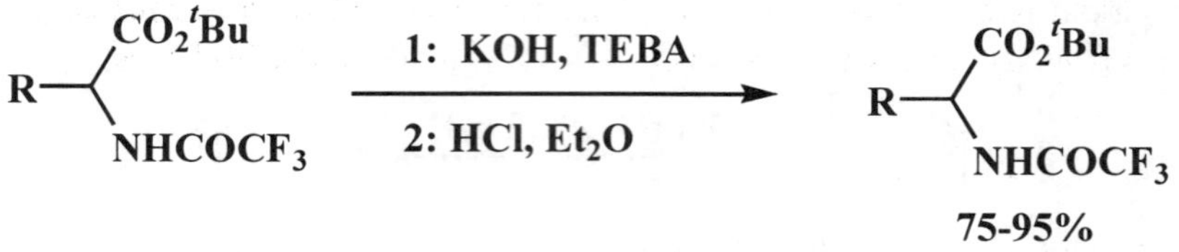

$$R-\underset{NHCOCF_3}{\overset{CO_2{}^tBu}{CH}} \xrightarrow[\text{2: HCl, Et}_2\text{O}]{\text{1: KOH, TEBA}} R-\underset{NHCOCF_3}{\overset{CO_2{}^tBu}{CH}}$$

75-95%

V.B-5 Largeron, M. et al., *TL*, **38**, 2283.

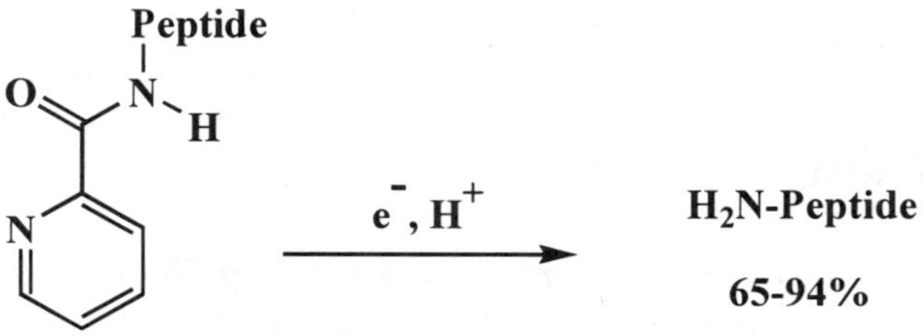

$$\text{(2-pyridyl)C(O)NH-Peptide} \xrightarrow{e^-, H^+} H_2N\text{-Peptide}$$

65-94%

electrochemical removal of picoline protecting group

V.B-6 Unden, A. et al., *TL*, **38**, 1075.

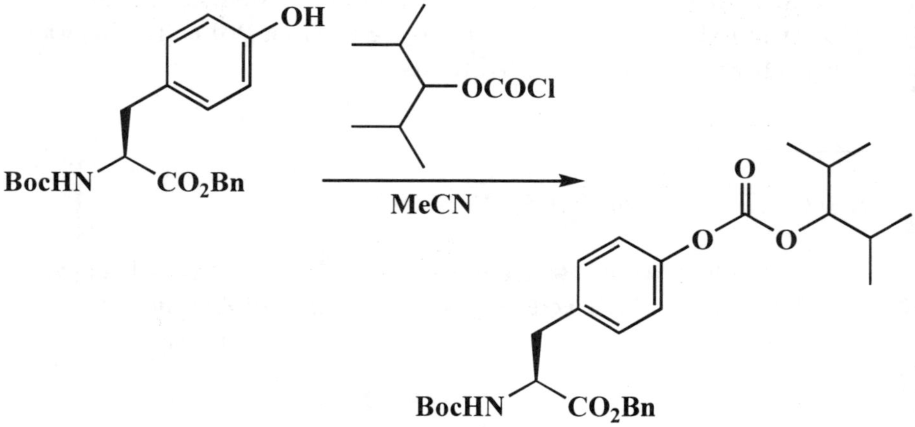

[Boc-Tyr-OBn + (iPr)_2CH-OCOCl, MeCN → aryl carbonate product with Boc-NH-CH(CO_2Bn)-CH_2-C_6H_4-O-C(O)-O-CH(iPr)_2]

V.B-7 Genet, J.P. et al., *TL*, **38**, 2955.

Synthesis of Peptides Using Pd-Promoted Selective Removal of Allyloxycarbonyl Protecting Groups in Aqueous Medium.

V.B-8 Wang, J. et al., *JCS(P1)*, 621.

2,2-Difluoro-1,3,2-oxazaborolidin-5-ones: Novel Approach for Selective Side Chain Protection of Serine and Threonine.

V.C. Amine Protecting Groups

V.C-1 Ragnarsson, V. et al., *CC*, 1017.

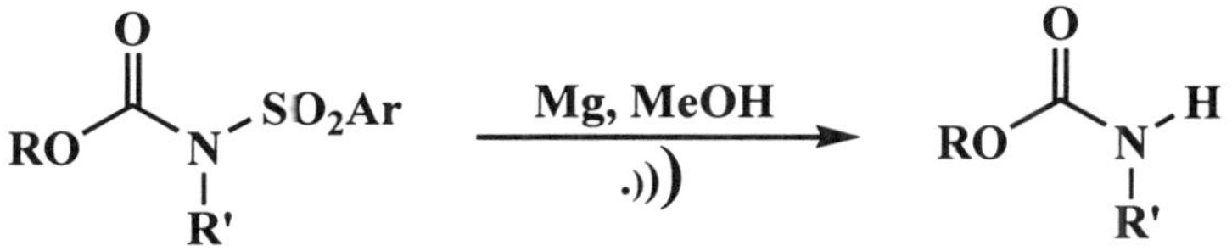

$$RO-C(=O)-N(R')-SO_2Ar \xrightarrow{\text{Mg, MeOH, .)))}} RO-C(=O)-N(R')-H$$

R = alkyl
R' = alkyl or Ar

93-100%

V.C-2 Yus, M. et al., *T*, **53**, 14355.

$$RNHTs \xrightarrow[\text{2: } H_2O]{\text{1: Li, } C_{10}H_8, \text{ THF}} RNH_2$$

65-99%

V.C-3 Roby, J and Voyer, N., *TL*, **38**, 181.

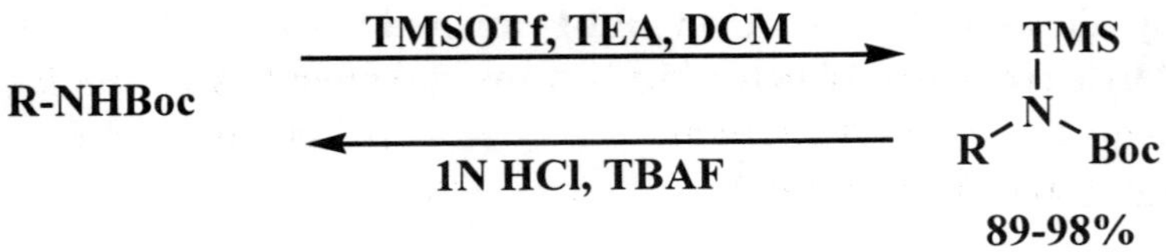
TMSOTf, TEA, DCM
R-NHBoc
1N HCl, TBAF
TMS
N
R
Boc
89-98%

V.C-4 Fains, O. and Vernon, J.M., *TL*, **38**, 8265.

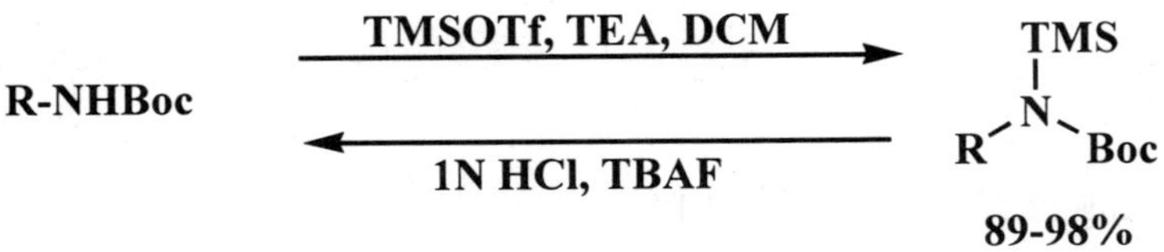
TMSOTf, TEA, DCM
R-NHBoc
1N HCl, TBAF
TMS
N
R
Boc
89-98%

V.C-5 Hoye, T.R. et al., *JOC*, **62**, 4168.

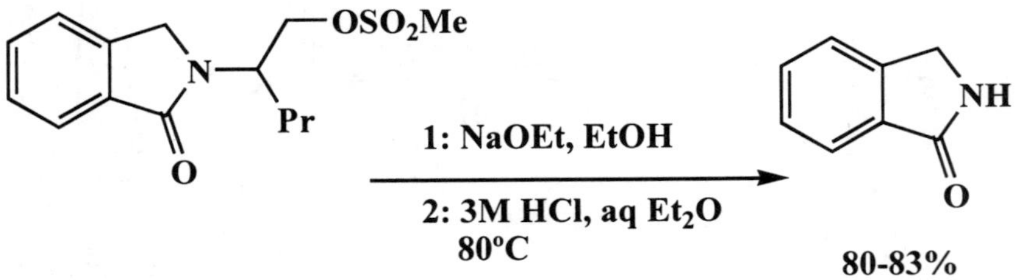
OSO2Me
N
Pr
O
1: NaOEt, EtOH
2: 3M HCl, aq Et2O
80°C
NH
O
80-83%

V.C-6 Sun, P. and Weinreb, S.M., *JOC*, **62**, 8604.

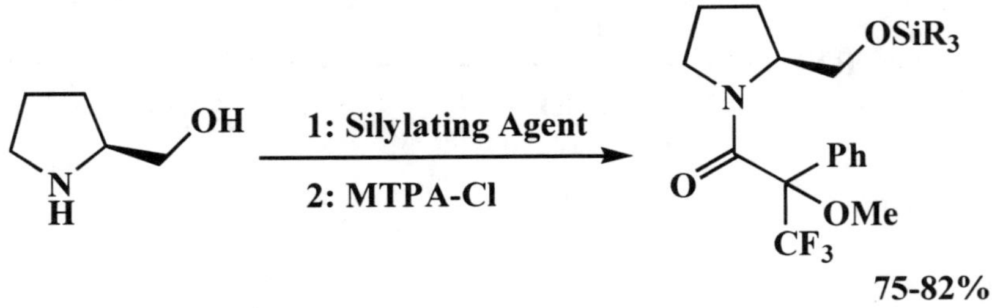
OH
N
H
1: Silylating Agent
2: MTPA-Cl
OSiR3
N
O
Ph
OMe
CF3
75-82%

V.C-7 Golding, B.T. et al., *JCS(P1)*, 3407; Dubowchik, G.M. and Radia, S., *TL*, **38**, 5257.

4,4'-Dimethoxytrityl and 4,4',4"-Trimethoxytrityl as Protecting Groups for Amino Functions: Selectivity for Primary Amino Groups and Application in ^{15}N-Labelling.

V.C-8 Miel, H. and Rault, S., *TL*, **38**, 7865.

$$\text{Ar-NH-CH}_2\text{CH}_2\text{-NH}_2 \underset{\text{TfOH, anisole, DCM}}{\overset{\substack{\text{1: Bus-Cl, TEA, DCM} \\ \text{2: MCPBA}}}{\rightleftarrows}} \text{Ar-N(Bus)-CH}_2\text{CH}_2\text{-NHBus}$$

67%   72%

Bus = tert-butylsulfonyl

V.C-9 Lebeau, L., Mioskowski, C. et al., *TL*, **38**, 7527.

$$\underset{R^2}{\underset{|}{R^1\text{-N}}}\text{-C(=N-Boc)-NHBoc} \xrightarrow{\substack{\text{1: SnCl}_2\text{, EtOAc} \\ \text{2: MeOH}}} \underset{R^2}{\underset{|}{R^1\text{-N}}}\text{-C(=N-H)-NH}_2$$

81-100%

V.C-10 Hartley, D.J. and Iddon, B., *TL*, **38**, 4647.

Use of the Vinyl Group as an Efficient Protecting Group for Azole N-Atoms: Synthesis of Polyfunctionalized Imidazoles.

V.C-11 Wang, B. and Zheng, A., *CPB*, **45**, 715.

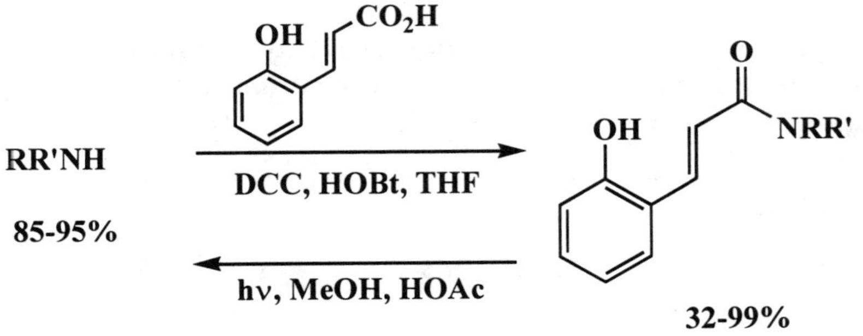

RR'NH

85-95%

[2-hydroxyphenyl acrylic acid] →(DCC, HOBt, THF) / ←(hv, MeOH, HOAc) [2-hydroxyphenyl acrylamide NRR']

32-99%

V.C-12 Carpino, L.A. et al., *JACS*, **119**, 9915.

New Family of Base and Nucleophile Sensitive Amino-Protecting Groups. A Michael-Acceptor-Based Deblocking Process. Practical Utilization of the 1,1-Dioxobenzo[b]thiophene-2-ylmethyloxycarbonyl (BSMOC) Group.

V.C-13 Bhawal, B.M. et al., *TL*, **38**, 4281; Qian, X. and Hindsgaul, O., *CC*, 1059.

Synthesis of N'-Unsubstituted β-lactams: Introducing N'-(1'-thiophenyl)benzyl as an N-protecting Group.

V.D. Carboxyl Protecting Groups

V.D-1 Wright, S.W. et al., *TL*, **38**, 7345.

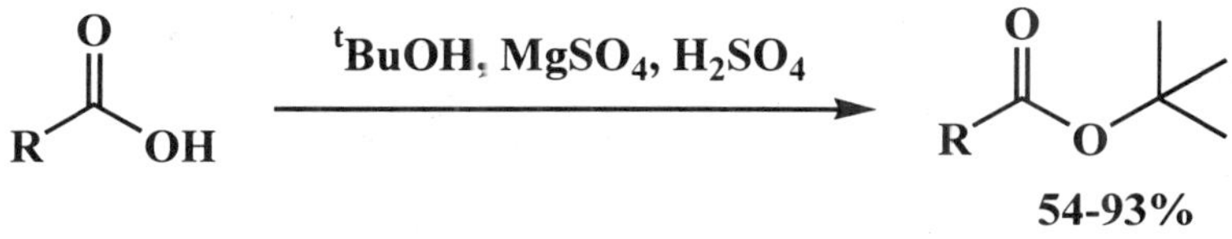

$$R-COOH \xrightarrow{\text{^tBuOH, MgSO}_4,\ H_2SO_4} R-CO-O-C(CH_3)_3$$

54-93%

V.D-2 Masaki, Y. et al., *CL*, 55.

$$C_{11}H_{23}CO_2H \xrightarrow{\text{TCNE, R-OH}} C_{11}H_{23}CO_2R$$

4-99%

V.E. Hydroxyl Protecting Groups

V.E-1 Wilson, N.S. and Keay, B.A., *TL*, **38**, 187; Maiti, G. and Roy, S.C., *TL*, **38**, 495.

$$\text{Ar-OTBDMS} \xrightarrow{\text{K}_2\text{CO}_3,\ \text{aq EtOH},\ \Delta} \text{Ar-OH}$$

0-99%

V.E-2 Brook, M.A. et al., *TL*, **38**, 6997.

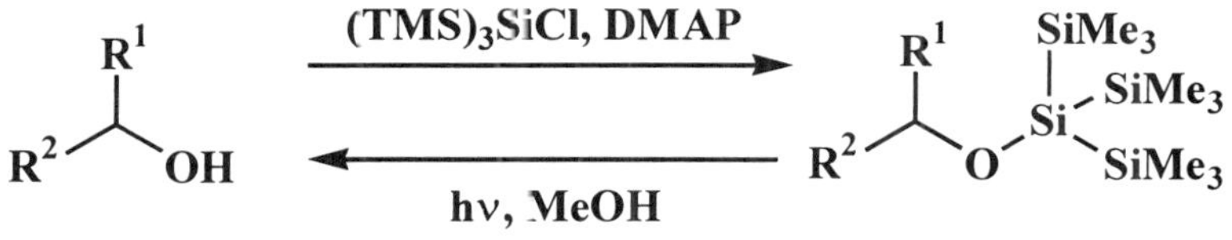

$$R^1R^2CH-OH \underset{h\nu,\ \text{MeOH}}{\overset{\text{(TMS)}_3\text{SiCl, DMAP}}{\rightleftarrows}} R^1R^2CH-O-Si(SiMe_3)_3$$

V.E-3 Bianco, A. et al., *TL*, **38**, 651.

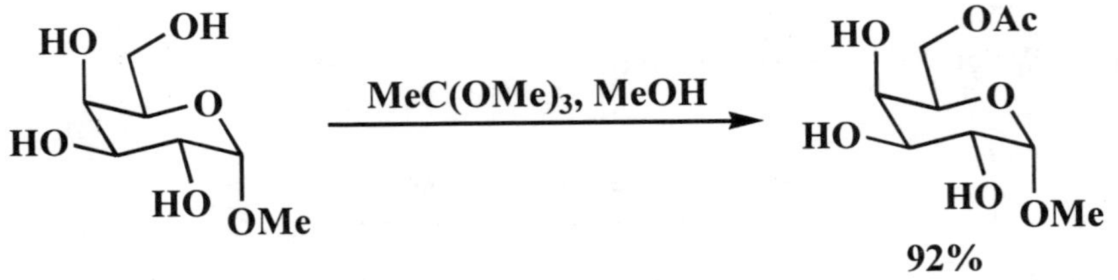

[Sugar with HO, OH, HO, HO, OMe substituents] → MeC(OMe)₃, MeOH → [Sugar with HO, OAc, HO, HO, OMe substituents] 92%

V.E-4 Iyengar, D.S. et al., *TL*, **38**, 4721; Nagakura, I. et al., *JOC*, **62**, 8932.

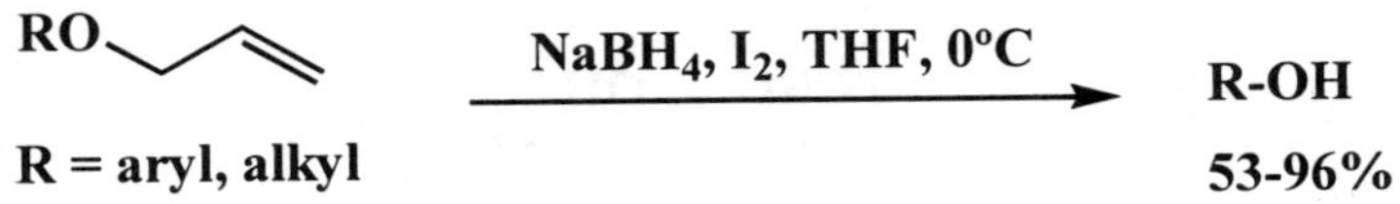

RO–CH₂–CH=CH₂ → NaBH₄, I₂, THF, 0°C → R–OH   53–96%

R = aryl, alkyl

V.E-5 Ley, S.V. et al., *JCS(P1)*, 2805; Marzi, M. et al., *JOC*, **62**, 5159.

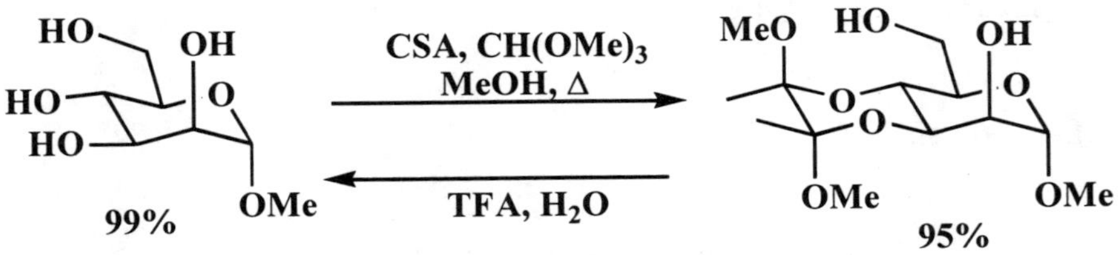

[Triol sugar with OMe] ⇌ CSA, CH(OMe)₃, MeOH, Δ / TFA, H₂O ⇌ [Bis-acetal sugar]
99% 95%

V.E-6 Bouzide, A. and Sauve, G., *SL*, 1153; Fukase, K., Kusumoto, S. et al., *SL*, 675.

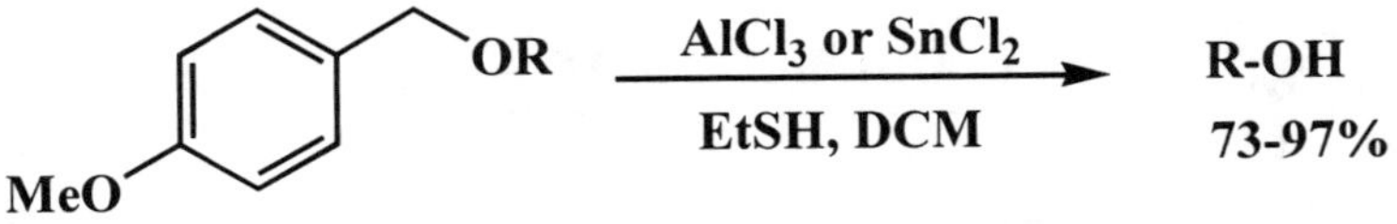

MeO–C₆H₄–CH₂–OR → AlCl₃ or SnCl₂, EtSH, DCM → R–OH   73–97%

V.E-7 Nayak, M.K. and Chakrabarti, A.K., *TL*, **38**, 8749.

$$\text{Ar-OMe} \xrightarrow{\text{PhSH, K}_2\text{CO}_3\text{, NMP, 190°C}} \text{Ar-OH}$$
$$60\text{-}97\%$$

V.E-8 Sartori, G. et al., *TL*, **38**, 4169; Chandrasekhar, S. et al., *T*, **53**, 14997.

$$\text{R-OH} \xrightarrow{\text{DHP, zeolite, rt}} \text{R-OTHP}$$
$$R = \text{aryl, alkyl} \qquad 44\text{-}100\%$$

V.E-9 Guiso, M. et al., *TL*, **38**, 4291.

Methylene Acetals as Protecting Groups – An Improved Preparation Method.

V.E-10 Zarcone, L.M.J. et al., *CS*, **75**, 177.

[Structure: 1,3-dioxane with R^1, R^2, R^3, R^4 substituents] $\xrightarrow[\text{2: MeOH, }^i\text{Pr}_2\text{NEt, Et}_2\text{O}]{\text{1: AcCl, ZnCl}_2\text{, Et}_2\text{O}}$ [acyclic product with MeOCH$_2$O- and AcO- groups, R^1, R^2, R^3, R^4]

75-97%

V.E-11 Liu, H.-J. et al., *TL*, **38**, 2253.

$$\text{R-OBn} \xrightarrow{\text{LiNapth, THF, -25°C}} \text{R-OH}$$
$$73\text{-}98\%$$

V.E-12 Kong, F. et al., *TL*, **38**, 6725; Nicotra, F. et al., *TL*, **38**, 6678.

RO—[sugar with OBn, OR'] → ZnCl$_2$, Ac$_2$O, HOAc → RO—[sugar with OAc, OR'] 81-94%

V.E-13 Iwasaki, S. et al., *TL*, **38**, 1443; Haraldsson, G.G. and Baldwin, J.E., *T*, **53**, 215.

MeO-C$_6$H$_4$-CH$_2$-OR → MgBr$_2$, Et$_2$O, Me$_2$S, DCM, rt → R-OH 35-90%

V.E-14 Montero, J.-L. et al., *TL*, **38**, 7519.

The Benzyloxycarbonyl Protective Group: A Good Alternative to the Benzyl Protective Group in the Glycopyranoside and Glycofuranoside Series.

V.E-15 Barrett, A.G.M. and Braddock, D.C., *CC*, 351; Li, T.-S. et al., *CC*, 1389; Ishii, Y. et al., *JOC*, **62**, 8140; Sarma, J.C. et al., *JCR(S)*, 110; Breton, G.W. et al., *TL*, **38**, 3825; Yankar, Y.D. et al., *SC*, **27**, 277.

R-OH + AcOH → Sc(OTf)$_3$, rt → R-OAc 71-100%

V.F. Other Protecting Groups

V.F-1 Flitsch, S.L. et al., *TL*, **38**, 7243.

V.F-2 Iyer, R.P. et al., *T*, **53**, 2731.

N-pent-4-enoyl (PNT) Group as a Universal Nucleobase Protector: Applications in the Rapid and Facile Synthesis of Oligonucleotides, Analogs and Conjugates.

V.F-3 Roberts, J.C. et al., *TL*, **38**, 355.

V.F-4 Park, C.-H. and Givens, R.S., *JACS*, **119**, 2453.

New Photoactivated Protecting Groups 6. p-Hydroxyphenacyl: A Phototrigger for Chemical and Biochemical Probes.

VI
USEFUL SYNTHETIC PREPARATIONS

VI.A. Functional Group Preparations

VI.A.I. Acetals and Ketals

VI.A.1-1 Ohkubo, M. et al., *T*, **53**, 5937.

VI.A.1-2 Mukaiyama, T. et al., *CL*, 969 and 121; Gin, D.Y. et al., *JACS*, **119**, 7597; Mukai, C. et al., *TL*, **38**, 4595; Danishefsky, S.J. et al., *JACS*, **119**, 10064.

Reagents: R-OH, drierite, TrB(C$_6$F$_5$)$_4$, 0 °C, Ph-H, Ph-Me
Yield: 82-93%, α:β 5-16:1

VI.A.1-3 Pikul, S. and Switzer, A.G., *TA*, **8**, 1165; Li, J. and Wang, P.G., *TL*, **38**, 7967.

Reagents: Sterol-OSiMe$_3$, ZrCl$_4$, CH$_2$Cl$_2$
Yield: 27-64%

VI.A.1-4 Toshima, K. et al., *TL*, **38**, 7375; Minehan, T.G. and Kishi, Y., *TL*, **38**, 6815; Gervay, J. and Hadd, M.J., *JOC*, **62**, 6961.

Reagents: montmorillonite K-10, CHCl$_3$ or H$_2$O
Yield: 61-98%

VI.A.1-5 Ley, S.V. et al., *CEJ*, **3**, 431.

VI.A.1-6 Cossu, S. et al., *AG(E)*, 1504.

VI.A.2. Acids and Anhydrides

(see also I.G.2)

VI.A.2-1 Yang, D. et al., *TL*, **38**, 7083.

VI.A.2-2 Tokuda, M. et al., *CL*, 917.

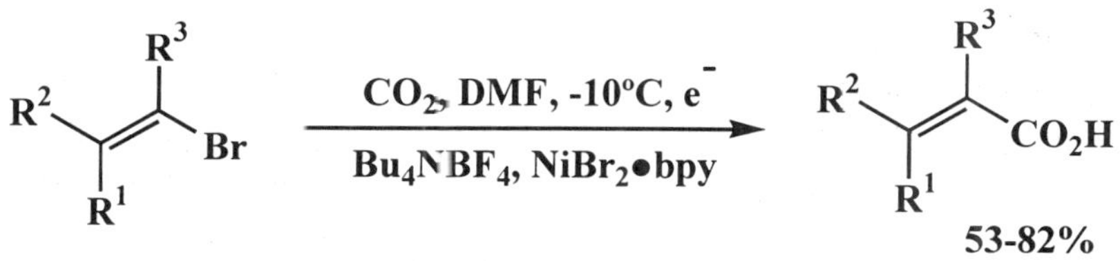

$$R^2R^3C=CR^1Br \xrightarrow[Bu_4NBF_4,\ NiBr_2\bullet bpy]{CO_2,\ DMF,\ -10°C,\ e^-} R^2R^3C=CR^1(CO_2H)$$

53-82%

VI.A.2-3 Wang, J.-Y. and Hu, Y., *SC*, **27**, 243.

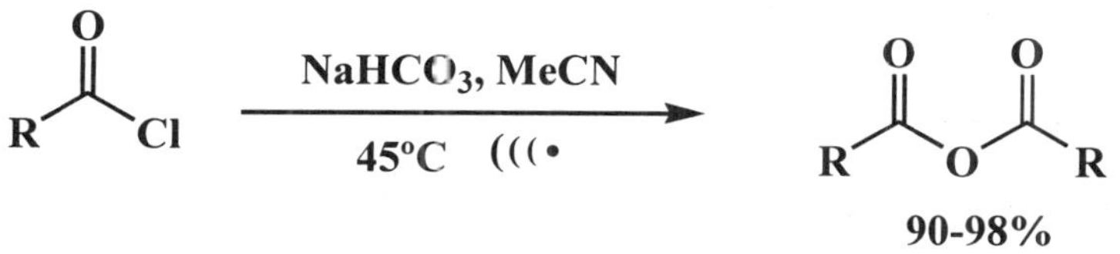

$$R-COCl \xrightarrow[45°C\ (((\bullet]{NaHCO_3,\ MeCN} R-CO-O-CO-R$$

90-98%

VI.A.2-4 Ballini, R. et al., *T*, **53**, 7341.

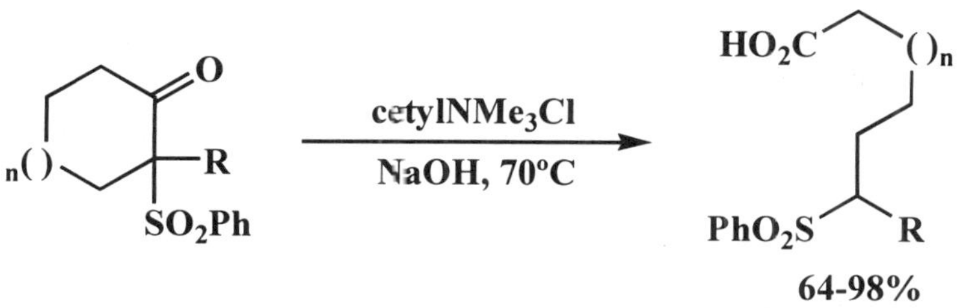

cetylNMe$_3$Cl, NaOH, 70°C

64-98%

VI.A.2-5 Mioskowski, C. et al., *JOC*, **62**, 234.

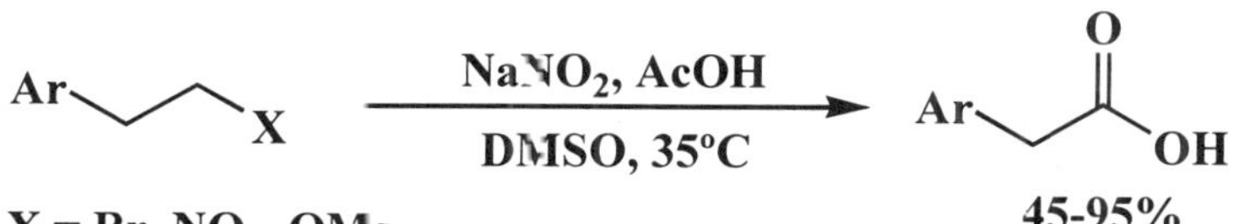

$$Ar-CH_2-X \xrightarrow[DMSO,\ 35°C]{NaNO_2,\ AcOH} Ar-CH_2-CO_2H$$

X = Br, NO$_2$, OMs

45-95%

VI.A.2-6 Breznik, M. and Kikelj, D., *TA*, **8**, 425; Basak, A. et al., *BCJ*, **70**, 2509; Parmer, V.S. et al., *T*, **53**, 2163.

$$ \text{ArO-C(CO}_2\text{R)(Me)(CO}_2\text{'R)} \xrightarrow{\text{PLE, buffer, pH 7, DMSO}} \text{ArO-C(CO}_2\text{R)(Me)(CO}_2\text{H)} $$

14-85%
68-81% ee

VI.A.3. Alcohols and Related Species

(see also II.B.1, III.A)

VI.A.3-1 Shakrabarty, T.K. and Dutta, S., *JCS(P1)*, 1257; Fujii, N., Ibuka, T. et al., *TL*, **38**, 8307.

$$ \underset{\text{OH}}{R^1\text{-epoxide(Me)-CH}R^2} \xrightarrow{\text{CP}_2\text{TiCl, THF, 1,4-cyclohexadiene}} R^1\text{-CH(OH)-CH(Me)-CH(OH)-}R^2 $$

82-88%

VI.A.3-2 Fleet, G.W.J. et al., *SL*, 1077.

$$ \underset{R^1 \quad R^2}{H\text{-C-OSO}_2\text{CF}_3} \xrightarrow{\text{CF}_3\text{CO}_2\text{Cs}} \underset{R^1 \quad R^2}{\text{HO-C-H}} $$

52-95%

VI.A.3-3 Nakamura, E. et al., *SL*, 801.

$$\text{R-X} \xrightarrow[\text{AIBN, }^t\text{BuOH, 60°C}]{\text{NaCNBH}_3\text{, Bu}_2{}^t\text{BuSnCl, }^{18}\text{O}_2} \text{R-}^{18}\text{OH}$$

R = 1°, 2°, 3° **68-96%**

VI.A.3-4 Suemune, H. et al., *TA*, **8**, 195; Tanaka, M. et al., *JOC*, **62**, 38211; Matsumoto, K. et al., *CL*, 1151.

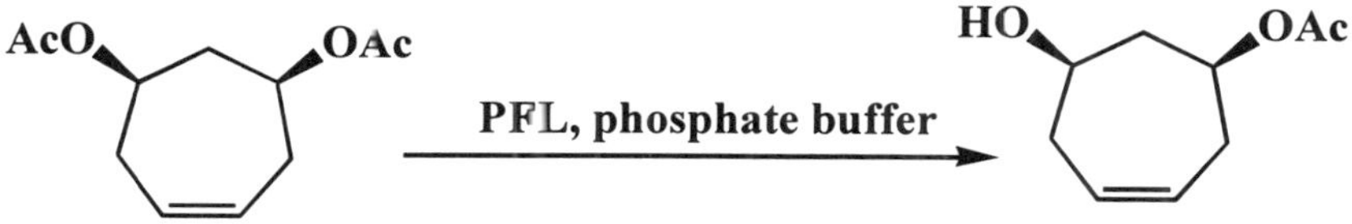
AcO
OAc
PFL, phosphate buffer
HO
OAc

72%, 96% ee

VI.A.3-5 Kang, H.-Y. et al., *SL*, 33.

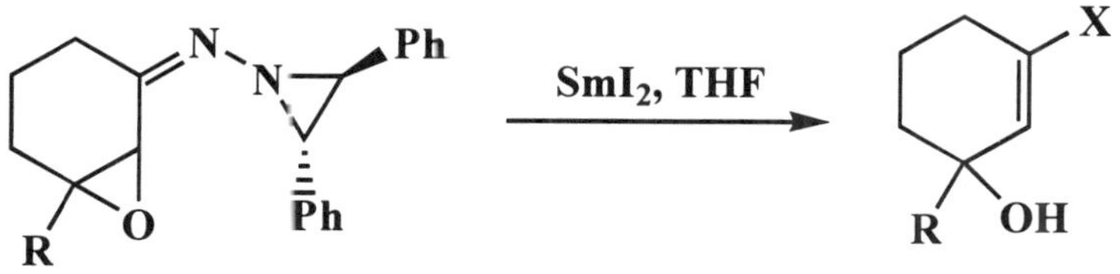
N
N
Ph
Ph
O
R
SmI2, THF
X
R
OH

R = H, Me

18-79%
X = H, I

VI.A.3-6 Hutton, C.A., *TL*, **38**, 5899.

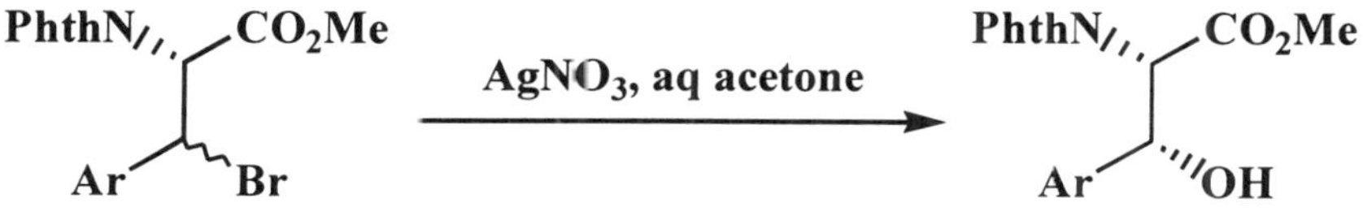
PhthN
CO2Me
Ar
Br
AgNO3, aq acetone
PhthN
CO2Me
Ar
OH

69-93%

VI.A.3-7 Kabalka, G.W. et al., *OM*, **16**, 709.

$$ArCH_2Cl \xrightarrow[\text{2: } H_2O_2, \text{ NaOH}]{\substack{\text{1: RB(OR')}_2, \text{LiN}(^cC_6H_{11})_2 \\ \text{THF, -100°C}}} Ar\underset{\text{43-86\%}}{\overset{OH}{\underset{|}{C}}H}R$$

VI.A.3-8 Ravikumar, K.S. and Chandrasekaran, S., *T*, **53**, 2973.

$$\underset{}{\text{n}_{( )}\text{-furan}} \xrightarrow[\text{2: } H_2O]{\text{1: Ti(BH}_4)_3\text{, DCM, -20°C}} \underset{\text{87-89\%}}{\text{diol}}$$

VI.A.3-9 Ramsden, C.A. and Rose, H.L., *SL*, 27.

$$\underset{Ar}{\overset{R}{\underset{}{C}}}=N-NH_2 \xrightarrow[\text{DCM}]{\text{MeO(OTos)IPh}} \underset{\text{81-97\%}}{\overset{R}{\underset{Ar}{H-C-OTos}}}$$

VI.A.3-10 Brown, H.C. et al., *TL*, **38**, 761.

$$R^1\overset{O}{\underset{}{C}}-(\ )_n-\underset{R^2}{\overset{OH}{\underset{|}{C}}}R^3 \xrightarrow[\text{2: NaBO}_3\cdot4H_2O]{\substack{\text{1: THF, 0°C} \\ (\text{Ipc})_2\text{BCl}}} R^1\underset{}{\overset{OH}{\underset{|}{C}}H}-(\ )_n-\underset{R^2}{\overset{OH}{\underset{|}{C}}}R^3$$

86-98%
84-99% ee

VI.A.3-11 Collomb, D. and Doutheau, A., *TL*, **38**, 1397.

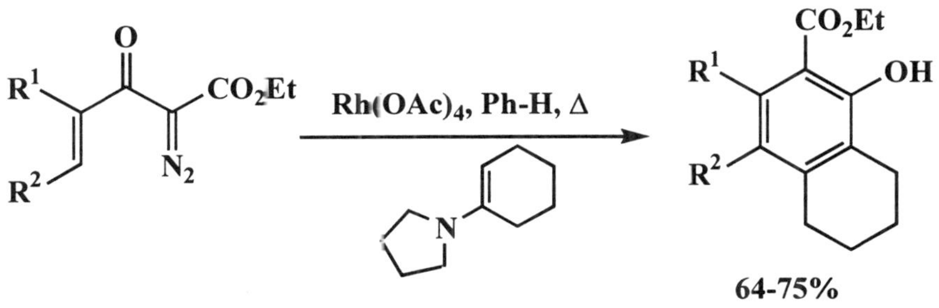

64-75%

VI.A.3-12 Mazzanti, G., Zwanenburg, B. et al., *CC*, 1011.

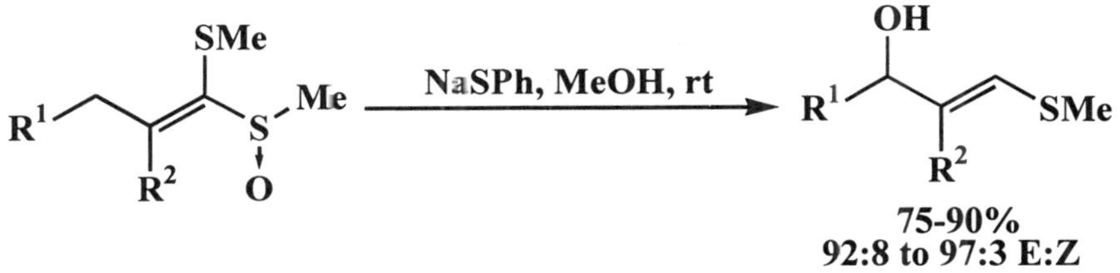

75-90%
92:8 to 97:3 E:Z

VI.A.4. Aldehydes and Ketones

(see also I.A.1, II.A.1, V.E.)

VI.A.4-1 Kim, S. and Yoon, J.-Y., *JACS*, **119**, 5982.

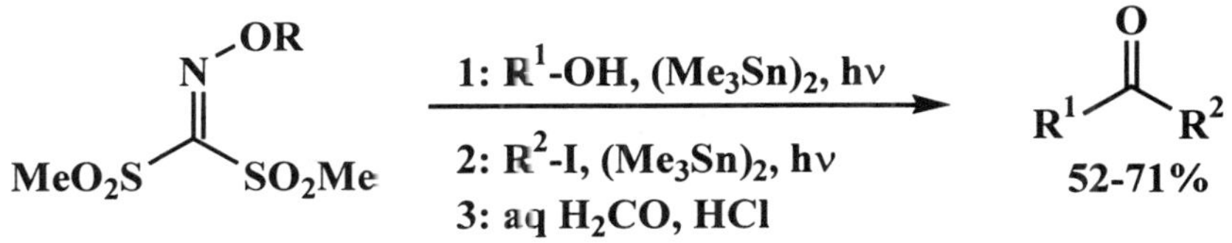

1: R^1-OH, $(Me_3Sn)_2$, hν
2: R^2-I, $(Me_3Sn)_2$, hν
3: aq H_2CO, HCl

52-71%

VI.A.4-2 Kulasegaram, S. and Kulawiec, R.J., *JOC*, **62**, 6547; Martinez, R. et al., *JHC*, **34**, 1865.

$$\underset{\underset{Ar}{|}}{R^1}\!\!\!\overset{O}{\underset{}{\triangle}}\!\!\!R^2 \xrightarrow[\text{\textit{t}BuOH, }\Delta]{\text{Pd(OAc)}_2\text{, PBu}_3} Ar\text{-}\underset{R^1}{\text{CH}}\text{-}\underset{O}{\overset{}{\text{C}}}\text{-}R^2$$

80-98%

VI.A.4-3 Brochetta, M. et al., *TL*, **38**, 2367.

$$R\text{-}C(=O)\text{-}NH_2 \xrightarrow[25\text{-}45°C]{\text{DMF-DMA, MeOH}} R\text{-}C(=O)\text{-}Me$$

92-100%

VI.A.4-4 Blum, J. et al., *JOC*, **62**, 669; Strauss, C.R. et al., *JOC*, **62**, 2505.

$$R^2\text{-}\!\!\equiv\!\!\text{-}R^1 \xrightarrow{\text{PtCl}_4\text{, H}_2\text{O, CO}} R^1\text{-}C(=O)\text{-}CH_2\text{-}R^2 \;\; / \;\; R^1\text{-}CH_2\text{-}C(=O)\text{-}R^2$$

22-99%

VI.A.4-5 Furukawa, N. et al., *H*, **46**, 177.

2-(RCH$_2$S(O))-C$_6$H$_4$-CH$_2$OH $\xrightarrow{\text{TsOH, MeCN, 90°C}}$ R-CHO

0-70%

VI.A.4-6 Yates, M.H., *TL*, **38**, 2813.

$R^1R^2C=CHR^3 \xrightarrow[\text{2: NMO, TPAP}]{\text{1: BH}_3} R^1R^2CH-C(=O)R^3$

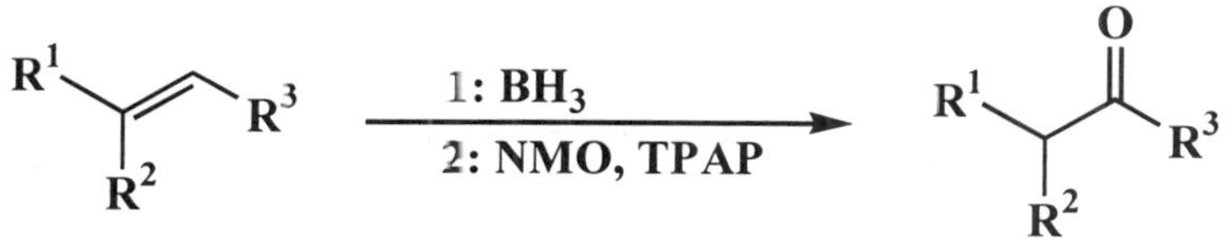

50-98%

VI.A.4-7 Yadar, J.S. et al., *SC*, **27**, 3415.

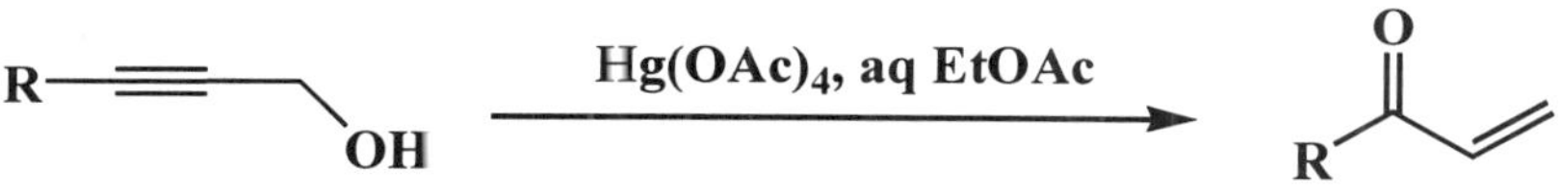

$R-C\equiv C-CH_2OH \xrightarrow{\text{Hg(OAc)}_4,\text{ aq EtOAc}} R-C(=O)-CH=CH_2$

80-88%

VI.A.4-8 Takeda, T. et al., *SL*, 962.

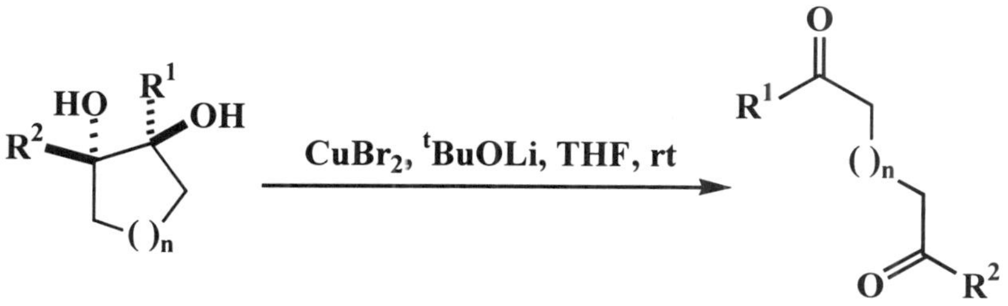

[cyclic diol with HO, R¹, OH, R², (CH₂)ₙ] $\xrightarrow{\text{CuBr}_2,\ ^t\text{BuOLi, THF, rt}}$ $R^1C(=O)CH_2-(\ )_n-CH_2C(=O)R^2$

79-91%

VI.A.4-9 Balasubramanian, K.K. et al., *SL*, 59.

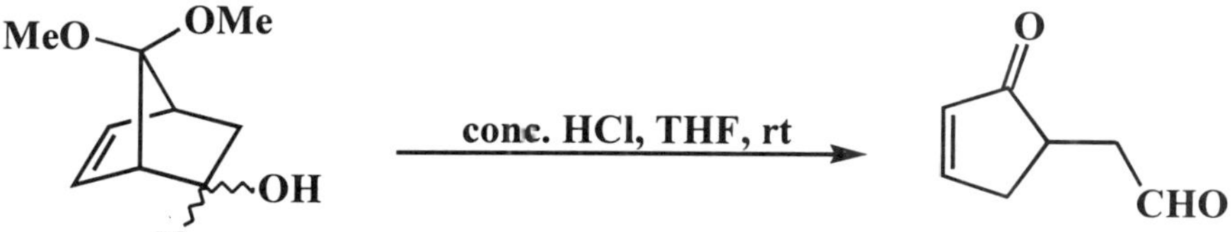

[bicyclic dimethoxy alcohol] $\xrightarrow{\text{conc. HCl, THF, rt}}$ [2-(cyclopent-2-enon-5-yl)acetaldehyde]

80%

VI.A.4-10 Aitken, R.A. and Thomas, A.W., *SL*, 293.

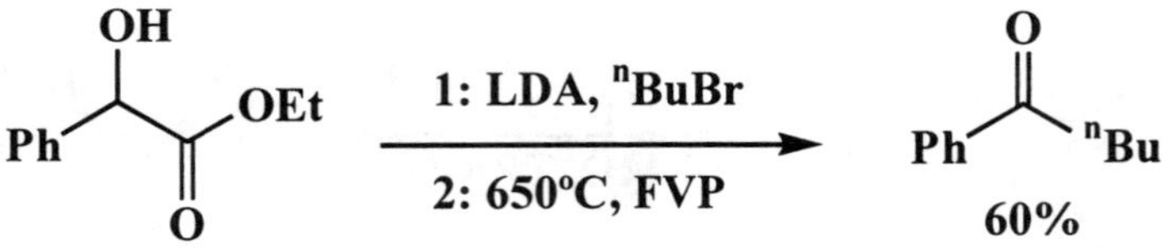

Ph-CH(OH)-C(=O)-OEt → [1: LDA, ^{n}BuBr; 2: 650°C, FVP] → Ph-C(=O)-^{n}Bu   60%

VI.A.4-11 Duhamel, P. et al., *JCS(P1)*, 1739.

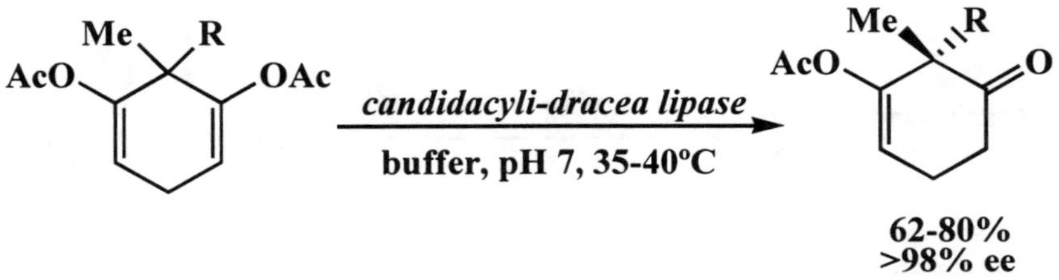

[cyclohexadiene with Me, R, OAc, AcO substituents] → *candidacyli-dracea lipase*, buffer, pH 7, 35-40°C → [cyclohexenone product]   62-80%, >98% ee

---

VI.A.4-12 Hosomi, A. et al., *TL*, **38**, 3977.

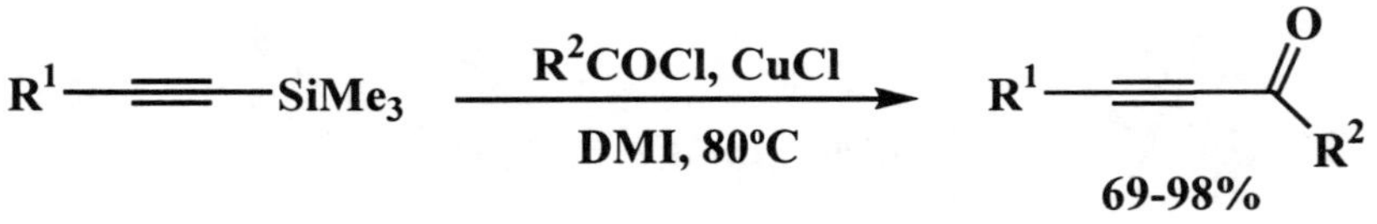

R^1—≡—SiMe$_3$ → [R^2COCl, CuCl, DMI, 80°C] → R^1—≡—C(=O)R^2 69-98%

VI.A.4-13 Urpi, F. et al., *SL*, 1414.

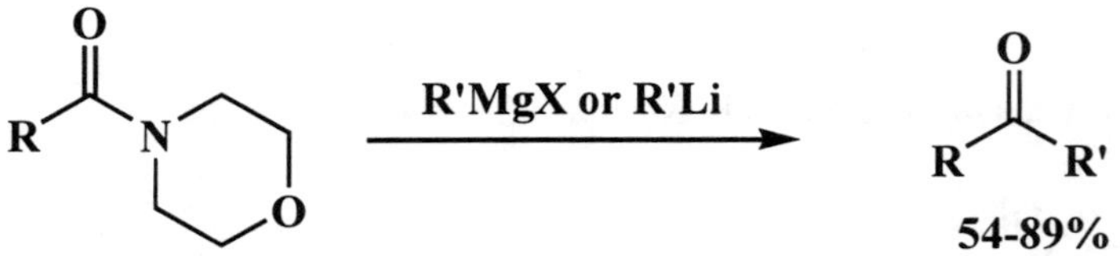

R-C(=O)-N(morpholine) → [R'MgX or R'Li] → R-C(=O)-R'   54-89%

VI.A.5. Amides

VI.A.5-1 Markgraf, J.H. et al., *SC*, **27**, 1285; Bose, D.S. and Baquer, S.M., *SC*, **27**, 3119.

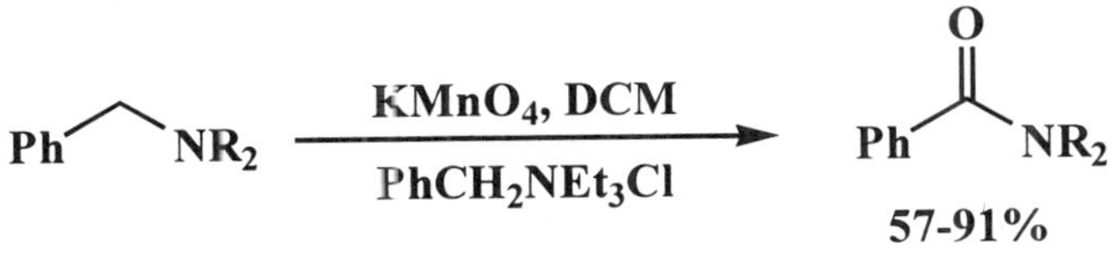

Ph–CH$_2$–NR$_2$ $\xrightarrow[\text{PhCH}_2\text{NEt}_3\text{Cl}]{\text{KMnO}_4\text{, DCM}}$ Ph–C(=O)–NR$_2$

57-91%

VI.A.5-2 Iqbal, J. et al., *JOC*, **62**, 1843.

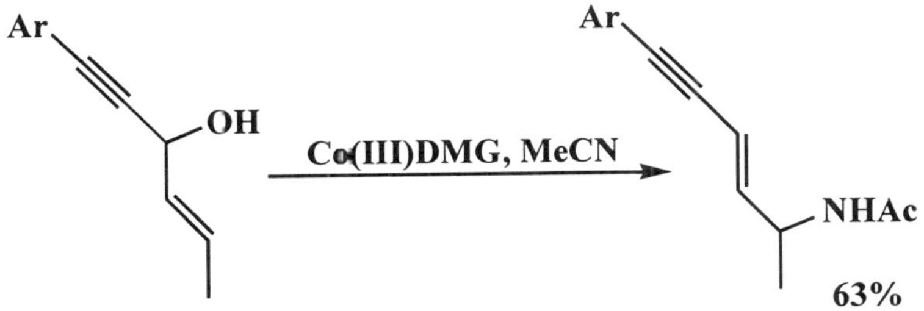

Ar–C≡C–CH(OH)–CH=CH–CH$_3$ $\xrightarrow{\text{Co(III)DMG, MeCN}}$ Ar–C≡C–CH=CH–CH(NHAc)–CH$_3$

63%

VI.A.5-3 Peet, N.P. et al., *T*, **53**, 6303.

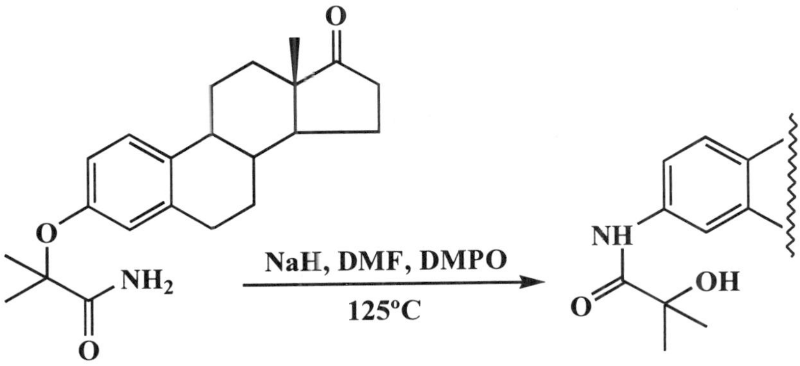

$\xrightarrow[\text{125°C}]{\text{NaH, DMF, DMPO}}$

VI.A.5-4 Shimizu, T., Nakata, T. et al., *TL*, **38**, 2685; Tius, M.A. et al., *SL*, 531.

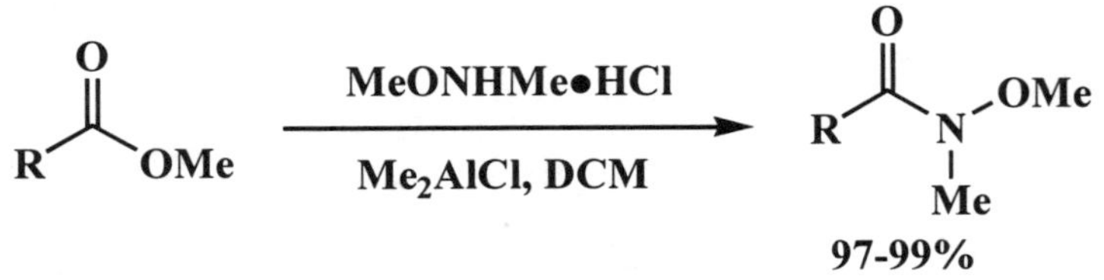

R–C(O)–OMe →[MeONHMe•HCl / Me$_2$AlCl, DCM]→ R–C(O)–N(Me)(OMe)   97-99%

VI.A.5-5 Lasne, M.-C. et al., *JCS(P1)*, 2837; Froyen, P., *TL*, **38**, 5359; Curran, D.P. et al., *JOC*, **62**, 2917.

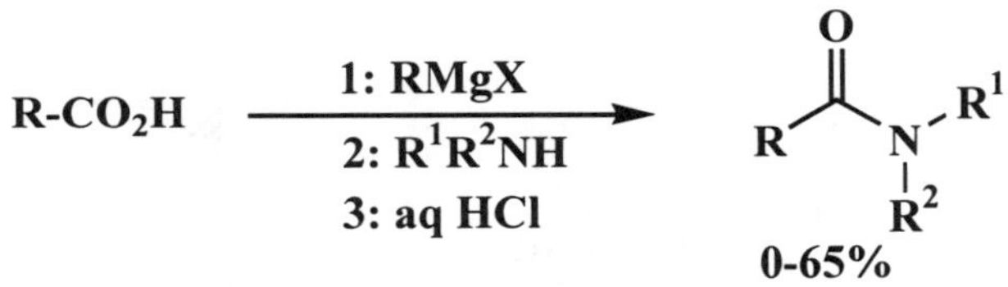

R–CO$_2$H →[1: RMgX; 2: R^{1}R^{2}NH; 3: aq HCl]→ R–C(O)–N(R^1)(R^2)   0-65%

VI.A.5-6 Sugahara, M. and Ukita, T., *CPB*, **45**, 719.

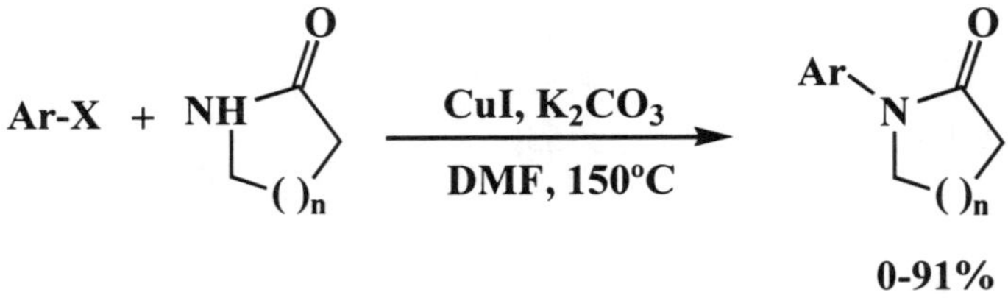

Ar–X + NH-lactam(CH$_2$)$_n$ →[CuI, K$_2$CO$_3$ / DMF, 150°C]→ Ar–N-lactam(CH$_2$)$_n$ 0-91%

VI.A.5-7 Aube, J. et al., *T*, **53**, 16241.

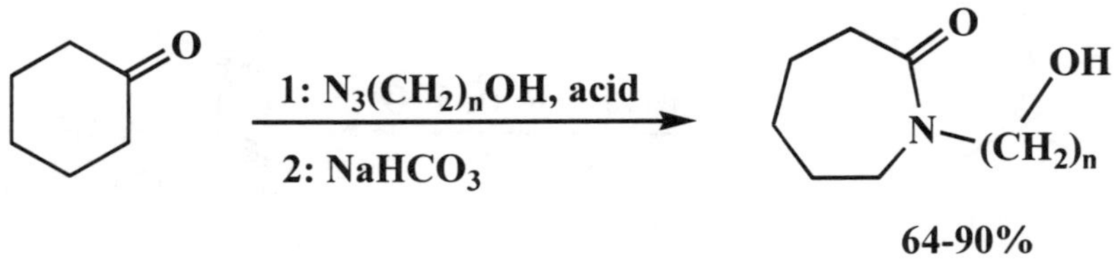

cyclohexanone →[1: N$_3$(CH$_2$)$_n$OH, acid; 2: NaHCO$_3$]→ caprolactam-N–(CH$_2$)$_n$–OH   64-90%

VI.A.5-8 Overman, L.E. and Zipp, G.G., *JOC*, **62**, 2288.

VI.A.5-9 Trost, B.M. and Dake, G.R., *JOC*, **62**, 5670.

VI.A.5-10 Cai, M.-Z. et al., *SC*, **27**, 361.

VI.A.5-11 Baudy-Floc'h, M. et al., *S*, 229.

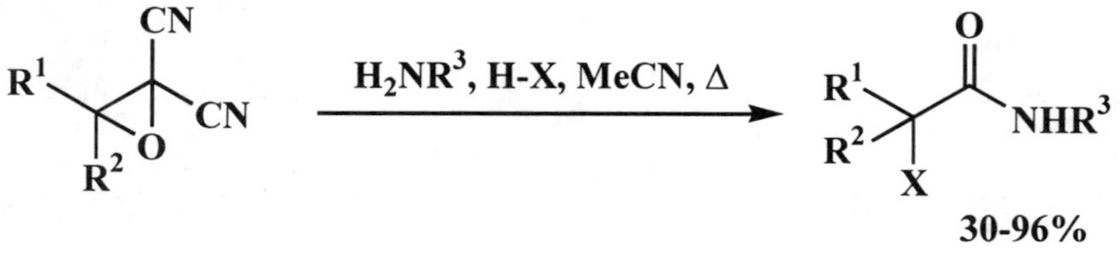

$$R^1R^2C(O)C(CN)_2 \xrightarrow{H_2NR^3, \text{ H-X, MeCN, } \Delta} R^1R^2C(X)C(O)NHR^3$$

30-96%

VI.A.5-12 Rizo, B. et al., *SL*, 998.

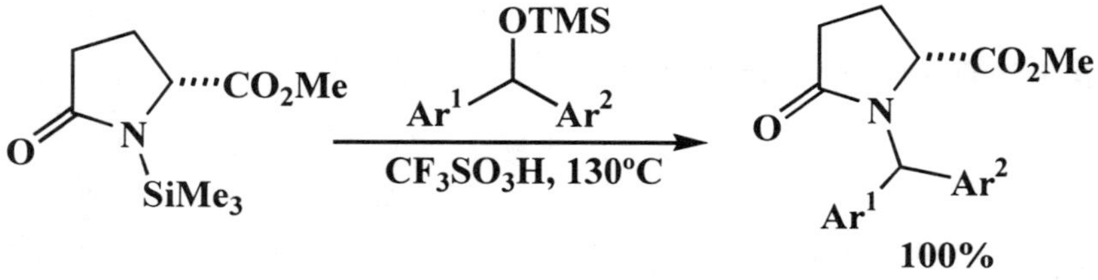

N-SiMe₃ pyrrolidinone-CO₂Me + Ar¹CH(OTMS)Ar² $\xrightarrow{CF_3SO_3H, 130°C}$ N-CH(Ar¹)(Ar²) pyrrolidinone-CO₂Me

100%

VI.A.5-13 Murakami, Y. et al., *TL*, **38**, 3751.

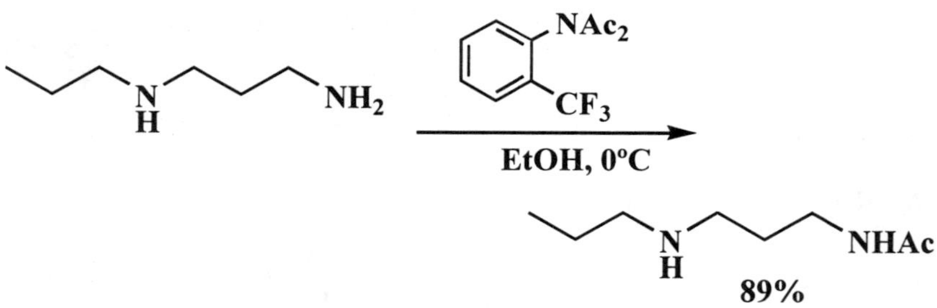

PrNH-CH₂CH₂CH₂-NH₂ + (2-CF₃-C₆H₄)NAc₂ $\xrightarrow{\text{EtOH, 0°C}}$ PrNH-CH₂CH₂CH₂-NHAc

89%

VI.A.5-14 Samaut, S.D. et al., *SC*, **27**, 379.

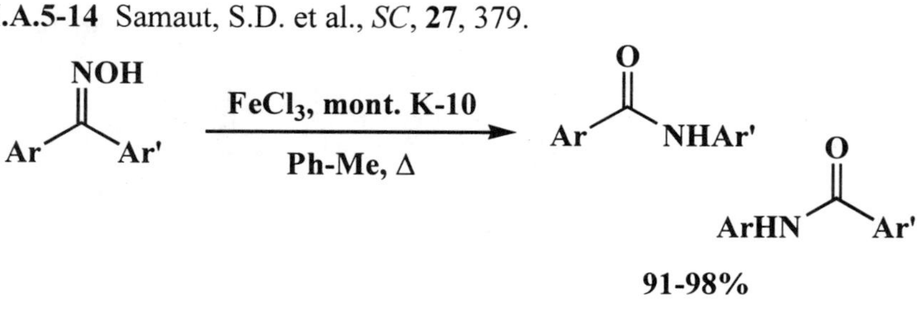

Ar-C(=NOH)-Ar' $\xrightarrow[\text{Ph-Me, }\Delta]{FeCl_3, \text{ mont. K-10}}$ Ar-C(O)-NHAr'   +   ArHN-C(O)-Ar'

91-98%

VI.A.5-15 Coskin, N. and Tirli, F., *SC*, **27**, 1.

PhC(O)CH$_2$-N(Bn)(Me) $\xrightarrow{\text{PhCH}_2\text{COCl}, \text{DCM}, \Delta}$ PhC(O)CH$_2$-N(Me)C(O)CH$_2$Ph 98%

VI.A.6. Amine and Carbamates

VI.A.6-1 Buchwald, S.L. and Wolfe, J.P., *JOC*, **62**, 1254, 1568, 6066 and *JACS*, **119**, 6054 and 8451; Hartwig, J.F. et al., *JOC*, **62**, 1268; Cacchi, S. et al., *SL*, 1400; Beller, M. et al., *TL*, **38**, 2073; Beletskaya, I.P., Guilard, R. et al., *TL*, **38**, 2287; Frost, C.G. and Mendonca, P., *CL*, 1159; Reddy, N.P. and Tanaka, M., *TL*, **38**, 4807.

Ar—OTf $\xrightarrow{\substack{\text{HNRR', Pd(OAc)}_2 \\ \text{BINAP or TOL-BINAP} \\ \text{NaO}^t\text{Bu, PhMe, 80°C}}}$ Ar—NRR'   28-77%

VI.A.6-2 Barton, D.H.R. et al., *T*, **53**, 4137; Fugier, C. et al., *SC*, **27**, 1669; Cho, Y.H. and Park, J.C., *TL*, **38**, 8331; Kabalka, G.W. and Li, G., *TL*, **38**, 5777.

R^2-N(R^1)-H $\xrightarrow{\text{Ph}_3\text{Bi(OAc)}_3, \text{Cu(OPiv)}_2, \text{THF}}$ R^2-N(R^1)-Ph   45-99%

VI.A.6-3 Magnus, P. et al., *JACS*, **119**, 6739.

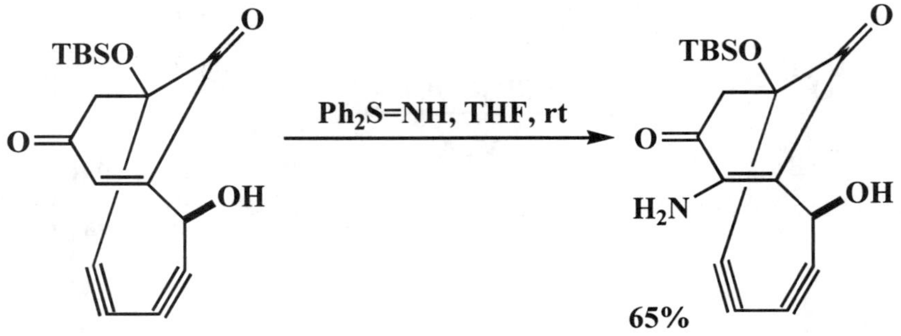
TBSO
O
O
OH
Ph2S=NH, THF, rt
TBSO
O
O
H2N
OH
65%

VI.A.6-4 Padmanabhan, S. et al., *SC*, **27**, 691.

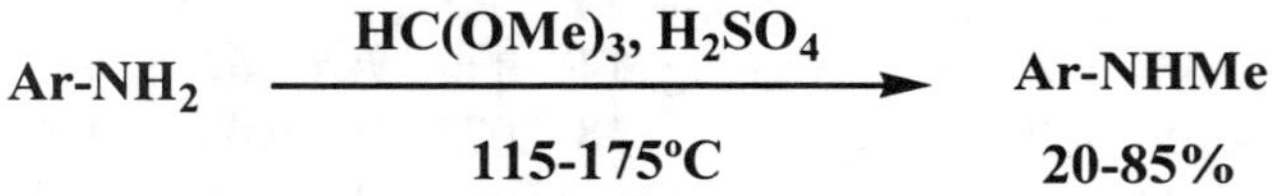
Ar-NH2
HC(OMe)3, H2SO4
115-175°C
Ar-NHMe
20-85%

VI.A.6-5 Veenstra, S.J. and Schmid, P., *TL*, **38**, 997; Loh, T.-P. et al., *TL*, **38**, 865.

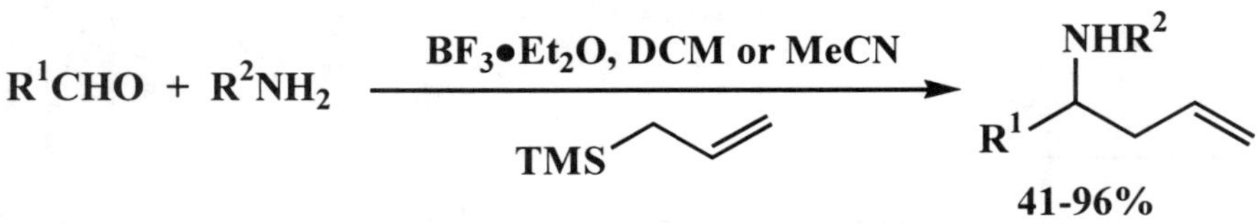
R1CHO + R2NH2
BF3•Et2O, DCM or MeCN
TMS
NHR2
R1
41-96%

VI.A.6-6 Sinisterra, J.V. et al., *TL*, **38**, 4137.

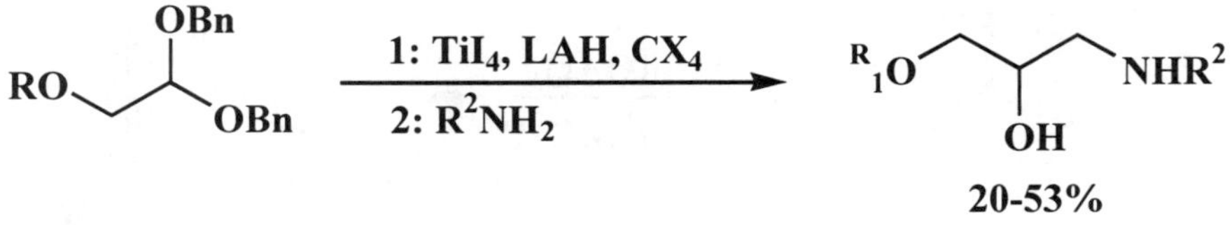
OBn
RO
OBn
1: TiI4, LAH, CX4
2: R2NH2
R1O
NHR2
OH
20-53%

VI.A.6-7 Bandgar, B.P. et al., *SC*, **27**, 635.

$$\text{Ar-N}_2\text{BF}_4 \xrightarrow{\text{BER, MeOH, 0°C}} \text{Ar-NH}_2$$
$$60\text{-}91\%$$

VI.A.6-8 Williams, J.M.J. et al., *JCS(P1)*, 1411; Nikam, S.S. et al., *JOC*, **62**, 3754.

Ph-CH=CH-CH(Ph)(OMe) $\xrightarrow{\text{Pd(0), NaNR}_2}$ Ph-CH=CH-CH(Ph)(NR$_2$)

R = N$_3$, N(Boc)$_2$, Phth

56-94%

VI.A.6-9 Ince, J. and Shipman, M., *TL*, **38**, 5887.

$\xrightarrow{\text{MeO}_2\text{CCl, DCM, rt}}$

85%

VI.A.6-10 de Sousa, S.E. and O'Brien, P., *TL*, **38**, 4885; Hoffman, R.V. and Tao, J., *JOC*, **62**, 2292; Barrett, A.G.M. et al., *CC*, 433.

Ph-CH(NH$_2$)-CH$_2$OH $\xrightarrow[\text{2: TEA, MsCl}]{\text{1: RBr, Na}_2\text{CO}_3\text{, TBAI, THF, }\Delta}$ Ph-CH(NHMe)-CH$_2$-NR$_2$

3: aq MeNH$_2$, TEA

62-76%

VI.A.6-11 Gronowitz, S. et al., *HCA*, **80**, 1483.

VI.A.6-12 Shapiro, G. and Marzi, M., *JOC*, **62**, 7096.

VI.A.6-13 Fukuyama, T. et al., *TL*, **38**, 5831.

Ar = 2,4-dinitrobenzene

VI.A.6-14 Keillor, J W. et al., *JOC*, **62**, 7495 and *TL*, **38**, 313; Matsumura, Y. et al., *TL*, **38**, 8879; Moracci, F.M. et al., *JOC*, **62**, 6754.

R-C(=O)-NH$_2$ → (NBS, DBU, MeOH, Δ) → R-NH-C(=O)-OMe

43-95%

VI.A.6-15 Fraenkel, G. et al., *JOC*, **62**, 431; Viso, A. et al., *JOC*, **62**, 2316.

Efficient Synthesis of Diastereomerically Pure Vicinal Diamines.

VI.A.6-16 Amato, J.S. et al., *JOC*, **62**, 6697; Kobayashi, S. et al., *SL*, 115.

Reagents: 1: MeNH$_2$, triflic acid, MeCN; 2: e$^-$

65%

VI.A.6-17 Sudo, A. and Saigo, K., *JOC*, **62**, 5508; Togni, A. et al., *TA*, **8**, 155; Wills, M. et al., *CC*, 1053; Allin, S.M. et al., *SL*, 725.

Reagents: BuNH$_2$, [Pd(allyl)Cl]$_2$, Ph$_3$P-based indanyl oxazoline ligand.

36-94%
20-99% ee

VI.A.6-18 Itsuno, S. et al., *AG(E)* 109.

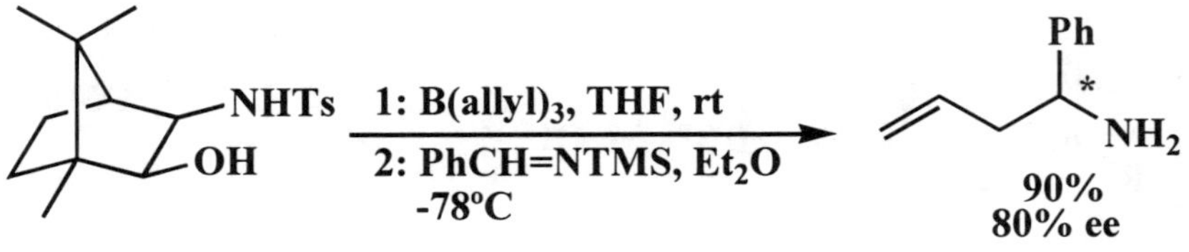

[Camphor-derived aminoalcohol with NHTs and OH groups]
1: B(allyl)$_3$, THF, rt
2: PhCH=NTMS, Et$_2$O, -78°C
→ CH$_2$=CHCH$_2$–C*H(Ph)–NH$_2$
90%
80% ee

VI.A.7. Amino Acid Derivatives

VI.A.7-1 Beller, M. et al., *AG(E)*, 1494.

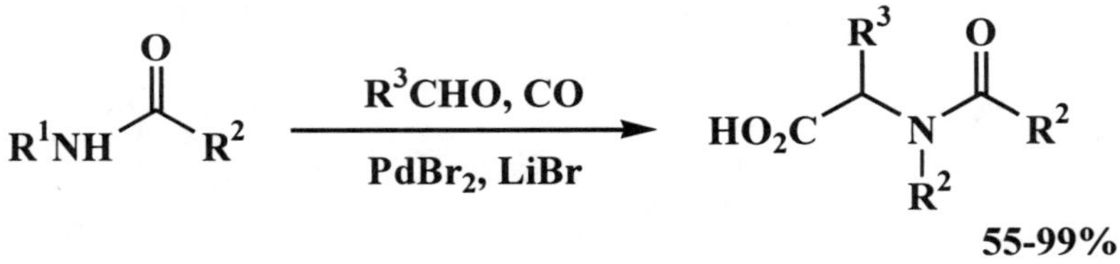

R^{1}NH–C(=O)–R^2 $\xrightarrow{\text{R}^3\text{CHO, CO, PdBr}_2\text{, LiBr}}$ HO$_2$C–CH(R^3)–N(R^2)–C(=O)–R^2

55-99%

VI.A.7-2 Bergeron, R.J. et al., *JOC*, **62**, 3285.

Development of a Hypusine Reagent for Peptide Synthesis.

VI.A.7-3 Hatakeyama, S. et al., *JOC*, **62**, 2275.

Et$_2$AlCl – catalyzed Cyclization of Epoxytrichloroacetimidates for the Synthesis of α-substituted Serines.

VI.A.7-4 Pinhey, J.T. et al., *JCS(P1)*, 487 and 613.

Reaction of 4-Ethoxycarbonyl-2-phenyl-4,5-dihydrooxazol-5-one with Organolead(IV) Triacetates. A Route to some α-Arylglycine and α-Vinyl Glycine Derivatives.

VI.A.7-5 Kazmaier, U., *LA*, 285.

Application of the Chelate-Enolate Claisen Rearrangement to the Synthesis of γ,δ-Unsaturated Amino Acids.

VI.A.7-6 Sasaki, N.A et al., *JOC*, **62**, 765.

Synthesis of Optically Pure cis- and trans- 3-Substituted Proline Derivatives.

VI.A.7-7 Evans, D.A. and Nelson, S.G., *JACS*, **119**, 6452; Lefebvre, I.M. and Evans, Jr., S.A., *JOC*, **62**, 7532; Alvarez-Ibarra, C. et al., *JOC*, **62**, 2478.

84-97%
96-99% ee

VI.A.7-8 Dyker, G., *AC(E)*, 1700.

Amino Acid Derivatives by Multicomponent Reactions.

VI.A.7-9 Lamaty, F. et al., *TL*, **38**, 3385.

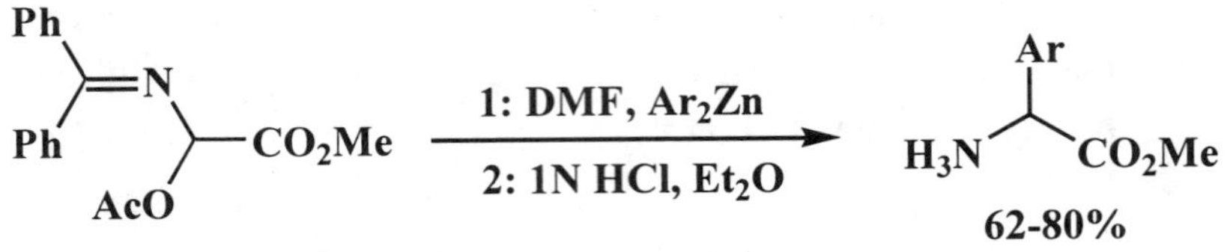

Ph₂C=N−CH(OAc)−CO₂Me → (1: DMF, Ar₂Zn; 2: 1N HCl, Et₂O) → H₂N−CH(Ar)−CO₂Me

62-80%

VI.A.7-10 Loreto, M.A. et al., *T*, **53**, 15853.

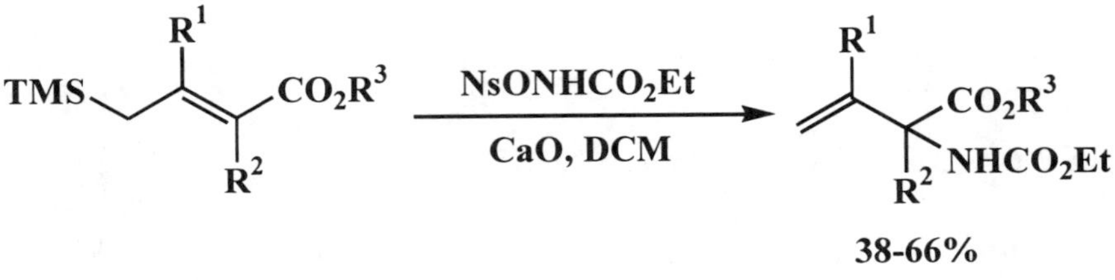

TMS−CH₂−C(R¹)=C(R²)−CO₂R³ → (NsONHCO₂Et, CaO, DCM) → CH₂=C(R¹)−C(R²)(NHCO₂Et)−CO₂R³

38-66%

VI.A.7-11 Cardillo, G. et al., *TL*, **38**, 6953.

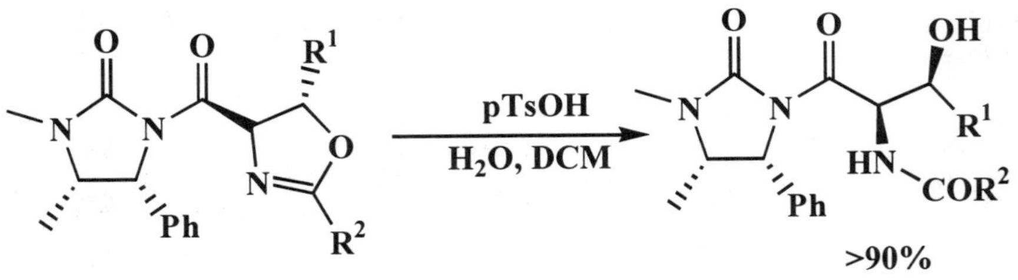

[oxazoline-imidazolidinone substrate] → (pTsOH, H₂O, DCM) → [ring-opened amino alcohol product]

>90%

VI.A.7-12 Aitken, D.J. et al., *TL*, **38**, 4065; Hanessian, S. et al., *AG(E)*, 1881.

Synthesis of Peptides Containing 2,3-Methanoaspartic Acid.

VI.A.7-13 Decicco, C.P. and Grover, P., *SL*, 529.

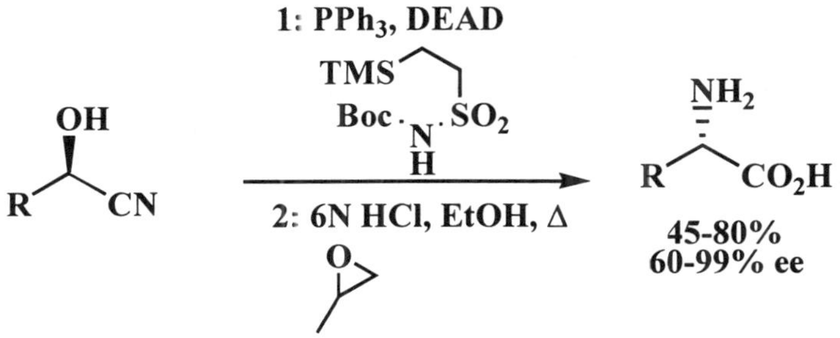

R-CH(OH)-CN
1: PPh₃, DEAD, TMS-CH₂CH₂-SO₂-N(Boc)-H
2: 6N HCl, EtOH, Δ
→ R-CH(NH₂)-CO₂H
45-80%
60-99% ee

VI.A.7-14 Zheng, N. et al., *TL*, **38**, 2817.

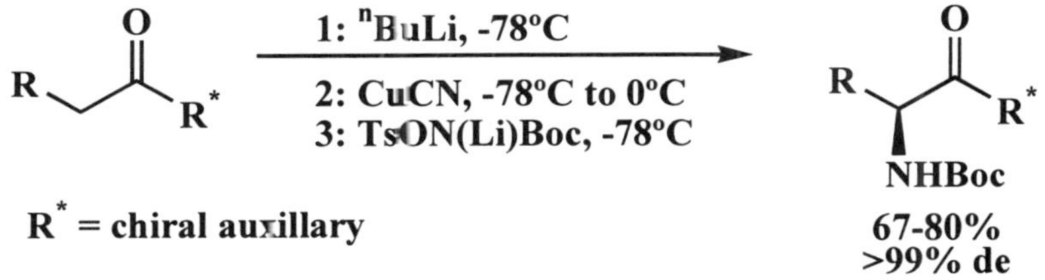

R-CH₂-C(O)-R*
1: ⁿBuLi, -78°C
2: CuCN, -78°C to 0°C
3: TsON(Li)Boc, -78°C
→ R-CH(NHBoc)-C(O)-R*
67-80%
>99% de

R* = chiral auxillary

VI.A.7-15 Burk, M.J. and Allen, J.G., *JOC*, **62**, 7054.

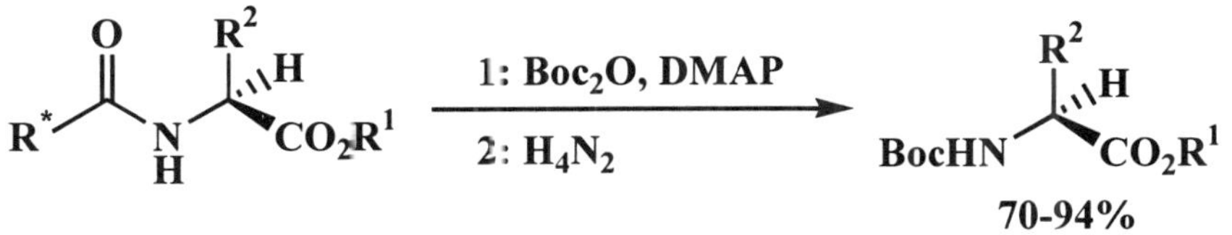

R*-C(O)-NH-CH(R²)(CO₂R¹)
1: Boc₂O, DMAP
2: H₄N₂
→ BocHN-CH(R²)(CO₂R¹)
70-94%

VI.A.7-16 Moody, C.J. et al., *CC*, 2391.

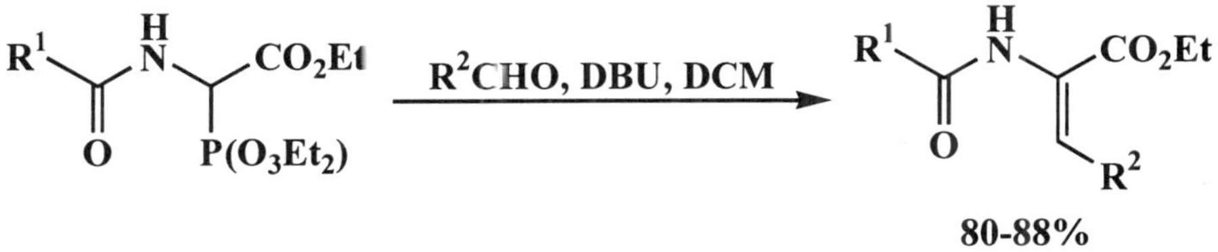

R¹-C(O)-NH-CH(CO₂Et)(P(O₃Et₂))
R²CHO, DBU, DCM
→ R¹-C(O)-NH-C(CO₂Et)=CH-R²
80-88%

VI.A.7-17 Abell, A.D. and Foulds, G.J., *JCS(P1)*, 2475.

R-C(O)-NH-CH(Me)-CO$_2$Bn →(PCl$_5$, HN$_3$, Ph-H)→ tetrazole with R, CH(Me)CO$_2$Bn substituents, 60%

VI.A.8. Azides

VI.A.8-1 Das, N.B. et al., *JCR(S)*, 378; Jacobsen, E.N. et al., *JOC*, **62**, 4197.

R^1-epoxide-R^2 →(SnCl$_2$, NaN$_3$, aq THF)→ R^1-CH(N$_3$)-CH(OH)-R^2, 70-92%

VI.A.8-2 Rao, A.V.R. et al., *TL*, **38**, 2551; Sreekumar, R. et al., *CC*, 1133; Couladouros, E.A. et al., *JOC*, **62**, 6.

R^1-CH=CH-CO$_2$Et →(HN$_3$, TEA, Ph-H, 80°C)→ R^1-CH(N$_3$)-CH$_2$-CO$_2$Et (written with N$_3$ on other carbon), 90-98%

VI.A.8-3 Bravo, P. et al., *TA*, **8**, 2811; Tanaka, A. et al., *TL*, **38**, 3955; Mizuno, M. and Shiori, T., *CC*, 2165.

p-Tol-S(O)-CH$_2$-CH(OH)-CH$_2$F →(NaN$_3$, PPh$_3$, CBr$_4$, DMF, 0°C)→ p-Tol-S(O)-CH$_2$-CH(N$_3$)-CH$_2$F, 78%

VI.A.8-4 Heimgartner, H. and Strassler, C., *HCA*, **80**, 2058.

$$\underset{O}{\overset{R_{\diagdown}N^{\diagup}R}{\underset{\|}{C}}}\text{–OBn} \quad \xrightarrow[\text{3: NaN}_3\text{, THF, rt}]{\substack{\text{1: LDA, THF, 0°C}\\ \text{2: DPPCl, THF}}} \quad \underset{45\text{-}50\%}{\underset{O}{\overset{R_{\diagdown}N^{\diagup}R}{\underset{\|}{C}}}\text{–CH(Ph)(N}_3\text{)}}$$

VI.A.8-5 Alvarez, S.G. and Alvarez, M.T., *S*, 413.

$$\text{R-Br} \xrightarrow{\text{NaN}_3\text{, DMSO, rt}} \underset{80\text{-}99\%}{\text{R-N}_3}$$

R = 1°, 2°

VI.A.8-6 Polanc, S. et al., *JOC*, **62**, 7165.

$$\text{R-NHNH}_2 \xrightarrow{\text{Na}_3\text{CO(NO}_2\text{)}_6} \underset{60\text{-}96\%}{\text{R-N}_3}$$

R = ArCO, ArSO$_2$

VI.A.9. Esters

(see also: I.G.2, IV.D, V.C.)

VI.A.9-1 Soderberg, B.C. et al., *JOC*, **62**, 5945.

$$(OC)_5Cr{=}C(ONMe_4)(CH_2R^1) \xrightarrow[\text{DCM, -20°C}]{R^2COCl} \text{[dihydrofuranone with } R^1, R^2\text{]}$$

3-93%

VI.A.9-2 Ballini, R. and Bosica, G., *T*, **53**, 16131.

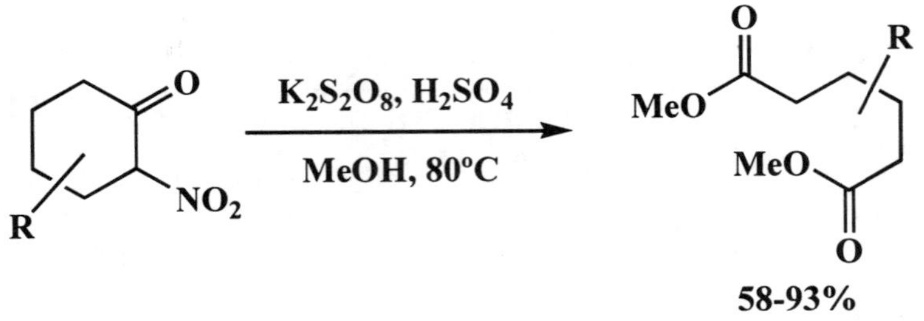

[Reaction: 2-nitrocyclohexanone with R substituent + K$_2$S$_2$O$_8$, H$_2$SO$_4$, MeOH, 80°C → MeO-CO-CH$_2$-...-R / MeO-CO-...; 58-93%]

VI.A.9-3 Kiessling, A.J. and McClure, C.K., *SC*, **27**, 923.

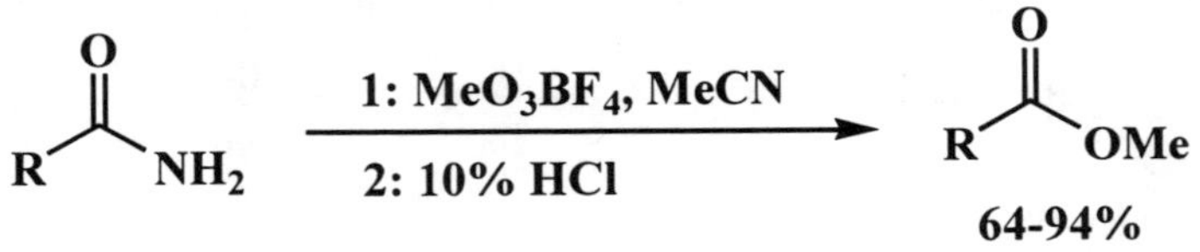

[Reaction: R-C(O)-NH$_2$ → 1: MeO$_3$BF$_4$, MeCN; 2: 10% HCl → R-C(O)-OMe; 64-94%]

VI.A.9-4 Moracci, F.M. et al., *T*, **53**, 167.

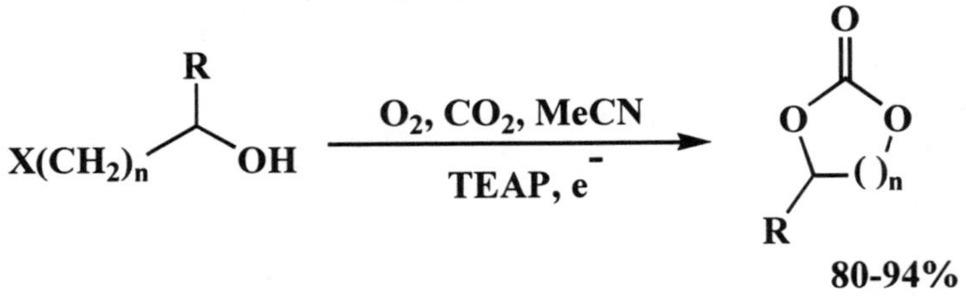

[Reaction: X(CH$_2$)$_n$-CHR-OH + O$_2$, CO$_2$, MeCN, TEAP, e$^-$ → cyclic carbonate with R and (CH$_2$)$_n$; 80-94%]

VI.A.9-5 Villemin, D. et al., *TL*, **38**, 4777.

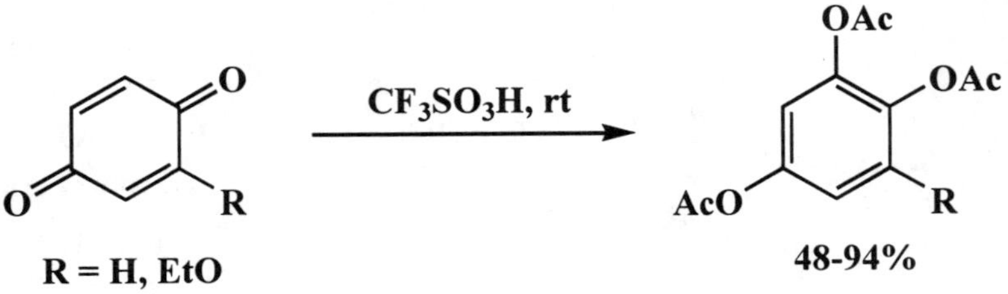

[Reaction: 2-R-benzoquinone (R = H, EtO) + CF$_3$SO$_3$H, rt → 1,2,4-triacetoxybenzene with R; 48-94%]

VI.A.9-6 Stanton, M.G. and Gagne, M.R., *JOC*, **62**, 8240.

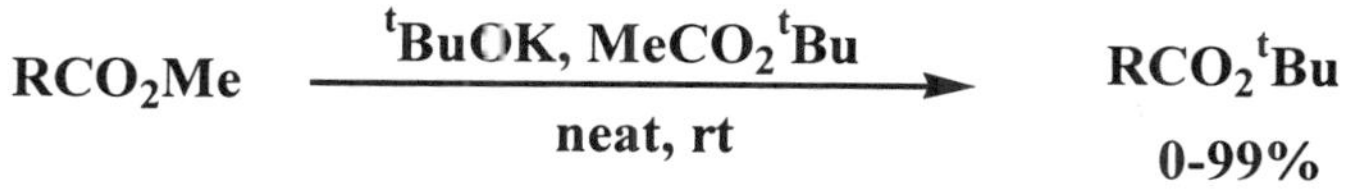

RCO_2Me
$^tBuOK, MeCO_2{}^tBu$
neat, rt
$RCO_2{}^tBu$
0-99%

VI.A.9-7 Trost, B.M. et al., *JOC*, **62**, 736.

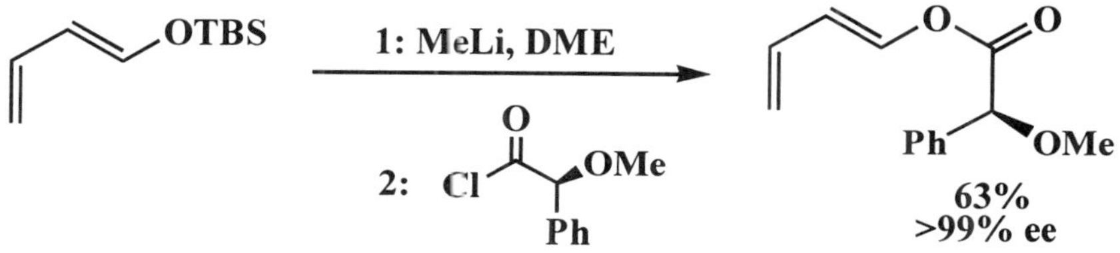

OTBS
1: MeLi, DME
2:
O
Cl
OMe
Ph
O
O
Ph
OMe
63%
>99% ee

VI.A.9-8 Watanabe, M. et al., *JOC*, **62**, 2992.

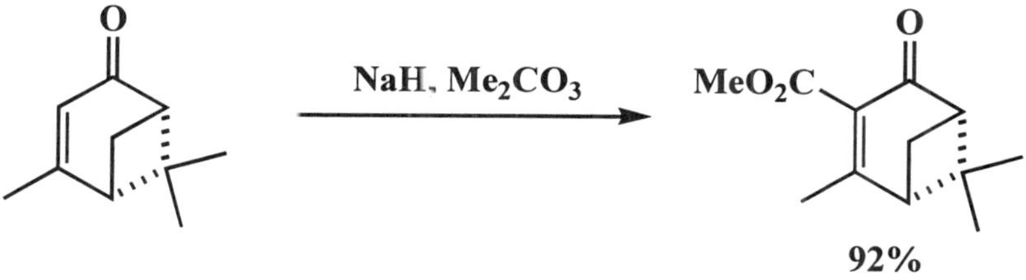

O
NaH, Me_2CO_3
MeO_2C
O
92%

VI.A.9-9 Wang, Z.Y. et al., *TL*, **38**, 5745.

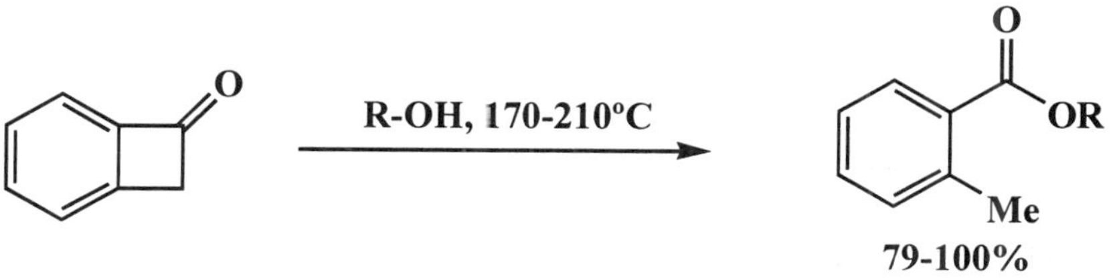

O
R-OH, 170-210°C
O
OR
Me
79-100%

VI.A.9-10 Rossi, L. et al., *TL*, **38**, 3565.

R-OH $\xrightarrow{\text{CO}_2,\ \text{EtI, Cu cathode, e}^-}$ ROCO$_2$Et

34-54%

VI.A.9-11 Lai, G. and Anderson, W.K., *SC*, **27**, 1281.

Ar-CHO $\xrightarrow{\text{MnO}_2,\ \text{NaCN, MeOH}}$ Ar-CO$_2$Me

75-93%

VI.A.9-12 Anastasia, M. et al., *TA*, **8**, 93; Blanco, L. et al., *TL*, **38**, 8503; Hogberg, H.-E. et al., *TA*, **8**, 983; Tsuboi, S. et al., *TA*, **8**, 375; Haufe, G. et al., *TA*, **8**, 399; Ayers, T.A. et al., *TA*, **8**, 45; Fu, G.C. et al., *JACS*, **119**, 1492; see also: Alcantara, A.R. et al., *JOC*, **62**, 1831; Fadnavis, N.W. and Koteshwar, K., *TA*, **8**, 337.

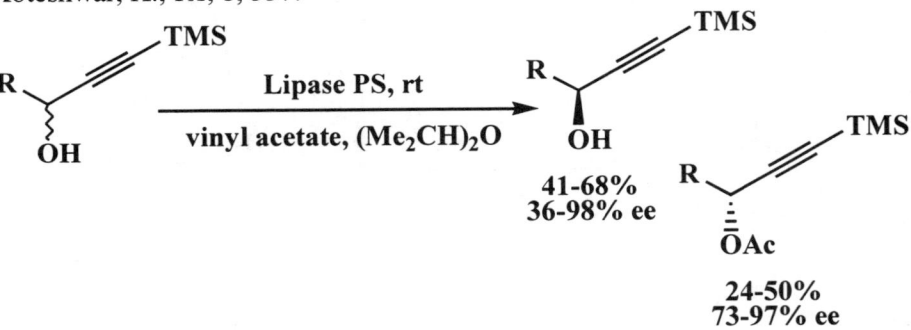

VI.A.9-13 Kita, Y. et al., *TL*, **38**, 4243; Theil, F. et al., *TA*, **8**, 2051; Chen, S.-T. and Fang, J.-M., *JOC*, **62**, 4349; Fadel, A. and Arzel, P. *TA*, **8**, 283; Bando, T. and Shishido, K., *H*, **46**, 111; Juteau, H. et al., *TL*, **38**, 1481.

VI.A.10. Ethers

VI.A.10-1 Oriyama, T. et al., *SL*, 701; Carlsen, P.H.J. et al., *ACS*, **51**, 343.

$$Ar\text{-}OSiR_3 \xrightarrow{R'\text{-}X, CsF, DMF, rt} Ar\text{-}OR'$$
74-97%

VI.A.10-2 Buchwald, S.L. et al., *JACS*, **119**, 10539; Janetka, J.W. and Rich, D.H., *JACS*, **119**, 6488; Mann, G. and Hartwig, J.F., *JOC*, **62**, 5413 and *TL*, **38**, 8005; Miura, M. et al., *JOC*, **62**, 4877; Organ, M.G. and Miller, M., *TL*, **38**, 8181.

$$Ar^1\text{-}X + Ar^2\text{-}OH \xrightarrow[Ph\text{-}Me, EtOAc, 110°C]{(CuOTf)_2 \bullet Ph, Cs_2CO_3} Ar^1\text{-}O\text{-}Ar^2$$

X = Br, I

VI.A.10-3 Prakash, O. et al., *SC*, **27**, 3273.

$$\underset{R^1}{\overset{R^2}{\diagup}}\!\!=\!\!\underset{OR^3}{\overset{OTMS}{\diagdown}} \xrightarrow{(PhIO)_n, MeOH} R^1\underset{CO_2R^3}{\overset{R^2}{\diagup}}\!\!OMe$$

57-74%

VI.A.10-4 Weintraub, P.M. and King, C.-H.R., *JOC*, **62**, 1560.

R-OH →[Et-O-CHO, DCM, Pd(OAc)₂, phenanthroline]→ R-O-CHO

6-87%

VI.A.10-5 Komatsu, N. et al., *TL*, **38**, 7219; Boga, C. et al., *TL*, **38**, 4845.

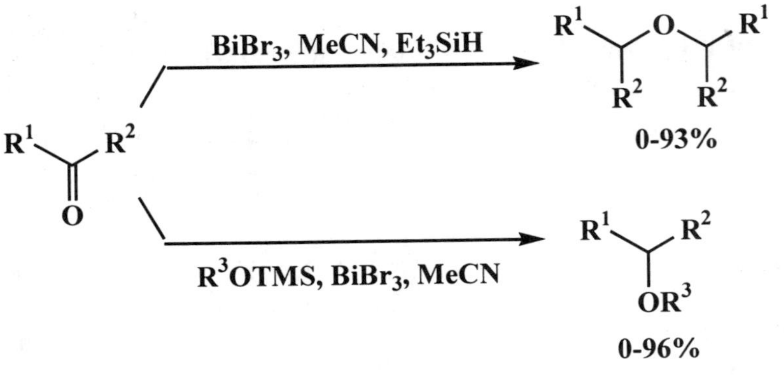

R^1COR^2 → (BiBr$_3$, MeCN, Et$_3$SiH) → R^1R^2CH-O-CHR^1R^2 0-93%

R^1COR^2 → (R^{3}OTMS, BiBr$_3$, MeCN) → R^1R^2CH-OR^3 0-96%

VI.A.10-6 Greeves, N. et al., *TL*, **38**, 4679.

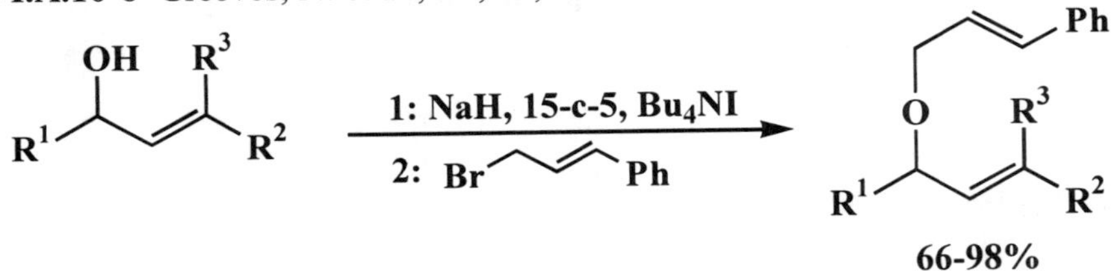

Allylic alcohol R^{1}CH(OH)CH=CR^{2}R^3 → 1: NaH, 15-c-5, Bu$_4$NI; 2: Br-CH$_2$-CH=CH-Ph → cinnamyl ether product 66-98%

VI.A.10-7 Kuo, G.-H. and Eissenstat, M.A., *TL*, **38**, 3343.

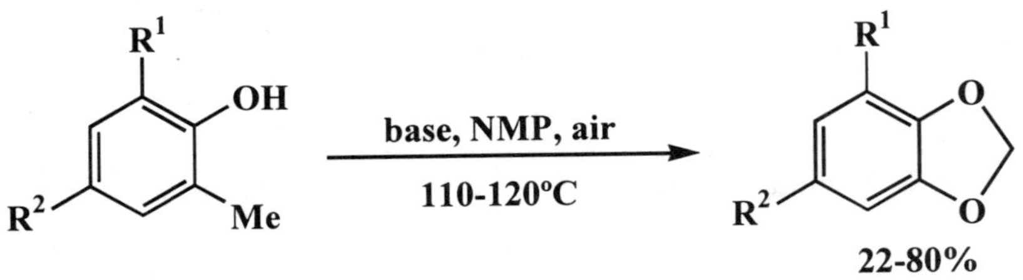

2-methylphenol with R^1, R^2 substituents → base, NMP, air, 110-120°C → methylenedioxybenzene product 22-80%

VI.A.10-8 Kumar, H.M.S. et al., *TL*, **38**, 3619.

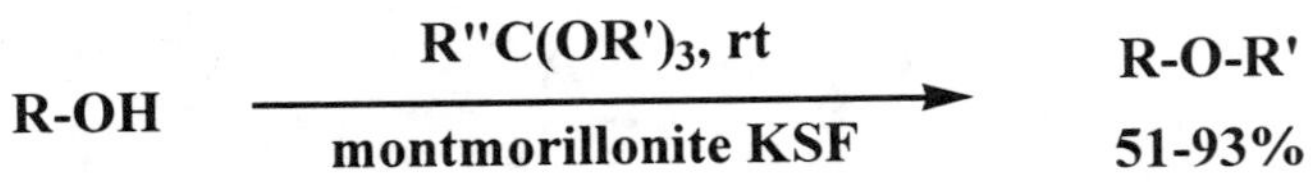

R-OH → R"C(OR')$_3$, rt, montmorillonite KSF → R-O-R' 51-93%

VI.A.10-9 Kulkarni, M.G. et al., *TL*, **38**, 1459.

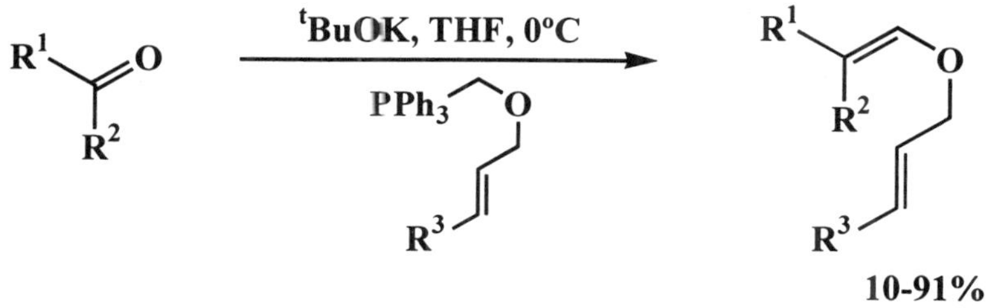

$$R^1R^2C=O \xrightarrow[\text{PPh}_3\text{-O-CH}_2\text{-CH=CH-R}^3]{{}^t\text{BuOK, THF, 0°C}} R^1R^2C=CH-O-CH_2-CH=CH-R^3$$

10-91%

VI.A.10-10 Koert, U. et al., *CEJ*, **3**, 1170.

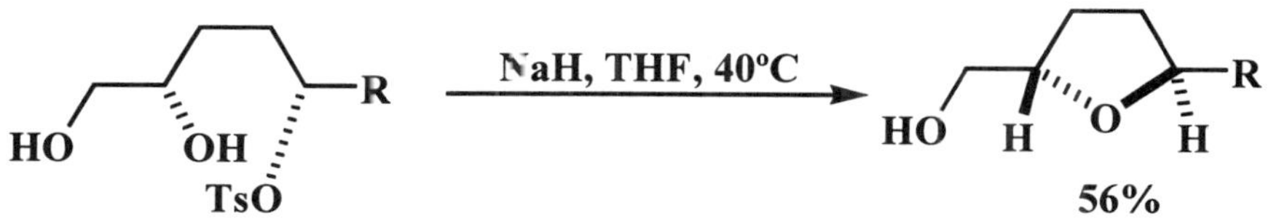

HO—CH(OH)—CH(OTs)—R $\xrightarrow{\text{NaH, THF, 40°C}}$ tetrahydrofuran product

56%

VI.A.11. Halides

VI.A.11-1 Das, N.B. et al., *JCR(S)*, 180.

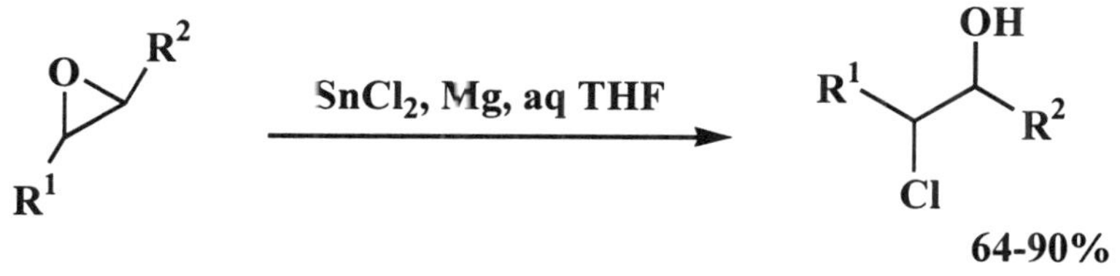

epoxide (R^1, R^2) $\xrightarrow{\text{SnCl}_2\text{, Mg, aq THF}}$ R^1-CHCl-C(OH)R^2

64-90%

VI.A.11-2 Miethchen, R. et al., *S*, 159; Kartha, K.P.R. and Field, R.A., *TL*, **38**, 8233.

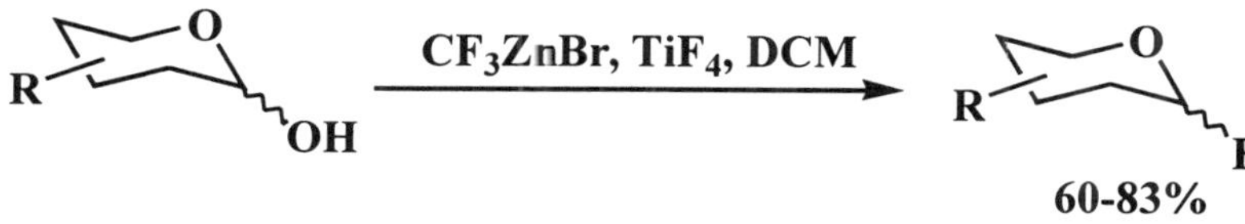

pyranose-OH $\xrightarrow{\text{CF}_3\text{ZnBr, TiF}_4\text{, DCM}}$ pyranose-F

60-83%

VI.A.11-3 Horiuchi, C.A. and Kiji, S., *BCJ*, **70**, 421; Kim, K.-J. and Kim, K., *TL*, **38**, 4227; Toke, L. et al., *SC*, **27**, 405; Fuchigami, T. et al., *SL*, 655.

cyclohexanone → I$_2$, CAN, aq HOAc, 50°C → 2-iodocyclohexanone (94%)

VI.A.11-4 Mitchell, R.H. et al., *OPP*, **29**, 715; Hanson, J.R. et al., *JCR(S)*, 432; Mashraqui, S.H. et al., *TL*, **38**, 4865; Langlois, Y. et al., *TL*, **38**, 4415; Clark, J.H. et al., *CC*, 1203; Oberhauser, T., *JOC*, **62**, 4504; Majetich, G. et al., *JOC*, **62**, 4321; Venkatachalapathy, C. and Pitchumani, K., *T*, **53**, 2581; **Chloro:** Hirano, M. et al., *JCS(P1)*, 3081; **Iodo:** Lulinski, P. and Skulski, L., *BCJ*, **70**, 1665.

AcO-thiophene-OAc → NBS, DCM → Br-AcO-thiophene-OAc (95%)

VI.A.11-5 Shevlin, P.B., Balai, M. et al., *JOC*, **62**, 4018.

decalin → Br$_2$, 150°C → tetrabromodecalin (32-68%)

VI.A.11-6 Roy, S. and Chowdhury, S., *JOC*, **62**, 199; Barton, D.H.R. et al., *OS*, **75**, 124.

$$\underset{R^1}{\overset{R^2}{Ar\diagup\!\!=\!\!\diagdown CO_2H}} \xrightarrow[\text{catalytic Hunsdiecker}]{\text{NBS, LiOAc, aq MeCN}} \underset{R^1}{\overset{R^2}{Ar\diagup\!\!=\!\!\diagdown Br}} \quad 41\text{-}92\%$$

VI.A.11-7 Takeda, T. et al., *T*, **53**, 557.

$$R^1\underset{}{\overset{NNH_2}{\diagup\!\!\diagdown}} R^2 \xrightarrow{\text{CuBr}_2,\text{ LiO}^t\text{Bu, THF}} R^1\underset{}{\overset{Br\quad Br}{\diagup\!\!\diagdown}} R^2 \quad 4\text{-}83\%$$

VI.A.11-8 Takahashi, T. et al., *TL*, **38**, 4099.

$$Cp_2Zr\overset{R^1\;\;R^2}{\underset{R^4\;\;R^3}{\bigcirc}} \xrightarrow{I_2,\text{ CuCl, THF, rt}} \overset{R^1\;\;R^2}{\underset{R^4\;\;R^3}{I\diagup\!\!\diagdown I}} \quad 57\text{-}95\%$$

VI.A.11-9 Johnson, C.R. et al., *OS*, **75**, 69; Campos, P.J. et al., *TL*, **38**, 8397; Laurent, E.G., Marquet, B.S. et al., *T*, **53**, 647; Kim, Y.H. et al., *CC*, 1355.

$$\text{cyclohex-2-enone} \xrightarrow{I_2,\text{ pyr, Et}_2O} \text{2-iodocyclohex-2-enone} \quad 69\%$$

VI.A.11-10 Tanaka, A. and Oritani, T., *TL*, **38**, 7223; Leonel, E. et al., *JOC*, **62**, 7061; Oddon, G. and Uguen, D., *TL*, **38**, 4407; Hiyama, T. et al., *CC*, 309; Mioskowski, C. et al., *TL*, **38**, 3517; Kad, G.L. et al., *TL*, **38**, 1079; Tanaka, A. and Oritani, T., *TL*, **38**, 1955.

$$R\text{-}OSiR_3 \xrightarrow[\substack{PPh_3Br\ O\text{-}C_6H_2Br_3}]{CaCO_3} R\text{-}Br \quad 0\text{-}99\%$$

VI.A.11-11 Negishi, E. et al., *TL*, **38**, 3829; Whiting, A. et al., *TL*, **38**, 4525.

$$\underset{OH}{( )_n}\!\!-\!\!\equiv\!\!-Z \xrightarrow[\text{2: } I_2,\text{ THF}]{\text{1: } R_3Al \text{ or DiBAl-H}} \underset{OH}{\overset{H\quad Z}{\underset{( )_n\quad I}{\diagup\!\!\!=\!\!\!\diagdown}}}$$

Z = Me$_3$Si or Me$_3$Ge

65-74%
> 95% Z

VI.A.11-12 Shen, Y. and Ni, J., *JOC*, **62**, 7260.

$$(Et_2O_3)P\overset{F}{\underset{CO_2Et}{\diagup\!\!\!\diagdown}} \xrightarrow[\substack{\text{2: } (R_fCO)_2O \\ \text{3: RLi}}]{\text{1: }^n\text{BuLi, THF, -78°C}} \underset{R}{\overset{F}{R_f\diagup\!\!\!=\!\!\!\diagdown CO_2Et}}$$

0-75%

VI.A.11-13 Nguyen, B.V. and Burton, D.J., *JOC*, **62**, 7758; Lousenberg, R.D. and Shoichet, M.S., *JOC*, **62**, 7844.

VI.A.11-14 Momose, T. et al., *CC*, 599.

VI.A.11-15 Olah, G.O. et al., *SL*, 606.

VI.A.11-16 Xu, Y. and Dolbier, Jr., W.R., *JOC*, **62**, 6503.

VI.A.11-17 Brodie, A.M.H. et al., *ST*, **62**, 468; Qing, F.-L. et al., *JCS(P1)*, 3053; Corey, E.J. et al., *TL*, **38**, 6625.

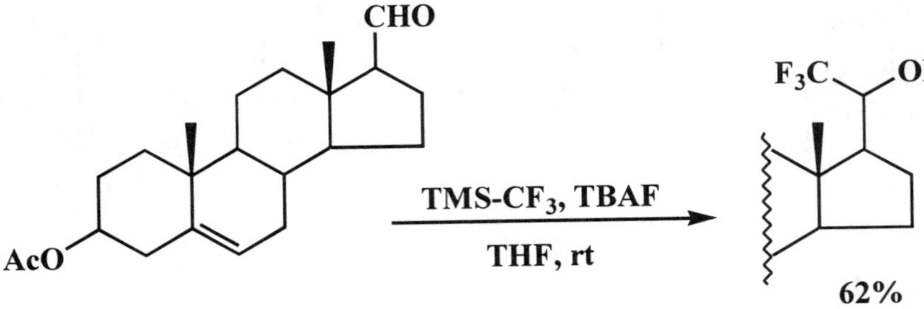

[Steroid with C17-CHO and 3-AcO] → TMS-CF₃, TBAF / THF, rt → [product with F₃C–CH(OH)– group], 62%

VI.A.11-18 Blades, K. et al., *TL*, **38**, 5895.

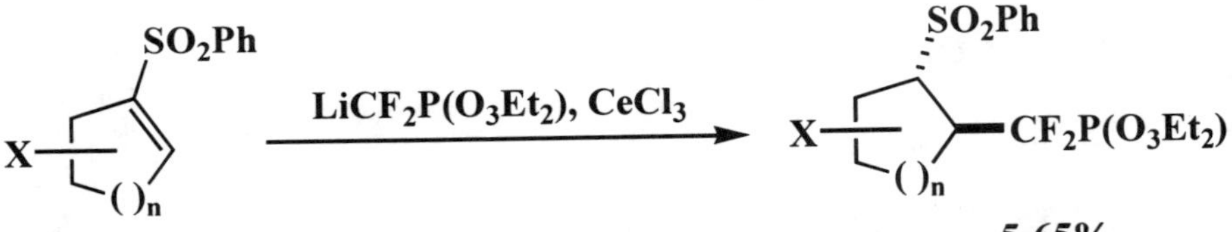

[Cyclic vinyl sulfone X–(ring)–SO₂Ph] → LiCF₂P(O₃Et₂), CeCl₃ → [addition product with SO₂Ph and CF₂P(O₃Et₂)], 5-65%

VI.A.11-19 Shaw, H. et al., *JOC*, **62**, 236.

Free Radical Bromination of Selected Organic Compounds in Water.

VI.A.11-20 Chavan, S.P. et al., *TL*, **38**, 7415.

Ar–CH(OH)–C(=CH₂)–Z → TEA, MsCl, DCM → Ar–CH=C(Z)–CH₂Cl, 41-90%

Z = electron withdrawing group

VI.A.12. Nitriles and Imines

VI.A.12-1 Ubukata, M. and Nakajima, N., *TL*, **38**, 2099; Maetz, P. and Rodriguez, M., *TL*, **38**, 4221.

$$\text{R-C(=O)-NH}_2 \xrightarrow{\text{COCl}_2,\ \text{DMSO, TEA}} \text{R-CN} \quad 75\text{-}96\%$$

VI.A.12-2 Kumar, H.M.S. et al., *SC*, **27**, 1327; Fukuzawa, S. et al., *TL*, **38**, 7203.

$$\text{R-CH=NOH} \xrightarrow{\text{H}_2\text{SO}_4,\ \text{SiO}_2,\ \mu\omega} \text{R-CN} \quad 64\text{-}91\%$$

VI.A.12-3 Yamazaki, S., *SC*, **27**, 3559.

$$\text{R-CH}_2\text{-NH}_2 \xrightarrow{\text{NaOCl, EtOH}} \text{R-CN} \quad 72\text{-}97\%$$

VI.A.12-4 Hurvois, J.P. et al., *LA*, 259; Lee, B.H. and Clothier, M.F., *JOC*, **62**, 1863.

Reagents: e^-, H^+, NaCN, MeOH; 65%

VI.A.12-5 Suzuki, H. et al., *TL*, **38**, 7215.

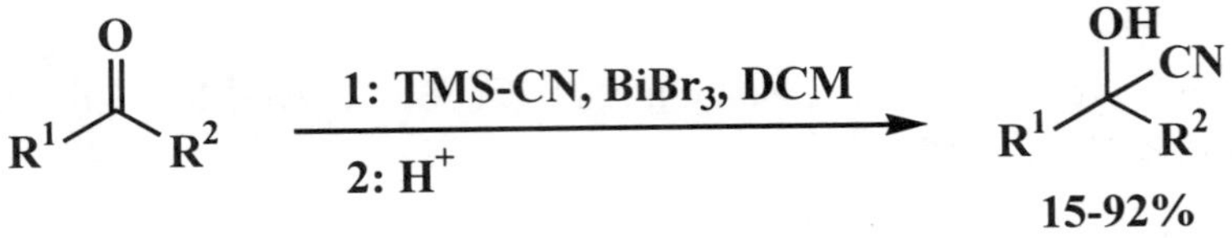

$$R^1 \text{C(O)} R^2 \xrightarrow{\text{1: TMS-CN, BiBr}_3\text{, DCM}}_{\text{2: H}^+} R^1 R^2 \text{C(OH)(CN)}$$

15-92%

VI.A.12-6 Grierson, D.S. et al., *JOC*, **62**, 2098.

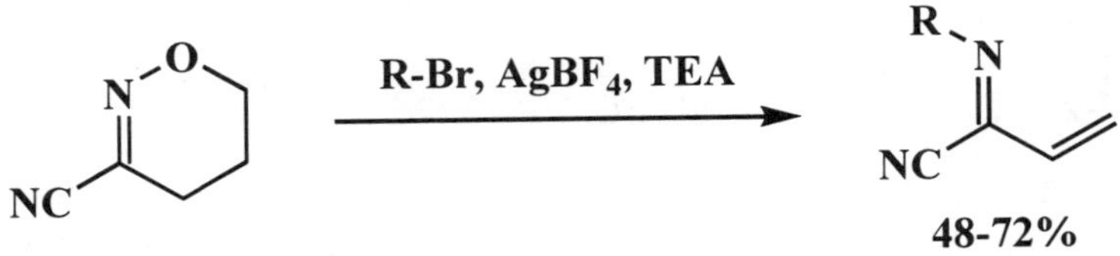

$$\text{3-cyano-5,6-dihydro-4H-1,2-oxazine} \xrightarrow{\text{R-Br, AgBF}_4\text{, TEA}} \text{CH}_2=\text{C(CN)(N=NR)}$$

48-72%

VI.A.12-7 O'Neil, I.A. et al., *TL*, **38**, 3609.

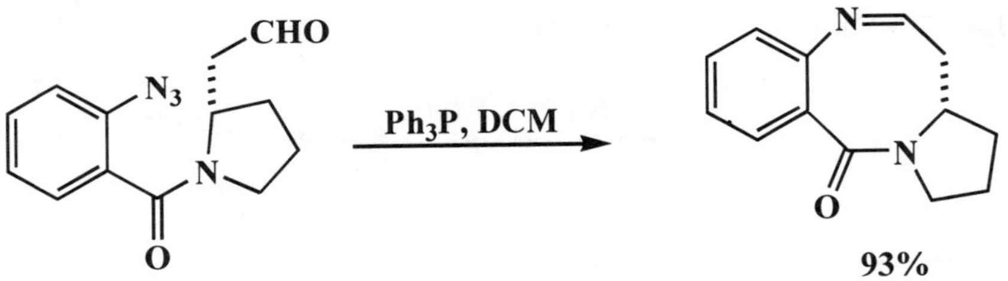

$$\xrightarrow{\text{Ph}_3\text{P, DCM}}$$

93%

VI.A.12-8 Kaim, L.E. and Gacon, A., *TL*, **38**, 3391.

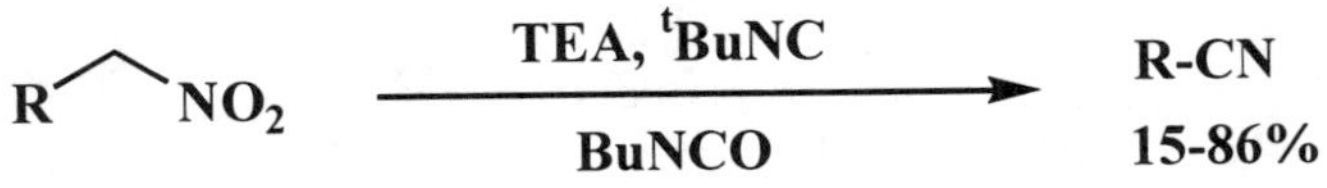

$$R\text{-CH}_2\text{NO}_2 \xrightarrow[\text{BuNCO}]{\text{TEA, }^t\text{BuNC}} R\text{-CN}$$

15-86%

VI.A.12-9 Suarez, E. et al., *JOC*, **62**, 8974.

VI.A.12-10 Schrader, T.H. et al., *JOC*, **62**, 6882 and *CEJ*, **3**, 1273.

VI.A.12-11 Anderson, B.A. et al., *JOC*, **62**, 8634.

VI.A.13. Other N-Containing Functional Groups

VI.A.13-1 van Leuseu, A.M. et al., *SC*, **27**, 945; Davis, F.A. et al., *JOC*, **62**, 2555.

$$R-CHO \xrightarrow{H_2NSO_2NMe_2, \text{Ph-Me}, \Delta} \underset{H}{\overset{R}{>}}C=N-SO_2NMe_2 \quad 40\text{-}70\%$$

VI.A.13-2 Mayr, H. et al., *LA*, 55 and 71.

$$Ar-N_2^+ \xrightarrow{Ar-X} Ar-N=N-Ar' \quad 54\text{-}98\%$$

$$\xrightarrow{\text{prenyl-SnBu}_3} Ar-N=N-C(Me)_2-CH=CH_2 \quad 39\text{-}84\%$$

$$\xrightarrow{\text{CH}_2=C(Ph)Me, \text{MeOH}} Ar-NH-N=CH-C(Me)(Ph)(OMe) \quad 52\%$$

VI.A.13-3 Myers, A.G. et al., *JOC*, **62**, 7507.

$$\text{2-O}_2\text{N-C}_6\text{H}_4\text{-SO}_2\text{Cl} \xrightarrow[-30°C]{NH_2NH_2, \text{THF}} \text{2-O}_2\text{N-C}_6\text{H}_4\text{-SO}_2\text{NHNH}_2 \quad 81\%$$

VI.A.13-4 Ballini, R. et al., *CL*, 475.

$$R^1R^2C=O \xrightarrow[\text{EtOH, rt}]{\text{NH}_2\text{OH, amberlyst A-21}} R^1R^2C=NOH$$

70-99%

VI.A.13-5 Millar, R.W. and Philbin, S.P., *T*, **53**, 4371.

$$R^1(R^2)N-SiR_3 \xrightarrow{\text{N}_2\text{O}_5, \text{DCM}} R^1(R^2)N-NO_2$$

37-87%

VI.A.13-6 Iranpoor, N. et al., *SC*, **27**, 3301; Suzuki, H. et al., *TL*, **38**, 5647; Stigliano, K.W. et al., *SC*, **27**, 2413; Mellor, J.M. et al., *TL*, **38**, 8739; Eaton, P.E. et al., *JACS*, **119**, 1476; Svensson, J.O., *ACS*, **51**, 31, 73, 279, 477, 984, and 1066.

PhOH $\xrightarrow{\text{Fe(NO}_3)_3, \text{N}_2\text{O}_4, \text{EtOAc}, \Delta}$ 2,4-dinitrophenol

96%

VI.A.13-7 Thavonekham, B., *S*, 1189; McElwee-White, L. et al., *OM*, **16**, 3863; Katritzky, A.R. et al., *JOC*, **62**, 4155; Kondo, T., Watanabe, Y. et al., *OM*, **16**, 2562.

$$R^1HN-C(=O)-OPh \xrightarrow[\text{DMSO, rt}]{\text{HNR}^2R^3} R^1HN-C(=O)-N(R^2)R^3$$

74-96%

VI.A.13-8 Besson, T. et al., *CC*, 881; Mesheram, H.M. et al., *TL*, **38**, 8743; Kim, J.N. et al., *TL*, **38**, 1597; Kristian, P. et al., *CCC*, **62**, 1491.

Ar–N=C(Cl)–C(=N)–S–S (1,2,3-dithiazole) → **EtMgBr, THF, Δ** → Ar–N=C=S
44-76%

VI.A.13-9 Szmuszkovicz, J. et al., *JOC*, **62**, 7319.

OH-substituted benzoindolizidine → **CDI or TCDI, THF** → imidazolyl-substituted benzoindolizidine
26-95%

VI.A.13-10 Schwartz, J. and Pri-Bar, I., *CC*, 347.

$R^1NH_2 + R^2NC$ $\xrightarrow[\text{Na}_2\text{CO}_3, \text{MeCN}, 100°C]{\text{Pd(OAc)}_2, \text{I}_2, \text{O}_2}$ $R^1\text{-N=C=N}R^2$
41-86%

VI.A.13-11 Barvian, M.R. et al., *TL*, **38**, 6799; Lipton, M.A. et al., *JOC*, **62**, 1540.

Ar–NH$_2$ $\xrightarrow[\text{2: 4N HCl, }^i\text{PrOH}]{\text{1: NaH, diimide, DMF}}$ Ar–NH–C(=NH)–N(Ph)–NH
70%

VI.A.13-12 Uemura, S., Taylor, P.C. et al., *JOC*, **62**, 6512.

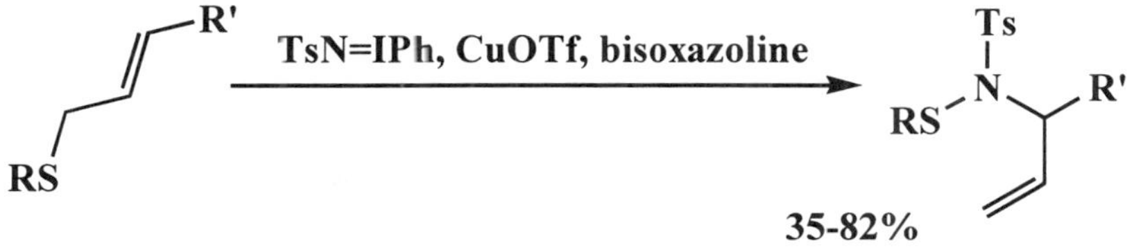

RS-CH₂-CH=CH-R' + TsN=IPh, CuOTf, bisoxazoline → RS-CH(NTs)-CH(R')-CH=CH₂ (allylic rearrangement product)

35-82%

VI.A.13-13 Han, Y. and Cai, L., *TL*, **38**, 5423; Shearer, B.G. et al., *TL*, **38**, 179; Ko, S.Y. et al., *T*, **53**, 5291.

RNH_2 →(ArSO₂Cl, DMF, rt)→ $R-N=CH-NMe_2$

38-95%

VI.A.13-14 Ohsawa, A. et al., *TL*, **38**, 5017.

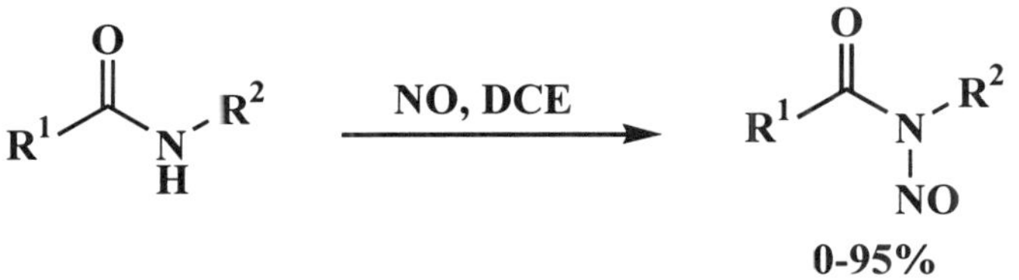

$R^1C(O)N(H)R^2$ →(NO, DCE)→ $R^1C(O)N(NO)R^2$

0-95%

VI.B. Additions to Alkenes and Alkynes

VI.B-1 Forti, L. et al., *T*, **53**, 4419.

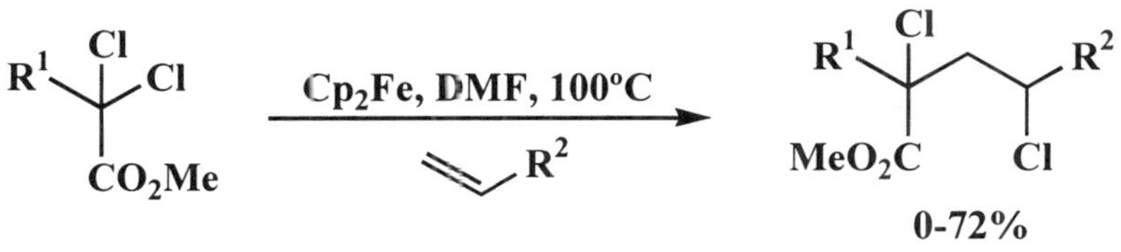

$R^1CCl_2(CO_2Me)$ + $CH_2=CHR^2$ →(Cp₂Fe, DMF, 100°C)→ $R^1C(Cl)(CO_2Me)CH_2CHClR^2$

0-72%

VI.B-2 Loreto, M.A. et al., *TL*, **38**, 5717.

$$\text{PhMe}_2\text{Si-CH(R)-CH=C(OMe)(OTBS)} \xrightarrow{\text{N}_3\text{CO}_2\text{Et, h}\nu,\ 0°\text{C}} \text{PhMe}_2\text{Si-CH(R)-CH(NHCO}_2\text{Et)-C(=O)OTBS}$$

36-44%
1:1 to 4:1 trans/cis

VI.B-3 Bruneau, C. et al., *SL*, 807; Aggarwal, V.K. and Monteiro, N., *JCS(P1)*, 2531.

$$\text{MeO-C(=O)-O-CH=CH-Ph} \xrightarrow{\text{HNR}^1\text{R}^2,\ \text{EtOAc, rt}} \text{Ph-CH=CH-NR}^1\text{R}^2$$

83-90%

VI.B-4 Landais, Y. et al., *TL*, **38**, 1407; Tomoda, S. et al., *T*, **53**, 2029; Ishii, Y. et al., *JOC*, **62**, 7174; Piancatelli, G. et al., *CC*, 1237; Fort, Y. and Gottardi-Dubosclard, C., *JCR(S)*, 278.

1,3-cyclohexadiene-SiMe$_2$OH $\xrightarrow[\text{H}_2\text{NCO}_2\text{Et, NaOH, }^t\text{BuOCl}]{\text{K}_2\text{OsO}_2(\text{OH})_2,\ (\text{DHQ})_2\text{pyr}}$ cyclohexenyl(SiMe$_2$OH)(NHCO$_2$Et)(OH)

aq ^{i}PrOH, rt

75%
98% d.e.

VI.B-5 Rische, T. and Eilbracht, P., *S*, 1331.

$$\underset{Ar}{\overset{R^1}{\diagup}}\!\!=\!\!\diagdown \quad \xrightarrow[\text{[Rh(cod)Cl]}_2]{\text{HNR}^2\text{R}^3,\ \text{CO},\ \text{H}_2} \quad Ar\!-\!\underset{R^1}{\overset{}{CH}}\!-\!CH_2CH_2\!-\!NR^2R^3$$

71-99%

VI.B-6 Brown, J.M. et al., *CC*, 173; Yasuda, M. et al., *JCS(P1)*, 217; Piancatelli, G. et al., *TL*, **38**, 7917; Gall, T.L., Mioskowski, C, *JOC*, **62**, 2682.

MeO–C$_6$H$_4$–CH=CH$_2$
1: Rh(S)-quinap, THF catechol-borane
2: MeMgCl
3: HO$_3$SONH$_2$
→ MeO–C$_6$H$_4$–CH(NH$_2$)–Me

56%
98% ee

VI.B-7 Trost, B.M. and Dake, G.R., *JACS*, **119**, 7595; Moyano, A., Pericas, M.A., et al., *TL*, **38**, 6921.

R–C≡C–CO$_2$R' + phthalimide(HN) →[PPh$_3$, NaOAc, AcOH; Ph-Me, 105°C] R'O$_2$C–C(NPhth)=CH–R

66-95%

VI.B-8 Aslam, M. et al., *JOC*, **62**, 1550.

VI.C. Nucleotides, Etc.

VI.C-1 Matulic-Adamic, J. and Beigelman, L., *TL*, **38**, 1669; Trost, B.M. et al., *TL*, **38**, 1707.

VI.C-2 Wengel, J. et al., *JCS(P1)*, 3423.

Synthesis of 2'-O,3'-C-Linked Bicyclic Nucleosides and Bicyclic Oligonucleotides.

VI.C-3 Debart, F. et al., *JOC*, **62**, 5285; Fearon, K.L. et al., *JOC*, **62**, 7278 and *TL*, **38**, 207; Zhang, Z. et al., *CC*, 1235.

A New Route to Oligodeoxynucleoside Phosphoramidates.

VI.C-4 Micklefield, J. and Fettes, K., *TL*, **38**, 5387.

Synthesis of Sulfamide Linked Dinucleotide Analogues.

VI.C-5 Kool, E.T. et al., *SL*, 341.

C-Nucleosides Derived from Simple Aromatic Hydrocarbons.

VI.C-6 Wittmann, V. and Wong, C.-H., *JOC*, **62**, 2144; Pankiewicz, K.W. et al., *JMC*, **40**, 1287.

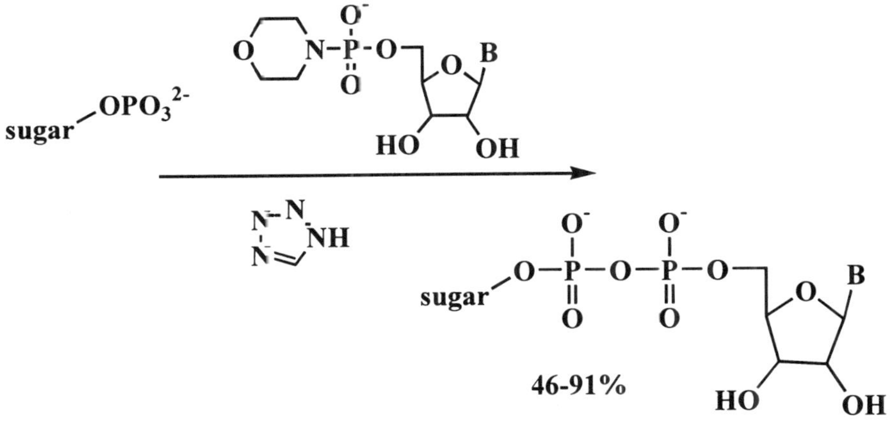

VI.D. Phosphorus, Selenium and Tellurium Compounds

VI.D-1 Weiler, L. et al., *JOC*, **62**, 6722.

BnO-, BnO-, -OCHO, -CHO → 1: (MeO)$_3$P, AcOH; 2: NaOMe, MeOH → BnO-, BnO-, -O-P(OMe)(=O)(OH)

VI.D-2 Laneman, S.A. et al., *CC*, 2359.

Ar-X → PPh$_2$Cl, NiCl$_2$(dppe), Zn → Ar-PPh$_2$
45-90%

VI.D-3 Shibuya, S. et al., *JCS(P1)*, 1527; Shibusaki, M. et al., *TL*, **38**, 2717; Griffiths, D.V. et al., *JCS(P1)*, 2539 and 2545.

Ar-C(=O)H → HP(O$_3$Et$_2$), THF, -40°C / La-Li-(R)-BINOL → Ar-CH(OH)-P(O$_3$Et$_2$)
17-82% ee

VI.D-4 Mori, I. et al., *TL*, **38**, 3543; Fujimoto, T. et al., *JOC*, **62**, 6627.

→ (RO)$_2$POH, BSA, TMSOTf, DCM, 0°C →
P(O$_3$R$_2$)
40-98%

VI.D-5 Moriarty, R.M. et al., *TL*, **38**, 2597.

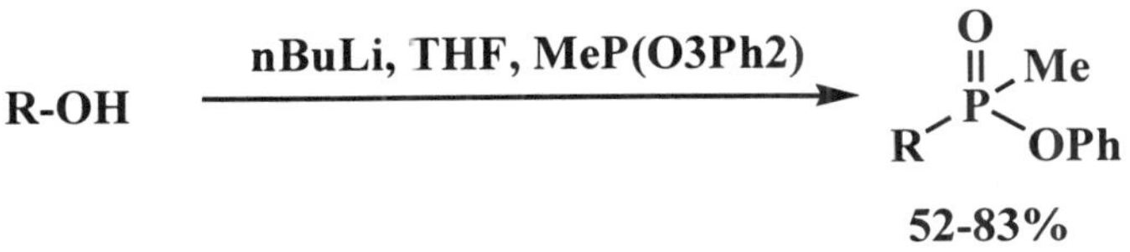

R-OH →[nBuLi, THF, MeP(O3Ph2)] R-P(=O)(Me)(OPh)

52-83%

VI.D-6 Marinetti, A. et al., *TL*, **38**, 2947.

Synthesis of Chiral Phosphetanes

VI.D-7 Paulmier, C. et al., *S*, 101; Zhang, Y. et al., *SL*, 393.

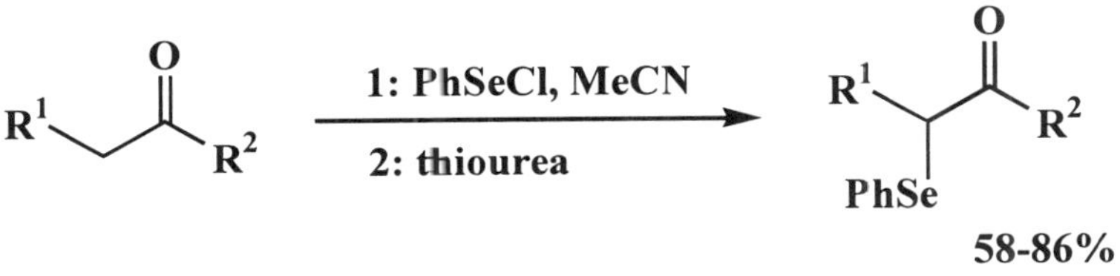

R¹-C(=O)-CH₂-R² →[1: PhSeCl, MeCN; 2: thiourea] R¹-CH(SePh)-C(=O)-R²

58-86%

VI.D-8 Yoshimatsu, M. and Hasegawa, J., *JCS(P1)*, 211; Ma, Y. and Huang, X., *JCS(P1)*, 2953.

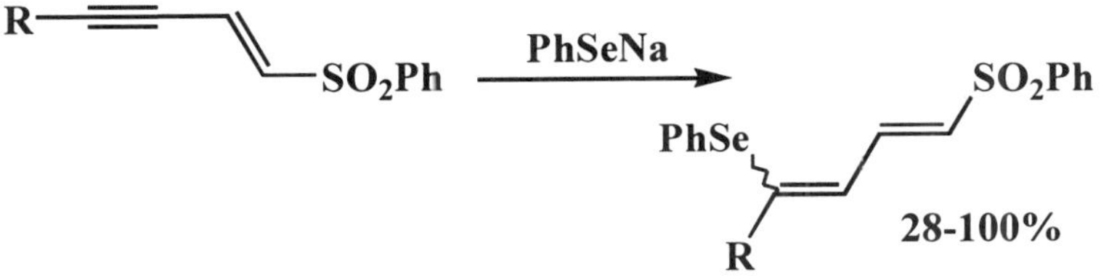

R-C≡C-CH=CH-SO₂Ph →[PhSeNa] (PhSe)(R)C=CH-CH=CH-SO₂Ph

28-100%

VI.D-9 Zhang, Y. et al., *SC*, **27**, 609.

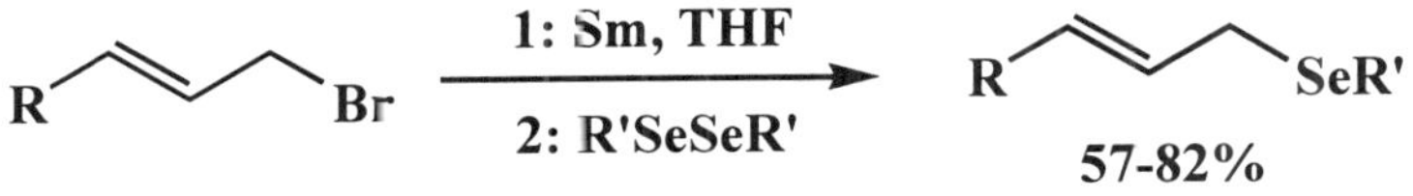

R-CH=CH-CH₂-Br →[1: Sm, THF; 2: R'SeSeR'] R-CH=CH-CH₂-SeR'

57-82%

VI.D-10 Abe, H., Harayama, T. et al., *CPB*, **44**, 2223 (1996).

$$\underset{Ar}{\overset{O}{\underset{\|}{C}}}R \xrightarrow{R'SeSeR', NaBH_4, AlCl_3, MeCN} \underset{Ar}{\overset{SeR'}{\underset{|}{C}H}}R$$

51-66%

VI.D-11 Comasseto, J.V. et al., *OM*, **16**, 809 and 651.

$$ArTeCl_3 \xrightarrow{NaBH_4, R-X, aq\ THF,\ 0°C} ArTeR$$

88-95%

VI.D-12 Stang, P.J. and Murch, P., *S*, 1378.

$$R-\!\!\equiv\!\!-\overset{\oplus}{I}Ph\ \ ^\ominus OTf \xrightarrow{Te,\ PhLi} R-\!\!\equiv\!\!-TePh$$

54-84%

VI.E. Silicon Compounds

VI.E-1 Landais, Y. and Planchenault, D., *T*, **53**, 2855; Davies, H.M.L. et al., *TL*, **38**, 1741.

$$\underset{N_2}{\overset{O}{\underset{\|}{C}}}\!\!\!-OR^* \xrightarrow{Rh_2(OAc)_4,\ PhMe_2SiH} PhMe_2Si\!\!\smallsetminus\!\!\!-\!\!\!\diagup CO_2R^*$$

R* = chiral auxiliary

75-80%

VI.E-2 Leighton, J.L. and Chapmau, E., *JACS*, **119**, 12416; Ozkar, S. et al., *JOM*, **533**, 103.

[Reaction scheme: allyl silyl ether with R³₂Si(H)O- group, R¹ and R² substituents, treated with 1: Rh(acac)(CO)₂, CO; 2: LiBEt₃H; 3: Ac₂O, pyr → cyclic siloxane with CH₂CH₂OAc side chain, 10-71%]

VI.E-3 Inanaga, J. et al., *BSC*, **134**, 391.

[Reaction scheme: R¹R²C=CHCH₂OAc + TMSCl, Pd(Ph₃P)₄, SmI₂, THF, HMPA → R¹R²C=CHCH₂TMS, 43-84%]

VI.E-4 Schlosser, M. et al., *S*, 150; Bruckner, R. and Goeppel, D., *TL*, **38**, 2937; Yamamoto, H., Fleming, I. et al., *CC*, 1299.

[Reaction scheme: R-CH₂CH=CH₂ + ⁿBuLi, KOᵗBu, THF, TMSCl → R-CH=CH-CH₂SiMe₃ (cis), 52-75%]

VI.E-5 Malacria, M. et al., *TL*, **38**, 5493.

[Reaction scheme: R₃Si-substituted epoxide with vinyl-R' group + Pd(0), THF, rt → α,β-unsaturated aldehyde with SiR₃ group and R', 10-90%]

VI.E-6 Singer, R.D. et al., *TL*, **38**, 7313.

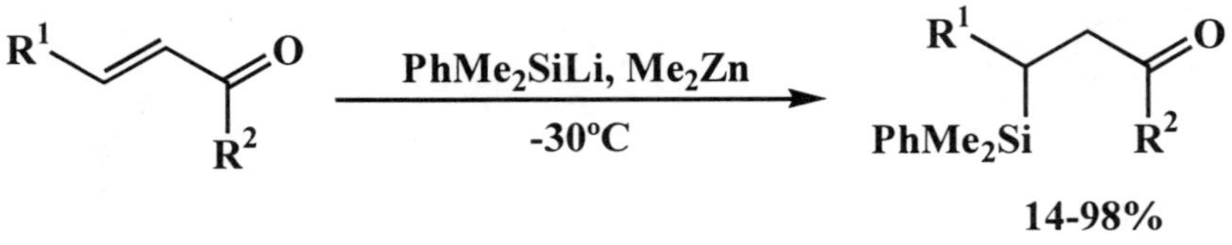

$R^1CH=CHC(O)R^2 \xrightarrow{\text{PhMe}_2\text{SiLi, Me}_2\text{Zn}, -30°C} R^1CH(SiMe_2Ph)CH_2C(O)R^2$

14-98%

VI.F. Sulfur Compounds

VI.F-1 Kamigata, N. et al., *JCS(P1)*, 783; Kita, Y. et al., *CC*, 1387.

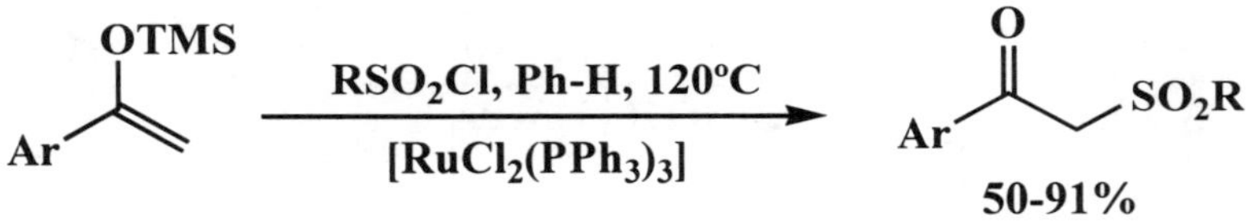

Ar-C(OTMS)=CH$_2$ $\xrightarrow{\text{RSO}_2\text{Cl, Ph-H, 120°C}, [\text{RuCl}_2(\text{PPh}_3)_3]}$ Ar-C(O)-CH$_2$-SO$_2$R

50-91%

VI.F-2 Messner, P. et al., *T*, **53**, 1323.

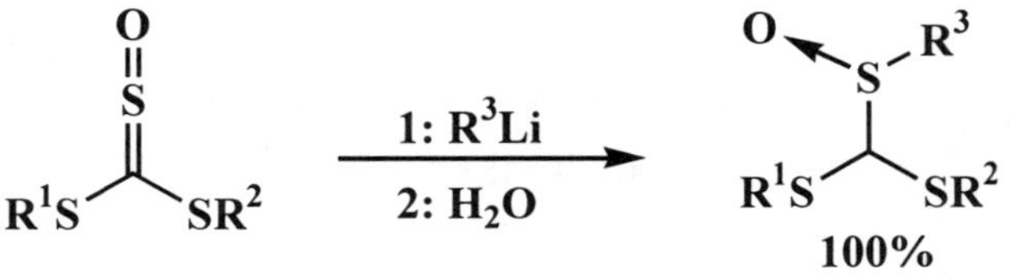

R^{1}S-C(=S=O)-SR^2 $\xrightarrow{\text{1: R}^3\text{Li}; \text{2: H}_2\text{O}}$ R^{1}S-C(S(O)R^3)-SR^2

100%

VI.F-3 Braverman, S. et al., *T*, **53**, 13933.

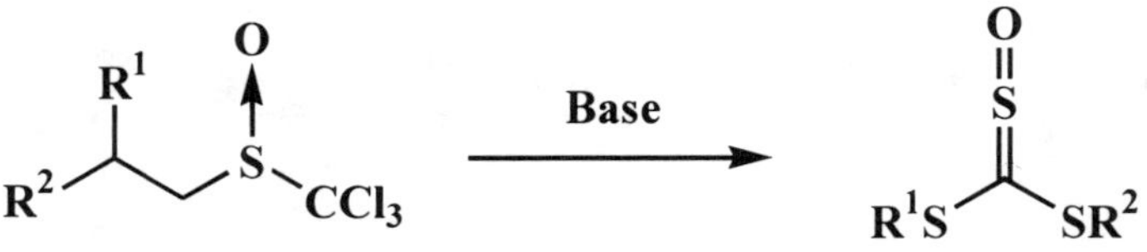

R^{2}CH(R^1)-CH$_2$-S(O)-CCl$_3$ $\xrightarrow{\text{Base}}$ R^{1}S-C(=S=O)-SR^2

USEFUL SYNTHETIC PREPARATIONS

VI.F-4 Lacombe, S. et al., *T*, **53**, 2087.

Unsensitized Photo-oxidation of Sulfur Compounds with Molecular Oxygen in Solution.

VI.F-5 Smith, K. et al., *JCS(P1)*, 1085.

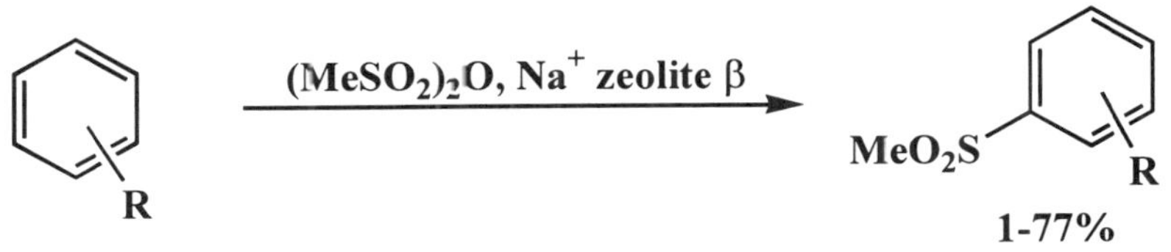

Ar-R + $(MeSO_2)_2O$, Na^+ zeolite β → MeO$_2$S-Ar-R

1-77%

VI.F-6 Tamaru, Y. et al., *BCJ*, **70**, 445.

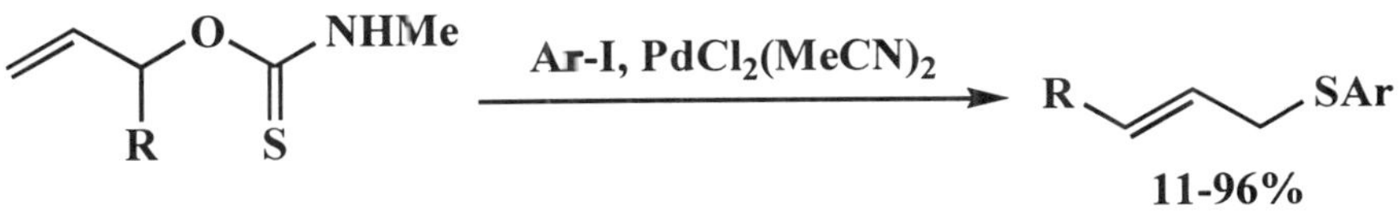

Allylic thiocarbamate (CH$_2$=CH-CHR-O-C(S)-NHMe) + Ar-I, PdCl$_2$(MeCN)$_2$ → R-CH=CH-CH$_2$-SAr

11-96%

VI.F-7 Aggarwal, V.K. et al., *T*, **53**, 16213.

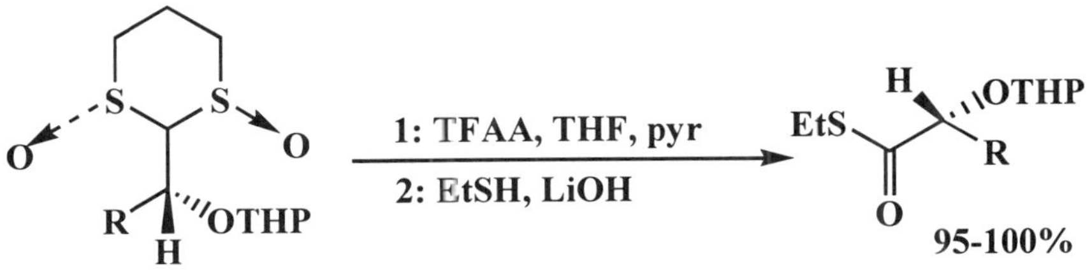

1,3-dithiane bis(S-oxide) with R, H, OTHP substituents
1: TFAA, THF, pyr
2: EtSH, LiOH
→ EtS-C(=O)-CHR(OTHP) with H stereochemistry

95-100%

VI.F-8 Langlois, B.R. et al., *TL*, **38**, 65.

R-SCN + TMS-CF$_3$ —TBAF, THF→ R-SCF$_3$

30-87%

VI.F-9 Di Bella, M. et al., *TA*, **8**, 2209.

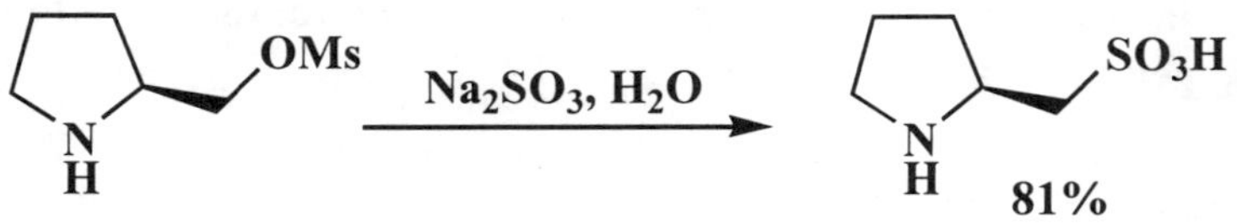

Pyrrolidine-CH2-OMs → (Na2SO3, H2O) → Pyrrolidine-CH2-SO3H, 81%

VI.F-10 Gareau, Y. et al., *SL*, 803.

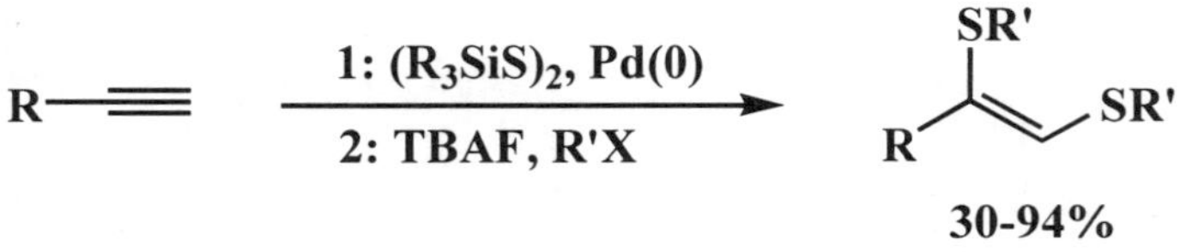

R−≡ → 1: (R3SiS)2, Pd(0) 2: TBAF, R'X → R-C(SR')=CH-SR', 30-94%

VI.F-11 Taylor, R.J.R. and Evans, P., *SL*, 1043.

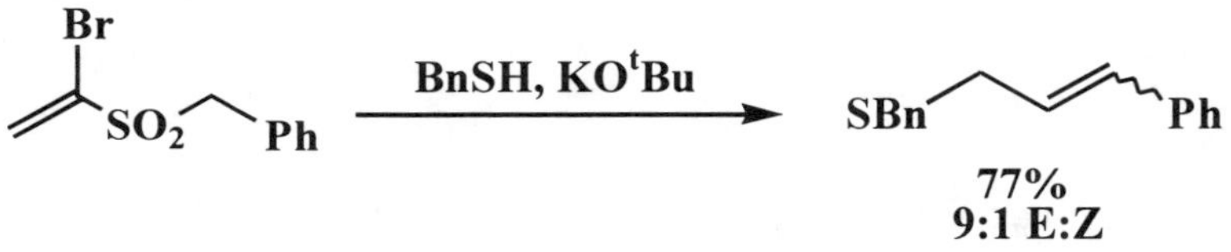

CH2=C(Br)SO2CH2Ph → BnSH, KO^{t}Bu → SBn-CH2-CH=CH-Ph, 77%, 9:1 E:Z

VI.F-12 Moore, H.W. et al., *S*, 50.

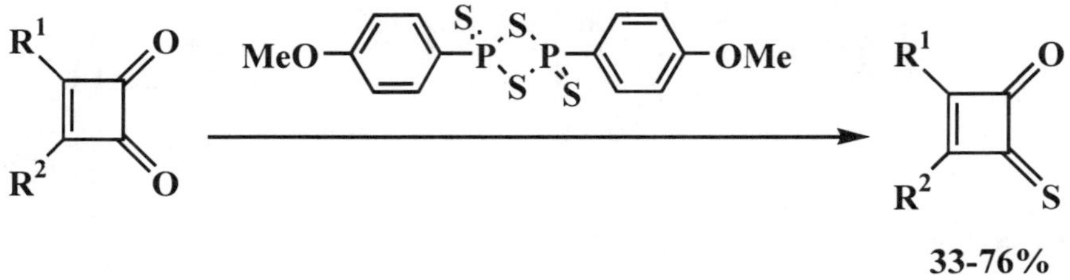

Cyclobutenedione (R^1, R^2, two C=O) + MeO-C6H4-P(S)(S)-S-P(S)-C6H4-OMe → cyclobutenone (R^1, R^2, C=O and C=S), 33-76%

VI.F-13 Portella, C. and Shermolovich, Y., *TL*, **38**, 4063; Nakayama, J. et al., *TL*, **38**, 5013.

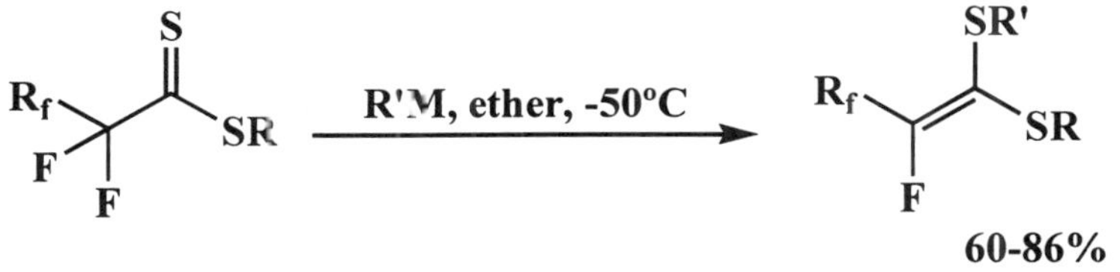

$$R_f\text{CF}_2\text{C(=S)SR} \xrightarrow{\text{R'M, ether, -50°C}} R_f\text{CF=C(SR')(SR)}$$

60-86%

VI.F-14 Rossi, R.A. et al., *TL*, **38**, 2035; Carreno, M.C., Ruano, J.L.G., *JOC*, **62**, 2139.

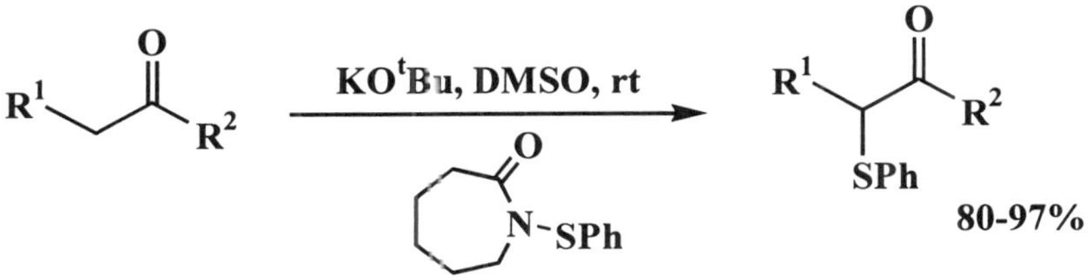

$$R^1\text{CH}_2\text{C(=O)R}^2 \xrightarrow[\text{N-SPh caprolactam}]{\text{KO}^t\text{Bu, DMSO, rt}} R^1\text{CH(SPh)C(=O)R}^2$$

80-97%

VI.G. Tin Compounds

VI.G-1 Madec, D. and Ferezou, J.-P., *TL*, **38**, 6657.

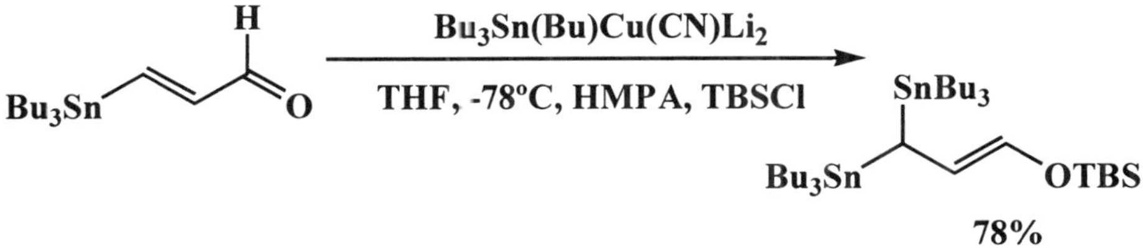

$$\text{Bu}_3\text{Sn-CH=CH-CHO} \xrightarrow{\text{Bu}_3\text{Sn(Bu)Cu(CN)Li}_2, \text{THF, -78°C, HMPA, TBSCl}} \text{Bu}_3\text{Sn-CH(SnBu}_3\text{)-CH=CH-OTBS}$$

78%

VI.G-2 Hoshi, M. et al., *TL*, **38**, 8049.

$$R_2B-CH=CH-R' \xrightarrow[\text{aq NaOH}]{Bu_3SnCl, Cu(acac)_2} Bu_3Sn-CH=CH-R' \quad 85\text{-}90\%$$

VI.G-3 O'Neil, I.A. and Southern, J.M., *SL*, 1165.

$$\text{}^tBu\text{-S(O)-CH}_2\text{-CH}_2\text{-Me} \xrightarrow[\text{THF, -10°C}]{LDA, Bu_3SnCl} \text{}^tBuS\text{-C(SnBn}_3\text{)=CH-Me} \quad 70\%$$

VI.G-4 Lee, A.S.-Y. and Dai, W.-C., *T*, **53**, 859; Black, W.C. et al., *JOC*, **62**, 758.

$$R\text{-Br} \xrightarrow[\text{(Bu}_3\text{Sn)}_2\text{O, THF}]{Mg, BrCH_2CH_2Br} R\text{-SnBu}_3 \quad 30\text{-}95\%$$

R = Ar, alkyl, alkenyl   (((•

VI.G-5 Pancrazi, A. et al., *TL*, **38**, 2279 and *JOC*, **62**, 7768; Lautens, M. et al., *JOC*, **62**, 8970; Yamamoto, Y. et al., *JOC*, **62**, 2963.

$$\text{HO-CH}_2\text{-C(Me)=CH-C≡CH} \xrightarrow[\text{THF, MeOH, -10°C}]{(Bu_3Sn)_2Cu(CN)Li_2} \text{diene-SnBu}_3 \quad 77\%$$

VII
REVIEWS

VII.A Techniques

VII.A-1 Takahashi, Y. and Kato, H., *BCJ*, **70**, 123.

"Development of a Three-Dimensional Substructure Search Program for Organic Molecules."

VII.A-2 Bertz, S. and Sommer, T.J, *CC*, 2409.

"Rigorous Mathematical Approaches to Strategic Bonds and Synthetic Analysis Based on Conceptually Simple New Complexity Indices."

VII.A-3 Jiang, X.-K., *ACR*, **30**, 283.

Review: "Establishment and Successful Application of the δ_{JJ} Scale of Spin-Delocalization Substituent Constants."

VII.A-4 Sello, G. and Termini, M., *T*, **53**, 14085.

"Classification of Organic Reactions Using Similarity."

VII.A-5 Sello, G. and Termini, M., *T*, **53**, 3729.

"Organic Synthesis Planning: Some Hints from Similarity."

VII.A-6 Jenner, G., *T*, **53**, 2669.

Review: "High Pressure and Selectivity in Organic Reactions."

VII.A-7 Galema, S.A., *CSR*, **26**, 233.

Review: "Microwave Chemistry."

VII.A-8 Langa, F. et al., *COS*, **4**, 373.

Review: "Microwave Irradiation: More Than Just A Method For Accelerating Reactions."

VII.A-9 Mason, T.J., *CSR*, **26**, 443.

Review: "Ultrasound in Synthetic Organic Chemistry."

VII.A-10 Utley, J., *CSR*, **26**, 157.

Review: "Trends in Organic Electrosynthesis."

VII.A-11 Kavan, L., *CRV*, **97**, 3061.

Review: "Electrochemical Carbon."

VII.A-12 Tomilov, A.P. et al., *RCR*, **65**, 1001 (1996).

Review: "Electrochemical Syntheses Based on Elemental Phosphorus and Phosphorous Acid Esters."

VII.A-13 Kabalka, G.W. and Pagni, R.M., *T*, **53**, 7999.

Report: "Organic Reactions on Alumina."

VII.A-14 Zaporozhets, O.A. et al., *RCR*, **66**, 637.

Review: "Immobilisation of Analytical Reagents on Support Surfaces."

VII.A-15 Corma, A., *CRV*, **97**, 2373.

Review: "From Micorporous to Mesoporous Molecular Sieve Materials and Their Use in Catalysis."

VII.A-16 Curran, D.P. and Ogawa, A., *JOC*, **62**, 450.

"Benzotrifluoride: A Useful Alternative Solvent for Organic Reactions Currently Conducted in CH_2Cl_2 and Related Solvents."

VII.A-17 Rozen, A.M. and Krupnov, B.V., *RCR*, **65**, 973 (1996).

Review: "Dependence of the Extraction Ability of Organic Compounds on their Structure."

VII.A-18 Saito, S. and Yamamoto, H., *CC*, 1585.

Feature Article: "Designer Lewis Acid Catalysts - Bulky Aluminum Reagents For Selective Organic Synthesis."

VII.A-19 Forrest, S.R., *CRV*, **97**, 1793.

Review: "Ultrathin Organic Films Grown by Organic Molecular Beam Deposition and Related Techniques."

VII.A-20 Willner, I., *ACR*, **30**, 347.

Review: "Photoswitchable Biomaterials: En Route to Optobioelectronic Systems."

VII.A-21 Jarowicki, K. and Kocienski, P., *COS*, **4**, 454.

Review: "Protecting Groups."

VII.A-22 Guibé, F., *T*, **53**, 13509.

Review: "Allylic Protecting Groups and Their Use in a Complex Environment Part I: Allylic Protection of Alcohols."

VII.B   Asymmetric Synthesis and Molecular Recognition

VII.B-1 Mohrig, J.R. et al., *JACS*, **119**, 479 and 487.

"Diastereoselectivity of Enolate Anion Protonation. H/D Exchange of β-Substituted Ethyl Butanoates in Ethanol-d."

VII.B-2 Yamamoto, H. et al., *SL*, 411.

Review: "Asymmetric Protonation of Enol Derivatives."

VII.B-3 Janes, L.E. and Kazlouskas, R.J., *JOC*, **62**, 4560.

"Quick E. A Fast Spectrophotometric Method to Measure the Enantioselectivity of Hydrolases."

VII.B-4 Ward, D.E. et al., *JACS*, **119**, 1884.

"Kinetic Resolution of Meso/dl Stereoisomeric Mixtures: Theory and Practice."

VII.B-5 Pirkle, W.H. et al., *JOC*, **62**, 5208.

"Determination of the Enantiomerization Barrier of Arylnaphthalene Lignans by Cryogenic Subcritical Fluid Chromatography and Computer Simulation."

VII.B-6 Rappoport, Z. and Biali, S.E., *ACR*, **30**, 307.

Review: "Threshold Rotational Mechanisms and Enantiomerization Barriers of Polyarylvinyl Propellers."

VII.B-7 Kessar, S.V. and Singh, P., *CRV*, **97**, 721.

Review: "Lewis Acid Complexation of Tertiary Amines and Related Compounds: A Strategy for α-Deprotonation and Stereocontrol."

VII.B-8 Duhamel, P. et al., *JACS*, **119**, 10042.

"Probing the Origins of Asymmetric Induction by 3-Aminopyrrolidine Lithium Amide Complexes: A ^{6}Li/^{1}H/^{13}C NMR Study."

VII.B-9 Perry, J.J.B. and Kilburn, J.D., *COS*, **4**, 61.

Review: "Synthetic Developments in Host-Guest Chemistry."

VII.B-10 Hawthorne, M.F. and Zheng, Z., *ACR*, **30**, 267.

Review: "Recognition of Electron-Donating Guests by Carborane-Supported Multidentate Macrocyclic Lewis Acid Hosts: Mercuracarborand Chemistry."

VII.B-11 Fyfe, M.C.T. and Stoddart, J.F., *ACR*, **30**, 393.

Review: "Synthetic Supramolecular Chemistry."

VII.B-12 Chapman, R.G. and Sherman, J.C., *T*, **53**, 15911.

Review: "Templation and Encapsulation in Supramolecular Chemistry."

VII.B-13 Piguet, C. et al., *CRV*, **97**, 2005.

Review: "Helicates as Versatile Supramolecular Complexes."

VII.B-14 Katz, T.J., Rheingold, A.L. et al., *JACS*, **119**, 10054.

"An Efficient Synthesis of Functionalized Helicenes."

VII.B-15 Moore, J.S., *ACR*, **30**, 402.

Review: "Shape Persistent Molecular Architectures of Nanoscale Dimension."

VII.B-16 Davis, M.E., *CEJ*, **3**, 1745.

Concepts: "The Quest for Extra-Large Pore Crystalline Molecular Sieves."

VII.B-17 Peerlings, H.W.I. and Meijer, E.W., *CEJ*, **3**, 1563.

Concepts: "Chirality in Dendrite Architectures."

VII.B-18 Stoddart, J.F. et al., *CEJ*, **3**, 1193.

Concepts: "Synthetic Carbohydrate-Containing Dendrimers."

VII.B-19 Seeman, N.C., *ACR*, **30**, 357.

Review: "DNA Components for Molecular Architecture."

VII.B-20 Smith, C.K. and Regan, L., *ACR*, **30**, 153.

Review: "Construction and Design of β-Sheets."

VII.B-21 Gellman, S.H., guest editor, *CRV*, **97**, 1231-1734.

Reviews: "Molecular Recognition."

VII.B-22 Bennani, Y.L. and Hanessian, S., *CRV*, **97**, 316.

Review: "trans-1,2-Diaminocyclohexane Derivatives as Chiral Reagents, Scaffolds, and Ligands for Catalysis: Applications in Asymmetric Synthesis and Molecular Recognition."

VII.B-23 Varani, G. et al., *ACR*, **30**, 189.

Review: "RNA-Protein Intermolecular Recognition."

VII.B-24 Zhang, X.X., Bradshaw, J.S. and Izatt, R.M., *CRV*, **97**, 3313.

Review: "Enantiomeric Recognition of Amine Compounds by Chiral Macrocyclic Receptors."

VII.B-25 Gladysz, J.A., and Boone, B.J., *AG(E)*, **36**, 551.

Review: "Chiral Recognition in π-Complexes of Alkenes, Aldehydes, and Ketones with Transition Metal Lewis Acids: Development of a General Model for Enantioface Binding Selectivities."

VII.B-26 Knorre, D.G. et al., *RCR*, **66**, 363.

Review: "Chemical Approaches to the Study of Template Biosynthesis: General Problems and the Study of Transcription."

VII.B-27 Faber, K. and Stecker, H., *S*, 1.

Review: "Biocatalytic Deracemization Techniques: Dynamic Resolutions and Stereoinversions."

VII.B-28 Garner, C.M. et al., *TL*, **38**, 7717.

"Menthyldichlorophosphate: A Chiral Derivatizing Agent for Symmetrical Diols."

VII.B-29 Zwanenburg, B. et al., *T*, **53**, 9417.

Report: "Controlled Racemization of Optically Active Organic Compounds: Prospects for Asymmetric Transformations."

VII.B-30 Regan, A.C., *COS*, **4**, 1.

Review: "Asymmetric Processes."

VII.B-31 Sakamoto, M., *CEJ,* **3,** 684.

Concepts: "Absolute Asymmetric Synthesis from Achiral Molecules in the Chiral Crystalline Environment."

VII.B-32 Ojima, I. and Delaloge, F., *CSR,* **26,** 377.

Review: "Asymmetric Syntheses of Building-Blocks for Peptides and Peptidomimetics by Means of the β Lactam Synthon Method."

VII.B-33 Saigo, K. et al., *RJOC,* **32,** 249.

Review: "Design, Optical Resolution, and Application of Artificial Chiral Auxiliaries."

VII.B-34 Ager, D.J. et al., *AA,* **30,** 3.

Review: "Chiral Oxazolidinones in Asymmetric Synthesis."

VII.B-35 Hultin, P.G. et al., *T,* **53,** 14823.

Review: "Synthetic Studies with Carbohydrate-Derived Chiral Auxiliaries."

VII.B-36 Lopez, J.C. and Fraser-Reid, B., *CC,* 2251.

Feature Article: "Parlaying C-O Chirality into C-C Chirality: Improving the Cost/Benefit Ratio of Carbohydrate Templates."

VII.B-37 Archer, I.V.J., *T,* **53,** 15617.

Review: "Epoxide Hydrolases as Asymmetric Catalysts."

VII.B-38 Bonnemann, H. and Braun, G.A., *CEJ,* **3,** 1200.

Concepts: "Enantioselectivity Control with Metal Colloids as Catalysts."

VII.B-39 Enders, D. and Reinhold, U., *TA*, **8**, 1895.

Review: "Asymmetric Synthesis of Amines by Nucleophilic 1,2-addition of Organometallic Reagents to the CN-Double Bond."

VII.B-40 Aversa, M.C. et al., *TA*, **8**, 1339.

Review: "Chiral Sulfinyl-1,3-dienes. Synthesis and Use in Asymmetric Reactions."

VII.B-41 Cozzi, P.G. et al., *G*, **127**, 247.

Res. Report: "Enantioselective Addition of Allylic Silanes and Stannanes to Aldehydes Mediated by Chiral Lewis Acids."

VII.B-42 Shimizu, T. and Kamigata, N., *OPP*, **29**, 603.

Review: "Optically Active Selenium and Tellurium Compounds. Synthesis and Applications for Asymmetric Synthesis. A Review."

VII.B-43 Corey, E.J. et al., *TL*, **38**, 4351.

"The Formyl C-H--O Hydrogen Bond as a Critical Factor in Enantioselective Reactions of Aldehydes, Part 4. Aldol, Ethylation, Hydrocyanation and Diels-Alder Reactions Catalyzed by Chiral B, Ti and Al Lewis Acids."

VII.B-44 Barluenga, J. et al., *S*, 967.

Feature Article: "Efficient Approaches to the Stereoselective Synthesis of Chiral 2-Alkoxydienes and Heterodienes."

VII.B-45 Börner, A. et al., *S*, 983.

Review: "Strategies for the Synthesis of Chiral Hydroxy Phosphines - A Class of Versatile Ligands and Ligand Precursors for Asymmetric Catalysis."

VII.C   Reactions

VII.C-1 Wood, J.L., guest editor, *T,* **53**, 16213-16606.

Review: "New Synthetic Methods - V."

VII.C-2 Iwasawa, Y., *ACR,* **30**, 103.

Review: "Surface Catalytic Reactions Assisted by Gas Phase Molecules."

VII.C-3 Furstner, A. and Langemann, K., *S,* 792.

Feature Article: "Macrocycles by Ring-Closing Metathesis."

VII.C-4 Nifant'ev, E.E. and Predvoditelev, D.A., *RCR,* **66**, 43.

Review: "Acylation of Acetals and Related Geminal Systems. The Use of this Reaction in the Synthesis of Phospholipids."

VII.C-5 Genêt, J.P. and Geck, C., *SL,* 741.

Account: "Electrophile Amination: New Synthetic Applications."

VII.C-6 Dell, C.P., *COS,* **4**, 87.

Review: "Cycloadditions in Synthesis."

VII.C-7 Radl, S., *AA,* **30**, 97.

Review: "Crisscross Cycloaddition Reactions."

VII.C-8 Bunnage, M.E. and Nicolaou, K.C., *CEJ,* **3**, 87.

Concepts: "The Oxide Anion Accelerated Retro-Diels-Alder Reaction."

VII.C-9 Gajewski, J.J., *ACR,* **30**, 219.

Review: "The Claisen Rearrangement Response to Solvents and Substituents: The Case for Both Hydrophobic and Hydrogen Bond Acceleration in Water and for a Variable Transition State."

VII.C-10 Cambie, R.C. et al., *OPP,* **29**, 367.

Review: "Reductive Claisen Rearrangements of Allyloxyanthraquinones. A Review."

VII.C-11 Paquette, L.A., *T,* **53**, 13971.

Review: "Recent Applications of Anionic oxy-Cope Rearrangements."

VII.C-12 Vogel, C., *S,* 497.

Review: "The Aza-Wittig Rearrangement."

VII.C-13 Frolov, A.N., *RJOC,* **32**, 1.

Review: "Mechanism of Photoinduced Solvolysis and Rearrangements of Diaro Derivatives of Bridged Bicyclic Compounds and Related Cyclic Systems."

VII.C-14 Akhrem, I.S. et al., *RCR,* **65**, 849 (1996).

Review: "Low-temperature Functionalisation of Alkanes and Cycloalkanes by 'Classical' and 'Nonclassical' (Superacidic) Friedel-Crafts Complexes."

VII.C-15 Antonietti, M. et al., *JACS,* **119**, 10116.

"Preparation of Palladium Colloids in Block Copolymer Micelles and their Use for the Catalysis of the Heck Reaction."

VII.C-16 Shibasaki, M. et al., *T*, **53**, 7371.

Report: "The Asymmetric Heck Reaction."

VII.C-17 Pfaltz, A. et al., *S*, 1338.

Featured Article: "Enantioselective Heck Reactions Catalyzed by Chiral Phosphinooxazoline-Palladium Complexes."

VII.C-18 Romanova, N.N. et al., *RCR*, **65**, 1093 (1996).

Review: "Michael Synthesis of Esters of β-Amino Acids: Stereochemical Aspects."

VII.D Reactive Intermediates

VII.D-1 Fowler, J.S. and Wolf, A.P., *ACR*, **30**, 181.

Review: "Working Against Time: Rapid Radiotracer Synthesis and Imaging the Human Brain."

VII.D-2 Berson, J.A., *ACR*, **30**, 238.

Review: "A New Class of Non-Kekule Molecules with Tunable Singlet-Triplet Energy Spacings."

VII.D-3 Olah, G.A. and Rasul, G., *ACR*, **30**, 245.

Review: "From Kekule's Tetravalent Methane to Five-, Six-, and Seven-Coordinate Protonated Methanes."

VII.D-4 Brown, R.S., *ACR*, **30**, 131.

Review: "Investigation of the Early Steps in Electrophilic Bromination through the Study of the Reaction with Sterically Encumbered Olefins."

VII.D-5 Harmata, M., *T*, **53**, 6235.

Review: "Intramolecular Cycloaddition Reactions of Allylic Cations."

VII.D-6 Li, T., Lerner, R.A. and Janda, K.D., *ACR*, **30**, 115.

Review: "Antibody-Catalyzed Cationic Reactions: Rerouting of Chemical Transformations via Antibody Catalysis."

VII.D-7 Szwarc, M., *ACS*, **51**, 529.

Review: "Two-Electron Transfers. Are They Simultaneous?"

VII.D-8 Lund, H. et al., *ACS*, **51**, 135.

Review: "On Radical Anions in Elucidation of Mechanisms of Organic Reactions."

VII.D-9 Crich, D. et al., *CRV*, **97**, 3273.

Review: "Chemistry of β-(Acyloxy)alkyl and β-(Phosphatoxy)alkyl Radicals and Related Species: Radical and Radical Ionic Migrations and Fragmentations of Carbon-Oxygen Bonds."

VII.D-10 Gebicki, J. and Bally, T., *ACR*, **30**, 477.

Review: "Spontaneous Hydrogen Atom Transfer on Ionization: Characterization of Enol Radical Cations in Cryogenic Matrices."

VII.D-11 Schmittel, M. et al., *ACS*, **51**, 151.

Review: "Radical Cation Initiated Cycloaddition of Electron-Rich Allenes. Evidence for a Stepwise Mechanism."

VII.D-12 Pincock, J.A., *ACR*, **30**, 43.

Review: "Photochemistry of Arylmethyl Esters in Nucleophilic Solvents: Radical Pair and Ion Pair Intermediates."

VII.D-13 Symons, M.C.R., *ACS*, **51**, 127.

Review: "δ* Radicals Formed by Electron-Capture and Electron-Loss."

VII.D-14 Garst, J.F., Ungvary, F. and Baxter, J.T., *JACS,* **119**, 253.

"Definitive Evidence of Diffusing Radicals in Grignard Reagent Formation."

VII.D-15 Hou, Z. and Wakatsuki, Y., *CEJ*, **3**, 1005.

Concepts: "Trapping of Radicals in the Coordination Spheres of Metals."

VII.D-16 Hansch, C. and Gao H., *CRV*, **97**, 2995.

Review: "Comparative QSAR: Radical Reactions of Benzene Derivatives in Chemistry and Biology."

VII.D-17 Handa, S. and Pattenden, G., *COS*, **4**, 196.

Review: "Free Radical-Mediated Macrocylizations and Transannular Cyclizations in Synthesis."

VII.D-18 Hawker, C.J., *ACR*, **30**, 373.

Review: "'Living' Free Radical Polymerization: A Unique Technique for the Preparation of Controlled Macromolecular Architectures."

VII.D-19 Easton, C.J., *CRV,* **97**, 53.

Review: "Free-Radical Reactions in the Synthesis of α-Amino Acids and Derivatives."

VII.D-20 Tolstikov, G.A. et al., *RCR*, **65**, 769 (1996).

Review: "Natural Peroxides - Chemistry and Biological Activity."

VII.D-21 Fukuto, J.M. and Ignarro, L.J., *ACR*, **30**, 149.

Commentary: "In Vivo Aspects of Nitric Oxide (NO) Chemistry: Does Peroxynitrite (⁻OONO) Play A Major Role in Cytotoxicity?"

VII.D-22 Granik, V.G. et al., *RCR,* **66**, 717.

Review: "Exogenous Nitric Oxide Donors and Inhibitors of Its Formation (the Chemical Aspects)."

VII.D-23 Tomioka, H., *ACR,* **30**, 315.

Review: " Persistent Triplet Carbenes."

VII.D-24 Zaragoza, F., *T,* **53**, 3425.

Review: "Reactions of Electrophilic Carbenes with α-Amino Acid Derivatives."

VII.D-25 Singh, V.K. et al., *S,* 137.

Review: "Catalytic Enantioselective Cyclopropanation of Olefins Using Carbenoid Chemistry."

VII.D-26 Nishiyama, H., *RJOC*, **32**, 158.

Review: "Catalytic Asymmetric Synthesis of Cyclopropane Derivatives with Chiral Ruthenium Complexes: Isolation of Intermediate Carbene Complex."

VII.D-27 Davies, H.M.L., *AA*, **30**, 107.

Review: "Asymmetric Synthesis Using Rhodium-Stabilized Vinyl Carbenoid Intermediates."

VII.D-28 Dotz, K.H. and Ehlenz, R., *CEJ*, **3**, 1751.

Concepts: "Carbohydrate-Modified Metal Carbenes: Synthesis and First Applications."

VII.D-29 Doyle, M.P. and McKervey, M.A., *CC*, 983.

Feature Article: "Recent Advances in Stereoselective Synthesis Involving Diazocarbonyl Intermediates

---

VII.D-30 Dai, L.-X. et al., *CRV*, **97**, 2341.

Review: "Asymmetric Ylide Reactions: Epoxidation, Cyclopropanation, Aziridination, Olefination, and Rearrangement."

VII.D-31 Kolodiazhnyi, O.I., *RCR*, **66**, 225.

Review: "Methods of Preparation of C-Substituted Phosphorus Ylides and their Application in Organic Synthesis."

VII.D-32 Korsounskii, B.L. and Pepekin, V.I., *RCR*, **66**, 901.

Review: "On the Way to Carbon Nitride."

VII.D-33 Nakayama, J. et al., *BCJ*, **70**, 509.

Headline   "First Synthesis and Reactivities of Isolable
Article: Dithiiranes and their 1-Oxides."

VII.D-34 Lerman, B.M., *RCR*, **66**, 913.

Review: "Skeletal Transformations of Heterocage Compounds Involving the Hetero-function"

VII.E. Organo- metallics and metalloids

VII.E-1 Rieke, R.D. and Hanson, M.V., *T*, **53**, 1925.

Review: "New Organometallic Reagents Using Highly Reactive Metals."

VII.E-2 Shilov, A.E. and Shul'pin, G.B., *CRV*, **97**, 2879.

Review: "Activation of C-H Bonds by Metal Complexes."

VII.E-3 Boev, V.I. et al., *RCR*, **66**, 613.

Review: "α-Metallocenylalkylation."

VII.E-4 Rothwell, I.P., *CC*, 1331.

Feature   "A New Generation of Homogeneous Arene
Article: Hydrogenation Catalysts."

VII.E-5 Mashinka, A.V., *RCR*, **66**, 417.

Review: "Catalytic Hydrogenation of Thiolene 1,1-Dioxides to Thiolane 1,1-Dioxide. Certain Problems of the Resistance of Hydrogenation Catalysts to Sulfur."

VII.E-6 Meunier, B. and Sorokin, A., *ACR*, **30**, 470.

Review: "Oxidation of Pollutants Catalyzed by Metallophthalocyanines."

VII.E-7 Coldham, I., *COS*, **4**, 136.

Review: "Main Group Organometallics in Synthesis."

VII.E-8 Bruce, P.G., *CC*, 1817.

Feature Article: "Solid State Chemistry of Lithium Power Sources."

VII.E-9 Piers, W.E. and Chivers, T., *CSR*, **26**, 345.

Review: "Pentafluorophenylboranes: From Obscurity to Applications."

VII.E-10 Ephritikhine, M., *CRV*, **97**, 2193.

Review: "Synthesis, Structure, and Reactions of Hydride, Borohydride, and Aluminohydride Compounds of the f-Elements."

VII.E-11 Holloway, C.E. and Melnik, M., *JOM*, **543**, 1.

Review: "Organoaluminium Compounds: Classification and Analysis of Crystallographic and Structural Data."

VII.E-12 Jouikov, V.V., *RCR*, **66**, 509.

Review: "Electrochemical Reactions of Organosilicon Compounds."

VII.E-13 Fensterbank, L. et al., *S*, 813.

Review: "Intramolecular Reactions of Temporarily Silicon - Tethered Molecules."

VII.E-14 Fleming, I. et al., *CRV*, **97**, 2063.

Review: "Stereochemical Control in Organic Synthesis Using Silicon-Containing Compounds."

VII.E-15 Kawachi, A. and Tamao, K., *BCJ*, **70**, 945.

Account: "Preparations and Reactions of Functionalized Silyllithiums."

VII.E-16 Beletskaya, I. and Pelter, A., *T*, **53**, 4957.

Review: "Hydroborations Catalysed by Transition Metal Complexes."

VII.E-17 Tonks, L. and Williams, J.M.J., *COS*, **4**, 353.

Review: "Catalytic Applications of Transition Metals in Organic Synthesis."

VII.E-18 Donohoe, T.J. et al., *COS*, **4**, 22.

Review: "Applications of Stoichiometric Organotransition Metal Complexes in Organic Synthesis."

VII.E-19 Kakiuchi, F. and Murai, S., *RJOC*, **32**, 259.

Review: "New Synthetic Reactions on the Basis of Transition Metal Catalysis. Catalytic Addition of Aromatic and Olefinic Carbon. Hydrogen Bonds to Carbon-Carbon Multiple Bonds."

VII.E-20 Frühauf, H.-W., *CRV*, **97**, 523.

Review: "Metal-Assisted Cycloaddition Reactions in Organotransition Metal Chemistry."

VII.E-21 Tamura, Y. and Kimura, M., *SL*, 749.

Account: "C-N Bond Forming Reactions via Transition Metal Catalysis."

VII.E-22 Astruc, D., *ACR*, **30**, 383.

Review: "From Organotransition-Metal Chemistry toward Molecular Electronics: Electronic Communication between Ligand-Bridged Metals."

VII.E-23 Mountford, P., *CC*, 2127.

Feature Article: "New Titanium Imido Chemistry."

VII.E-24 Hirao, T., *CRV*, **97**, 2707.

Review: "Vanadium in Modern Organic Synthesis."

VII.E-25 Hegedus, L.S., *T*, **53**, 4105.

Review: "Chromium Carbene Complex Photochemistry in Organic Synthesis."

VII.E-26 Carreira, E.M. et al., *ACR*, **30**, 364.

Review: "Nitridomanganese (V) Complexes: Design, Preparation, and Use as Nitrogen Atom-Transfer Reagents."

VII.E-27 Enders, D. et al., *SL*, 421.

Review: "Synthesis of Highly Enantioenriched Compounds *via* Iron Mediated Allylic Substitutions."

VII.E-28 Donaldson, W.A., *AA*, **30**, 17.

Review: "Preparation and Reactivity of Acyclic (Pentadienyl)iron (1+) cations: Applications to Organic Synthesis."

VII.E-29 Iqbal, J. et al., *SL*, 876.

Account: "Cobalt-catalyzed Organic Transformations: Highly Versatile Protocols for C-C and C-Heteroatom Bond Formation."

VII.E-30 Lipshutz, B.H., *ACR*, **30**, 277.

Review: "Downsizing Copper in Modern Cuprate Couplings."

VII.E-31 Comasseto, J.V. et al., *S*, 373.

Review: "Vinyl Selenides and Tellurides - Preparation, Reactivity and Synthetic Applications."

VII.E-32 Krohn, K., *S*, 1115.

Review: "Zirconium Alkoxide Catalyzed Oxidation of Phenols, Alcohols and Amines."

VII.E-33 Poli, R., *ACR*, **30**, 494.

Review: "Molybdenum Open-Shell Organometallics. Spin State Changes and Pairing Energy Effects."

VII.E-34 Murahashi, S.-I. and Naota, T., *RJOC*, **32**, 223.

Review: "Ruthenium-Catalyzed Oxidations of Alcohols."

VII.E-35 Rusanov, A.L. and Khotina, I.A., *RCR*, **65**, 785 (1996).

Review: "Polycondensation Reactions Catalysed by Ni and Pd Complexes as the Method for the Synthesis of Carbo- and Hetero-cyclic Polyarylenes."

VII.E-36 Hartwig, J.F., *SL*, 329.

Accounts: "**Pd-Catalyzed Amination of Aryl Halides: Mechanism and Rational Catalyst Design.**"

VII.E-37 Mascaretti, O.A. and Furlan, R.L.E., *AA*, **30**, 55.

Review: "**Esterifications, Transesterifications, and Deesterifications Mediated by Organotin Oxides, Hydroxides, and Alkoxides.**"

VII.E-38 Kobayashi, S. et al., *RJOC*, **32**, 214.

Review: "**Rare Earth Metal Complexes as Water-Tolerant Lewis Acid Catalysts in Organic Synthesis.**"

VII.E-39 Nair, V. et al., *CSR*, **26**, 127.

Review: "**Carbon-Carbon Bond Forming Reactions Mediated by Cerium (IV) Reagents.**"

VII.E-40 Harman, W.D., *CRV*, **97**, 1953.

Review: "**The Activation of Aromatic Molecules with Pentaammineosmium (II).**"

VII.E-41 Boev, V.I. et al., *RCR*, **66**, 789.

Review: "**Advances in the Methods of Synthesis of Organic Compounds of Mercury.**"

VII.E-42 Suzuki, H., *S*, 249.

Review: "**Bismuth in Organic Transformations.**"

VII.F. Halogen Compounds and Halogenation

(see also: VI.A.11.)

VII.F-1 Marsden, S.P., *COS*, **4**, 118.

Review: "Organic Halides."

VII.F-2 Varvoglis, A., *T*, **53**, 1179.

Review: "Chemical Transformations Induced by Hypervalent Iodine Reagents."

VII.F-3 Kitamura, T. and Fujiwara, Y., *OPP*, **29**, 411.

Review: "Recent Progress in the Use of Hypervalent Iodine Reagents in Organic Synthesis: A Review."

VII.F-4 Saby, C. and Luong, J.H.T., *CC*, 1197.

"Oxidation Using [Bis(trifluoroacetoxy)]iodobenzene: A New and Potentially Practical Approach to Detection of Polychlorinated Phenols."

VII.F-5 Prakash, G.K.S. and Yudin, A.K., *CRV*, **97**, 757.

Review: "Perfluoroalkylation with Organosilicon Reagents."

VII.F-6 Mironov, V.F. et al., *RCR*, **65**, 935 (1996).

Review: "Fluoroalkoxy-derivatives of Trivalent Phosphorus: Synthesis and Reactivity."

VII.F-7 Savignac, P. et al., *S*, 727.

Review: "The Synthesis of Dialkyl α-Halogenated Methylphosphonates."

VII.F-8 Kaberdin, R.V. et al., *RCR*, **66**, 827.

Review: "Nitrobutadienes and their Halogen Derivatives: Synthesis and Reactions."

VII.G Natural Products

VII.G-1 Kutney, J.P., *G*, **127**, 293.

Res. Report: "Plant Cell Culture and Synthetic Chemistry Routes to Clinically Important Natural Products."

VII.G-2 Bragina, N.A. and Chupin, V.V., *RCR*, **66**, 975.

Review: "Methods of Synthesis of Deuterium-labelled Lipids."

VII.G-3 Salakhutdinov, N.F. and Barkhash, V.A., *RCR*, **66**, 343.

Review: "Reactivity of Terpenes and their Analogues in an 'Organised Medium'."

VII.G-4 Li, Y. and Dias, J.R., *CRV*, **97**, 283.

Review: "Dimeric and Oligomeric Steroids."

VII.G-5 Mahato, S.B. and Garai, S. *ST*, **62**, 332.

Review: "Advances in Microbial Steroid Biotransformation."

VII.G-6 Bortolini, O. et al., *S*, **62**, 564.

Review: "Biotransformations on Steroid Nucleus of Bile Acids."

REVIEWS

VII.G-7 Gao, H., *OPP*, **29**, 499.

Review: "Approaches to Partial Synthesis of 11-Oxosteroids. A Brief Review."

VII.G-8 Wiese, T.E. and Keuce, W.R., *CI(L)*, 648.

Review: "An Introduction to Environmental Estrogens."

VII.G-9 Seefeldt, L.C. and Dean, D.R., *ACR*, **30**, 260.

Review: "Role of Nucleotides in Nitrogenase Catalysis."

VII.G-10 Mayol, L. et al., *G*, **127**, 231.

Res. Report: "Synthetic Polynucleotides and Analogues as Models for Studies Concerning DNA."

VII.G-11 Nielsen, P.E. and Haaima, G., *CSR*, **26**, 73.

Review: "Peptide Nucleic Acid (PNA). A DNA Mimic with a Pseudopeptide Backbone."

VII.G-12 Seebach, D. and Matthews, J.L., *CC*, 2015.

Feature Article: "β-Peptides: A Surprise at Every Turn."

VII.G-13 Humphrey, J.M. and Chamberlin, A.R., *CRV*, **97**, 2243.

Review: "Chemical Synthesis of Natural Product Peptides: Coupling Methods for the Incorporation of Noncoded Amino Acids into Peptides."

VII.G-14 Ousanova, M.P. and Sebyakin, Yu.L., *RCR*, **66**, 889.

Review: "The Structure, Synthesis, and Immunomodulating Activity of Bacterial Lipopeptides and their Analogues."

VII.G-15   Cane, D.E., guest editor, *CRV*, **97**, 2463-2706.

Review: "Polyketide and Nonribosomal Polypeptide Biosynthesis."

VII.G-16   Imperiali, B., *ACR*, **30**, 452.

Review: "Protein Glycosylation: The Clash of the Titans."

VII.G-17   Nicolaou, K.C. et al., *SL*, 401.

Review: "Synthesis of DNA-Binding Oligosaccharides."

VII.G-18   Danishefsky, S.J., *AA*, **30**, 75.

Review: "Synthesis of Biologically Important Oligosaccharides and Other Glycoconjugates by the Glycal Assembly Method."

VII.G-19   Kochetkov, N.K., *RCR*, **65**, 735 (1996).

Review: "Unusual Monosaccharides: Components of O-antigenic Polysaccharides of Microorganisms."

VII.G-20   Wong, C.-H. et al., *CSR*, **26**, 407.

Review: "Enzymes in Organic Synthesis: Recent Developments in Aldol Reactions and Glycosylations."

VII.G-21   Kren, V. and Thiem, J., *CSR*, **26**, 463

Review: "Glycosylation Employing Bio-Systems: From Enzymes to Whole Cells."

VII.G-22   Sikorski, J.A. and Gruys, K.J., *ACR*, **30**, 2.

Review: "Understanding Glyphosphate's Molecular Mode of Action with EPSP Synthase: Evidence favoring an Allosteric Inhibitor Model."

VII.G-23 Waldmann, H. et al., *S*, 1098.

Feature Article: "Selective Enzymatic Removal of Protecting Groups From Phosphopeptides: Chemoenzymatic Synthesis of a Characteristic Phosphopeptide Fragment of the Raf-1 Kinase."

VII.G-24 Griengl, H. et al., *CC*, 1933.

Feature Article: "Enzymatic Cleavage and Formation of Cyanohydrins: A Reaction of Biological and Synthetic Relevance."

VII.G-25 Kirby, A.J., *ACR*, 30, 290.

Review: "Efficiency of Proton Transfer Catalysis in Models and Enzymes."

VII.G-26 Otto, H.-H. and Schirmeister, T., *CRV*, 97, 133.

Review: "Cysteine Proteases and Their Inhibitors."

VII.G-27 Karplus, P.A., Pearson, M.A. and Hausinger, R.P., *ACR*, 30, 330.

Review: "70 Years of Crystalline Urease: What Have We Learned?"

VII.G-28 Massova, I. and Mobasherry, S., *ACR*, 30, 162.

Review: "Molecular Bases for Interactions between β-Lactam Antibiotics and β-Lactamases."

VII.G-29 Nemoto, H. and Fukumoto, K., *SL*, 863.

Accounts: "A Novel Domino Route to Chiral Cyclobutanones and its Function in the Synthesis of Versatile Natural Products."

VII.G-30 DeClercq, P.J., *CRV*, **97**, 1755.

Review: "Biotin: A Timeless Challenge for Total Synthesis."

VII.G-31 Tolstikov, G.A. et al., *RCR*, **66**, 813.

Review: "Natural Polysulfides."

VII.G-32 Mori, K., *CC*, 1153.

Feature Article: "Pheromones: Synthesis and Bioactivity."

VII.G-33 Mehta, G. and Srikrishna, A., *CRV*, **97**, 671.

Review: "Synthesis of Polyquinane Natural Products: An Update."

VII.G-34 Lown, J.W., *CJC*, **75**, 99.

Lecture: "Photochemistry and Photobiology of Perylenequinones."

VII.G-35 Haynes, R.K. and Vonwiller, S.C., *ACR*, **30**, 73.

Review: "From Qinghao, Marvelous Herb of Antiquity, to the Antimalarial Trioxane Qinghaosun and Some Remarkable New Chemistry."

VII.G-36 Yamada, K. and Kigoshi, H., *BCJ*, **70**, 1479.

Review: "Bioactive Compounds from the Sea Hares of Two Genera: *Aplysia* and *Dolabella*."

VII.G-37 Bayer, E. et al., *CRV*, **97**, 333.

Review: "New Perspectives in the Chemistry and Biochemistry of the Tunichromes and Related Compounds."

VII.G-38 Botta, B., Monache, G.D. et al., *G*, **127**, 305.

Res. Report: "A Multidisciplinary Research on *Verbesina Caracasana*."

VII.G-39 Fuji, T. et al., *H*, **46**, 659.

Reviews: "1-Methyl-*trans*-zeatin and its Analogues: Their Occurence, Chemistry and Synthesis, and Cytokinin Activity."

VII.G-40 Barrett, A.G.M. et al., *CC*, 1693.

Feature Article: "Assembly of the Antifungal Agent FR-900848 and the CETP Inhibitor U-106305: Studies on Remarkable Multicyclopropane Natural Products."

VII.H. Others

VII.H-1 Keay, B.A. et al., *CJC*, **75**, 1163.

Lecture: "Synthetic Adventures Along a Rocky Mountain Road."

VII.H-2 Block, H., *CCC*, **62**, 1.

Perspective: "99 Semesters of Chemistry - A Personal Retrospective on the Molecular State Approach by Preparative Chemists."

VII.H-3 Leonard, N.J., *T*, **53**, 2325.

Tetrahedron Perspective #5: "The 'Chemistry' of Research Collaboration."

VII.H-4 Roncali, J., *CRV*, **97**, 173.

Review: "Synthetic Principles for Bandgap Control in Linear π-Conjugated Systems."

VII.H-5 Niccolai, D. et al., *CC*, 2333.

Feature Article: "The Renewed Challenge of Antibacterial Chemotherapy."

VII.H-6 Brady, P.A. and Sanders, J.K.M., *CSR*, **26**, 327.

Review: "Selection Approaches to Catalytic Systems."

VII.H-7 Theys, R.D. and Sosnovsky, G., *CRV*, **97**, 83.

Review: "Chemistry and Processes of Color Photography."

VII.H-8 Jacquesy, J.-C. et al., *BSF*, **134**, 425.

Review: "Functionalization of Nonactivated Bonds in Superacidic Media."

VII.H-9 Covington, A.D., *CSR*, **26**, 111.

Review: "Modern Tanning Chemistry."

VII.H-10 Sweeney, J.B., *COS*, **4**, 435.

Review: "Alcohols, Ethers and Phenols."

VII.H-11 Lawrence, N.J., *COS*, **4**, 164.

Review: "Aldehydes and Ketones."

VII.H-12 Bunz, U.H.F., *SL*, 1117.

Review: "A Soft Spot for Alkynes."

REVIEWS

VII.H-13 Crisp, G.T. and Gore, J., *T*, **53**, 1505 & 1523.

"Preparation of Biological Labels with Acetylenic Linker Arms."

"Palladium-Catalysed Attachment of Labels with Acetylenic Linker Arms to Biological Molecules."

VII.H-14 Alabugin, I.V. and Brel, V.K., *RCR*, **66**, 205.

Review: "Phosphorylated Allenes: Structure and Interaction with Electrophiles."

VII.H-15 North, M., *COS*, **4**, 326.

Review: "Amines and Amides."

VII.H-16 Attanasi, O.A. and Filippone, P., *SL*, 1128.

Review: "Working 20 Years on Conjugated Azo-alkenes."

VII.H-17 Ladduwahetty, T., *COS*, **4**, 309.

Review: "Carboxylic Acids and Esters."

VII.H-18 Gololobov, Yu.G. and Gruber, W., *RCR*, **66**, 953.

Review: "2-Cyanoacrylates. Synthesis, Properties and Applications."

VII.H-19 Savignac, P. et al., *CRV*, **97**, 3401.

Review: "Synthetic Applications of Dialkyl (Chloromethyl)phosphonates and N,N,N',N'-Tetraalkyl(chloromethyl)phosphonic Diamides."

VII.H-20 Warrener, R.N. and Butler, D.N., *AA*, **30**, 119.

Review: "Dimethyl Tricyclo[4.2.1.0^{2,5}]Nona-3,7-Diene-3,4-Dicarboxylate: A Versatile Ambident Dienophile."

VII.H-21 Entwistle, D.A., *COS*, **4**, 40 & 493.

Review: "Saturated and Unsaturated Hydrocarbons."

VII.H-22 Adams, J.P., *COS*, **4**, 57.

Review: "Imines, Enamines and Oximes."

VII.H-23 Adams, J.P. and Robertson G., *COS*, **4**, 183.

Review: "Imines, Enamines and Related Functional Groups."

VII.H-24 Kim, S. and Winkler, J.D., *CSR*, **26**, 387.

Review: "Approaches to the Synthesis of Ingenol."

VII.H-25 Adams, J.P. and Box, D.S., *COS*, **4**, 415.

Review: "Nitro and Related Compounds."

VII.H-26 Gnewuch, C.T. and Sosnovsky, G., *CRV*, **97**, 829.

Review: "A Critical Appraisal of the Evolution of N-Nitrosoureas as Anticancer Drugs."

VII.H-27 Hall, H.K., Jr., guest ed., *T*, **53**, 15157-15616.

"Modern Organic Chemistry of Polymerization."

VII.H-28   Higgins, S.J., *CSR*, **26**, 247.

Review: "Conjugated Polymers Incorporating Pendant Functional Groups - Synthesis and Characterization."

VII.H-29   Heegen, A.J. et al., *ACR*, **30**, 430.

Review: "New Developments in the Photonic Applications of Conjugated Polymers."

VII.H-30   Hall, H.K., Jr. and Padias, A.B., *ACR*, **30**, 322.

Review: "Bond Forming Initiation of 'Charge-Transfer' Polymerization and the Accompanying Cycloadditions."

VII.H-31   Haas, O. et al., *CRV*, **97**, 207.

Review: "Electrochemically Active Polymers for Rechargeable Batteries."

VIII
SELECTED TOPICAL AREAS

VIII.A. Fullerene Chemistry

VIII.A.1. Diels-Alder-type Cycloadditions

VIII.A.1-1   Martin, N., et al., *JOC*, **62**, 3705; Eguchi, S. et al., *T*, **53**, 9075.

Adducts of C_{60} via Heterocyclic *o*-Quinodimethanes.

VIII.A.1-2   Eguchi, S. et al., *H*, **46**, 49.

Hetero Diels-Alder of C_{60} with Cyclic Amino Acids or Thiourea.

VIII.A.1-3   Gorgues, A. et al., *TL*, **38**, 81.

Bis-linking of Tetrathiafulvalene to C_{60} via Diels-Alder Reaction.

VIII.A.1-4   Neilands, O. et al., *TL*, **38**, 285.

[4+2]-Cycloadditons to C_{60} using Indene.

VIII.A.1-5   Duczek, W. et al., *TL*, **38**, 6651;

Diels-Alder Reactions of C_{60} with Substituted Norcaradienes.

VIII.A.1-6   Mori, A., Takeshita, H. and Takamori, Y. *CL*, 395.

Diels-Alder Reactions of C_{60} and 4-Hydroxytropones.

VIII.A.2. Other Cycloadditions

VIII.A.2-1 Hirsch, A. et al., *JCS(P1)*, 1595; Nierengarten, J.-F. et al., *TL*, **38**, 7737.

Cyclopropanations of C_{60} via Malonates.

VIII.A.2-2 Luh, T.-Y. *CEJ*, **3**, 744; Wudl, F. et al., *JACS*, **119**, 943.

Investigations of Azide Additions to C_{60} and C_{70}.

VIII.A.2-3 Ovcharenko, A.A. et al., *TL*, **38**, 6933.

Cycloaddition of C_{60} with 1-(4-Nitrophenyl)-phenylnitrile Ylide.

VIII.A.2-4 Langa, F., Martin, N. et al., *T*, **53**, 2599.

Cycloadditions to C_{60} using Microwave Irradiation.

VIII.A.2-5 Nakamura, E. et al., *JOC*, **62**, 5034.

Studies on a New Tris-Annulating Reagent for C_{60}.

VIII.A.2-6 Martin, N., Wudl, F. et al., *JACS*, **119**, 9871.

Synthesis and Electrochemistry of Electronegative Spiroannulated Methanofullerenes.

VIII.A.2-7 Martin, N., Seoane, C., Orti, E. et al., *JOC*, **62**, 7585.

Reactions of C_{60} with Sultines.

VIII.A.3. Photochemical Reactions

VIII.A.3-1 Schuster, D.I. et al., *JACS*, **119**, 7303.

Photocycloaddition of Cyclic 1,3-Diones to C_{60}.

VIII.A.3-2 Wu, S.-H. et al., *SC*, **27**, 2289.

Photochemical Reaction of C_{60} with Tertiary Amines.

VIII.A.3-3 Ando, W. and Kusukawa, T. *OM*, **16**, 4027.

Photochemical Reactions of Oligosilanes and C_{60}.

VIII.A.3-4 Orfanopoulos, M. and Vassilikogiannakis, G. *JACS*, **119**, 7394, *TL*, **38**, 4323.

[2+2] Photocycloadditions of Arylalkenes to C_{60}.

VIII.A.3-5 Gan, L. et al., *CL*, 1007.

Photolysis of C_{60} with Cyclic Amino Acids.

VIII.A.3-6 Moore, A.L., Moore, T.A., Gust, D. et al., *JACS*, **119**, 1400.

Photoinduced Charge Separation and Charge Recombination to a Triplet State in a Carotene-Porphyrin-Fullerene Triad.

VIII.A.3-7 Mattay, J. et al., *T*, **53**, 3587.

Functionalization of C_{60} via Photoinduced Electron Transfer: Synthesis of 1,2-Dihydro[60]fullerenes.

VIII.A.4. Other Fullerene Chemistry

VIII.A.4-1 Diederich, F. et al., *EJC*, **3**, 1071.

NMR Studies on He-Fullerene Derivatives.

VIII.A.4-2 Wudl, F. et al., *JACS*, **119**, 8101.

Fullerene Carbon Resonance Assignments through ^{15}N-^{13}C Coupling Constants and Location of the sp^3 Carbon Atoms of $(C_{59}N)_2$.

VIII.A.4-3 Agranat, I. et al., *JOC*, **62**, 2285; Plater, M.J. et al., *JCS(P1)*, 2897, 2903; Mehta, G. et al., *CC*, 2081; Rabideau, P.W. et al., *TL*, **38**, 5095.

Synthesis and Study of Various Fullerene Fragments.

VIII.A.4-4 Tour, J.M. et al., *JOC*, **62**, 2310; Schurig, V., Hirsch, A. et al., *CC*, 1117.

Studies on Separation of Various Fullerenes.

VIII.A.4-5 Billups, W.E. et al., *TL*, **38**, 171, 175; Meier, M.S. et al., *JOC*, **62**, 7667.

Reduction of Fullerenes using Hydrazine or Dissolving Metals.

VIII.A.4-6 Murray, R.W. et al., *TL*, **38**, 335.

Oxidation of C_{60} via Methyltrioxorhenium-H_2O_2.

VIII.A.4-7 Taylor, R. et al., *CC*, 1579.

Spontaneous Oxidation of $C_{60}Ph_5X$ to a Benzo[b]furanyl-C_{60}.

VIII.A.4-8 Diederich, F. et al., *HCA*, **80**, 2238; Hirsch, A. et al., *CEJ*, **3**, 561.

Studies Related to Fullerene-Dendrimer Derivatives.

VIII.A.4-9 Fukazawa, Y. et al., *TL*, **38**, 3739; Shinkai, S. et al., *TL*, **38**, 2107.

Studies Related to Complexes of C_{60} with Calixarenes.

VIII.A.4-10 Thiel, W. et al., *HCA*, **80**, 495.

Radical Impurity Mechanisms for He Incorporation into C_{60}.

VIII.A.4-11 Cavaleiro, J.A.S. et al., *TL*, **38**, 2557.

Pyrimidine and Pyrimidone Derivatives of C_{60}.

VIII.A.4-12 Gol'dshleger, N.F. and Moravskii, A.P. *RCR*, **66**, 323.

Fullerene Hydrides: Synthesis, Properties, and Structure.

VIII.A.4-13 Irngartinger, H. and Weber, A. *TL*, **38**, 2075.

Heterocycle Ring Opening of C_{60} [1,2-d]isoxazole.

VIII.A.4-14 Taylor, R. et al., *JCS(P2)*, 1907.

The Minor Isomers and IR Spectrum of [84]Fullerene.

VIII.A.4-15 Fowler, P.W. et al., *JCS(P2)*, 1901.

Structures, Energetics of Dimeric Fullerene/Fullerene Oxides.

VIII.A.4-16 Bohme, D.K. et al., *JACS*, **119**, 2040.

C_{60} Cations as "Ball and Chain" Polymerization Initiators.

VIII.A.4-17 Hadden, R.C. *JACS*, **119**, 1797.

C_{60} : Sphere or Polyhedron?

VIII.A.4-18 Gorgues, A. et al., *TL*, **38**, 3909.

Bis-Linking of C_{60} and Tetrathiafulvalene.

VIII.A.4-19 Wudl, F. et al., *JACS*, **119**, 2946.

Synthesis of $C_{59}(CHPh_2)N$ from $(C_{59}N)_2$ and $C_{59}HN$.

VIII.A.4-20 Carvajo, C., Maggini, M. et al., *JACS*, **119**, 789.

Radicals and Biradical Anions of C_{60} Nitroxide Derivatives.

VIII.A.4-21 Nishimura, J. et al., *JACS*, **119**, 926.

Functionalization of C_{60} Governed by Tether Length.

VIII.A.4-22 Guldi, D.M., Maggini, M. et al., *JACS*, **119**, 974.

Fullerene/Ferrocene-Based Donor-Bridge-Acceptor Dyads.

VIII.A.4-23 Kitazawa, K., Saigo, K. et al., *CL*, 1037.

Novel Copolyamides containing C_{60} in the Main Chain.

VIII.A.4-24 Shinkai, S. et al., *CL*, 407.

Synthesis and Metal-Binding Properties of Novel "Fullerenocrowns".

VIII.A.4-25 Krautter, B. et al., *JACS*, **119**, 9317.

A Concise Route to Symmetric Multiadducts of C_{60}.

VIII.A.4-26 Kitagawa, T., Takeuchi, K. et al., *JACS*, **119**, 9313.

Synthesis of a Hydrocarbon Salt with a Fullerene Framework.

VIII.A.4-27 Schuster, D.I., Wilson, S.R. et al., *JACS*, **119**, 8363.

Synthesis and Electronic Interactions of Two Classes of Porphyrin-Fullerene Hybrids.

VIII.A.4-28 Shapley, J.R. et al., *OM*, **16**, 3876.

Coordination of C_{60} to Ru_5 and Ru_6 Cluster Frames.

VIII.A.4-29 Diederich, F. et al., *HCA*, **80**, 317.

Adducts of C_{60} by Tether-directed Remote Functionalization.

VIII.A.4-30 Rosseinsky, M.J. et al., *JACS*, **119**, 10413.

Expanded Close-packed Fullerides: Reaction of Na_2C_{60} and NH_3.

VIII.A.4-31 Kitagawa, T. et al., *T*, **53**, 9965.

Ionically Dissociative Hydrocarbons containing the C_{60} Skeleton.

VIII.A.4-32 Rubin, Y. et al., *CEJ*, **3**, 1009.

Organic Approaches to Endohedral Methanofullerenes.

VIII.A.4-33 Shevlin, P.B. and Li, Z. *JACS*, **119**, 1149.

Why is the Rearrangement of [6,5] Open Fulleroids to [6,6] Closed Fullerenes Zero Order?

VIII.A.4-34 Martin, N., Seoane, C. et al., *TL*, **38**, 2015.

C_{60}-based Electron Acceptors with TCNQ and DCNQI Derivatives.

VIII.A.4-35 Boyd, P.D.W., Reed, C.A. et al., *JOC*, **62**, 3642.

Fullerides of Pyrrolidine-functionalized C_{60}.

VIII.A.4-36 Iyoda, M. et al., *CL*, 63.

Benzoquinone-linked Fullerenes with a Pyrrolidine Spacer.

VIII.A.4-37 Diederich, F. et al., *HCA*, **80**, 293.

Methanofullerene Molecular Scaffolding.

VIII.A.4-38 Murata, S. and Yamaguchi, H. *TL*, **38**, 3529.

Preparation and Structure of a Novel Methanofullerene Containing a Stable P-Ylide.

VIII.B. Taxol and Related Taxane Chemistry

VIII.B-1 Yadav, J.S. et al., *TL*, **38**, 8769.

Stereocontrolled Synthesis of CD Rings of Taxol.

VIII.B-2 Yadav, J.S. et al., *TL*, **38**, 8765.

Synthesis of Taxol Side Chains.

VIII.B-3 Appendino, G. et al., *G*, **127**, 373.

Reactivity of Taxine A in an Oxidation-Reduction Protocol.

VIII.B-4 Arseniyadis, S. et al., *H*, **46**, 727.

Studies Towards the Total Synthesis of Taxoids.

VIII.B-5 Nagoka, H. et al., *TL*, **38**, 4997.

Taxane C Ring via a Bicyclo[2.2.2]octane Fragmentation.

VIII.B-6 Appendino, G., Danieli, B. et al., *TL*, **38**, 4273.

Synthesis and Evaluation of C-Seco Paclitaxel Analogues.

VIII.B-7 Liu, Z. and Yu, C. *TL*, **38**, 4133.

Skeletal Rearrangement of the A and B Ring of a 13-Oxabaccatin[III] Derivative.

VIII.B-8 Kuwajima, I. et al., *TL*, **38**, 4129.

Synthesis of a Useful C-Ring Fragment of Taxol.

VIII.B-9 Kingston, D.G.I. et al., *T*, **53**, 3441.

Ring C-Modified Paclitaxel Anaolgs: Synthesis and Evaluation.

VIII.B-10 Prunet, J. et al., *T*, **53**, 9253.

Intramolecular Diels-Alder Approach to Taxol C-Ring.

VIII.B-11 Sha, C.-K. et al., *TL*, **38**, 2725.

Synthesis of Desmethyl C,D-Ring Derivative of Taxol.

VIII.B-12 Hu, S. et al., *TL*, **38**, 2721.

Microbial Hydroxylation-Biological Rearrangement of Taxoids.

VIII.B-13 Hashiyama, T., Tsujihara, K. et al., *H*, **46**, 241.

Synthesis and Antitumor Activity of Water-soluble Taxoids.

VIII.B-14 Nagoka, H. and Hirai, Y. *TL*, **38**, 1969.

Taxane A-B Ring via Intramolecular Nitrile Oxide Cyclization.

VIII.B-15 Kingston, D.G.I. and Chordia, M.D. *T*, **53**, 5699.

Synthesis and Biological Evaluation of Amide-linked A-Norpaclitaxels.

VIII.B-16 Ahond, A. et al., *T*, **53**, 5169.

New Analogs of 7-Dehydroxydocetaxol.

VIII.B-17 Al Mourabit, A. et al., *TL*, **37**, 9189.

Selectively Protected 5-O-Cinnamoyl Taxicine I.

VIII.B-18 Shiina, I. et al., *SL*, 419.

An Asymmetric Synthesis of the ABC Ring System of 8-Demethyltaxoids.

VIII.B-19 Gennani, C. et al., *JOC*, **62**, 4746.

Enantio- and Diastereoselective Synthesis of Taxol Side Chain.

VIII.B-20 Kobayashi, J. et al., *TL*, **38**, 7587.

Taxezopidine A, a Novel Taxoid from Seeds of the Japanese Yew *Taxus Cuspidata.*

VIII.B-21 Stork, G. et al., *TL*, **38**, 7471.

Construction of A/C seco-B and A/B seco-C Protaxol Systems.

VIII.B-22 Kelly, R.C. et al., *JOC*, **62**, 4900.

Intramolecular [2+2] Cycloaddition in a Baccatin.

VIII.B-23 Crich, D. et al., *T*, **53**, 7127, 7139.

Taxol C-Ring Syntheisis via Aldol and Radical Cyclization.

VIII.C. Enediyne and Dienediyne Chemistry

VIII.C-1 Wang, K.K. and Tarli, A. *JOC*, **62**, 8841.

Synthesis and Thermolysis of Enediynyl Ethyl Ethers.

VIII.C-2 Semmelhack, M.F. et al., *TL*, **38**, 5583.

Cycloaromatization of Enediynes under Mild Conditions.

VIII.C-3 Clive, D.L.J. and Hu, Y.-Z. *JCS(P1)*, 1421.

Synthesis of the Aromatic Unit of Calicheamicinγi.

VIII. D. Total Syntheses of Selected Natural Products

(see also VIII.B, VIII.C)

VIII.D-a

Hale, K.J. *CC*, 2319.	**A83586C**
Smith, A.B. III *JACS*, **119**, 10935.	**Acutiphycin**
Bonjoch, J. *JACS*, **119**, 7230.	**Akuammicine**
Arimoto, H. *TL*, **38**, 776.	**Allixin**
Overman, L.E. *JOC*, **62**, 440.	**Aloperine**
Paterson, I. *TL*, **38**, 8241.	**Altohyrtin A**
Ray, K. *T*, **53**, 8513.	**Ambliol A**
Schultz, A.G. *JOC*, **62**, 1223.	**Apovincamine**
Leonard, J. *TL*, **38**, 3071.	**Apoyohimbines**
Gomez, A.M. *CC*, 1647.	**Asperlin**
Zhou, W.-S. *JCS(P1)*, 317.	**Asperlin**
Kobayashi, Y. *TL*, **38**, 3883.	**Aspicilin**
Sinha, S.C. *JOC*, **62**, 377.	**Aspicilin**
Corey, E.J. *JACS*, **119**, 11769.	**Atractyligenin**
Royer, J. *TL*, **38**, 2259.	**Aza-Muricatacin**
Coleman, R.S. *T*, **53**, 16313.	**Azinomycins**

VIII.D-b

Coelho, F. *SC*, **27**, 2455. Baclofen
Najera, C. *TA*, **8**, 1855. Baikian
Naito, T. *SL*, 580. Balanol
Horikawa, M. *SL*, 253. Benzylserine
Charette, A.B. *T*, **53**, 16277. Bicyclohumulenone
Tochtermann, W. *T*, **53**, 13703. Bisannhydrolactarorufin A
Kutschy, P. *SL*, 289. Brassinin
Uguen, D. *TL*, **38**, 2837. Brassinolide
Haynes, R.K. *JOC*, **62**, 4552. Brefeldin A
Nicolaou, K.C. *JACS*, **119**, 8105. Brevitoxin
Vandewalle, M. *TA*, **8**, 1721. Bryostatin
Burger, K. *TA*, **8**, 2001. Bulgecinine

VIII.D-c

Tatsuta, K. *TL*, **38**, 583. Calibistrin A
Murata, M. *SL*, 298. Camptothecin
Singh, V. *TL*, **38**, 2911. Capnellene
Knolker, H.-J. *JCS(P1)*, 349. Carbazomycin C, D
Knolker, H.-J. *SL*, 1108. Carquinostatin A
Yoda, H. *SL*, 911. Castanospermine
Ferreira, D. *TL*, **38**, 3089. Catechin
Hesse, M. *HCA*, **80**, 1802. Celabenzine
Hesse, M. *HCA*, **80**, 1802. Celacinnine
Hesse, M. *HCA*, **80**, 1802. Celafurine
White, J.D. *JACS*, **119**, 2404. Celastraceae
Thomas, E.J. *JCS(P1)*, 845. Cembranoids
Couture, A. *SL*, 1475. Cepharanone A, B
Townsend, C.A. *JOC*, **62**, 636. Cerulenin
Hirama, M. *CC*, 1289. Ciguatoxin
Murai, A. *TL*, **38**, 8053. Ciguatoxin
Evans, D.A. *T*, **53**, 8779. Cinatrin C_1, C_3
Lee, E. *JACS*, **119**, 8391. Cladantholide
Cha, J.K. *JOC*, **62**, 4550. Clavepictines A, B
Iwao, M. *T*, **53**, 51. Clavicipitic Acids
Takeda, K. *SL*, 255. Clavulones
Hudlicky, T. *TL*, **38**, 7693. Conduritol

VIII.D-c (continued)

Ley, S.V. *JCS(P1)*, 795.	**Conduritol**
Nakagawa, M. *SL*, 1179.	**Coniceine**
Cossy, J. *TL*, **38**, 8853.	**Conocephalenol**
Oritani, T. *SL*, 685.	**Coronal**
Toshima, H. *T*, **53**, 9509.	**Coronatine**
Denmark, S.E. *JACS*, **119**, 125.	**Crotanecine**
White, J.D. *JACS*, **119**, 103.	**Curacin A**
Ottenheijm, H.C.J. *JOC*, **62**, 3880.	**Cyclotheonamide B**
Snider, B.B. *JOC*, **62**, 5630.	**Cylindricine**

VIII.D-d

Roush, W.R. *JACS*, **119**, 11331.	**Damavaricin**
Joule, J.A. *JOC*, **62**, 568.	**Damirone A, B**
Giralt, E. *JOC*, **62**, 354.	**Dehydrodidemnin**
Abell, C. *JCS(P1)*, 625.	**Dehydroquinic Acid**
Oppolzer, W. *T*, **53**, 9169.	**Dentriculin A, B**
Momose, T. *T*, **53**, 9553.	**Dendrobates Alkaloids**
Meyers, A.I. *SL*, 533.	**Deoxymannojirimycin**
Evans, D.A. *TL*, **38**, 53.	**Deoxyerythronolide B**
Tanaka, A. *TL*, **38**, 4247.	**Deoxygiganticin**
Joullie, M.M. *JOC*, **62**, 4961.	**Didemnin B**
Jurczak, J. *TL*, **38**, 8275.	**Dideoxynojirimycin**
Dominguez, D. *TL*, **38**, 5723.	**Dideoxynorribasine**
Pearson, W.H. *TL*, **38**, 3369.	**Diepilepadiformine**
Ihara, M. *JCS(F1)*, 365.	**Dihydroantirhine**
Vandewalle, M. *SL*, 1167.	**Dihydroxynorvitamin D_3**
Waldvogel, E. *HCA*, **80**, 2084.	**Dimethylergolin-8-amines**
Brown, E. *T*, **53** 9679.	**Dimethylsugiresinol**
Kamikawa, T. *T*, **53**, 3973.	**Dimethylstealthin A, C**
Bates, R.B. *JACS*, **119**, 2111.	**Dolastatin II**
Boger, D.L. *JACS*, **119**, 311.	**Duocarmycin A**

VIII.D-e

Trivedi, G.K. *JCS(P1)*, 1875.	**Edulane**
Mori, M. *TL*, **38**, 3931.	**Elaeokamine C**
Evans, D.A. *JOC*, **62**, 454.	**Elaiophylin Aglycone**
Grieco, P. *SL*, 493.	**Endiandric Acid A**
Ikeda, M. *JCS(P1)*, 3339.	**Epibatidine**
Simpkins, N.S. *SL*, 589.	**Epibatidine**
Nicolaou, K.C. *JACS*, **119**, 7960.	**Epothilone A**
Schnizer, D. *AGE*, **36**, 523.	**Epothilone A**
Danishefsky, S.J. *JACS*, **119**, 10073.	**Epothilones A, B**
Mulzer, J. *TL*, **38**, 7725.	**Epothilone B**
Danishefsky, S.J. *JACS*, **119**, 2733.	**Epothilone Congeners**
Paquette, L.A. *JACS*, **119**, 8438.	**Epoxydictymene**
Maycock, C.D. *JOC*, **62**, 3984.	**Eutypoxide B**

VIII.D-f

Novikov, V.L. *TL*, **38**, 5339.	**Fascaplysin**
Rychnovsky, S.D. *JACS*, **119**, 12360.	**Filipin III**
Terashima, S. *SL*, 447.	**Fluorohuperzine**
Masquelin, T. *HCA*, **80**, 43.	**Frenolicin B**
Ogasawara, K. *S*, 509.	**Frontalin**
Faber, K. *S*, 156.	**Frontalin**
Quintela, J.M. *SL*, 83.	**Fucosamine**
Kim, D. *TL*, **38**, 4437.	**Fumagillol**
Snider, B.B. *SL*, 483.	**Fumiquinazoline G**
Nakagawa, M. *H*, **46**, 673.	**Fumitremorgins**
Suemune, H. *JCS(P1)*, 1707.	**Furoscrobiculin B**

VIII.D-g

Suzuki, K. *T*, **53**, 16533.	**Galtamycinone**
Kelly, T.R. *JOC*, **62**, 428.	**Garcifuran B**
Takayama, H. *TL*, **38**, 5307.	**Geissoschizine**
Willis, C.L. *JCS(P1)*, 751.	**Gibberellin A_{93}, A_{94}**
Sinha, S.C. *JACS*, **119**, 12014.	**Goniocin**
Meyers, A.I. *CC*, 1573.	**Gossypol**

VII.D-h

Taber, D.F. *JACS*, **119**, 22.	**Haliconadiamine**
Goti, A. *SL*, 577.	**Hastanecine**
Andersen, R.J. *TL*, **38**, 317.	**Hemiasterlin**
Hurt, D.J. *JOC*, **62**, 5023.	**Himbeline**
Subba Rao, G.S.R. *JCS(P1)*, 195.	**Hinesol**
Danishefsky, S.J. *JACS*, **119**, 6686.	**Hispidospermine**
Kiyota, H. *SL*, 1093.	**Homononactic Acid**
Roumestaut, M.L. *SL*, 691.	**Hydroxynorvaline**
Horne, D.A. *JOC*, **62**, 456.	**Hymenin**
Nicolaou, K.C. *CC*, 2343.	**Hydroxyepothilone B**
Kinoshita, T. *CC*, 1743.	**Hyperolactone**

VIII.D-i

Padwa, A. *JOC*, **62**, 438.	**Ipalbidine**
Jung, M.E. *T*, **53**, 8815.	**Isodityrosine**
Overman, L.E. *JACS*, **119**, 2446.	**Isolaurepinnacin**
Nogradi, M. *JOC*, **62**, 3566.	**Isoplagiochin A**
Rokach, J. *TL*, **38**, 3339.	**Isoprostane IPF$_{2\alpha}$**
Evans, D.A. *JOC*, **62**, 736.	**Isopulo'upone**

VIII.D-k

Wood, J.L. *JACS*, **119**, 9641.	**K252a**
Naito, T. *SL*, 275.	**Kainic Acid**
Umemura, K. *TL*, **38**, 4811.	**Karnamicin B$_1$**
Lin, G.-Q. *TA*, **8**, 1369.	**Kotanin**
Lee, E. *TL*, **38**, 7757.	**Kumausyne**

VIII.D-l

Seifert, K. *TL*, **38**, 2081.	**Labdenediol**
Chida, N. *T*, **53**, 16287.	**Lactacystin**
Chavan, S.P. *TL*, **38**, 7633.	**Laevigatin**
Hertweck, C. *T*, **53**, 14651.	**Lamoxicene**
Banwell, M. *CC*, 2259.	**Lamellarin K**
Baldwin, J.E. *CC*, 1757.	**Lathyrine**
Kulkarni, M.G. *JCS(P1)*, 3127.	**Laurene**
Yamashita, M. *JOC*, **62**, 734.	**Lavandulol**
Padwa, A. *JOC*, **62**, 774.	**Lupinine**
Padwa, A. *JOC*, **62**, 78.	**Lycopodine**

VIII.D-m

Iwata, C. *CC*, 2401.	**Macrocarpal C**
Omura, S. *JACS*, **119**, 10247.	**Macrosphelide A, B**
Curran, D.P. *T*, **53**, 8881.	**Mappicine**
Chida, N. *JCS(P1)*, 275.	**Mesembranol**
Abad, A. *JCS(P1)*, 1837.	**Metasequoic Acid B**
Ohmizu, H. *JOC*, **62**, 1310.	**Methyldioxoxanthoxylol**
Bestmann, H.J. *SL*, 618.	**Methyljasmonate**
Carballeira, N.M. *S*, 1195.	**Methylpentadecadienoic Acid**
Kukinuma, K. *JCS(P1)*, 891.	**Mevalanolactone**
Dawson, M.I. *SL*, 965.	**Michellamine A, C**
Thomas, E.J. *JCS(P1)*, 371.	**Milbemycin E**
Kiso, Y. *T*, **53**, 8323.	**Mirabazole B**
Wood, J.L. *JACS*, **119**, 9652.	**MLR-52**
Rawal, V.H. *CC*, 2381.	**Modhephene**
White, J.D. *JOC*, **62**, 5250.	**Morphine**
Mulzer, J. *SL*, 441.	**Morphine**
Shishido, K. *SL*, 665.	**Mycotoxin**
Hatakeyama, S. *TL*, **38**, 7887.	**Myriocin**

VIII.D-n,o

Rigby, J.H. *JACS*, **119**, 12655.	Narciclasine
Chaplin, D.A. *TL*, **38**, 7931.	Narwedine
Ohkubo, M. *T*, **53**, 585.	NB-506
Caddick, S. *TL*, **38**, 2355.	Neocarzinostatin
Corey, E.J. *JACS*, **119**, 9929.	Neotripterifordin
Miyashita, M. *TL*, **38**, 8297.	Nephilitoxin-1
Subba Rao, G.S.R. *TL*, **38**, 5343.	Norcedrene
Marsaioli, A.J. *TA*, **8**, 1333.	Nortoylorione
Hulme, A.N. *TL*, **38**, 8245.	Octalactin A
Forsyth, C.J. *JACS*, **119**, 8381.	Okadaic Acid
Patel, V.F. *JOC*, **62**, 8868.	Oxaduocarmycin SA
Anaya, J. *SL*, 281.	Oxaisocephans

VIII.D-p

Miyashita, M. *CC*, 1219.	PM-Toxin A
Chida, N. *CC*, 1043.	PA-48153C
Richardson, D.P. *TL*, **38**, 3817.	Paeonimetaboline-I
Beaulieu, P.L. *JOC*, **62**, 3440.	Palinavir
Hirai, Y. *JOC*, **62**, 776.	Palustrine
Romo, D. *JOC*, **62**, 4.	Panclicin D
Weinreb, S.M. *JACS*, **119**, 2050.	Pancracine
Roush, W.R. *JOC*, **62**, 474.	Pederic Acid
Knapp, S. *TL*, **38**, 3813.	Penaresidin A
Mori, K. *JCS(P1)*, 97.	Penaresidin A, B
Kinoshita, T. *JHC*, **34**, 1111.	Penlanfuran
Kim, D. *CC*, 2263.	Perhydrohistrionicotoxin
Tanabe, Y. *T*, **53**, 7209.	Periplanone C, D
Bestmann, H.J. *S*, 107.	Petasin
Wender, P.A. *JACS*, **119**, 7897.	Phorbol
Ohmizu, H. *T*, **53**, 9585.	Picropodophyllone
Srikrishna, A. *JCS(P1)*, 3295.	Pinguisene
Muraoka, O. *JCS(P1)*, 113.	Pinidine
Denmark, S.E. *JOC*, **62**, 435.	Platynecine
Novikov, V.L. *TL*, **38**, 3531.	Polycarpine
Dondoni, A. *JOC*, **62**, 5497.	Polyoxin J
Terashima, S. *TL*, **38**, 7769.	Popolohuanone E

VIII.D-p (continued)

Moore, H.W. *JOC*, **62**, 3792.	**Precapnelladiene**
Hatakeyama, S. *TL*, **38**, 4823.	**Prelactone C**
de Meijere, A. *SL*, 261.	**Primnatrienes**
Mori, M. *SL*, 734.	**Prostaglandin $F_{2\alpha}$**
Taber, D.F. *JOC*, **62**, 194.	**Prostaglandin $F_{2\alpha}$ (epi)**
Cossy, J. *SL*, 905.	**Pseudoconhydrine**
Moody, C.J. *JOC*, **62**, 746.	**Coniine**
Subba Rao, G.S.R. *JCS(P1)*, 3393.	**Pupukean-2-one**
Srikrishna, A. *JCS(P1)*, 3293.	**Pupukean-2-one**
Subba Rao, G.S.R. *TL*, **38**, 2185.	**Pupukean-2-one**
Barrero, A.F. *TL*, **38**, 2325.	**Puupehenone**

VIII.D-r

Smith, A.B. III *JACS*, **119**, 947.	**Rapamycin**
Hanessian, S. *JOC*, **62**, 465.	**Reserpine**
Wender, P.A. *JACS*, **119**, 12976.	**Resiniferatoxin**
Ohkata, K. *CC*, 1887.	**Rhopaloic Acid**
Snider, B.B. *TL*, **38**, 5453.	**Rhopaloic Acid**
Wood, J.L. *JACS*, **119**, 9652.	**RIC286c**
Hanessian, S. *JACS*, **119**, 10034.	**Rifamycin**
Rychnovsky, S.D. *JACS*, **119**, 2058.	**Roflamycoin**
Alvarez-Builla, J. *S*, 559.	**Rolipram**
Fuchs, P.L. *TL*, **38**, 2601.	**Roseophilin**

VIII.D-s

Paquette, L.A. *JACS*, **119**, 2767.	**Salsolene Oxide**
Nicolaou, K.C. *JACS*, **119**, 11353.	**Sarcodictyin A**
Mikolajczyk, M. *S*, 356.	**Sarkomycin**
Chang, N.-C. *JOC*, **62**, 641.	**Sarracenin**
Rossi, R. *S*, 1061.	**Savinin**
Corey, E.J. *JACS*, **119**, 9927.	**Scalarenedial**
Overman, L.E. *JACS*, **119**, 12031.	**Scopadulcic Acid B**
Paterson, I. *JOC*, **62**, 452.	**Scytophicin C**
Mukain, C. *TL*, **38**, 2511.	**Secosyrin 1**

VIII.D-s (continued)

Paquette, L.A *JACS*, **119**, 9662.	**Secokaurines**
Gallagher, T. *SL*, 22.	**Sedridine**
Li, Y. *SC*, **27**, 2985.	**Selinadienol**
Lautens, M. *JOC*, **62**, 5246.	**Sertraline**
Jiang, S. *JCS(P1)*, 1805.	**Shikimic Acid**
Gotor, V. *TL*, **38**, 5225.	**Shikimic Acid Methyl Ester**
Franck-Neumann, M. *T*, **53**, 2103.	**Silphinene**
Mori, K. *TL*, **38**, 7891.	**Sorgolactone**
Zwanenburg B. *TL*, **38**, 2321.	**Sorgolactone**
Kobayashi, S. *SL*, 301.	**Sphingofungin F**
Smith, A.B. III *TL*, **38**, 8667.	**Spongistatin**
Paterson, I. *TL*, **38**, 5727.	**Spongistatin**
Pearson, A.J. *JOC*, **62**, 5284.	**Stemodinone**
Cameron, D.W. *AJC*, **50**, 409.	**Stentonin**
Andrus, M.B. *JACS*, **119**, 2327.	**Stipiamide**
Baldwin, J.E. *TL*, **38**, 2771.	**Stizolobinic Acid**
Ohmizu, H. *S*, 1475.	**Styraxin**
Sims, J.J. *JOC*, **62**, 4780.	**Syringolide 1**
Murai, M. *T*, **53**, 16029.	**Syringolide 1**
Roush, W.R. *JOC*, **62**, 1112.	**Swainsonine**

VIII.D-t

Williams, R.M. *JACS*, **119**, 11777.	**TAN-1057A-D**
Chamberlin, A.R. *JOC*, **62**, 387.	**Tautomycin**
Isobe, M. *T*, **53**, 5123, 5083, 5103.	**Tautomycin**
Corelli, F. *TL*, **38**, 2759.	**Taxuspine**
Thomas, E.J. *JCS(P1)*, 417.	**Thiolactomycin**
Pimm, A. *HCA*, **80**, 623.	**Thujone**
Zaragoza, R.J. *SL*, 574.	**Thyrsiflorin A**
Feringa, B.L. *TL*, **38**, 2527.	**Tricyclodecadienone**
Haugan, J.A. *ACS*, **51**, 1096.	**Triophaxanthin**
Cook, J.M. *JOC*, **62**, 9298.	**Tryprostatin A**

VIII.D-u-z

Blechert, S. *AGE*, **36**, 1474.	**Uleine**
Boger, D.L. *JOC*, **62**, 4721.	**Vancomycin**
Tadana, K. *TL*, **38**, 8311.	**Verrucerol**
Costa, P.R.R. *TA*, **8**, 1963.	**Vincamine**
Hanna, I. *JOC*, **62**, 5062.	**Vinigrol**
Mulzer, J. *JACS*, **119**, 5512.	**Vitamin B$_{12}$**
Barrero, A.E. *TL*, **38**, 8101.	**Wiedendiol B**
Meyers, A.I. *JOC*, **62**, 5219.	**Xantharrhizol**
Lee, A.W.M. *TL*, **38**, 3001.	**Yohimbine Alkaloids**
Paterson, I. *TL*, **38**, 4301.	**Zaragazoic Acids**
Hashimoto, S. *SL*, 451.	**Zaragazoic Acid C**
Kim, S. *SL*, 947.	**Zizaene Sesquiterpenes**
Tanner, D. *ACS*, **51**, 1217.	**Zoanthamine**

VIII.E Reactions in Aqueous Media

VIII.E-1 Loh, T.-P. and Li, X.-R. *TL*, **38**, 869.

$$\text{RCHO} \xrightarrow[\text{In, H}_2\text{O, 23 °C}]{\text{F}_3\text{C}\diagup\diagdown\text{Br}} \text{R}\underset{\text{CF}_3}{\overset{\text{OH}}{\diagup\diagdown}}\diagup\diagdown$$

80-95%

VIII.E-2 Akiyama, T. and Iwai, J. *TL*, **38**, 853.

$$\text{RCHO} \xrightarrow[\text{MeNO}_2/\text{H}_2\text{O}]{(\diagup\diagdown)_4\text{Ge}} \text{R}\overset{\text{OH}}{\diagup}\diagdown\diagup\diagdown$$

75-99%

VIII.E-3 Paquette, L.A. and Bernadelli, P. *JOC*, **62**, 8284.

$$\text{[bicyclic lactone with R, R', OH]} \xrightarrow[\text{EtOH, pH 3}]{\text{allyl-Br, In, HCl(aq)}} \text{[allylated bicyclic lactone]} \quad 73\text{-}93\%$$

VIII.E-4 Bieber, L.W. et al., *JOC*, **62**, 9061.

Reformatsky Reaction in Water: Evidence for a Radical Chain Process.

VIII.E-5 Kobayashi, S. et al., *CL*, 959.

Lewis Acid Catalysis in Aqueous Media: Cu(II)-Catalyzed Aldol and Allylation Reactions in a Water-Ethanol-Toluene Solution.

VIII.E-6 Li, C.-J. et al , *JOC*, **62**, 8623.

Mn-mediated Reactions in Aqueous Media: Chemoselective Allylation and Pinacol Coupling of Aryl Aldehydes.

VIII.E-7 Engberts, J.B.F.N. *JOC*, **62**, 2039.

Retro-Diels-Alder Reactions in Aqueous Solution: Toward a Better Understanding of Organic Reactivity in Water.

VIII.F. Combinatorial Chemistry

VIII.F-1 Brown, H., *COS*, **4**, 216.

Review: "Recent Developments in Solid-Phase Organic Synthesis"

VIII.F-2 Szostak, J., Guest Editor, *CRV*, **97**, 347-510.

Reviews: "Combinatorial Chemistry"

VIII.F-3 Hodge, P., *CSR*, **26**, 417.

Review: "Polymer-Supported Organic Reactions: What Takes Place in the Beads?"

VIII.F-4 Shuttleworth, S.J. et al., *S*, 1217.

Review: "Functionalised Polymers: Recent Developments and New Applications in Synthetic Organic Chemistry"

VIII.F-5 Hermkens, P.H.H. et al., *T*, **53**, 5643.

Review: "Solid-Phase Organic Reactions II. A Review of the Literature Nov. 95-Nov. 96"

VIII.F-6 Bristol, J.A. (Editor), *T*, **53**, 6573-6705.

Symposia in Print: "Applications of Solid-Supported Organic Synthesis in Combinatorial Chemistry"

VIII.F-7 Janda, K.D. et al., *TL*, **38**, 977; see also: Zhao, X. and Janda, K.D., *TL*, **38**, 5437.

Soluble Polymer Synthesis: An Improved Traceless Linker Methodology for Aliphatic C-H Bond Formation

VIII.F-8 Coffen, D.L. et al., *SL*, 488.

Convergent Parallel Synthesis

VIII.F-9 Gani, D. et al., *TL*, **38**, 8577.

Permutational Organic Synthesis in Addressable Microreactors (POSAM™): An Efficient, Inexpensive and Versatile Solid-Phase Protocol for the Preparation of Libraries of Compounds on the 0.01 to 1.0 millimole (or Larger) Scale

---

VIII.F-10 Nielsen, J. and Jensen, F.R., *TL*, **38**, 2011.

Solid-Phase Synthesis of Small Molecule Libraries Using Double Combinatorial Chemistry

---

VIII.F-11 Terrett, N.K. et al., *CEJ*, **3**, 1917.

Drug Discovery by Combinatorial Chemistry - The Development of a Novel Method for the Rapid Synthesis of Single Compounds

---

VIII.F-12 Bradley, M. et al., *JOC*, **62**, 4902.

Solid-Phase Dendrimer Synthesis and the Generation of Super-High-Loading Beads for Combinatorial Chemistry

---

VIII.F-13 Lemaire, M. et al., *T*, **53**, 1343.

Polymeric and Immobilized Crown Compounds, Material for Ion Separation

---

VIII.F-14 Wagner, A. et al., *TL*, **38**, 1043; Martinez, J. et al., *TL*, **38**, 7749.

Ozone: A Versatile Reagent for Solid Phase Synthesis

VIII.F-15 Burgess, K. et al., *JOC*, **62**, 5662.

Photolytic Mass Laddering for Fast Characterization of Oligomers on Single Resin Beads

VIII.F-16 Egner, B.J. and Bradley, M., *T*, **53**, 14021.

Monitoring the Solid Phase Synthesis of Lysobactin and the Katanosins using *in situ* MALDI-TOF MS

VIII.F-17 Sorensen, O.W. et al., *JACS*, **119**, 1787.

Reduction of Inhomogeneous Line Broadening in Two Dimensional High-Resolution MAS NMR Spectra of Molecules Attached to Swelled Resins in Solid-Phase Synthesis

---

VIII.F-18 Fivush, A.M. and Wilson, T.M., *TL*, **38**, 7151.

AMEBA: An Acid Sensitive Aldehyde Resin for Solid Phase Synthesis

---

VIII.F-19 Garigipati, R.S., *TL*, **38**, 6807.

Reagents for Combinatorial Organic Synthesis: Preparation and Uses of Rink-Chloride

---

VIII.F-20 Nugiel, D.A. et al., *TL*, **38**, 5789.

Facile Preparation of Chloromethylphenyl Solid Supports Using Methanesulfonyl Chloride and Hunig's Base

---

VIII.F-21 Katritzky, A.R. et al., *TL*, **38**, 7849.

New Synthesis of Sasrin™ Resin

VIII.F-22 Lee, Y.-S. et al., *TL*, **38**, 591.

Convenient Method for Preparing Polystyrene Having β-Hydroxy Groups: Its Application to the Synthesis of Polyethylene Glycol-Grafted Polystyrene Resin

---

VIII.F-23 Porco, J.A., Jr. et al., *TL*, **38**, 4973.

Non-Acidic Cleavage of Wang-Derived Esters from Solid Support: Utilization of Mixed-Bed Scavenger for DDQ

VIII.F-24 Gayo, L.M. and Suto, M.J., *TL*, **38**, 513.

Ion-Exchange Resins for Solution Phase Parallel Synthesis of Chemical Libraries

---

VIII.F-25 Fraser-Reid, B. et al., *TL*, **38**, 7653; **for other photolabile linkers, see also:** Austin, D.J. et al., *TL*, **38**, 7851; Rayner, B. et al., *TL*, **38**, 5289; Balasubramanian, S. et al., *TL*, **38**, 1227.

A New *o*-Nitrobenzyl Photocleavable Linker for Solid Phase Synthesis

---

VIII.F-26 Burgess, K. et al., *JOC*, **62**, 5165.

An Approach to Photolabile Fluorescent Protecting Groups

VIII.F-27 Kobayashi, S. and Moriwaki, M., *TL*, **38**, 4251.

5-(4'-Chloromethylphenyl)pentylpolystyrene Resin (CMPP resin). A New Linker Resin for Solid-Phase Organic Synthesis Under Lewic Acidic Conditions

---

VIII.F-28 Atrash, B. and Bradley, M., *CC*, 1397.

A pH Cleavable Linker for Zone Diffusion Assays and Single Bead Solution Screens in Combinatorial Chemistry

---

VIII.F-29 Ngu, K. and Pate. D.V., *TL*, **38**, 973; **for other uses of linkers, see also:** Moore, M.L. et al., *JOC*, **62**, 6726; Richter, L.S. and Desai, M.C., *TL*, **38**, 321; Garcia-Escheverria, C., *TL*, **38**, 8933; Swayze, E.E., *TL*, **38**, 8465; Bradley,M. et al., *TL*, **38**, 4861; Furth, P.S. et al., *TL*, **38**, 5403; Ede, N.J. and Bray, A.M., *TL*, **38**, 7119.

Preparation of Acid-Labile Resins with Halide Linkers and Their Utility in Solid Phase Organic Synthesis

VIII.F-30 Pon, R.T. and Yu, S., *TL*, **38**, 3327 and 3331.

Hydroquinone-O,O'-Diacetic Acid as a More Labile Replacement for Succinic Acid Linkers in Solid-Phase Oligonucleotide Synthesis

---

VIII.F-31 Flitsch, S.L., Turner, N.J. et al., *TL*, **38**, 8287.

New Fluoride-Labile Linkers for Solid Phase Organic Synthesis

---

VIII.F-32 Gani, D. et al., *TL*, **38**, 8573; Kurth, M.J. et al., *TL*, **38**, 7709; Gayo, L.M. and Suto, M.J., *TL*, **38**, 211.

Resin-Immobilised Benzyl and Aryl Vinyl Sulfones: New Versatile Traceless Linkers for Solid Phase Organic Synthesis

---

VIII.F-33 Parlow, J.J. et al., *TL*, **38**, 7959,

In-Situ Chemical Tagging: Tetrafluorophthalic Anhydride as a "Sequestration Enabling Reagent" (SER) in the Purification of Solid-Phase Combinatorial Libraries

---

VIII.F-34 Canali, L. et al., *CC*, 123.

Efficient Polymer-Supported Sharpless Epoxidation Catalyst

VIII.F-35 Hoveyda, A.H. et al., *AG(E)*, **36**, 1704.

Search for Chiral Catalysts through Ligand Diversity: Substrate Specific Catalysts and Ligand Screening on Solid Phase

---

VIII.F-36 Sibi, M.P. and Chandramouli, S.V., *TL*, **38**, 8929.

Intramolecular Free Radical Reactions on Solid Support. Allylation of Esters

---

VIII.F-37 Junggebauer, J. and Newman, W.P., *T*, **53**, 1301.

An Improved Synthesis of a Polymer Supported Distannane and Its Application to Radical Formation

VIII.F-38 Cuny, G.D. et al., *TL*, **38**, 5237; Blechert, S. et al., *CC*, 1949 and *SL*, 348; Piscopio, A.D. et al., *TL*, **38**, 7143.

Ring Opening Cross-Metathesis on Solid Support

VIII.F-39 Uozumi, Y., Hayashi, T. et al., *TL*, **38**, 3557.

New Amphiphilic Pd-Phosphine Complexes Bound to Solid Supports: Preparation and Use for Catalytic Allylic Substitution in Aqueous Media

---

VIII.F-40 Williams, J.M.J. et al., *TL*, **38**, 4319; see also: Akaji, K. and Kiso, Y., *TL*, **38**, 5135.

Palladium Catalyzed Heck Reactions and Allylic Substitution Reactions Using Glass Bead Technology

---

VIII.F-41 Knochel, P. and Rottlauder, M., *SL*, 1084; Piettre, S.R. and Baltzer, S., *TL*, **38**, 1197; Brown, S.D. and Armstrong, R.W., *JOC*, **62**, 7076.

Multiple Cross Coupling Reactions of Aryl and Zinc Halides with Aryl Halides and Triflates in Solid-Phase Synthesis of Polyfunctional Aromatics

---

VIII.F-42 Burguete, M.I., Luis, S.V., Mayoral, J.A. et al., *JOC*, **62**, 3126.

Polymer-Grafted Ti-TADDOL Complexes. Preparation and Use as Catalysts in Diels-Alder Reactions

---

VIII.F-43 Albericio, F., Carpino, L.A. et al., *TL*, **38**, 4853.

On the Use of PyAOP, a Phosphonium Salt Derived from HOAt, in Solid Phase Peptide Synthesis

VIII.F-44 Porco, J.A., Jr. et al., *TL*, **38**, 8821; O'Donnell, M.J., Scott, W.L. et al., *TL*, **38**, 7163; Scott, W.L. et al., *TL*, **38**, 3695; Albericio, F. et al., *TL*, **38**, 883 and 7275; **for other approaches to peptide syntheses, see also:** Martinez, J. et al., *JOC*, **62**, 6792; Yang, L. and Chiu, K., *TL*, **38**, 7307.

Tandem UPS: Sequential Mono- and Dialkylation of Resin Bound Glycine via Automated Synthesis

VIII.F-45 Meldal, M. et al., *TL*, **38**, 2531.

Azido Acids in a Novel Solid-Phase Peptide Synthesis

VIII.F-46 Chen, J.J. and Spatola, A.F., *TL*, **38**, 1511; **see also:** Mellor, S.L. and Chan, W.C., *CC*, 2005; Ngu, K. and Patel, D.V., *JOC*, **62**, 7088; Bauer, U., Ho, W.-B. and Koskinen, A.M.P., *TL*, **38**, 7233.

Solid Phase Synthesis of Peptide Hydroxamic Acids

VIII.F-47 Burgess, K. et al., *JACS*, **119**, 1556; **see also:** Wang, G.T. et al., *TL*, **38**, 1895; Fitzpatrick, L.J. and Rivero, R.A., *TL*, **38**, 7479.

Solid Phase Synthesis of Oligoureas

VIII.F-48 Fraser-Reid, B. et al, *JOC*, **62**, 5660.

Polymer-Supported Oligosaccharides via n-Pentenyl Glycosides: Methodology for a Carbohydrate Library

VIII.F-49 Fuji, M. et al., *TL*, **38**, 415; Lowe, G. et al.*JCS(P1)*, 555.

Nucleic Acid Analog Peptide (NAAP). Solid Phase Synthesis of a DNA Analog Peptide

VIII.F-50 Schultz, P.G. et al., *TL*, **38**, 1161; Nugiel, D.A. et al., *JOC*, **62**, 201; Deleris, G. et al., *JOC*, **62**, 4635; see also: Drewry, D.H. et al., *TL*, **38**, 3377.

Combinatorial Synthesis of 2,9-Substituted Purines

VIII.F-51 Murray, P.J. et al., *TL*, **38**, 6941; **for other SP amine syntheses, see also:** Heinonen, P. and Lonnberg, H., *TL*, **38**, 8569; Ho, C.Y. et al., *TL*, **38**, 2799; Leysen, D. et al., *TL*, **38**, 2915; Wilson, T.M. et al., *S*, 778; Katritzky, A.R. and Zhang, G., *TL*, **38**, 7011; Hernandez, A.S. and Hodges, J.C., *JOC*, **62**, 3153.

A Novel, Chemically Robust, Amine Releasing Linker

VIII.F-52 Brown, E.G. and Nuss, J.M., *TL*, **38**, 8457; **for other approaches to SP amide syntheses, see also:** Tartar, A.L. et al., *JOC*, **62**, 2594; Sarantakis, D. and Bicksler, J.J., *TL*, **38**, 7325; Vlattas, I. et al., *TL*, **38**, 7321; Ko, S.Y. et al., *JOC*, **62**, 3808.

Alkylation of Rink's Amide Linker on Polystyrene Resin: A Reductive Amination Approach to Modified Amine-Linkers for the Solid Phase Synthesis of N-Substituted Amide Derivatives

VIII.F-53 Raju, B. and Kogan, T.P., *TL*, **38**, 3373 and 4965; **see also:** Dankwardt, S. et al., *SL*, 854.

Solid Phase Synthesis of Sulfonamides using a Carbamate Linker

VIII.F-54 Iqbal, J. et al., *TL*, **38**, 1083.

Cobalt Catalyzed Multiple Component Condensation Route to β-Acetamido Carbonyl Compound Libraries

VIII.F-55 Carroll, F.I. et al., *TL*, **38**, 5099.

Rapid In-Plate Generation of Benzimidazole Libraries and Amide Formation Using EEDQ

VIII.F-56 Ellman, J.A. et al., *JOC*, **62**, 1240 and 2885; **see also:** Bhalay, G. et al., *TL*, **38**, 8375; Houghten, R.A. et al., *TL*, **38**, 4943; Krchnak, V. and Weichsel, A.S., *TL*, **38**, 7299.

Solid Phase Synthesis of 1,4-Benzodiazepine-2,5-diones

VIII.F-57 Du, X. and Armstrong, R.W., *JOC*, **62**, 5678; **for Pd mediated cyclization, see also:** Fancelli, D. et al., *TL*, **38**, 2311.

Synthesis of Benzofuran Derivatives on Solid Support via SmI_2-Mediated Radical Cyclization

VIII.F-58 Austin, D.J. et al., *TL*, **38**, 7139

A Chemoselective Rhodium(II) Mediated Solid Phase 1,3-Dipolar Cycloaddition and its Application to a Thermally Self-Cleaving Scaffold

VIII.F-59 Kim, S.W. et al., *TL*, **38**, 4603; **see also:** Patel, D.V. et al., *JOC*, **62**, 6968; Sim, M.M. and Ganesan, A., *JOC*, **62**, 3230; Matthews, J. and Rivero, R.A., *JOC*, **62**, 6090.

Solid Phase Synthesis of Hydantoin Library Using a Novel Cyclization and Traceless Cleavage Step

VIII.F-60 Zhang, H.-C. et al., *TL*, **38**, 2439; Collini, M.D. and Ellingboe, J.W., *TL*, **38**, 7963; Bedeschi, A. et al., *TL*, **38**, 2307; **see also:** Zhang, H.-C. and Maryanoff, B.E., *JOC*, **62**, 1804.

Synthesis of Trisubstituted Indoles on the Solid Phase via Pd-Mediated Heteroannulation of Internal Alkynes

VIII.F-61 Xiao, X.-Y. et al, *JOC*, **62**, 6029.

Design and Synthesis of a Taxoid Library Using Radiofrequency Encoded Combinatorial Chemistry

VIII.F-62 Chen, S. and Janda, K.D., *JACS*, **119**, 8724.

Synthesis of Prostaglandin E_2 Methyl Ester on a Soluble-Polymer Support for the Construction of Prostanoid Libraries

VIII.F-63 Miller, B.L. et al., *TL*, **38**, 8639.

Generation of Novel DNA-Binding Compounds by Selection and Amplification from Self-Assembled Combinatorial Libraries

VIII.F-64 Williams, D.H. et al., *TL*, **38**, 5229.

Synthesis of Cell-Wall Analogues of Vancomycin-Resistant Enterococci Using Solid-Phase Peptide Synthesis

VIII.F-65 Van Bocm, J.H. et al., *T*, **53**, 759.

Solid-Phase Synthesis of Lysine-Based Cluster Galactosides with High Affinity for the Asia Loglycoprotein Receptor

VIII.F-66 Balasubramanian. S. et al., *JACS*, **119**, 9568.

A Combinatorial Approach to Identifying Protein Tyrosine Phosphatase Substrates from a Phosphotyrosine Peptide Library

VIII.F-67 Punniyamurthy, T and, Iqbal, J., *TL*, **38**, 4463.

Polyaniline Supported Cobalt(II) Salen, Catalysed Synthesis of Pyrrolidine Containing α-Hydroxyamide Core Structures as Inhibitors for HIV Proteases

VIII.F-68 Peptides and Peptidomimetics

Maryanoff, B.E., *JOC*, **62**, 9326	Arginine Containing
Kitagawa, K., *TL*, **38**, 599	Tyrosine Containing
Bradley, M., *TL*, **38**, 8565	Inverted Peptides
Miller, S.C., *JACS*, **119**, 2301	N-Methylation of Peptides
Wipf, P., *JOC*, **62**, 1586	Peptodomimetics

VIII.F-69 Reactions/Reagents on Solid Phase

Purandare, A.V., *TL*, **38**, 8777	Aldol
Kunzer, H., *SL*, 325	Baylis-Hillman
Panek, J.S., *JACS*, **119**, 12022	Crotylation Reactions
Hodge, C.N., *TL*, **38**, 7951	Cyclopropanation
Xu, W., *TL*, **38**, 7337	Etherification
Hird, N.W., *TL*, **38**, 7111, 7115	Diels-Alder

VIII.F-70 Solid Phase Synthesis of Heterocycles

Watson, S.P., *TL*, **38**, 9065	5-Aminopyrazoles
Pei, Y., *TL*, **38**, 3349	4-Amino-2-quinolines
Ruhland, B., *JOC*, **62**, 7820	4-Arylazetin-2-ones
Zhu, J., *TL*, **38**, 4091	Arylpiperazines
Gopalsamy, A., *TL*, **38**, 907	2-Arylquinolines
Yoo, S., *TL*, **38**, 1203	Biphenyltetrazole
Houghton, R.A., *TL*, **38**, 931	Cyclic Ureas
Swayze, E.E., *TL*, **38**, 8643	Diazabicyclononan-2-ones
Wilson, S.R., *TL*, **38**, 4021	Dihydro-4-pyridones
Wang, F., *TL*, **38**, 8651	Dihydroquinazolines
Falorni, M., *TL*, **38**, 4663	Diketopiperazines
Balasubramanian, S., *SL*, 61	Furans
Gallop, M.A., *TL*, **38**, 6973	Furans
Mjalli, A.M.M., *TL*,, **38**, 359	Lactams
Bartlett, P.A., *JACS*, **119**, 6153	Lactams
David, M., *TL*, **38**, 5153	Lactones
Nielsen, J., *TL*, **38**, 5697	Piperidines
An, H., *JOC*, **62**, 5156	Pyridinopolyamines
Pearson, W.H., *TL*, **38**, 7669	Pyrrolidines
Mayer, J.P., *TL*, **38**, 8445	Quinazolinones
Gordeev, M.F., *TL*, **38**, 1729	Quinazolin-2,5-diones
Lee, J. et al., *JOC*, **62**, 3874	Quinoxalin-2-ones
Sanders, J.K.M., *CC*, 1407	Quinine Macrocycles
Shute, R.E., *CC*, 2307	Succinimides
Gordeev, M.F., *JOC*, **62**, 8177	β-Sultams
Cheng, Y., *TL*, **38**, 1497	Spiroindolines
Ganesan, A., *JOC*, **62**, 9358	Thioxopyrimidinones

VIII.F-71 Small Molecule Synthesis on Solid Phase

Furth, P.S., *TL*, **38**, 6643	Amino-Ethers
Zaragoza, F., *TL*, **38**, 7291	Cyanoacetamidines
Armstrong, R.W., *JACS*, **119**, 7607	Cyclobutenediones
Fraley, M.E., *TL*, **38**, 3365	2-Cyclohexenones
Wallace, O.B., *TL*, **38**, 4939	Ketones

AUTHOR INDEX

Abad, A. -402
Abe, H. -269, 346
Abell, A.D. -320
Abell, C. -399
Abiko, A. -20
Abo, M. -192
Achiwa, K. -9, 86
Achmatowicz, O. -179
Adam, W. -161, 162
Adams, J.P. -384
Agami, C. -87
Ager, D.J. -360
Aggarwal, V.K. -85, 196, 240, 340, 349
Agranat, I. -389
Ahn, K.H. -9, 86
Ahond, A. -396
Aitken, D.J. -318
Aitken, R.A. -159, 160, 306
Akaji, K. -413
Akamanchi, K.G. -153, 173
Akhrem, I.S. -363
Akiba, K. -231
Akiyama, T. -214, 259, 406
Al Mourabit, A. -396
Al-Omran, F. -210
Alabugin, I.V. -383
Alami, M. -78, 183
Albar, H.A. -115
Albeck, A. -195
Albericio, F. -413, 414
Alcantara, A.R. -324
Alexakis, A. -51
Ali, M.H. -159
Allen, J.V. -161
Allin, S.M. -13, 315
Almeida, W.P. -5
Alper, H. -81, 136, 206, 243
Altenbach, H.-J. -164

Alvarez, S.G. -321
Alvarez-Builla, J. -404
Alvarez-Ibarra, C. -45, 317
Amato, J.S. -315
An, H. -418
Anastasia, M. -324
Anaya, J. -403
Andersen, R.J. -401
Anderson, B.A. -335
Anderson, J.C. -119, 143
Andersson, P.G. -36, 193
Ando, K. -65
Ando, W. -388
Andrus, M.B. -155, 164, 405
Angelis, Y.S. -283
Angle, S.R. -46
Annunziata, R. -232
Antonietti, M. -363
Aoyama, T. -216, 218
Appendino, G. -394
Araki, S. -38, 175
Aranda, G. -168
Arcadi, A. -222, 262
Archer, I.V.J. -360
Arimoto, H. -397
Armstrong, R.W. -413, 416, 418
Arseniyadis, S. -394
Arterburn, J.B. -160
Arzoumanian, H. -200
Asakawa, Y. -279
Asami, M. -34
Asaoka, M. -36
Ashby, E.C. -186
Aslam, M. -342
Astruc, D. -372
Attanasi, O.A. -383
Aube, J. -205, 278, 308
Aurrecoechea, J.M. -57
Austin, D.J. -411, 416
Avendano, C. -234

AUTHOR INDEX

Aversa, M.C. -102, 361
Avery, M.A. -101
Ayers, T.A. -324
Azerad, R. -175
Baba, A. -2, 39, 222
Baboulene, M. -171
Bach, R.D. -163
Bach, T. -197, 261
Back, T.G. -112
Backvall, J.E. -165, 170
Badone, D. -119
Baik, W. -118, 130, 233
Bailey, P.D. -235
Bailey, W.F. -225
Bailly, F. -255
Balai, M. -328
Balasubramanian, K.K. -305
Balasubramanian, S. -411, 417, 418
Baldwin, J.E. -21, 294, 402, 405
Balei, M. -104
Balenkova, E.S. -152
Ballini, R. -27, 284, 299, 322, 337
Bally, T. -365
Balme, G. -9, 215, 262
Bandgar, B.P. -257, 284, 313
Banwell, M. -402
Barba, I. -166
Barbas, C.F., III -48
Barbe, J. -276
Barhdadi, R. -35
Barkhash, V.A. -376
Barluenga, J. -58, 72, 74, 84, 95, 196, 231, 245, 361
Barnhart, R.W. -53
Barrero, A.F. -404, 406
Barrett, A.G.M. -32, 84, 191, 294, 313, 331
Bartlett, P.A. -418

Bartoli, G. -30, 282
Barton, D.H.R. -157, 311, 329
Barvian, M.R. -338
Basak, A. -263
Basavaiah, D. -125
Basiuk, V.A. -280
Bates, R.B. -399
Batey, R.A. -100
Batori, S. -193
Baudy-Floc'h, M. -310
Bauer, U. -414
Bayer, E. -380
Bazureau, J.P. -265
Beak, P. -12, 49
Beam, C.F. -211
Bean, C.F. -254
Beau, J.-M. -71
Beaulieu, P.L. -403
Beckwith, A.L.J. -55
Bedeschi, A. -416
Behforouz, M. -234
Beifuss, U. -98
Beletskaya, I.P. -311
Bellassoued, M. -21
Beller, M. -77, 123, 311, 316
Belokan, Y. -42
Bergeron, R.J. -316
Bergman, J. -95
Bergmeier, S.C. -194, 195
Berkessel, A. -86
Berson, J.A. -364
Bertrand, M.P. -62
Bertz, S. -353
Berybreiter, D.E. -83
Besson, T. -268, 338
Bestmann, H.J. -402, 403
Bettsbrugge, J.V. -219
Bhaduri, A.P. -198
Bhalay, G. -415
Bhat, S.V. -97
Bhawal, B.M. -290

Biali, S.E. -356
Bianco, A. -292
Bickelhaupt, F. -126
Bieber, L.W. -407
Biellmann, J.-F. -184
Bienayme, H. -97
Bienz, S. -50
Billups, W.E. -389
Black, W.C. -352
Blades, K. -332
Blanco, L. -324
Blechert, S. -70, 128, 406, 413
Block, H. -381
Blum, J. -304
Bodwell, G.J. -90
Boev, V.I. -369, 374
Boga, C. -326
Bogdanowicz-Szwed, K. -240
Boger, D.L. -278, 399, 406
Bohme, D.K. -391
Boland, W. -140
Boldt, P. -167
Bolm, C. -85, 163, 169
Bonjoch, J. -56, 397
Bonnemann, H. -360
Börner, A. -361
Bortolini, O. -376
Bose, A.K. -38
Bose, D.S. -307
Bossio, R. -198
Botta, B. -381
Bouzide, A. -292
Bovicelli. -P. -154
Bowman, W.R. -249, 277
Boyd, D.R. -164
Boyd, P.D.W. -393
Bradley, M. -409, 410, 411, 417
Bradley,M. -411
Bradshaw, J.S. -277, 359
Brady, P.A. -382

Bragina, N.A. -376
Bratovanov, S. -50
Braverman, S. -348
Bravo, P. -29, 268, 320
Bray, A.M. -411
Breit, B. -136
Brel, V.K. -383
Breton, G.W. -294
Bristol, J.A. -408
Brochetta, M. -304
Brodfuehrer, P.R. -226
Brodie, A.M.H. -332
Brook, M.A. -291
Brown, E. -399
Brown, E.G. -415
Brown, H. -408
Brown, H.C. -19, 84, 130, 275, 302
Brown, J.M. -341
Brown, R.S. -364
Broxterman, Q.B. -42
Bruce, P.G. -370
Bruckner, R. -347
Bruneau, C. -340
Brunner, H. -34, 58, 107
Buchwald, S.L. -2, 176, 223, 311, 325
Buisson, D. -175
Bulman Page, P.C. -158
Bumagin, N.A. -119, 125
Bunz, U.H.F. -382
Burger, A. -184
Burger, K. -398
Burger, U. -199
Burgess, K. -409, 411, 414
Burguete, M.I. -413
Burk, M.J. -75, 319
Burkhardt, E.R. -175
Burton, D.J. -82, 122, 331
Cabrera-Escribano, F. -147

AUTHOR INDEX

Cacchi, S. -215, 224, 253, 311
Caddick, S. -61, 163, 403
Cahiez, G. -119, 126
Cai, L. -339
Cai, M.-Z. -309
Cainelli, G. -199
Calderwood, D.J. -39
Calter, M.A. -212
Cambie, R.C. -363
Cameron, D.W. -405
Campos, P.J. -231, 329
Canali, L. -412
Cane, D.E. -378
Capozzi, G. -269
Carballeira, N.M. -402
Carboni, B. -263
Cardillo, G. -195, 318
Carlsen, P.H.J. -325
Carmona, D. -103
Carpentier, J.-F. -174
Carpino, L.A. -290, 413
Carreira, E.M. -65, 242, 253, 372
Carreno, M.C. -91, 97, 101, 351
Carretero, J.C. -101, 103, 250
Carroll, F.I. -415
Carvajo, C. -391
Casolari, S. -39
Castro, J.L. -226
Cativiela, C. -5, 103, 231
Caubere, P. -225
Cavaleiro, J.A.S. -90, 223, 390
Cazes, B. -133
Cekovic, Z. -57
Cere, V. -68
Cha, J.K. -86, 153, 169, 228, 398
Cha, J.S. -185
Chakraborty, T. -164

Chamberlin, A.R. -377, 405
Chambers, R.D. -169
Chan, A.S.C. -180
Chan, T.H. -161
Chan, W.C. -414
Chan, W.H. -99
Chandrasekaran, S. -162, 302
Chandrasekhar, S. -152, 293
Chang, N.-C. -404
Chapleur, Y. -94
Chaplin, D.A. -403
Charette, A.B. -13, 398
Charlton, J.L. -5
Chassaing, G. -219
Chattopadhyay, P. -246
Chavan, S.P. -332, 402
Che, C.-M. -86, 193
Chelucci, G. -34
Chen, C. -76, 224
Chen, C.-T. -22
Chen, S.-T. -324
Cheng, Y. -418
Chiara, J.L. -54
Chiba, K. -92
Chida, N. -402, 403
Chivers, T. -370
Christoffers, J. -46
Chu, L. -119
Chu, S.-Y. -220
Chuang, C.-P. -251
Chupin, V.V. -376
Cicchi, S. -34
Ciceri, P 283
Ciufolini, M.A. -41, 245
Clark, J.H. -155, 328
Clark, J.S. -70, 213
Claver, C. -136
Clayden, J. -12
Clive, D.L.J. -141, 397
Cocco, M.T. -231
Coelho, F. -398

Coffen, D.L. -409
Coldham, I. -145, 219, 370
Cole, T.E. -246
Coleman, R.S. -397
Collin, J. -284
Collins, I. -278
Comasseto, J.V. -346, 373
Comins, D.L. -235
Compagnone, R.S. -235
Condon-Gueugnot, S. -53
Connolly, T.J. -90
Cook, J.M. -131, 405
Cooke, M.P., Jr. -48
Corelli, F. -405
Corey, E.J. -4, 16, 69, 103, 208, 332, 361, 397, 403, 404
Corma, A. -161, 354
Correia, C.R.D. -104
Coskun, N. -272, 311
Cossu, S. -298
Cossy, J. -107, 112, 177, 213, 220, 249, 399, 404
Costa, P.R.R. -406
Cotelle, P. -115
Couladouros, E.A. -320
Coutts, I.G.C. -259
Couture, A. -203, 398
Covarrubias-Zúñiga, A. -48
Covington, A.D. -382
Cozzi, P.G. -39, 361
Craig, D. -197, 219
Cramorossa, M.R. -283
Crich, D. -62, 365, 396
Crimmins, M.T. -25, 109, 246
Crisp, G.T. -383
Crouch, R.D. -191
Crowe, W.E. -178
Csuk, R. -207

Cuny, G.D. -413
Curci, R. -160
Curini, M. -284
Curran, D.P. -15, 133, 264, 308, 355, 402
Dai, H.G. -191
Dai, L.-X. -368
Dai, W.-M. -66
Dalla, V. -176
Danheiser, R.L. -68, 96
Danieli, B. -394
Danishefsky, S.J. -48, 297, 378, 400, 401
Dankwardt, S. -415
Das, I. -61
Das, N.B. -320, 327
David, M. -418
Davies, D.L. -103
Davies, H.M.L. -60, 86, 106, 142, 346, 368
Davis, C.R. -157
Davis, F.A. -156, 194, 336
Davis, M.E. -358
Dawson, M.I. -402
De Brabander, J. -5, 190
De Clercq, P.J. -380
De Kimpe, N. -194
de Koning, C.B. -113, 238
de March 263
de Meijere, A. -86, 404
De Shong, P. -8
Debart, F. -343
Decicco, C.P. -319
Decroix, B. -251
Dehaen, W. -216
Deleris, G. -414
Dell, C.P. -362
DeLucchi, O. -96
Demir, A.S. -284
Demonceau, A. -85
Demuth, M. -175
Denmark, S. -40

AUTHOR INDEX

Denmark, S.E. -22, 84, 85, 263, 399, 403
Deslongchamps, P. -101
Desmurs, J.R. -115
Deziel, R. -208
Di Bella, M. -350
Dias, J.R. 376
Diaz-de-Villegas, M.D. -5
Diederich, F. -389, 390, 392, 393
Dieter, R.K. -27, 124
Dillon, J.L. -144
Dixneuf, P.H. -149, 238
Dolbier, W.R., Jr. -331
Dolphin, D. -277, 278
Dominguez, D. -399
Dominguez, E. -129
Donaldson, W.A. -240, 373
Dondoni, A. -240, 277, 403
Dong, Y. -225
Donohoe, T.J. -164, 371
dos Santos, R.B. -188
Dotz, K.H. -128, 227, 368
Doutheau, A. -303
Doyle, M.P. -212, 368
Drewry, D.H. -414
Dubac, J. -94, 115
Dubowchik, G.M. -289
Duczek, W. -386
Duhamel, P. -30, 306, 357
Dujardin, G. -240
Dumas, F. -21
Dumez, E. -215
Dumoulin, H. -223
Dunach, E. -259
Durandetti, M. -218
Dyachenko, V.D. -280
Dyatkin, A.B. -229
Dyker, G. -317
Easton, C.J. -264, 367
Eaton, P.E. -337

Echaverren, A.M. -76, 98
Edmunds, A.J.F. -238
Edwards, G.L. -219, 238
Effenberger, F. -30, 42
Efimov, O.N. -280
Eguchi, S. -73, 258, 263, 272, 386
Eichinger, K. -264
Eilbracht, P. -341
Einhorn, C. -155
El Kaim, L. -263
Ellingboe, J.W. -416
Elliott, M.C. -277
Ellman, J.A. -29, 415
Elmorsy, S.S. -130, 270
Elnagdi, M.H. -210
El-Shehawy, A.A. -29
Emslie, N.D. -66
Enders, D. -40, 45, 361, 372
Engberts, J.B.F.N. -407
Engler, T.A. -107, 226
Enholm, E.J. -24, 56
Entwistle, D.A. -384
Ephritikhine, M. -370
Erba, E. -257
Espenson, J.H. -259
Evans, D.A. -18, 22, 103, 317, 398, 399, 400, 401
Evans, S.A., Jr. -317
Evans, P.A. -239
Faber, K. -359, 400
Fadel, A. -324
Fadnavis, N.W. -324
Fallis, A.G. -100
Falorni, M. -418
Fancelli, D. -416
Fang, J.-M. -44
Fearon, K.L. -343
Fensterbank, L. -370
Ferezou, J.-P. -39, 351
Feringa, B.L. -46, 51, 405

Fernández-Mayoralas, A. -43
Ferraz, H.M. -150
Ferreira, D. -50, 398
Ferreira, V.F. -270
Figadere, B. -214
Figueredo, M. -263
Finn, M.G. -79
Firouzabadi, H. -175
Fisher, M.J. -24
Fitzpatrick, L.J. -414
Fleet, G.W.J. -248, 300
Fleming, I. -69, 347, 371
Flitsch, S.L. -295, 412
Florio, S. -196
Flowers, R.A., II -43
Forrest, S.R. -355
Forsyth, C.J. -403
Fort, Y. -340
Forti, L. -339
Forzato, C. -175
Fouquet, E. -122
Fowler, F.W. -251
Fowler, J.S. -364
Fowler, P.W. -390
Fraenkel, G. -315
Fraley, M.E. -418
Franck-Neumann, M. -18, 405
Fraser-Reid, B. -360, 411, 414
Frederickson, M. -280
Freeman, F. -265
Frejd, T. -146, 173
Fringuelli, F. -162
Frolov, A.N. -363
Frost, C.G. -311
Froyen, P. -308
Fruhauf, H.-W. -371
Fu, G.C. -34, 178, 184, 324
Fuchigami, T. -328
Fuchs, P.L. -83, 404
Fugier, C. -311

Fuji, K. -65
Fuji, M. -414
Fuji, T. -381
Fujii, N. -300
Fujimori, K. -90
Fujimoto, T. -344
Fujisawa, T. -14, 86, 177
Fujita, M. 173
Fujiwara, S. -275
Fukase, K. -292
Fukazawa, Y. -390
Fukuto, J.M. -367
Fukuyama, T. -314
Fukuzawa, S. -116, 208, 333
Furstner, A. -70, 362
Furstoss, R. -168
Furth, P.S. -411, 418
Furukawa, N. -304
Gabriele, B. -207
Gagne, M.R. -323
Gajewski, J.J. -363
Galema, S.A. -354
Gall, T.L. -341
Gallagher, T. -267, 405
Gallop, M.A. -418
Gallos, J.K. -273
Gan, L. -388
Ganem, B. -69, 222
Ganesan, A. -416, 418
Gani, D. -173, 409, 412
Gansauer, A. -43
Gao, H. -150, 377
Garcia Ruano, J.L. -91, 101
Garcia-Escheverria, C. -411
Gareau, Y. -350
Garigipati, R.S. -410
Garner, C.M. -359
Garrido, N.M. -47
Garst, J.F. -366
Gebicki, J. -365
Gellman, S.H. -358

AUTHOR INDEX

Genet, J.-P. -123, 172, 287, 362
Gennani, C. -396
Gennari, C. -20
Gervay, J. -297
Ghelfi, F. -201
Ghosh, A.K. -25
Giacomini, D. -157, 199
Giannis, A. -35
Giardina, G.A.M. -235
Gibson, S.E. -70, 245
Gierson, J.K.F. -231
Gilchrist, T.L. -237
Gin, D.Y. -297
Giralt, E. -399
Giraud, L. -11
Giroux, A. -121
Givens, R.S. -285, 295
Gladysz, J.A. -359
Godt, A. -83
Gol'dshleger, N.F. -390
Golding, B.T. -289
Gololobov, Yu.G. -383
Gomez, A.M. -110, 397
Gopalsamy, A. -418
Gordeev, M.F. -418
Gorgues, A. -386, 391
Gosmini, C. -35
Goti, A. -401
Gotor, V. -405
Granik, V.G. -254, 367
Greeves, N. -326
Gribble, G.W. -223, 252
Grieco, P.A. -107, 400
Griengl, H. -379
Grierson, D.S. -251, 334
Griesbeck, A.G. -114
Griffiths, D.V. -344
Grigg, R. -128, 134, 137, 224, 264
Grissom, J.W. -144
Gronowitz, S. -314
Groundwater, P.W. -90
Grover, P. -319
Grubbs, R.H. -275
Gruber, W. -383
Guibe, F. -355
Guilard, R. -311
Guingant, A. -241
Guiso, M. -293
Guitian, E. -93, 97
Guldi, D.M. -391
Gusevskaya, E.V. -137
Gust, D. -388
Haas, O. -385
Haddad, N. -109
Hadden, R.C. -391
Hagen, L.P. -163
Hagiwara, H. -216
Hale, K.J. -397
Hales, N.J. -267
Haley, M.M. -82
Hall, H.K., Jr. -384, 385
Hallberg, A. -15, 122
Halley, F. -254
Hamada, Y. -9
Hamelin, J. -283
Hanessian, S. -35, 318, 358, 404
Hanna, I. -406
Hanquet, G. -162
Hansch, C. -366
Hanson, J.R. -328
Hanumanthu, P. -268
Hanzawa, Y. -88
Harada, T. -36
Harayama, T. -118, 269, 346
Harman, W.D. -127, 374
Harmata, M. -106, 365
Harriman, G.C.B. -201
Hartwig, J.F. -124, 311, 325, 374
Harwood, L.M. -132
Hasegawa, E. -114
Hashimoto, S. -406
Hashiyama, T. -395
Hassner, H. -263

Hatakeyama, S. -316, 402, 404
Hatanaka, M. -64, 198
Hatanaka, Y. -79
Haufe, G. -156, 324
Haugan, J.A. -405
Hausinger, R.P. -379
Hawker, C.J. -366
Hawthorne, M.F. -357
Hayashi, T. -413
Haynes, R.K. -380, 398
Heathcock, C.H. -226
Heegen, A.J. -385
Hegedus, L.S. -111, 372
Heimgartner, H. -321
Heinonen, P. -415
Helmchen, G. -10
Helquist, P. -138
Henry, J.R. -119
Herdeis, C. -184, 229
Hermkens, P.H.H. -408
Herrmann, W.A. -77, 123, 136
Hertweck, C. -402
Hesse, M. -398
Hidai, M. -126, 136
Hiemstra, H. -239
Higgins, S.J. -385
Hilgeroth, A. -109
Hindsgaul, O. -290
Hirai, Y. -230, 403
Hirama, M. -398
Hirano, M. -159, 284, 328
Hirao, T. -135, 186, 372
Hird, N.W. -417
Hiroi, K. -241
Hirota, K. -255
Hirsch, A. -387, 389, 390
Hiyama, T. -15, 125, 330
Ho, C.Y. -415
Hoberg, J.O. -245
Hodge, C.N. -417
Hodge, P. -408

Hodges, J.C. -415
Hodgson, D.M. -150
Hoffman, R.V. -284, 313
Hoffmann, H.M.R. -40, 173
Hoffmann, R.W. -247
Hogberg, H.-E. -324
Holloway, C.E. -370
Holmes, A.B. -65
Holzapfel, C.W. -40, 70, 77
Honda, T. -43, 161
Hong, B. -106
Hongo, H. -34
Hoppe, D. -12
Horikawa, M. -398
Horiuchi, C.A. -328
Horne, D.A. -401
Horrowven, D.C. -148
Hoshi, M. -186, 352
Hosomi, A. -1, 34, 42, 121, 181, 212, 306
Hou, X.-L. -193
Hou, Z. -366
Houghten, R.A. -415, 418
Houk, K.N. -142
Houpis, I.N. -51
Hoveyda, A.H. -242, 412
Hoye, T.R. -288
Hruby, V.J. -50
Hsung, R.P. -90
Hu, S. -395
Huang, W.-Y. -254
Huang, X. -75, 76, 133, 345
Hudkins, R.L. -228
Hudlicky, T. -164, 251, 398
Huff, B.E. -119, 182
Hulme, A.N. -403
Hultin, P.G. -360
Hunig, S. -140
Hurt, D.J. -401
Hurvois, J.P. -333

AUTHOR INDEX

Hutton, C.A. -301
Ibuka, T. -300
Ichihara, J. -118
Ichikawa, J. -213
Iddon, B. -289
Igglessi-Markopoulou, O. -201
Ihara, M. -47, 239, 399
Ikeda, M. -60, 201, 203, 400
Ila, H. -226
Imai, N. -84
Imanishi, T. -172
Imperiali, B. -378
Inagaki, S. -103
Inanaga, J. -240, 347
Indolese, A.F. -119
Inomata, K. -35
Invidiata, F.P. -270
Iovel, I. -42
Iqbal, J. -162, 307, 373, 415, 417
Iranpoor, N. -337
Irngartinger, H. -390
Iseki, K. -23, 32
Ishibashi, H. -201, 202, 203
Ishii, Y. -128, 152, 154, 294, 340
Ishikawa, T. -211
Isobe, M. -405
Itami, K. -165
Ito, Y. -89, 133, 149
Ito, Y.N. -96
Itoh, K. -184
Itsuno, S. -29, 316
Iwao, M. -398
Iwasaki, S. -294
Iwasawa, N. -132, 200, 221
Iwasawa, Y. -362
Iwata, C. -402
Iyengar, D.S. -292
Iyer, R.P. -295

Iyer, S. -203
Iyoda, M. -393
Izatt, R.M. -277, 359
Jackson, W.R. -121
Jacobs, P.A. -174
Jacobsen, E.N. -320
Jacquesy, J.-C. -382
Janda, K.D. -163, 365, 408, 416
Jang, D.O. -68
Jang, S.-B. -78
Jarowicki, K. -355
Jenner, G. -353
Jeong, Y.-T. -14
Jiang, S. -405
Jiang, X.-K. -353
Jiang, Y. -42
Johansson, A. -178
Johnson, C.R. -123, 329
Johnson, F. -75
Johnson, R.A. -157
Jonczyk, A. -41
Jones, G.B. -34, 223
Jordan, R.F. -139
Jorgensen, K.A. -194, 240, 263
Joshi, G.C. -160
Joshi, N.N. -34, 171
Jouikov, V.V. -370
Joule, J.A. -399
Joullie, M.M. -285, 399
Journet, M. -214
Jun, C-H. -43, 58
Jung, D.O. -186
Jung, M.E. -111, 150, 401
Junggebauer, J. -412
Junjappa, H. -226
Jurczak, J. -41, 399
Juteau, H. -324
Kabalka, G.W. -13, 134, 164, 175, 183, 302, 311, 354
Kaberdin, R.V. -376

Kad, G.L. -330
Kagan, H.B. -44, 171
Kaim, L.E. -334
Kamal, A. -190
Kamer, P.C.J. -136
Kamigata, N. -217, 348, 361
Kamikawa, T. -399
Kaneda, K. -153, 176
Kang, H.-Y. -301
Kang, S.-K. -121, 123, 135, 218
Kang, S.H. -248
Kappe, C.O. -89
Karplus, P.A. -379
Kartha, K.P.R. -327
Kataoka, Y. -33, 36
Kato, N. -140
Katritzky, A.R. -11, 14, 26, 27, 65, 83, 121, 122, 209, 222, 232, 248, 337, 410, 415
Katsuki, T. -34, 86, 96, 155, 156, 161
Katz, T.J. -357
Kaufman, T.S. -38
Kavan, L. -354
Kawai, M. -235
Kawai, Y. -175
Kawase, M. -266
Kazlouskas, R.J. -356
Kazmaier, U. -24, 317
Keay, B.A. -291, 381
Keck, G.E. -39
Keillor, J.W. -315
Kellogg, R.M. -42
Kelly, R.C. -396
Kelly, T.R. -400
Kende, A.S. -106
Kerr, W.J. -124
Kerwin, S.M. -144, 265
Kessar, S.V. -356
Khadilkar, B.M. -256
Khajavi, M.S. -266

Khotina, I.A. -373
Kibayashi, C. -13, 33
Kiesman, W.F. -75
Kiessling, A.J. -322
Kiji, J. -136
Kikugawa, Y. -30
Kiljunen E. -42
Kim, B.H. -270
Kim, D. -4, 400, 403
Kim, D.S.H.L. -217
Kim, D.Y. -193
Kim, J.N. -338
Kim, K. -328
Kim, S. -61, 303, 406
Kim, S.W. -416
Kim, Y.H. -161, 329
King, S.A. -275
Kingston, D.G.I. -395
Kinoshita, T. -401, 403
Kira, M. -31
Kirby, A.J. -379
Kirk, K.L. -85
Kishi, Y. -297
Kishikawa, K. -109
Kiso, Y. -402
Kita, Y. -55, 63, 146, 147, 166, 279, 324, 348
Kitagawa, K. -417
Kitagawa, T. -392
Kitahara, T. -209
Kitamura, T. -375
Kitazawa, K. -391
Kitihara, T. -154
Kiyooka, S. -23
Kiyota, H. -401
Knapp, S. -403
Knight, D.W. -273
Knochel, P. -36, 51, 52, 77, 413
Knolker, H.-J. -100, 105, 227, 398
Knorre, D.G. -359
Ko, S.Y. -339, 415
Kobayashi, J. -279, 396

AUTHOR INDEX

Kobayashi, K. -216, 232
Kobayashi, S. -22, 23, 146, 210, 262, 315, 374, 405, 407, 411
Kobayashi, Y. -171, 397
Kochetkov, N.K. -378
Kocovsky, P. -3
Kodomari, M. -115
Koert, U. -327
Koga, K. -45, 284
Koizumi, T. -145
Koll, P. -19
Kollar, L. -96
Kolodiazhnyi, O.I. -368
Komatsu, N. -326
Kondo, T. -337
Kondo, Y. -36, 224
Kong, F. -294
Konishi, H. -216
Konoike, T. -100
Kool, E.T. -343
Korb, M.N. -161
Koreeda, M. -260
Kornilov, A. -65
Koroleva, E.V. -280
Korsounskii, B.L. -368
Koskinen, A.M.P. -164, 414
Kotha, S. -128
Kotsuki, H. -46
Kragl, U. -34
Krause, N. -143, 165
Krautter, B. -392
Krchnak, V. -415
Kress, M.H. -140
Kress, T.J. -133
Krief, A. -64, 87
Kristian, P. -338
Krohn, K. -174, 373
Krupnov, B.V. -355
Kubo, A. -167, 234
Kukinuma, K. -402
Kulawiec, R.J. -304
Kulkarni, M.G. -327, 402

Kumar, A.S. -98
Kumar, H.M.S. -326, 333
Kumar, S. -129
Kunagi, A. -244
Kundu, N.G. -202, 216
Kunieda, T. -103
Kunishima, M. -140
Kunz, H. -285
Kunzer, H. -417
Kuo, G.-H. -326
Kurihara, M. -162
Kurth, M.J. -412
Kusumoto, S. -292
Kutateladze, A.G. -111
Kutney, J.P. -376
Kutschy, P. -398
Kutsuki, T. -145
Kuwajima, I. -105, 274, 395
Lacombe, S. -349
Ladduwahetty, T. -383
Lahuerta, P. -60
Lai, G. -324
Lakhvich, F.A. -280
Lamas, C. -119
Lamaty, F. -318
Landais, Y. -340, 346
Laneman, S.A. -344
Langa, F. -354, 387
Langer, T. -175
Langlois, B.R. -349
Langlois, Y. -103, 328
Largeron, M. -286
Larock, R.C. -123
Laschat, S. -279
Lash, T.D. -223
Lasne, M.-C. -308
Laurent, E.G. -217, 329
Lautens, M. -67, 185, 210, 352, 405
Lawrence, N.J. -171, 382
Leahy, J.W. -26
Lebeau, L. -289

Lee, A.S.-Y. -35, 282, 352
Lee, A.W.M. -99, 406
Lee, B.H. -333
Lee, E. -398, 401
Lee, J. -418
Lee, J.C. -185, 261
Lee, R. -152
Lee, S.-J. -90
Lee, Y.-S. -410
Lee, Y.R. -216
Lee, Y.Y. -273
LeFloch, Y. -50
Leighton, J.L. -136, 347
Lemaire, M. -174, 218, 409
Leonard, J. -397
Leonard, N.J. -381
Leonel, E. -330
Lerman, B.M. -369
Lerner, R.A. -48, 365
Ley, S.V. -31, 153, 292, 298, 399
Leysen, D. -415
Lhommet, G. -266
Li, C.-J. -38, 407
Li, T.-S. -282, 283, 294
Li, Y. -71, 256, 405
Liao, C.-C. -92
Liebeskind, L.S. -143
Liebscher, J. -236, 255
Lin, G.-Q. -144, 401
Lin, H.-X. -154
Lin, J.-M. -284
Lin, Y.-R. -255
Linderman, R.J. -246
Linker, T. -7
Lipshutz, B.H. -283, 373
Lipton, M.A. -338
Lissaretzky, J. -94
Litinas, K.E. -212
Little, R.D. -104
Litvinov, V.P. -280
Liu, H.-J. -4, 98, 293
Liu, R.-S. -207
Liu, Z. -394
Livant, P. -117
Livinghouse, T. -220
Loh, T.-P. -312, 406
Lopez, J.C. -110
Loreto, M.A. -318, 340
Lou, J.-D. -153
Loubinoux, B. -222
Lowe, G. -414
Lown, J.W. -380
Lu, X. -37, 209, 221
Lubineau, A. -105
Luh, T.-Y. -81, 387
Luis, S.V. -413
Lund, H. -365
Luo, F.-T. -74
Luong, J.H.T. -375
Luzzio, F.A. -170
Lygo, B. -4
MacLeod, A.M. -226
Macor, J.E. -228
Macquarrie, D.J. -18
MaGee, D.I. -99, 215
Maggini, M. -391
Magnus, P. -108, 312
Magnusson, G. -100
Mahajan, M.P. -257
Mahato, S.B. -376
Mahrwald, R. -25
Majetich, G. -116, 328
Majumdar, K.K. -39
Maki, S. -169
Malacria, M. -73, 347
Malanga, C. -186
Maligres, P.E. -226
Mallory, F.B. -111
Mandal, B.K. -226
Mander, L.N. -60, 163
Mann, A. -151
Marcaccini, S. -198
Marcantoni, E. -282
Marco, J.L. -267

AUTHOR INDEX

Marco-Contelles, J. -54, 62
Marek, I. -12, 88, 214, 219
Margaretha, P. -109
Margarita, R. -153
Marinetti, A. -345
Marino, J.P. -15
Markgraf, J.H. -307
Marko, I.E. -26, 93, 238
Marquet, B.S. -217, 329
Marsaioli, A.J. -403
Marsden, S.P. -213, 375
Marshall, J.A. -82
Marson, C.M. -217
Martens, J. -172
Martin, J.D. -276
Martin, N. -386, 387, 393
Martin, S.F. -251
Martin, V.S. -238
Martinelli, M.J. -182, 227
Martinez, J. -409, 414
Martinez, R. -304
Maruoka, K. -6, 53
Marx, J.N. -75
Maryanoff, B.E. -218, 417
Marzi, M. -292
Masaki, Y. -291
Masamune, S. -20
Mascarenas, J.L. -70
Mascaretti, O.A. -374
Mashinka, A.V. -369
Mashraqui, S.H. -328
Masnyk, M. -151
Mason, T.J. -354
Masquelin, T. -400
Masui, M. -172
Mathey, F. -182
Matsuda, F. -43
Matsuda, I. -136
Matsuda, K. -258
Matsumoto, K. -307
Matsumura, Y. -315
Mattay, J. -219, 383

Matthews, J. -416
Matulic-Adamic, J. -342
Maycock, C.D. -159, 400
Mayer, J.P. -418
Mayol, L. -377
Mayoral, J.A. -413
Mayr, H. -336
Mazzanti, G. -303
McCarthy, J.R. -76
McClelland, C.W. -268
McCluskey, A. -16
McCombie, S.W. -64
McDonald, F.E. -214, 220, 238
McElwee-White, L. -337
McKervey, M.A. -213, 368
McNab, H. -211
McWhorten, W.M. -162
Mehta, G. -108, 380, 389
Meier, M.S. -389
Meijer, E.W. -358
Meldal, M. -414
Mellor, J.M. -337
Menichetti, S. -269
Merino, P. -35
Merlic, C.A. -228
Merour, J.-Y. -161
Meshram, H.M. -284, 338
Messner, P. -348
Metz, C.R. -254
Metz, P. -141
Metzner, P. -142
Meunier, B. -370
Meyers, A.I. -399, 400, 406
Micklefield, J. -343
Miesch, M. -112
Miethchen, R. -327
Miginiac, L. -36
Mikolajczyk, M. -404
Milcent, R. -272
Millar, R.W. -337
Miller, B.L. -416

Miller, M. -325
Miller, S.C. -417
Minami, T. -104, 218
Mioskowski, C. -66, 87, 263, 289, 299, 330, 341
Mironov, V.F. -375
Mitchell, A.S. -166
Mitchell, R.H. -328
Mitsudo, T. -131
Mitsunobu, O. -180
Miura, M. -74, 80, 118, 134, 243, 325
Miura, Y. -187
Miyano, S. -120, 126
Miyashita, M. -15, 91, 403
Miyaura, N. -119
Mjalli, A.M.M. -418
Mobasherry, S. -379
Mochida, K. -42
Mohr, J.T. -174
Mohrig, J.R. -356
Molander, G.A. -54, 63, 139, 191, 195
Molina, P. -236
Molteni, G. -271
Momose, T. -38, 250, 331, 399
Monache, G.D. -381
Monn, J.A. -88
Montero, J.-L. -294
Montevecchi, P.C. -223
Montgomery, J. -37, 220
Moody, C.J. -29, 251, 319, 404
Moore, A.L. -388
Moore, H.W. -149, 244, 350, 404
Moore, J.S. -357
Moore, M.L. -411
Moore, T.A. -388
Moorhoff, C.M. -66, 72
Moracci, F.M. -315, 322
Moran, P.J.S. -175

Mordini, A. -197
Moreno-Manas, M. -6, 79
Moreto, J.M. -131
Mori, A. -79, 181, 386
Mori, I. -344
Mori, K. -380, 403, 405
Mori, M. -8, 69, 70, 85, 220, 221, 400, 404
Mori, Y. -277
Moriarty, R.M. -3, 10, 345
Morimoto, T. -284
Mortier, J. -131
Mortreux, A. -8
Mosset, P. -38
Motherwell, W.B. -119, 269
Motoyoshiya, J. -92
Mountford, P. -372
Moyano, A. -131, 132, 341
Mukai, C. -297
Mukain, C. -404
Mukaiyama, T. -39, 297
Mulzer, J. -30, 400, 402, 406
Murahashi, S.-I. -134, 373
Murai, A. -398
Murai, M. -405
Murai, S. -78, 131, 132, 135, 137, 236, 371
Murakami, M. -89, 133, 149
Murakami, Y. -310
Muraoka, O. -403
Murata, M. -398
Murata, S. -238, 393
Muratake, H. -2
Murphy, J.A. -225
Murphy, P.J. -26, 99
Murphy, W.S. -104
Murray, P.J. -415
Murray, R.W. -389

Myers, A.G. -5, 93, 185, 336
Myles, D.C. -30
Nadin, A. -278
Nagakura, I. -292
Nagase, H. -226
Nagoka, H. -394, 395
Nair, V. -89, 374
Naito, T. -220, 398, 401
Najera, C. -9, 249, 398
Nakagawa, M. -177, 235, 399, 400
Nakai, T. -80, 213
Nakajima, N. -333
Nakamura, E. -11 301, 387
Nakata, T. -308
Nakayama, J. -351, 369
Namy, J.-L 44
Nanami, K 7
Nangia, A. -281
Napolitano, E. -279
Narasaka, K. -3, 221, 233
Narasimhan, S. -175
Naruse, Y. -81
Natale, N.R. -262
Natsume, M. -2
Nayak, M.K. -293
Negishi, E. -17, 77, 83, 330
Neilands, O. -386
Nelson, S.G. -43
Nemoto, H. -78, 149, 379
Neumann, R. -163
Niccolai, D. -382
Nicholson, B.K. -53
Nicolaou, K.C. -70, 76, 119, 120, 362, 378, 398, 400, 401, 404
Nicotra, F. -294
Nielsen, J. -409, 418
Nielsen, P.E. -377
Nierengarten, J.-F. -387

Nifant'ev, E.E. -362
Nikam, S.S. -313
Nishimura, J. -109, 391
Nishino, H. -216
Nishiyama, H. -162, 368
Nishiyama, K. -265
Nishiyama, Y. -184
Node, M. -174, 284
Nogradi, M. -401
Nokami, J. -66, 84
Normant, J.-F. -12, 88, 214, 219
North, M. -42, 383
Novikov, V.L. -400, 403
Noyori, R. -152, 163, 172, 174
Nozaki, K. -18, 136, 182
Nugiel, D.A. -410, 414
O'Brien, P. -313
O'Donnell, M.J. -9, 414
O'Hagan, D. -163
O'Neil, I.A. -171, 334, 352
O'Shea, D.F. -246
Oberhauser, T. -328
Obrecht, D. -217, 234
Ochiai, M. -34, 157, 159, 166
Oda, K. -110
Ogasawara, K. -145, 400
Ogawa, A. -113, 135, 186
Oh, D.Y. -1
Oh, T. -231
Ohkata, K. -107, 404
Ohkubo, M. -228, 296, 403
Ohmizu, H. -402, 403, 405
Ohsawa, A. -189, 339
Ohta, A. -189, 263
Oi, S. -38
Ojima, I. -360
Okada, E. -231
Okamoto, M. -27

Okamoto, Y. -173
Okano, T. -48
Okazaki, R. -276
Olah, G.A. -32, 331, 364
Olsson, T. -178
Omura, S. -402
Ono, N. -223
Oppolzer, W. -399
Orfanopoulos, M. -388
Organ, M.G. -31, 78, 100
Oritani, T. -399
Orito, K. -238
Oriyama, T. -213, 325
Orsini, F. -21, 50
Ortar, G. -122
Orti, E. -387
Oshima, K. -16, 29, 52, 67, 73, 216
Otera, J. -22, 82
Ottenheijm, H.C.J. -399
Ousanova, M.P. -377
Ovaska, T. -161
Ovcharenko, A.A. -387
Overman, L.E. -70, 141, 309, 397, 401, 404
Ozkar, S. -347
Padmanabhan, S. -312
Padwa, A. -89, 94, 115, 204, 280, 281, 401, 402
Palacios, F. -236
Palomo, C. -199
Palucki, M. -2
Pancrazi, A. -43, 214, 352
Panek, J.S. -31, 76, 77, 417
Pankiewicz, K.W. -343
Paquette, L.A. -28, 38, 141, 148, 241, 363, 400, 404, 405, 407
Park, J. -9
Park, J.C. -311
Parlow, J.J. -412
Parrain, J.-L. -79

Parsons, A.F. -179, 230
Pasquato, L. -278
Patel, D.V. -411, 414, 416
Patel, V.F. -403
Paterson, I. -76, 397, 404, 405, 406
Patrocinio, V.L. -46
Pattenden, G. -56, 62, 112, 366
Paulmier, C. -39, 345
Pearson, A.J. -405
Pearson, W.H. -249, 399, 418
Pedersen, S.F. -208
Pedro, J.R. -162
Pedrosa, R. -35, 101
Peet, N.P. -237, 307
Pei, Y. -418
Pelter, A. -166, 371
Penso, M. -286
Pepekin, V.I. -368
Perez, P.J. -85
Pérez-Prieto, J. -60
Periasamy, M. -131, 135
Pericas, M.A. -34, 132, 341
Perlmutter, P. -261
Perrio, S. -160
Perry, J.J.B. -357
Perumal, P.T. -234, 261
Petasis, N.A. -80, 131
Pete, J.-P. -109
Petrini, M. -13, 214
Pfaltz, A. -51, 364
Piancatelli, G. -340, 341
Piettre, S.R. -413
Piguet, C. -357
Pikul, S. -297
Pimm, A. -405
Pincock, J.A. -366
Pinhey, J.T. -10, 317
Pipik, P. -275
Piras, P.P. -9, 142, 216

Pirkle, W.H. -356
Piscopio, A.D. -413
Pitchumani, K. -328
Piva, O. -65, 109
Pizzo, F. -162
Plater, M.J. -128, 389
Plumet, J. -260
Podlech, J. -198
Pohmakotr, M. -3
Polanc, S. -321
Poli, R. -373
Poliakoff, M. -182
Pon, R.T. -412
Porco, J.A., Jr. -410, 414
Portella, C. -351
Posner, G.H. -93
Pradere, J.-P. -241
Prakash, G.K.S. -375
Prakash, O. -3, 325
Prange, T. -43
Prostakov, N.S. -280
Prunet, J. -395
Pulido, F.J. -240
Purandare, A.V. -417
Pyne, S.G. -47, 88, 140
Qian, C. -39, 41
Qing, F.-L. -83, 332
Quintela, J.M. -400
Quirion, J.-C. -5
Rabideau, P.W. -389
Radl, S. -362
Ragnarsson, V. -287
Raimondi, L. -278
Rajagopal, S. -159
Raju, B. -415
Ramsden, C.A. -157, 302
Ranu, B.C. -138, 178
Rao, A.V.R. -320
Rao, P.N. -156
Rappoport, Z. -356
Rasmussen, K.G. -194
Rault, S. -289
Rawal, V.H. -94, 102, 118, 224, 402

Ray, K. -T 397
Ray, S. -117
Rayner, B. -411
Reed, C.A. -393
Rees, C.W. -267, 274
Reese, C.B. -230
Reetz, M.T. -10, 38
Regan, A.C. -359
Regan, L. -358
Rehwald, M. -203
Reiser, O. -21
Reissig, H.-U. -77, 86
Remuson, R. -66
Renaud, P. -120
Rheingold, A.L. -357
Rhie, D.Y. -193
Ricart, S. -131
Ricci, A. -12
Rich, D.H. -325
Richardson, D.P. -403
Richter, L.S. -411
Rieke, R.D. -369
Rigby, J.H. -68, 106, 403
Rigo, P. -71
Risch, N. -19, 77
Riva, C. -242
Rizo, B. -310
Rizzo, C.J. -184
Roberts, J.C. -295
Roberts, S.M. -80, 161, 180
Robertson, J. -55
Robinson, R.P. -12
Rodrigo, R. -92
Rodriguez, M. -333
Rokach, J. -401
Romanova, N.N. -364
Romea, P. -25
Romero, D.L. -9
Romo, D. -205, 403
Roncali, J. -382
Rosini, C. -159
Rosseinsky, M.J. -392
Rossi, E. -222, 257

Rossi, L. -324
Rossi, R. -14, 404
Rossi, R.A. -351
Rossi, T. -3
Rothwell, I.P. -369
Roumestaut, M.L. -401
Roush, W.R. -97, 101, 141, 143, 399, 403, 405
Rousseau, G. -278
Roy, S. -39, 329
Roy, S.C. -282, 291
Royer, J. -251, 397
Rozen, A.M. -355
Rozen, S. -160, 163
Ruano, J.L.G. -351
Rubin, Y. -91, 393
Ruck-Braun, K. -201
Ruhland, B. -418
Rumsden, C.A. -117
Rusanov, A.L. -373
Rutjes, F.P.J.T. -229
Ruzziconi, R. -159
Ryan, J.H. -125
Rychnovsky, S.D. -4, 14, 239, 400, 404
Ryu, I. -133, 134, 206
Saidi, M.R. -29
Saigo, K. -103, 315, 360, 391
Sainsbury, M. -226
Saito, T. -241
Sakamoto, M. -263, 264, 360
Sakamoto, T. -224
Sakya, S.M. -91
Salakhutdinov, N.F. -376
Salama, P. -260
Salaun, J. -162
Salerno, G. -215
Salvador, J.A.R. -155
Samaut, S.D. -310
Sammakia, T. -51
Sampson, P. -88, 99
Sandau, J.S. -46

Sanders, J.K.M. -418
Sandhu, J.S. -43, 284
Sano, T. -108, 169, 233, 236
Santinelli, M. -79
Sarantakis, D. -415
Sardina, F.J. -28
Sarkar, T.K. -108
Sarma, J.C. -283, 294
Sartori, G. -117, 244, 293
Sasaki, K. -183
Sasaki, N.A. -317
Sato, F. -33, 52, 88, 200, 250
Sato, Y. -145
Satoh, Y. -123
Satori, G. -77
Sauer, J. -257
Sauve, G. -292
Savignac, P. -375, 383
Savoia, D. -35
Scettri, A. -162
Schaumann, E. -199
Schiesser, C.H. -247
Schirmeister, T. -379
Schlosser, M. -347
Schmittel, M. -146, 365
Schneider, C. -140, 238
Schnizer, D. -400
Schobert, R. -3
Schrader, T.H. -335
Schröder, F. -59
Schultz, A.G. -181, 397
Schultz, P.G. -414
Schurig, V. -389
Schuster, D.I. -388, 392
Schwartz, J. -53, 194, 338
Scott, A.I. -281
Scott, W.L. -414
Sebyakin, Yu.L. -377
Sedlak, M. -255
Seebach, D. -377

AUTHOR INDEX

Seefeldt, L.C. -377
Seeman, N.C. -358
Seifert, K. -402
Sello, G. -353
Semmelhack, M.F. -397
Sen, S.E. -282
Sengupta, S. -119
Seoane, C. -387, 393
Seth, P.P. -194
Sewald, N. -51
Sha, C.-K. -220, 395
Shakrabarty, T.K. -300
Shapiro, G. -314
Shapley, J.R. -392
Sharpless, K.B. -162, 163, 166
Shaw, H. -332
Shaw, J.T. -3
Shea, K.J. -101
Shearer, B.G. -339
Shen, W. -119
Shen, Y. -330
Sherburn, M.S. 101
Sherman, J.C. -357
Shevlin, P.B. -328, 393
Shi, Y. -161, 179
Shia, K.-S. -4
Shibasaki, M. -20, 27, 122, 161, 364
Shibata, K. -121, 231
Shibusaki, M. -344
Shibuya, S. -344
Shiina, I. -396
Shimizu, I. -113, 124, 169
Shimizu, M. -196
Shimizu, T. -308
Shindo, M. -205
Shing, T.K.M. -7, 31, 152
Shinkai, S. -390, 392
Shioiri, T. -5, 216, 320
Shiotani, S. -279
Shipman, M. -313
Shirakawa, E. -122, 139

Shishido, K. -59, 123, 324, 402
Shoichet, M.S. -331
Shon, Y.-S. -260
Shono, T. -192
Shteingarts, V.D. -187
Shul'pin, G.B. -369
Shute, R.E. -418
Shuttleworth, S.J. -408
Shvekhgeimer, M.-G.A. -280
Sibi, M.P. -55, 412
Sieburth, S. -McN. -189
Sikorski, J.A. -378
Simoni, D. -27
Simonneaux, G. -85
Simpkins, N.S. -400
Sims, J.J. -405
Singaram, B. -170
Singer, R.D. -348
Singh, S. -252
Singh, V. -113, 398
Singh, V.K. -367
Singleton, D.A. -95
Sinha, S.C. -397, 400
Sinisterra, J.V. -312
Sjoholm, R. -35
Skowronska, A. -196
Skrydstrup, T. -63
Skulski, L. -328
Smalley, R.K. -271
Smallridge, A.J. -175
Smith, A.B. -III 11, 397, 404, 405
Smith, K. -349
Smith, R.A.J. -49
Snapper, M.L. -71
Snider, B.B. -216, 399, 400, 404
Snieckus, V. -28, 209
Soai, K. -34
Sodeoka, M. -22
Soderberg, B.C. -223, 321

Soderquist, J.A. -130
Soloshonok, V.A. -29
Somekawa, K. -84, 108
Somfai, P. -204
Sonoda, N. -113, 133, 134, 206, 275
Sorensen, O.W. -410
Soriente, A. -46
Sosabowski, M.H. -120
Sosnovsky, G. -382, 384
Soufiaoui, M. -264
Spagnolo, P. -232
Spanevello, R.A. -100
Spatola, A.F. -414
Speckamp, W.N. -239
Speranza, G. -211
Spero, D.M. -29
Spinella, A. -46
Sreekumar, R. -155, 320
Srikrishna, A. -148, 380, 403, 404
Srinivasan, C. -159
Stambach, J.F. -265
Stang, P.J. -253, 346
Steglich, W. -118, 228
Stevenson, P.J. -249
Stigliano, K.W. -337
Stoddart, J.F. -357, 358
Stoner, E.J. -262
Stoodley, R.J. -95, 161, 240
Stork, G. -396
Strauss, C.R. -83, 304
Street, L.J. -226
Streinz, L. -284
Strekowski, L. -233
Suarez, E. -335
Subba Rao, G.S.R. -401, 403, 404
Sudalai, A. -123, 163, 179, 194, 284
Suemune, H. -301, 400
Sugahara, M. -308
Sugi, K.D. -177

Sugimura, T. -57
Suh, Y.-G. -138
Sulikowski, G.A. -228
Suto, M.J. -411, 412
Suzuki, H. -334, 337, 374
Suzuki, K. -73, 210, 400
Svensson, J.O. -337
Swayze, E.E. -411, 418
Sweeney, J.B. -281, 382
Symons, M.C.R. -366
Szantay, C. -102
Szmuszkovicz, J. -338
Szostak, J. -408
Szwarc, M. -365
Taber, D.F. -401, 404
Tadana, K. -406
Taguchi, T. -32, 37, 88, 99, 142, 195, 262
Tai, A. -173
Takacs, J.M. -145
Takahashi, M. -254
Takahashi, S. -87
Takahashi, T. -37, 55, 80, 82, 104, 132, 136, 329
Takahashi, Y. -353
Takai, K. -212
Takaya, H. -136
Takayama, H. -400
Takeda, K. -398
Takeda, T. -72, 87, 305, 329
Takeshita, H. -140
Takeuchi, K. -392
Takeuchi, R. -10
Takeuchi, S. -185
Takuwa, A. -116
Tamami, B. -188
Tamao, K. -139, 141, 371
Tamariz, J. -96
Tamaru, Y. -349
Tamura, O. -263, 264
Tamura, Y. -262, 372

AUTHOR INDEX

Tanabe, Y. -25, 127, 403
Tanaka, A. -320, 330, 399
Tanaka, K. -111
Tanaka, M. -301, 311
Tani, K. -33, 36
Tani, S. -140
Tanner, D. -406
Tapia, R.A. -92
Tarraga, A. -258
Tartar, A.L. -415
Tashiro, M. -98, 108
Tatsuta, K. -398
Tavani, C. -255
Taylor, P.C. -339
Taylor, R. -389, 390
Taylor, R.J.K. -68, 83, 147, 160, 282, 350
Tellado, F.G. -173
Terashima, S. -400, 403
Terrett, N.K. -409
Texier-Boullet, F. -46
Thavonekham, B. -337
Theil, F. -324
Thelland, A. -158
Thiel, W. -390
Thiem, J. -378
Thiemann, T. -98, 108
Thomas, E.J. -398, 402, 405
Tiecco, M. -252
Tietze, L.F. -123, 243
Tisler, M. -279
Tius, M.A. -308
Tobe, Y. -127
Tochtermann, W. -398
Toda, T. -86
Togni, A. -164, 315
Togo, H. -187, 243
Toke, L. -328
To9ke, L. -46
Tokuda, M. -299
Tolstikov, G.A. -367, 380
Tomilov, A.P. -354

Tomioka, H. -367
Tomioka, K. -49, 199
Tomoda, S. -340
Tonks, L. -371
Tontini, A. -223
Tori, M. -92
Torii, S. -267
Toru, T. -202
Toshima, H. -399
Toshima, K. -297
Tour, J.M. -389
Townsend, C.A. -398
Trivedi, G.K. -400
Trombini, C. -35
Trost, B.M. -9, 54, 83, 309, 323, 341, 342
Trudell, M.L. -222, 252, 271
Tsuboi, S. -324
Tsuge, O. -219
Tsuji, J. -136
Tsujihara, K. -395
Tsukayama, M. -244
Tucker, J.A. -48
Turner, N.J. -412
Turos, E. -76
Tyrrell, E. -244
Ubukata, M. -333
Ucar, H. -114
Uemura, M. -43, 208
Uemura, S. -174, 339
Uguen, D. -100, 145, 330, 398
Ukaji, Y. -35
Umani-Ronchi, A. -39
Umemura, K. -401
Unden, A. -286
Undheim, K. -70
Uneyama, K. -201
Ungvary, F. -366
Uozumi, Y. -413
Urpi, F. -25, 306
Utaka, M. -175
Utimoto, K. -40

Utley, J. -354
Valenta, Z. -181
van Bekkum, H. -174
Van Boom, J.H. -417
van Heerden, F.R 164
van Heerden, P.S. -50
van Koten, G. -34
van Leewen, P.W.N.M. -136
Van Leusen, A.M. -255, 336
Van Vranken, D.L. -228
Vandewalle, M. -398, 399
Vankar, Y.D. -8
Varani, G. -358
Varelis, P. -240
Varie, D.L. -133
Varma, R.S. -27, 153, 173, 265, 284
Varvoglis, A. -375
Vaultier, M. -131, 191
Vedejs, E. -227
Veenstra, S.J. -312
Vega-Perez, J.M. -159
Vernitskaya, T.-V. -280
Vernon, J.M. -288
Viehe, G. -253
Vilarrasa, J. -25
Villemin, D. -322
Villieras, J. -130
Vinas, C. -85
Viso, A. -315
Vlattas, I. -415
Vogel, C. -363
Vogel, P. -135
Voyer, N. -288
Wada, M. -37
Waegell, B. -208
Wagner, A. -409
Wahala, K. -192
Wakharkar, R.D. -284
Waldmann, H. -237, 379
Waldvogel, E. -399

Walker, R.T. -110
Wallace, O.B. -418
Wallace, R.H. -264
Wandrey, C. -171
Wang, B. -290
Wang, D. -31, 42, 161
Wang, F. -418
Wang, G.T. -414
Wang, J. -159, 287
Wang, J.-X. -299
Wang, K.K. -397
Wang, P.G. -297
Wang, R.-T. -59
Wang, S. -226
Wang, T. -256
Wang, Z.Y. -323
Ward, D.E. -356
Ward, S. -166
Warrener, R.N. -384
Wasserman, H.H. -170
Watanabe, M. -323
Watson, S.P. -418
Watson, W.H. -270
Waymouth, R.M. -133
Weavers, R.T. -62
Wedler, C. -205
Weiler, L. -344
Weinreb, S.M. -145, 288, 403
Weintraub, P.M. -325
Welzel, P. -39
Wender, P.A. -105, 403, 404
Wengel, J. -342
Wenz, G. -108
Wessig, P 194
Wessjohann, L. -25, 33
West, F.G. -47, 250
Whitby, R.J. -17
White, J.B. -141
White, J.D. -23, 398, 399, 402
Whiting, A. -330
Whiting, D.A. -167

Wiemer, D.F. -156
Wiese, T.E. -377
Wilkins, D.J. -263
Williams, D.H. -417
Williams, D.R. -34, 168
Williams, J.M.J. -313, 413
Williams, R.M. -405
Willis, C.L. -400
Willner, I. -355
Wills, M. -174, 315
Wilson, S.R. -392, 418
Wilson, T.M. -410, 415
Winkler, J.D. -384
Winterfeldt, E. -170
Wipf, P. -276, 417
Woerpel, K.A. -3, 18, 32, 247, 274
Wojciechowski, K. -155
Wong, C.-H. -343, 378
Wong, H.N.C. -279
Wood, J.L. -229, 362, 401, 402, 404
Wright, S.W. -297
Wu, M.-J. -128
Wu, S.-H. -129, 388
Wudl, F. -387, 389, 391
Wulff, W.D. -102
Xiao, X.-Y. -416
Xie, L. -284
Xu, D. -178
Xu, W. -417
Yadav, J.S. -38, 64, 188, 305, 394
Yamada, K. -380
Yamagishi, T. -178, 180, 182
Yamaguchi, M. -116, 181
Yamamoto, A. -134
Yamamoto, H. -2, 16, 17, 22, 39, 48, 67, 103, 153, 347, 355, 356

Yamamoto, Y. -16, 67, 72, 74, 81, 107, 128, 139, 352
Yamamura, S. -277
Yamashita, M. -1, 9, 169, 402
Yamato, T. -116
Yamauchi, M. -103
Yamazaki, S. -87, 158, 333
Yamazaki, T. -15
Yang, C.-C. -227
Yang, D. -298
Yang, D.-Y. -77
Yang, L. -414
Yankar, Y.D. -294
Yasuda, M. -341
Yates, M.H. -305
Yavari, I. -206, 232
Yee, N.K. -200
Ying, J.Y. -123
Yoda, H. -398
Yokoyama, M. -187
Yokoyama, Y. -42
Yokum, T.S. -225
Yoo, S. -418
Yoon, N.M. -53
Yoshida, J. -85
Yoshida, M. -40, 86
Yoshimatsu, M. -253, 345
Yu, C.-M. -44, 82
Yus, M. -28, 182, 208, 287
Zanda, M. -29, 268
Zaporozhets, O.A. -354
Zaragoza, F. -367, 418
Zaragoza, R.J. -405
Zarcone, L.M.J. -293
Zard, S.Z. -61, 123
Zavada, J. -6
Zercher, C.K. -60
Zhang, H.-C. -416
Zhang, J. -37

Zhang, X. -9, 34, 172, 180
Zhang, Y. -54, 179, 187, 190, 345
Zhang, Z. -343
Zheng, N. -319
Zhou, H. -134

Zhou, L. -138
Zhou, W.-S. -397
Zhu, J. -418
Ziegler, F.E. -251
Zwanenburg, B. --303, 359, 405